中国建设教育协会继续教育委员会推荐培训教材

建筑施工新技术及应用

JIANZHU SHIGONG
XINJISHU JI YINGYONG

胡玉银　吴欣之◎主编

中国电力出版社
CHINA ELECTRIC POWER PRESS

内 容 提 要

建筑工程的大发展为施工技术研究提供了广阔舞台。工程技术人员积极探索利用现代高新技术改造和提升传统建筑施工工艺，取得了丰硕成果。本书从一个侧面反映了我国建筑工程施工技术研究与实践的部分成果。全书共4章：第1章为建筑桩基施工技术，第2章为地下建筑结构施工技术，第3章为钢筋混凝土结构施工技术，第4章为建筑施工信息化技术。

本书可作为建筑工程施工现场专业人员的继续教育培训教材，也可供相关专业大中专院校师生学习参考。

图书在版编目（CIP）数据

建筑施工新技术及应用/胡玉银，吴欣之主编. —北京：中国电力出版社，2011.4（2016.7重印）
中国建设教育协会继续教育委员会推荐培训教材
ISBN 978 - 7 - 5123 - 0949 - 4

Ⅰ. ①建⋯　Ⅱ. ①胡⋯②吴⋯　Ⅲ. ①建筑工程-工程施工-施工技术-技术培训-教材　Ⅳ. ①TU74

中国版本图书馆 CIP 数据核字（2011）第 026126 号

中国电力出版社出版发行
（北京市东城区北京站西街 19 号　100005　http://www.cepp.sgcc.com.cn）
责任编辑：周娟华　　E-mail：juanhuazhou@163.com
责任印制：蔺义舟　　责任校对：闫秀英
北京天宇星印刷厂印刷·各地新华书店经售
2011 年 4 月第 1 版·2016 年 7 月第 30 次印刷
787mm×1092mm　16 开本·17.25 印张·419 千字
定价：36.00 元

编 委 会 成 员

序

按照国家有关规定，在职人员的继续教育已形成制度，工程建设行业的继续教育也已有相当规模。但是，由于受各种条件的限制，致使培训教材建设有些滞后，迫切需要反映当前建设行业最新的理念、知识和技术的新教材，以适应在职人员的培训和学习需要。

由于我国经济建设发展迅猛，新技术、新工艺、新材料层出不穷，培训教材的更新也应加快速度，缩短周期。两年多来，我们搜集了近十多年来出版的数十个版本相关培训教材和书籍，逐一进行对比分析；调研了各地培训现状，深入基层了解实际需求，广泛征求各方意见；多次召开编审会和教材研讨会，本着求真务实、宁缺勿滥的原则，力争编写内容新、实用性强的培训教材。于是，我们邀集了活跃在我国重点工程建设的著名高级技术人才，从事教学、管理数十年的资深专家，作为这套丛书的主编。虽然他们异常忙碌，但却非常支持我们的工作，在此表示衷心的感谢。

本套培训教材的主要特点如下：

1. 内容新颖凝练，实用性强，理论与实践相结合，有些新技术、新工艺已成功地运用到北京国家大剧院和上海世博会。

2. 主编资历深、专业水平高，既有扎实的理论功底，又有丰富的实践经验。

3. 从岗位实际出发，以提高从业人员的业务能力为目标，基础理论点到为止，侧重以新的理念为先导，在讲解新技术、新方法的同时，辅以解决问题的思路和管理模式，体例便于自学。

4. 由于旨在补充新知识，因此受众较为宽泛，可作为工程建设专业技术人员和施工现场管理人员的继续教育培训教材、各类资质培训的选修教材，又可作为相关人员的自修读物。

编委会
2011.3.30

前　　言

进入 21 世纪以来，随着经济的持续繁荣，我国以超高层建筑、大型公共建筑和地下建筑为代表的建筑工程层出不穷。我国建筑工程发展呈现出以下显著特点：①超高层建筑不断攀登新高度。2009 年落成的上海环球金融中心高达 492m，2010 年广州新电视塔更以 610m 的高度成为世界第一高塔；②结构的跨度越来越大。以北京国家大剧院、国家奥林匹克体育场和上海南站为代表的钢结构工程，跨度都超过或接近 300m；③结构的体形越来越特殊。中央电视台新台址和广州 610m 高的新电视塔表现的尤为突出，前者以倾斜塔楼和高空正交悬臂为特征，后者则以扭动编织的花篮形状为特征；④基础的埋置深度越来越大。桩基础人土深度接近 100m，地下连续墙入土深度达 70m，基础筏板进埋深已超过 30m；⑤施工的环境约速越来越强。随着城市化程度的不断提高，许多新建建筑工程周边或多或少存在重要的市政设施和建筑，建筑施工时环境保护要求高。

建筑工程的大发展为施工技术研究提供了广阔舞台。工程技术人员积极探索，利用现代高新技术改造和提升传统建筑施工工艺，并取得了丰硕成果。本书从一个侧面反映了我国建筑工程施工技术研究与实践的部分成果。全书共 4 章：第 1 章为建筑桩基施工技术，第 2 章为地下建筑结构施工技术，第 3 章为钢筋混凝土结构施工技术，第 4 章为建筑施工信息化技术。本书可作为建筑工程施工现场专业人员的继续教育培训教材，也可供相关专业大中专院校师生学习参考。

全书由胡玉银和吴欣之主编及审稿，伍小平、周蓉峰、夏凉风、严再春等参与了书稿的组织及统稿工作。编写人员具体分工如下：第 1 章、第 2 章的 2.4 由严时汾、周蓉峰编写，第 2 章的 2.1、2.2、2.3、2.6 由周蓉峰编写，2.5 由周蓉峰、吴欣之编写，2.7 由钟铮、佘清雅、林巧编写，2.8 由丁鼎、杨旭编写，2.9 由姜向红、丁义平编写，2.10 由周臻全编写，2.11 由顾国明编写，2.12 由姜向红、张庆福编写，2.13 由夏凉风编写，2.14 由吴小建、颜正红、杨子松编写；第 3 章的 3.1、3.3、3.4 由吴德龙、陈建大、焦贺军、陈尧亮编写，3.2 由陆云、卞耀洪编写，3.5 由栗新编写，3.6 由马建荣、王丽红编写，3.7 由沈孝庭编写，3.8 由胡玉银、陆云、潘峰编写，3.9 由张德锋编写，3.10 由王美华编写；第 4 章的 4.1 由伍小平、高健、赵大鹏编写，4.2 由崔晓强编写，4.3 由卞若宁编写。书中新技术及工程案例主要由上海建工集团股份有限公司及下属单位提供，预应力施工技术及应用由上海建科预应力技术工程有限公司提供。

受作者水平和编写时间所限，本书难免存在疏漏和不当之处，敬请广大读者批评指正！

编　者

目　　录

第 1 章 建 筑 桩 基 施 工 技 术

1.1 灌 注 桩 后 注 浆 技 术

1.1.1 概述

随着高层建筑、特殊建筑物的日益增多，为减少基础沉降和不均匀沉降，对钻孔灌注桩施工技术提出了新的要求。如何改善桩底沉渣、桩端受到扰动的土层对桩的承载力的影响，可通过桩端后注浆技术提高桩端土体的承载力，从而大幅度提高单桩承载力，同时控制基础的整体沉降和不均匀沉降，使得钻孔灌注桩施工技术得到进一步发展。

1.1.2 技术简介

桩端后注浆技术是在钻孔灌注桩成桩、桩身混凝土达到预定强度后，采用高压注浆泵通过预埋注浆管注入水泥浆液或水泥与其他材料的混合浆液，浆液渗透到疏松的桩端虚尖中，固化桩底沉淤，加固桩底周围的土体；随着注浆量的增加，水泥浆液不断向由于受泥浆浸泡而松软的桩端持力层中渗透，增加了桩端的承压面积，相当于对钻孔桩进行扩底。当水泥浆液渗透能力受到周围致密土层的限制，使压力不断升高，对桩端土层进行挤压、密实、充填、固结；将使桩底沉渣、桩端受到扰动的持力层得到有效的加固或压密，从而改善了桩、土之间的联系，提高了桩端土体的承载力，并提高了单桩承载力，减少了基础的沉降、不均匀沉降。

1. 施工工艺流程

施工工艺流程是：钻孔灌注桩施工→钢筋笼预置注浆管→浇筑桩体混凝土后 7～8h 内清水疏通注浆管→7d 后开启注浆管，使浆液均匀加入，加固土体→注浆量（或注浆压力）达到设计要求后，停止注浆→转移到另一孔注浆，直至结束所有桩施工。

2. 后注浆施工要点

在钻孔桩每根钢筋笼上通长安装两根压浆管须符合设计要求，压浆管必须与钢筋笼主筋牢靠固定，并与钢筋笼整体下放，若是一柱一桩，格构柱部分的注浆管放置在格构柱外侧。压浆管埋入桩底 20～50cm，管与管之间采用丝牙连接，外面螺纹处用止水胶带包裹，并牢固拧紧密封。

下放钢筋笼必须缓慢，严禁强力冲击。在每节钢筋笼下放结束时，必须在压浆管内注入清水以检查管子的密封性能。当压浆管内注满清水后，以保持水面稳定不下降为达到要求。如果发现漏水，应提起钢筋笼检查，在排除障碍物后才能下笼。压浆管每连接好一段，必须使用 10～12 号铁丝，每间隔 2～3m 与钢筋笼主筋牢固地绑扎在一起，严防压浆管折断。对露在孔口的压浆管必须用堵头封闭，防止杂物及泥浆掉入压浆管内，确保管路畅通。在桩身混凝土浇筑后 7～8h 内，必须用清水劈裂，水量不宜大，贯通后即刻停止灌水。

在桩底压浆时，若有一根注浆管发生堵塞，可将全部的水泥浆量通过其他畅通导管一次压入桩端。对桩端压浆管全部不通的桩，必须采取补压浆措施：在桩侧采用地质钻机对称钻两直径约 90mm 的小孔，深度超过桩端 50cm，然后在所成孔中重新下放两套注浆管并在距桩底端 2m 处用托盘封堵，并用水泥浆液封孔，待封孔 5d 后即进行重新注浆，补入设计浆液。每完成一根桩的压浆工作，现场质量员应做好有关施工记录，且要求做到及时、真实、准确。

1.1.3　工程实例

1. 上海光源工程概况

上海光源工程（SSRF）位于上海浦东新区张江高科技园区内，如图1-1所示，该工程是中能第三代同步辐射光源，运行能量为3.5GeV，环周长为432m，具备同时提供60多条光束线的能力，可以同时为近百个实验站供光。上海光源工程是我国有史以来最大的科学装置，建成后将成为我国多学科前沿研究中心和高新技术的开发应用研究基地。

本工程桩基桩端持力层为72层。桩基主要是起隔振作用，因此，保证桩底后注浆的成功率就成了整个工程的重中之重。桩基施工过程控制要点见表1-1。

图1-1　上海光源鸟瞰效果图

表1-1　　　　　　　　　　　　　桩基施工过程控制要点

施工环节	重点控制项目
钢筋笼制作	检查底笼长度
	实测孔深，根据孔深确定注浆管超出底笼末道环箍的距离，并在绑扎后再次测量此段长度
钢筋笼下放	下笼过程中检查注浆管是否绑扎牢固及连接情况（是否包裹生料带、丝牙处是否拧紧），分节注水以检查密封性
注射器成型	检查注射器安装情况，包括单向阀门是否装反，丝牙处是否包裹生料带并拧紧，开孔处是否已包裹胶带
清水劈裂	根据混凝土浇筑完毕的时间确定清水劈裂的时间，现场监督，记录击穿压力
注浆浆液拌制	水泥标号、用量是否正确，经过滤网过滤
桩端后注浆	根据混凝土浇筑完毕的日期确定注浆日期，现场监督注浆全过程，记录注浆量、注浆压力
资料整理	整理注浆资料，帮助分析过程中出现的问题，提高注浆成功率

通过严格控制各道工艺，本工程的桩基后注浆的合格率为100%。同时静载荷试验结果表明，桩底后注浆的桩基桩端受力极小，这是因为后注浆工艺改善了桩端持力层的性质，为桩基承载力提供了更大的安全储备；桩端后注浆能够提高单桩承载力，桩基沉降明显减小，使得桩长减短，工程量减少，节省了造价，可以为以后的设计施工提供一种新的优良桩型选择。

2. 上海中心大厦工程概况

正在建设中的上海中心大厦工程位于上海浦东新区小陆家嘴核心区域，是社会各界瞩目的重大工程。整个基坑占地面积约为30 370m²，建筑面积约为380 000m²，主楼建筑结构高度为580m，地下车库埋深为25～30m，总高度为632m，为超高层摩天大楼。建成后的上海中心大厦将代表着上海的城市建设又迈向一个新的高度。

本工程承压桩为φ1000，桩底标高−83.70m，成孔深度约88m，桩端入⑨2层10m，桩身在⑦层、⑨层两个砂性土层中的总长度约60m，选用GPS-20型工程钻进行施工，并采用泵吸反循环成孔、泵吸反循环一清、泵吸反循环二清的工艺。泥浆循环过程中，采用专用除砂机进行除砂，保证循环泥浆的性能。承压桩进行桩底后注浆，注浆量为2.5t水泥/根，水泥标号采用 P42.5，水泥浆水灰比为 0.55。

施工步骤如下：

（1）预埋注浆管。按照设计图纸要求规定的压浆管长度进行断料。压浆管采用 φ25mm 黑铁管，孔底以上 30cm 处开设出浆孔，出浆孔孔径大于或等于 7mm，且要求总的出浆孔总面积不小于压浆管内孔的截面积。压浆出口用薄型橡胶封闭，一般使用推车内胎并用扎丝扎牢。用于声测管作后注浆的预埋管，其由检测单位确定。压浆管底部安装可靠有效的后压浆单向阀。

（2）压浆施工

1）根据本工程实际情况，压浆泵选用泵压不低于 7MPa 的高压注浆泵。地面输浆软管采用耐压值不低于 10MPa 的双层钢丝纺织胶管。胶管内径为 25mm。

2）根据工程桩施工进度，对桩身混凝土强度达 70%（成桩 7d 后）的桩的桩号及完工日期进行统计列表，按顺序进行压浆施工。

3）水泥浆配制要求。水泥采用 P42.5 级普通硅酸盐水泥，同时要求水泥新鲜、不结块。单桩注浆量约 3t 水泥，水灰比为 0.55，搅拌时间不小于 2min。搅拌好的水泥浆液用孔径不大于 3mm×3mm 的滤网进行过滤。

4）压入水泥浆。在桩身混凝土强度达 70% 后，开始压入水泥浆。压浆按照自下而上的原则控制，压浆时须控制渗入，确保慢速、低压、低流量，以让水泥浆自然渗入土层。本工程压力控制在 2MPa 以内，一般情况下取 0.6～0.8MPa，流速控制在 30～40L/min 以内，每根桩必须一次压浆完成，特别是两根压浆管压浆时间间隔不得超过 12h。压浆控制采用双控标准：当压浆量达到设计注浆量时停止压浆；当泵压值达到 3MPa 并持荷 3min，且压浆量达到设计注浆量的 80% 时停止压浆。在桩底压浆时，若有一根注浆管发生堵塞，可将全部的水泥浆量通过其他畅通导管一次压入桩端。

每完成一根桩的压浆工作，现场质量员应做好有关施工记录，且要求做到及时、真实、准确。

注浆管安放及注浆器埋置图如图 1-2 所示。

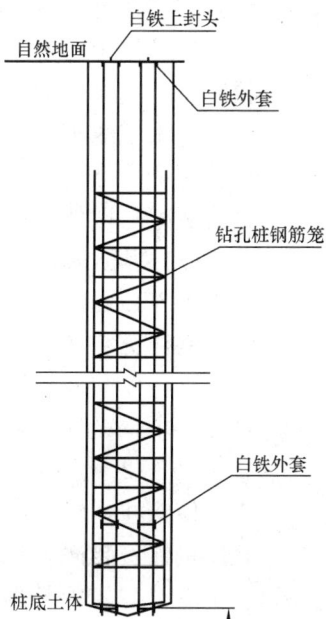

图 1-2　注浆管安放及注浆器埋置图

在上海中心大厦工程中，通过试桩测试结果分析可知，软土地基钻孔灌注桩桩端注浆后单桩极限承载力大幅度提高，同时说明了注浆后桩周围土的支承力大幅度提高。经过试验分析，在本工程中工程桩施工采用桩端后注浆技术，桩端水泥用量为 4000kg，桩端注浆终止标准采用注浆量和压力双控的原则，以注浆量控制为主，注浆压力控制为辅。上海中心大厦项目主楼桩基采用后注浆钻孔灌注桩，相比较采用钢管桩的桩型，工期缩短近一半，对周边环境的影响相当小，节约桩基投资约 70%，其社会效益和经济效益特别明显。

1.2　一柱一桩施工技术

1.2.1　概述

随着我国城市建设的发展，土地资源紧缺现象日益突出，因此，城市建筑向空中、地下发展是必然趋势。为加快施工进度，新的施工技术——逆作法施工应运而生。在逆作法施工中柱（劲性钢柱）和支承桩（钻孔灌注桩）的施工是重要的组成部分，简称为这种桩为一柱一桩施工技术。

1.2.2　技术简介

所谓一柱一桩，即钻孔灌注桩桩、柱一体施工，是指上部钢柱（截面中心须有空腔）根部嵌固于下部桩顶部的桩和柱在钻孔灌注桩施工中一次施工成型的施工方法，施工工艺流程图如图 1-3 所示。

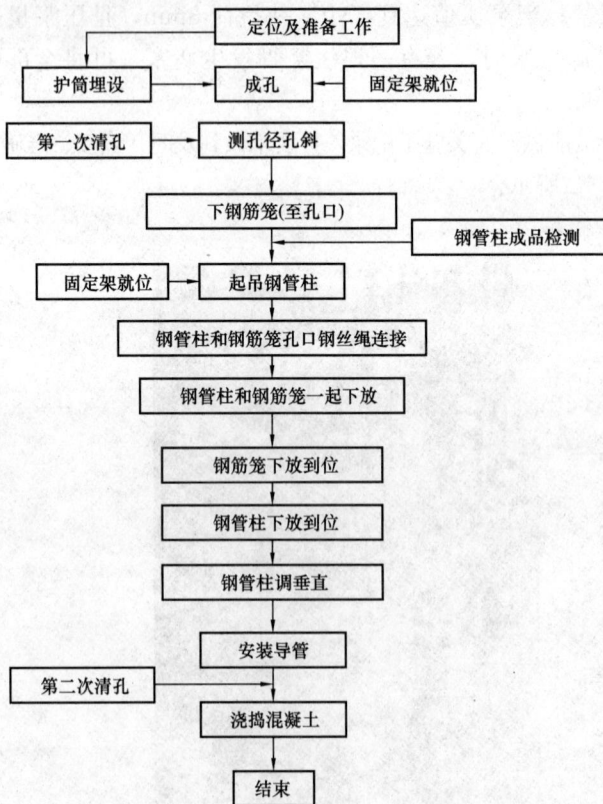

图 1-3　施工工艺流程图

（1）钻机定位。混凝土地坪浇筑时应埋设钻机（校正架）定位埋件。埋件位置应与钻机（校正架）底架尺寸对应。埋件数量应不少于 6 件，沿钻机（校正架）周边均匀分布。桩孔定位后应在混凝土地坪上画出桩位中心的十字线，钻机定位时钻机底架上的十字标记对应桩位中心十字线进行定位。定位的允许偏差应小于 10mm。钻机定位后钻机底架与埋件应焊接固定。

（2）钢柱的安装与校正。钢柱截面中心必须有空腔，如图 1-4 所示。钢柱安装前，桩孔已检测合格，钢筋笼已安装。桩孔垂直度应符合设计要求，设计无要求时垂直度不宜大于 1/200。钢柱安装时应先回直，使钢柱在铅垂的状态下吊入桩孔。钢柱安装嵌入桩顶的长度应不小于设计规定的长度。嵌固处的构造处理应符合设计图纸要求。钢柱

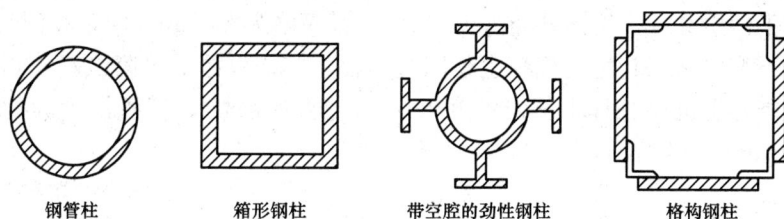

图 1-4　有空腔的钢柱截面示意图

采用两台经纬仪在互成 90°的位置进行校正。钢柱的最终垂直度应符合设计要求，设计无要求时，垂直度不宜大于 1/500。钢柱校正的方法有校正架校正法、千斤顶支架校正法和电控校正法等。

（3）混凝土施工。灌注混凝土的导管从钢柱空腔内下放并居中。灌斗不得直接支承在钢柱上口，灌注中不得碰撞钢柱。灌注中应控制混凝土面上升高度，当混凝土面接近钢柱底端时，导管埋入混凝土的深度宜在 3m 左右，灌注速度适当放慢；混凝土面进入钢柱底端 1～2m 后，宜适当提升导管，导管提升应平稳，同时应观测地面校正段的垂直度，若出现偏差，应在混凝土刚进入钢柱底端时进行校正。当柱子为钢管混凝土柱且钢管柱和桩身的混凝土采用不同强度等级时，应通过控制不同强度等级的混凝土面的标高，保证进入钢管柱内的混凝土达到要求。灌注中，当桩身中低强度等级的混凝土面距钢管柱底端 2m 时，提升导管，使导管埋入深度距钢管柱底端 4m，停止灌注低强度等级的混凝土，接着灌注高强度等级的混凝土，灌注中应两次泛浆：当混凝土灌至桩顶时进行第一次泛浆时，泛浆高度为 2m。泛浆后在桩与钢管柱间隙周边均匀对称回填碎石，控制钢管柱外的混凝土继续上升；当混凝土灌至钢管柱上口时，进行第二次泛浆，使不良混凝土由钢管柱上口周边的泛浆口泛出，直至见到洁净混凝土如图 1-5 所示。

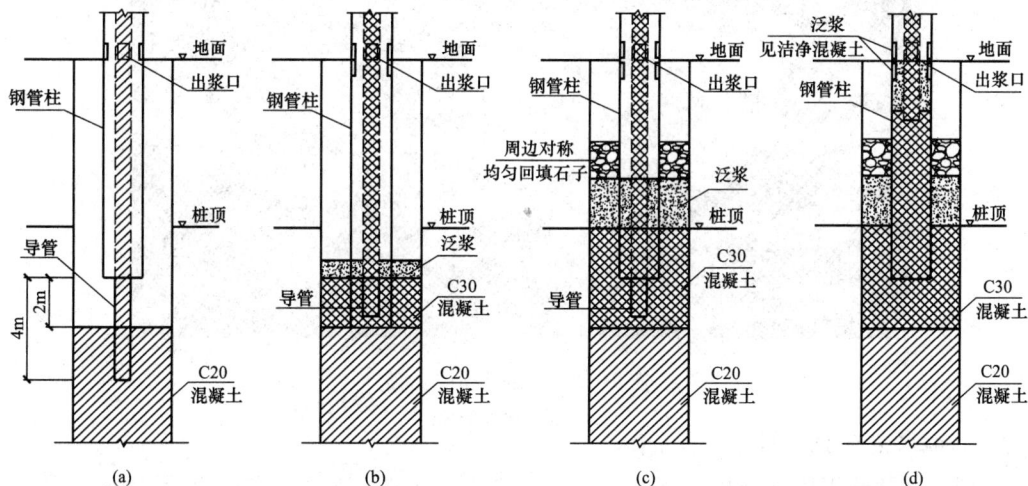

图 1-5　桩、柱一体施工混凝土灌注示意图

1.2.3　工程实例

工程实例为 500kV 静安（上海世界博览会，简称世博会）变电站。

1. 工程概述

500kV 静安（世博会）变电站，工程总投资近 30 亿元，占地约 13 300m²。变电站建筑设计为筒形地下四层结构，筒体外径为 130m，埋置深度为 34.5m。它是我国目前城际供电网中最大的地下变电站，其建设规模也是同类工程之首，也是世界第二座 500kV 大容量全地下变电站，国际上也仅有日本新丰洲变电所（直径为 144m、埋置深度为 29m，500kV）能与之媲美，如图 1-6 所示。

图 1-6　工程效果图

本项目作为世博会的重要配套工程，位于上海市静安区成都北路、北京西路、山海关路和大田路围成的区域之中，站址可用地块包括南北方向长约 220m、东西方向宽约 200m。根据市政规划，本站址所处地块为公共绿地，地面部分将建设上海市"雕塑公园"。

本工程结构是直径为 130m 的圆柱筒体，开挖深度为 33.7m。本工程采用的一柱一桩是 89.5m 深的 ϕ950 钻孔灌注桩，内插 33m 的 ϕ550×16 钢管柱，此深度的一柱一桩施工在上海地区属首次使用，如图 1-7 所示。

图 1-7　施工时场地全貌

2. 工程特点和施工措施

工程特点和施工措施包括以下内容：

（1）特点一：超深灌注桩成孔垂直度（1/500）控制。本桩基工程中一柱一桩（桩底注浆）桩底标高均为 -89.5m（桩端持力层为⑨2 中砂层），成孔深度将达 90m。由于一柱一桩桩身内插立柱钢管采用 ϕ550×16，垂直度要求为 1/600，为进一步确保钢筋笼与钢管间的调垂空间，所以必须要求控制成孔垂直度达到设计要求（1/500），远大于规范 1/100 的要求。

基于上述情况，在施工过程中，对成孔垂直度采用以下措施：

1）由于成孔深度深、地层土质结构变化大，将给成孔的垂直度带来困难，这就要求选用底盘较为稳定的钻孔机具，并且成孔时采用控制钻速、减压钻进的施工工艺，以达到垂直度的要求。因此，针对性地选择扭矩大、钻机稳、功率大的 GPS-20A 型回旋钻机（转盘扭矩 60kN·m），如图 1-8 所示并采用防斜梳齿钻头，除增加钻头工作的稳定性和刚度，也增加其钻头耐磨性能。该钻头可用于钻进 N 值为 50 以上的较硬硬土层、带砾石的砂土层。钻头上面直接装置配重块，既能保证钻头压力，又能提高钻头工作稳定性和钻孔的垂直精度。

图 1-8 防斜梳齿钻头

2）成孔过程中塔架头部滑轮组、回转器与钻头始终保持在同一铅垂线上，并保证钻头在吊紧的状态下钻进（减压钻进），过程中应随时检查机架平整度及调整其水平。减压钻进采用拉力控制措施，如图 1-9 所示。

（2）特点二：超长钢管柱（37.5m）垂直度（1/600）控制。本工程钢管柱的垂直度要求为 1/600，远大于规范要求的 1/100，且钢管长度大，最长达 33.045m；并且由于运输原因，需要分两段到现场焊接成型。如何保证焊接过程及吊装过程的垂直度，如何在地面以下有效地对垂直度进行检测并进行调整，这均是本工程的难点。

因此在施工过程中，采用以下措施（图 1-10、图 1-11）：

图 1-9 拉力控制，减压钻进

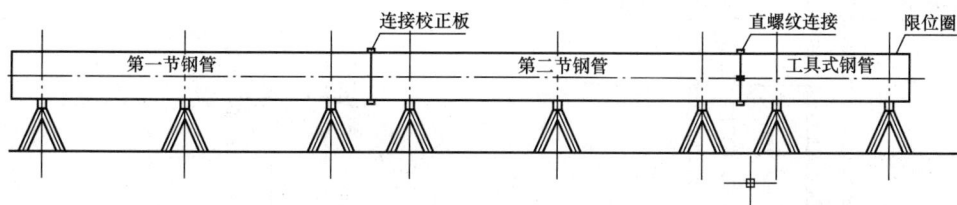

图 1-10 钢管拼接示意图

(a)　　　　　　　　　　　　　　　　(b)

图 1-11　拼装成型的钢管柱起吊

1) 钢管柱总长有 33.045m、32.545m 两种（不含 4m 工具管长度），钢管构件在工作平台胎模上进行组装，以确保对接（焊接）的准确性与垂直度。

2) 利用重心原理，在钢管柱顶端设计了专用吊耳与平衡器（吊点与铁扁担），以确保钢管柱在自由状态下保持垂直度。

3) 最后采用地面调垂系统调节钢管的垂直度，地面调垂系统主要由地面定位架、横梁、10t 千斤顶与 5m 校正杆组成（图 1-12、图 1-13）。

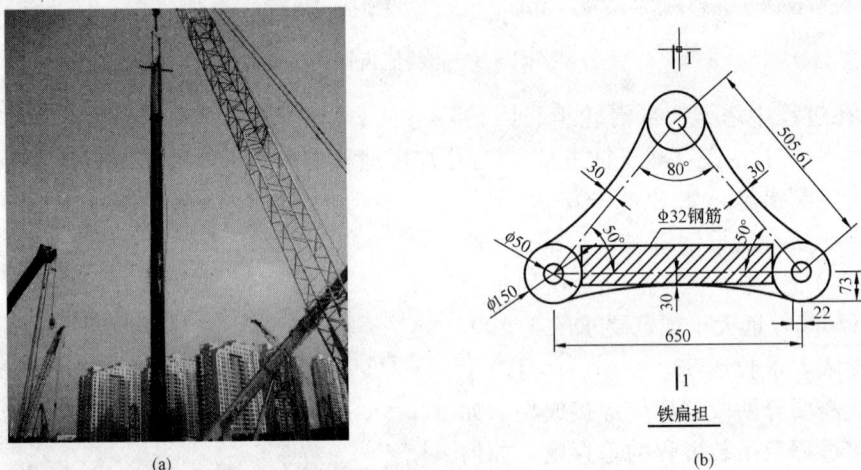

(a)　　　　　　　　　　　　　　　　(b)

图 1-12　横吊梁

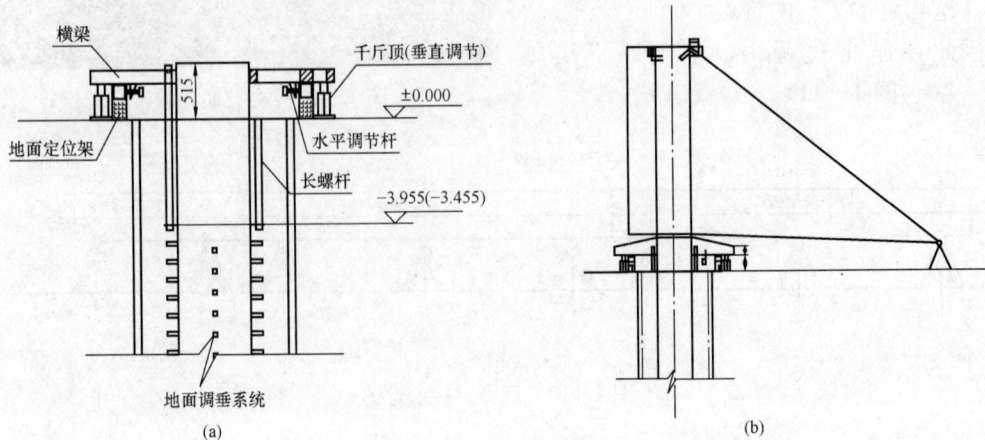

(a)　　　　　　　　　　　　　　　　(b)

图 1-13　地面定位架（一）

图 1-13　地面定位架（二）

（3）特点三：桩和柱采用不同标号的混凝土（分别为 C35 和 C60），换浇施工。采取以下措施（图 1-14、图 1-15）：

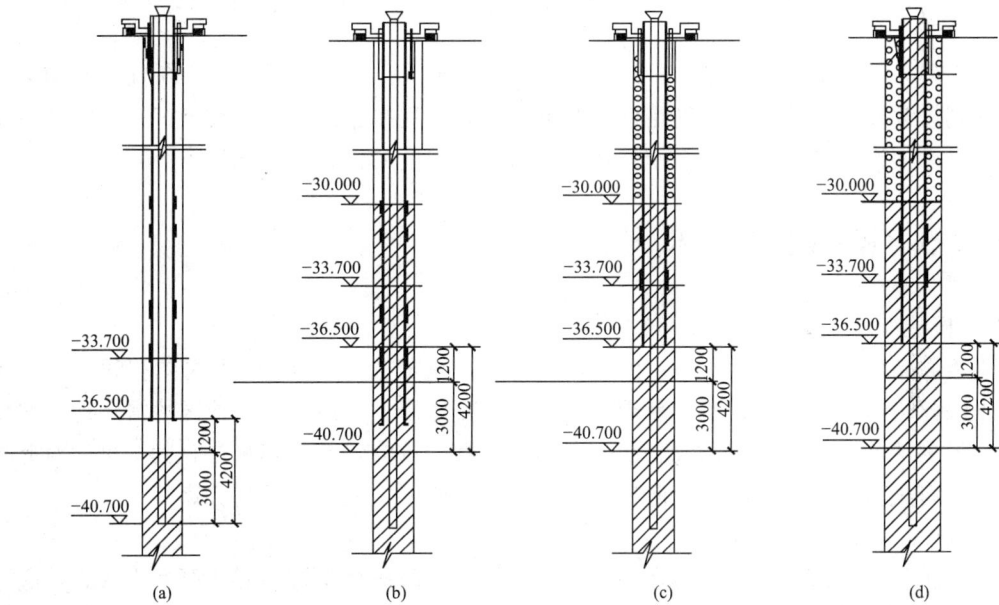

图 1-14　不同标号混凝土换浇施工措施示意图

1）水下浇捣灌注桩混凝土（低标号混凝土）至标高－37.700m 时，控制导管下口标高为－40.700m（考虑埋管深度为 3.0m），具备以上条件后，开始灌注高标号混凝土。

2）开始灌注柱混凝土（高标号混凝土），使低标号混凝土灌注面上升至标高－30.000m，使低标号混凝土全部在桩顶标高以上，混凝土全部置换完毕。

3）混凝土灌注面标高满足－30.000m 时，沿

图 1-15　不同标号混凝土换浇施工

钢管外圈回填碎石、黄砂等，阻止管外混凝土上升。

图 1-16　钢管柱与钢筋笼连接

4）继续灌注高标号混凝土，直至钢管立柱内上翻见到高标号混凝土（5-40 石子）排出为止。

5）回填 5-40 石子措施：对称回填，并为了防止石子在回填过程中掉入钢管内，特设计了专用的回填挡板。

（4）特点四：钢管柱和钢筋笼连接形式施工（图 1-16）。常规钢管立柱或格构立柱安装方式有两种：第一种方法垂直度要求不高，钢管立柱或格构柱与钢筋笼电焊连接；第二种方法垂直度要求高，钢管立柱或格构柱插入钢筋笼，利用钢管柱或格构柱与钢筋笼之间的净距进行垂直度调节，然后固定。在本工程中，由于工期紧、垂直度要求高、钢管柱数量多，为此用钢丝绳采用铰接的方法，把钢管柱与钢筋笼连接起来，其优点是安装方便，调节简单。由于采用了这种方法，在施工时加快了进度，效果良好。

3. 结束语

本工程一柱一桩（201 根）于 2006 年 2 月 18 日开工，2006 年 12 月 20 日全部结束，质量均达到设计要求，垂直度均满足设计要求值。本工程在超深一柱一桩施工过程中，由于措施得当，不但满足了进度要求，而且还为今后如此深度的桩基施工积累了经验。

1.3　扩底（径）桩施工技术

1.3.1　概述

随着城市建设的发展，地下空间的开发与利用已成为 21 世纪城市立体空间开发的主旋律。上海已将地下空间的开发与利用纳入了城市整体规划。由于上海地区的常年地下水位较高，一般为地面以下 0.3～0.5m，故地下结构工程的抗浮设计相当重要，其合理性对此类工程的造价有很大影响。因此，扩底抗拔桩的开发与研制将成为必然趋势。

1.3.2　技术简介

所谓扩底钻孔灌注桩，是指在钻孔灌注桩等直径段成孔至桩端后，调换机械式扩底钻进行桩端扩孔而形成的桩端呈圆锥形扩大端的钻孔灌注桩。其施工工艺流程如图 1-17 所示。

扩底桩施工前，应进行试成孔，验证和确定扩底施工的相关参数。试成孔后，应检测扩底部分的孔径、扩底端高度、孔壁静态稳定和孔底沉淀等指标，确认是否符合设计要求。试成孔的数量应不小于两根。扩孔钻具采用三翼连杆机械式扩底钻，扩底钻由钻杆、上支承盘、下支承盘（含支承底盘）、扩展刀架（含硬质合金刀刃）、支承连杆等组成，其形式如图 1-18 所示。

钻孔成孔前，等直径段的桩孔应成孔至规定标高，并完成第一次清孔，然后调换扩底钻具。扩底钻具下放到离孔底 0.3～0.5m 时，应先启动泥浆泵，再启动钻机，在保持空钻不进尺的状态下，泥浆循环 3～5min，然后下放钻具至孔底，利用钻具的自重加压逐渐撑开扩展刀架进行扩底成孔。钻孔成孔中控制和调整钻进参数，钻进参数应符合表 1-2 的规定。

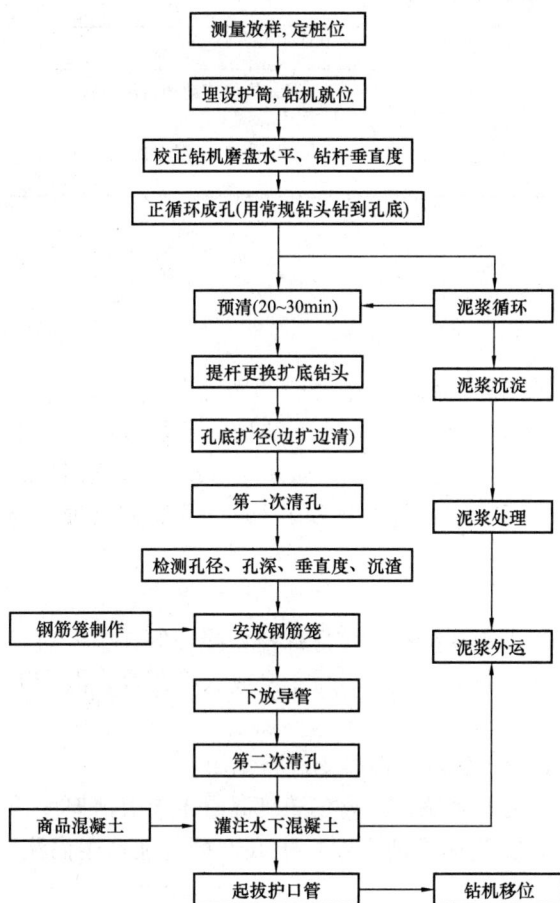

图1-17 施工工艺流程图

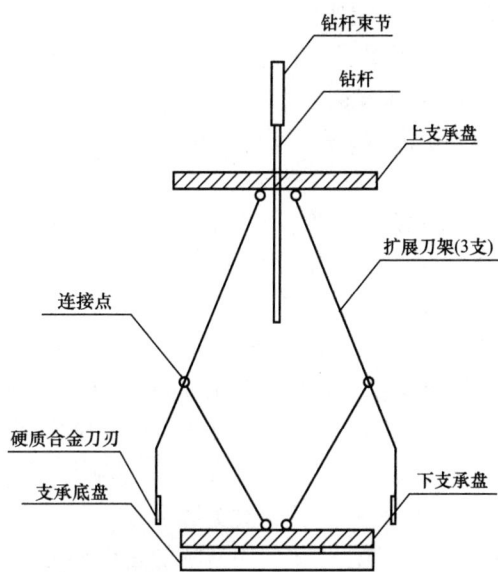

图1-18 三翼连杆机械式扩底钻示意图

注：下支承盘与支承底盘间可转动。

表1-2 钻孔成孔中钻进控制参数

钻进参数 土层	钻压/kPa	转速/(r/min)	泵量/(m³/h)	钻进速度/(mm/min)
粉性土、黏性土	10～25	40～70	100～150	≤500
砂土	5～15	40		

钻扩成孔中泥浆应保持循环，孔内循环泥浆应控制在泥浆密度小于或等于1.30，漏斗黏度为22″～28″的规定范围。钻扩成孔至规定标高后，应将钻具提离至距规定标高0.3～0.5m处，利用钻具进行泥浆循环清孔，清孔时钻具宜保持低速转动，清孔时间宜在15～30min。清孔完毕后，才可收拢扩底钻提取钻具。钻扩成孔至规定标高后，应增加一次清孔。在灌注混凝土前对扩底的尺寸及孔底进行检测，检测数量为总桩数的50%，若检测后不合格桩数量超过三根，检测数量增为100%。桩孔扩底段的检测结果应符合表1-3的规定。

表 1－3　　　　　　　　　　　　扩底段的允许偏差及检测方法

序号	项目		允许偏差	检测方法
1	孔径（上、下口）		0＋5mm	用井位仪或超声波测井仪
2	沉淤厚度	承压桩	≤100mm	用沉渣仪或测锤测定
		抗拔桩	≤200mm	

注：表中的允许偏差，设计有要求时按设计要求。

1.3.3　工程实例

工程实例为上海铁路南站南广场。

1. 工程概况

上海铁路南站南广场位于徐汇区，南邻老沪闵路，西邻正南花苑的居民小区，基坑平面形状为平行四边形，面积约 22 932m²。本工程的主体结构均为地下结构，主要包括地下车库、商场、通道，其中地下车库、商场为地下二层结构。工程桩为 ϕ600mm，桩底以上 1m 范围内是扩径为 1200mm 的抗拔桩，桩长分别为 31m（A 类桩）和 37m（B 类桩）两种。混凝土设计强度等级为 C30，施工时提高一级为水下 C30。

2. 工程施工技术难点

在软土地基中，扩底桩施工的关键技术难点表现在扩孔、桩形保持及操作等几个方面。

（1）扩孔：软土地基中，桩孔常常遇到缩径、塌孔，造成钢筋笼吊放入孔困难，混凝土充盈系数小于 1 或大于 1.30，这对扩底桩更不利。

（2）桩形保持：对扩底部分而言，如何使其形状保持到混凝土浇筑结束。

（3）操作：如何用常规的正循环清孔方法把沉淤清除，使其在浇筑混凝土前沉渣厚度符合规范要求。由于扩底部分孔径是桩径的一倍，在正循环清孔时，扩底部分可能产生涡流，沉淤处在涡流的作用下翻滚不易随泥浆带出孔口。

3. 扩孔原理

在上海南站南广场扩底灌注桩施工中，使用的扩孔钻头底为 ϕ580mm 的不转动平面，成孔时首先用普通 ϕ600mm 钻头直接钻进至孔底，然后提升钻杆，更换扩孔钻头下至孔底，利用该钻头加上钻杆的重量向下对孔底产生作用力，孔底的土体对扩孔钻头产生反作用力，使钻头扩孔刀排向孔壁扩张，此时钻头在孔底旋转并切削孔壁土体，达到扩底的作用。由于扩孔钻头不旋转反压平面底座，对于软土层能获得较大的反力，使扩底钻头充分打开，扩孔直径最大达 1200mm。

4. 施工工艺特点

扩底灌注桩的施工工艺和普通钻孔灌注桩的施工工艺基本相同，两者的主要区别在于前者增加了三道施工工序：预清 20～30min、提杆更换扩底钻头、孔底扩径（边扩边清）。

（1）增加一次预清孔。当普通钻头钻至孔底时即清孔一次，时间为 20～30min，然后再更换扩底钻头以减少沉渣。此工序作为清淤的重要措施之一。

（2）原来用普通钻头钻至距扩底部位 1～2m 时提杆更换扩底钻头进行扩底，现改为用普通钻头直接钻至设计桩底标高，然后提杆更换扩底钻头扩孔。

（3）扩孔时采取边扩边清孔，时间在 90min 左右。通过边扩边清孔能够将扩孔后的较大颗粒泥块充分带出孔口。此工序作为清淤的重要措施之二。

（4）扩底结束时清孔时间约为 30min。

（5）泥浆参数：泥浆相对密度为 1.25～1.3，黏度为 22～25s，较大的泥浆密度和黏度是减少缩径、塌孔的特殊施工工艺参数,其对扩底后的形状维持有可靠保证,同时较大黏度、密度的泥浆更容易把成孔时的较大颗粒的泥块带出孔口。

5. 施工质量

为了确保工程质量,参照《建筑桩基技术规范》(JGJ 94—2008)、《建筑地基基础设计规范》(GB 50007—2002)以及上海市标准《钻孔灌注桩施工规程》(DBJ 08—202—1992)等规范,业主、设计、监理、施工单位共同商讨制定了《上海铁路南站南广场工程扩底钻孔灌注桩质量验收标准》(试行稿)。

(1)基本规定。桩身质量的检测方法可采用动测法,抽检的数量为100%;扩底桩应进行成孔孔径检测。逆作部分扩底桩应按100%检测,其余部分按50%的比例进行检测。若发现一根桩不合格,检测比例增加至75%;若不合格桩数达到两根,检测比例增加至100%。

(2)成孔质量检查。成孔时应控制护壁泥浆相对密度小于1.3,若出现特殊情况,泥浆指标调整,由设计人员会同监理人员等现场确定;泥浆面标高应高于地下水位0.5~1.0m;成孔扩大后应进行再次回钻清孔,清孔过程中应不断置换泥浆,浇筑混凝土之前孔底500mm以内泥浆相对密度应控制在1.15~1.25,含砂率小于或等于8%,黏度小于或等于28s;灌注混凝土之前,孔底沉渣厚度不得大于200mm。

6. 扩底灌注桩与常规钻孔灌注桩的比较

本工程的桩在施工前进行了试桩,桩型有扩底型和直线型(不同桩径和桩长)。桩的混凝土强度达到设计强度后进行了试验。随后对测试数据进行了抗拔力、混凝土充盈系数、承载力等方面的分析比较。

(1)抗拔力比较(见表1-4)。扩底型桩和直线型桩的抗拔力接近,扩底桩的混凝土用量比常规桩减少了30%以上,回弹率明显提高。由此可以看出,采用扩底型桩降低了成本,减少了沉降,带来了显著的经济效益。

表1-4　　　　　A、B型(扩底型)与C型(直线型)抗拔力的比较

桩型	混凝土量/m³	混凝土量差值/m³	钻孔深度/m	钻孔深度差值/m	桩径/mm	抗拔力/kN	最大回弹率(%)
C型	21.94		57		700	4000	58.4(C1-2) 72.26(C1-1)
A型	12.95	8.99	44	13	600~1200	3450 3700(最大)	81.86(A1-2) 80.71(A1-3)
B型	14.65	7.29	50	7	600~1200	3900 4200(最大)	75.48(B1-3) 70.75(B1-2)

(2)混凝土充盈系数(见表1-5)。通过对扩底灌注桩混凝土充盈系数进行汇总分析发现,其值为1.0~1.30,与常规钻孔灌注桩的相同,在规定范围之内,排除了扩底灌注桩抗拔力的提高是由混凝土充盈系数过大造成的疑虑。

表1-5　　　　　　A、B型抗拔桩混凝土充盈系数一览表

桩号	直线部分直径/mm		扩底部分直径/mm		理论方量/m³	实际方量/m³	充盈系数
	设计值	实测值	设计值	实测值			
A1-2	600	710	1200	1190	12.94	15.00	1.16
A1-3	600	630	1200	1220	12.94	15.50	1.20

续表

桩号	直线部分直径/mm		扩底部分直径/mm		理论方量/m³	实际方量/m³	充盈系数
	设计值	实测值	设计值	实测值			
A1-4	600	660	1200	1210	12.94	15.50	1.20
A1-5	600	600	1200	1150	12.94	14.96	1.16
A1-6	600	620	1200	1250	12.94	16.50	1.28
B1-1	600	780	1200	1380	14.64	16.00	1.09
B1-2	600	710	1200	1190	14.64	16.00	1.09
B1-3	600	740	1200	1410	14.64	16.00	1.09
B1-4	600	630	1200	1200	14.64	16.00	1.09

（3）桩的静载试验。扩底灌注桩的承载力通过试桩的测试，比设计值提高了40%，这充分体现出其优越性。

通过试桩测试数据的分析，在工程桩施工中对桩的长度进行了调整，A类抗拔桩桩长原来为31m，现减短为29.5m，桩径为600mm，扩底部分最大直径为1150mm；B类抗拔桩桩长原来为37m，现减短为35m，桩径为600mm，扩底部分最大直径为1150mm。

7. 结束语

扩底灌注桩的适用范围较广，不仅适用于抗拔桩，还适用于抗压桩及一柱一桩。对于高层建筑、地铁、车站、地下车库等工程都有着较为广泛的应用。

本次施工过程中采用的是机械式扩孔钻头，更换需要较长时间。因此下一步拟采用液压式扩孔钻头，那么整个施工过程中就无须更换钻头，并可在不同深度处扩孔。例如：施工格构柱桩可在上部扩孔；施工竹节桩可在中间任意深度扩孔，形成竹节状；施工扩底桩可在桩底扩孔。这样，钻孔灌注桩的运用前景将更为广阔。

第2章　地下建筑结构施工技术

2.1　采用CD机处理地下障碍物技术

2.1.1　概述

目前较多工程所处的周边地理环境特殊，其施工环境较为复杂，障碍物普遍埋设较深，周围又有较多保护性建筑、管线等，给施工带来一定的难度，尤其是在遇障碍物需清障的情况下，常规的清障方法无法满足施工要求。为了保护周边建筑、管线、道路，采用全回转全套管CD机这一专业设备进行地下障碍物处理。

2.1.2　技术简介

1. 准备工作

由于CD机整套设备重量较大（图2-1），且在工作时受力较大，因此对地基有一定的地耐力要求，碰到太软弱的土体时需要进行处理后才能上机械设备。

2. 设备配备

现场具备一定条件后，安排车辆将设备运入现场，整套设备包括钻机一台、反力架和底板各一个、钢套管一个、控制室一间、液压控制设备一套、0.6m³挖土机一台、100t起重机一辆，并包括修理集装箱等设备。

图2-1　全回转全套管CD机

3. 测量定位

清障范围一般为围护结构和坑内桩位，须精确定位后才能开始施工。

4. 开挖管线样槽或钻孔探障

由于施工现场地下管线情况可能比较复杂，因此清障前需要在清障区域开挖管线样槽，查明是否有管线，如有管线，需明确是否报废才能进行施工。

在考虑未知清障工作量较大的情况下，宜采取钻孔探障的方法，根据探障结果确定障碍物清除范围。

5. 设备就位

用100t履带起重机将底座安放在清障孔位上，然后将35t的回转钻机固定在底板上，并在回转钻机上套上反力架，然后将100t履带起重机压在反力架上，起到稳定回转钻机的作用。

6. 放入端部套管

用100t履带起重机将10m长的套管对准回转钻机中心放入。第一节套管起到切削障碍物的作用，故顶部有合金钻头。

套管插入初期会对以后套管的垂直精度产生较大影响，所以必须慎重压入。夹紧套管应在起重机将套管吊起悬空的状态下抓紧进行。套管前端插入辅助夹盘之前，先用主夹盘抓住套管，收缩推力油缸落下套管，以防止钻头与辅助夹盘的碰撞事故。

用自重压入套管，首先将发动机设置在高速状态，回转速度设置为中等程度，高速时速度调整盘为6，低速时速度调整盘为10。将液压动力钻的"压入调整盘"向左旋转到底，液压回路打开，保持压拔按钮处在"压入"的状态，此时因为不向推力油缸供油，套管凭借自重持续下降，在此状态下，套管可以持续下降到推力油缸的最大行程。

插入初期不要过度使套管上下动作，应积极配合自重进行下压，在挖掘初期反复上下动作将使地基松动，容易造成钻机下方地基坍塌，从而威胁到周边地基的稳定。只有当采用自重压入且速度变慢时，才可逐步增加压入力。采用自重压入时，压入力的计算公式为

$$压入力（自重）F = 钻机的一部分自重（W_1）＋套管自重（W_2）$$

7. 套管静压回转

采用楔形夹紧机构将回转钻机的回转支承环与套筒固定，楔形夹紧机构与套筒的咬合与松开由夹紧油缸控制，当夹紧油缸向上提升时，楔形块跟着上升，夹紧机构松开；当夹紧油缸向下收缩，楔形块也随之下降，而牢靠地将套管和回转支承装置咬合。

套筒回转由液压马达驱动，回转时，液压马达的动力由主动小齿轮经惰轮传递至回转支承外圈的环形齿轮，带动回转支承在套管周围回转，回转支承旋转产生的扭矩通过楔形夹紧装置传递到套筒上，带动套筒进行回转。夹紧油缸位于钻机的固定部分，由于不与套管一起回转，从而液压管可以始终处于接续状态，回转时无须将夹紧装置和液压管分离，这可以大大提高钻进的效率。

进入挖掘中期，当采用自重压入且速度变慢时，将液压动力站"压入力调整盘"向右旋转，液压会逐步上升。当压拔钮置于"压入"状态时，液压油缸向推力油缸供油，此时压入模式转为液压压入，压入力的计算公式为

$$压入力 F = 钻机的一部分自重（W_1）＋套管自重（W_2）＋液压力（p）$$
$$＞周边摩阻力（R）＋前端阻力（D）$$

当单个钻头负荷为4t左右时，钻头处于过载状态，此时将产生强烈的冲击及振动，因此在施工过程中必须对钻头负荷进行控制，这时需要将套管稍稍提起，实现这种功能的机构称为"B-CON机构"。通过B-CON机构的刻度仪可设定钻头负荷，给拉拔油缸供油，从而将套管稍稍提起。此时测量套管自重 W_c、本体的一部分重量 W_m（25t）及周围表面阻力 F 是否合理，则加于钻头的负荷为零。接下来把拉拔油缸的压力泄掉，钻头负荷就增大。当达到设定负荷时，就能保持设定负荷并开始自动切削。

8. 接长套管，套管内挖掘

一般单节套管为10m，当障碍物深度大于10m时，须另外接一截套管，接套管时用履带起重机将套管回直，在回转钻机上对接，对接采用高强螺钉连接。

渣土排出采用冲抓斗，根据配备的套管，冲抓斗的直径有2000、1800、1500、1200、1000、800mm，选用清水工业生产的对应直径冲抓斗来排出回转钻产生的渣土，其最大重量为6.1t，容量为0.4m³，高度为4.039m。冲抓斗对于回转产生的渣土以及破碎的障碍物都有较好的适应性，可以排出大型的巨砾。

9. 地下障碍物的破碎、清除

块石清理直接利用回转钻机进行，首先利用回转钻机将套筒压入至块石堆表面，然后利

用套筒的自重将套管强行回转下压，穿越块石层下压。对于进入套管内的块石，可直接采用冲抓斗排出。

其他不明障碍物的破碎采用多头抓斗，多头抓斗由配重、连杆、导向板等固定装置和其下端安装的大型螺旋钻头等构成，多头抓斗采用 100t 起重机吊入套管内，一直下放到挖掘底部，施工时一边回转套管一边压入，此时多头抓斗会和套管一起回转，利用前端的螺旋钻头破坏土体和障碍物。多头抓斗插入到套管内，在套管的下端固定，利用 RT 的动力，用前端的大型螺旋钻头破碎土体中的木桩和其他不明障碍物，然后抓出。

10. 回填、拔除套管

障碍物清除后，采用挖土机将优质土或低掺量的水泥土回填至清障孔位内，从套管孔口位置向套管内回填，边回填边反回转拔套管并夯实回填土，直至回填至地面。

套管拔除在回转钻进到预定标高并将套筒内渣土及障碍物全部清除后完成。拔除采用回转装置反向回转进行，拔除与回填应同步进行，以保证回填材料充满孔洞并保证回填的密实。拔管至接近地面时应暂停拔除，待回填材料完成后再行上拔剩余导管。

由于套筒在回转钻进时是一节一节下压接长的，因此拔除套筒也按照逐节拔除的方法进行，拔除一节并拆除顶部一节套筒后，继续拔出下部套筒。

2.1.3　工程实例

工程实例为上海外滩通道改建工程。

1. 工程概况

上海外滩通道改建工程（南段）起自老太平弄及中山南路交叉口南侧，线路向北西沿中山南路穿越会馆路、东门路后沿中山东二路、中山东一路行进，经新开河路、新永安路、金陵东路、延安东路、广东路，到福州路盾构工作井为止。

2. 周边环境及障碍物概况

本工程地处黄浦江边，地下水与黄浦江水相连通，造成该区域地下水位较高，且受到潮汐影响，存在着一定的水压力。根据以往的历史记录和现有图纸资料，有部分老防汛墙在基坑内，形成地下障碍物，这些障碍物主要是老防汛墙的抛石基础，深度一般在 8～10m，且有部分防汛墙主体正好位于围护结构下，防汛墙主体下存在着预制方桩及木桩等地下障碍物。

整个外滩通道位于中山东路上，整体呈狭长形，围护边线离周边管线及道路较近，最近处几乎为零，最远处不超过 2m，常规清障方法无法应用于本工程。故确定在本工程地下墙围护区域采用全回转全套管 CD 机这一专业设备进行清障。

3. 施工情况

（1）探障确定障碍物情况。探障采用钻孔探障。孔位布置为每条围护上布置两排，延长米方向布置间距为 1m，垂直方向布置间距为地下墙宽度，两排呈梅花形布置，探障深度为10～16m。

（2）清障孔位布置定位。遵循先探后清原则，对没有发现障碍物的区域进行加密补探。清障孔位布置根据围护类型而定，地下墙根据墙厚确定［0.6、0.8m 厚地下墙采用 1.8m 或2m 套管单排清障（搭接 800mm），1、1.2m 厚地下墙采用 1.5m 套管双排清障（搭接400mm）（图 2-2、图 2-3）］。

（3）场地准备、钻机就位。钻机安装及作业要求场地平整并有一定的承载力，采用铺设路基钢板的方法。首先由测量人员对设计的钻孔位进行精确放样，复核后作出标记。定位钢板按

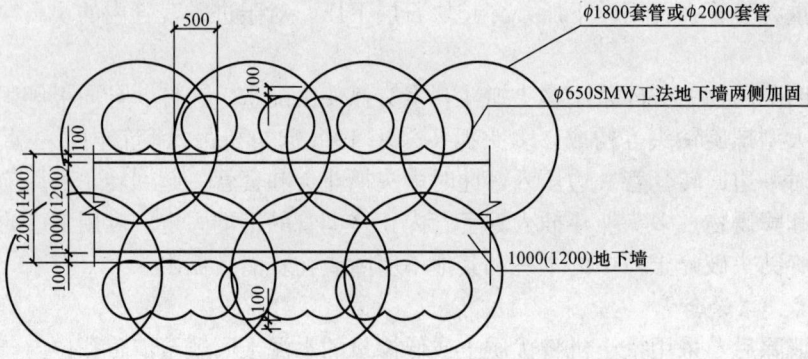

图 2-2　1000mm 或 1200mm 厚地下墙孔位布置详图

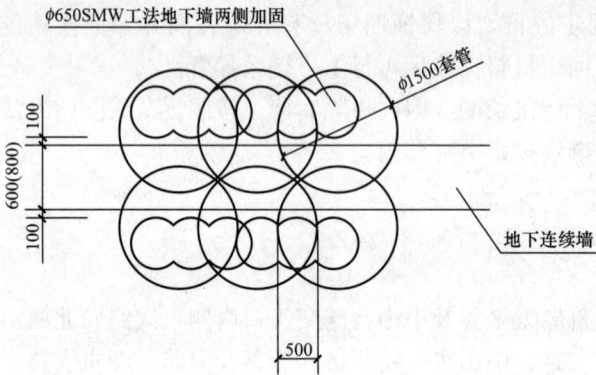

图 2-3　600mm 或 800mm 厚地下墙 φ1500 套管孔位布置详图

标记安放并固定。钻机就位后调整好设备的水平度，并随时观察和控制套管的垂直度，使之不低于 1/300。

（4）套管压入及钻进。在钻机就位后，开始进行套管的埋设和钻进作业。每节套管连接好并检查垂直度后，通过全回转钻机的回转装置使套管进行不小于 360°的旋转，以减少套管与土体的摩擦阻力，并随即利用套管端部的刀齿切割土体或障碍物，压入土中，开始正常作业。

在利用冲抓斗抓除套管内土体时，如遇到大块的钢筋混凝土等障碍物，则利用重锤进行破碎后抓出，并将抓出的渣土外运。

（5）成孔。依次连接、旋转、压入套管，消除套管内部杂物，直至套管内抓出的土为原状土，才可确认该清障工作已经完成。

（6）套管拔出及回填。每孔清障结束起拔套管时，在套管内回填原状土，回填用土是将挖出的土清理干净后用挖土机回填，用重锤分层压实，边回填边起拔，并将钻机移至下一桩位进行同样工序施工。

（7）清除障碍物。清除的各种障碍物如图 2-4～图 2-7 所示。

图 2-4　清出木桩

图 2-5　钢筋混凝土底板　　　　　　　　　图 2-6　石块

图 2-7　老消防井

（8）清障工作量（见表 2-1）。

表 2-1　　　　　　　　　　　　清 障 工 作 量 统 计 表

序号	清障区域	清障孔数/孔	清障深度/m	清障直径/mm	合计清障数量/m³	备注
1.1	3B2-2	153	10.59	1800	4119.6	
1.2	3B1-2	288	10.38	2000	9391.11	
1.3	3B2-2	187	7.44	1500	2457.39	
1.4	新永安路泵房	130	10	1500	1300	
1.5	3B2-1	90	12.03	1500	1912	
2	4A 区	127	11.04	1500、2000	2843.55	
3	5A1 区	40	10.785	1500	761.96	含排放管区域
4	6A1 区	99	9.8	1500	1713.616	含排放管区域
5	福州路工作井	32	12	1500、1200、1000	610.34	
	小计	1146			25 109.6	

4. 施工效果

相对大开挖等清障形式，按此清障方案施工可以节约空间和时间、更环保，对周边环境的保护也起到了很大的作用，从而保证了下道工序的顺利进行，达到了预期效果。

2.2　地下墙墙顶落低施工技术

2.2.1　概述

地下连续墙作为成熟工艺已被广泛应用于地下建筑中，可作为深基坑围护挡土临时结构和地下室永久性承重结构（二墙合一）。作为深基坑围护挡土临时结构和地下室永久性承重结构，其墙体或结构顶标高和自然地坪一致。目前城市绿地下面设地下车库、地下商场、地下通道等，其结构顶板标高低于自然地坪。如果地下墙施工按常规要求施工，墙顶标高至自然地坪标高，而地下结构顶板低于自然地坪，待地下结构完成后结构顶板以上的地下墙则失去作用（在基坑开挖时则起到挡土围护作用），造成较大的浪费。因此，设想地下墙墙顶标高在施工浇筑混凝土时就浇筑到地下结构顶标高，则会节约大量混凝土，其效益非常巨大，至于挡土围护的上部地下墙可以用其他较经济可靠的办法解决，因而引出落低地下连续墙施工技术的研究。

2.2.2　技术简介

落低地下墙施工和常规地下墙施工有以下三点不同：

（1）由于地下墙墙顶标高距自然地坪有 5～20m 左右的差距，常规地下墙施工时钢筋笼起吊前先把吊攀钢筋焊接在钢筋笼顶端，然后一起放入槽中；而落低地下墙吊攀钢筋必须在钢筋笼吊放入槽后，把钢筋笼搁置在导墙上，然后再焊接吊攀钢筋，接着再吊放入槽中。

（2）成槽后空腔部分处理是常规地下墙所没有的，因此增加了一道处理空腔部分的工序。

（3）地下墙落低区域在土建施工中混凝土凿除量大，费时费工，拖延工期。

针对地下墙墙顶落低的特点，进行了施工技术研究、开发，对于空腔部分的处理可采取以下几种方案：

（1）在钢筋笼两侧封 3mm 厚薄钢板（根据墙顶落低深度计算确定钢板厚度），待地下墙混凝土浇筑完毕，混凝土初凝之后回填土，为使 3mm 厚薄板能承受填土后的侧压力，薄板和吊攀钢筋应进行可靠连接，形成有刚度的骨架。目前无工程实践。

（2）一幅隔一幅现浇短柱的施工方法。当槽段混凝土标高浇筑至钢筋笼顶标高处时，暂缓施工。等混凝土初凝后顶拔锁口管，当锁口管还剩后几节时（根据墙顶落低深度确定长度），停止拔锁口管，再在吊攀钢筋一侧插相应长度的锁口管，然后在安装的锁口管与原来未拔除的锁口管之间浇筑 C20 低标号混凝土，待 C20 混凝土浇筑至导墙底上20cm，等到 C20 混凝土初凝后，再把余下锁口管全部拔除，形成素混凝土柱，然后在素混凝土柱之间回填土，如图 2-8 所示。

（3）一幅隔一幅现浇低标号素混凝土的施工方法。地下墙墙顶至地面的空腔部分采用一幅隔一幅浇筑 C20 素混凝土，其余空腔部分回填素土，如图 2-9、图 2-10 所示。落低地下墙用 C20 素混凝土充填的施工方法如下：

1）地下墙混凝土浇筑至设计标高时，为防止低标号混凝土在浇筑时冲击地下墙混凝土，对地下墙质量产生影响，充填 C20 素混凝土的地下墙应浇高 0.5m。用测绳测量混凝土实际标高直至符合设计要求。

2）地下墙混凝土浇高 2～3m 后，导管提升，导管下口脱离素混凝土，成拔空状态，浇筑 C20 低标号混凝土（同水下混凝土浇筑方法）至导墙底上 50cm。

针对地下墙钢筋笼笼顶落低的工况，经研究采用笼顶上配置安装措施笼。

1）安装措施笼的作用。地下墙笼顶至地面配置安装措施笼，分开制作吊装槽口拼接，确保设计墙钢筋笼的安装标高，防止钢筋笼吊放后塌方而影响下导管及浇筑混凝土。这是作为增强吊筋的方法控制钢筋笼安放标高的措施。

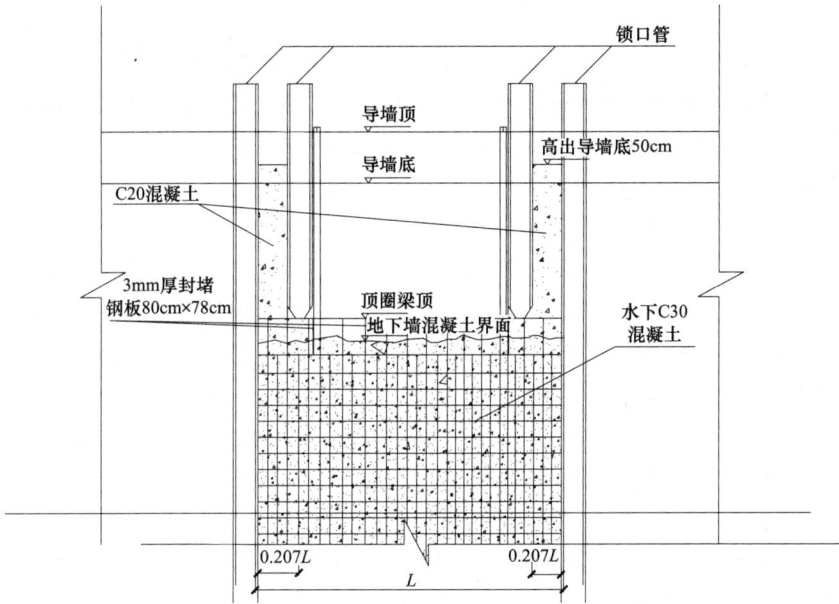

图 2-8　空腔部分处理方案（2）示意图

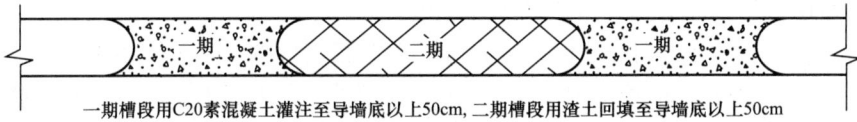

图 2-9　空腔部分处理方案（3）示意图 1

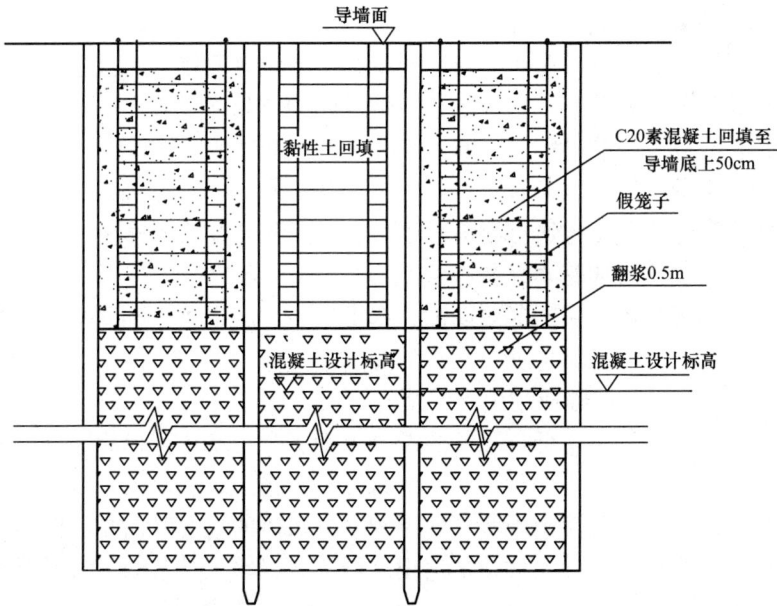

图 2-10　空腔部分处理方案（3）示意图 2

2）安装措施笼的制作。安装措施笼和钢筋笼在同一钢筋笼平台上制作，安装措施笼钢筋根据测量后的导墙标高换算成实际的长度制作，每幅均测量，以确保钢筋笼安装标高控制的正确。

3）安装措施笼的吊放步骤。首先双机抬吊设计墙的钢筋笼，待墙钢筋笼回直，由主机缓慢吊放入槽，然后笼顶平稳地搁置在导墙上；其次把安装措施笼起吊，在槽口拼接。拼装完后吊起一定高度，校正垂直后整体吊放进入槽内至规定标高。

2.2.3 工程实例

1. 上海铁路南站南广场工程

上海铁路南站南广场位于徐汇区，南邻老沪闵路，西近名为正南花苑的居民小区，北侧紧依明珠线，东近柳州路，基坑平面形状为平行四边形。基坑面积约 22 932m²，本工程的主体结构均为地下结构，主要包括地下车库、商场、通道，其中地下车库、商场均为地下二层结构。

本工程围护结构采用 800mm 厚钢筋混凝土地下连续墙，墙底标高为－27.400m，地下墙墙顶标高为－8.800m，地下墙为 110 幅，其延长米为 627m。地下墙混凝土设计强度等级为 C30，抗渗等级为 P8。本工程地下墙墙顶落低 8.80m，施工中采用一幅隔一幅现浇短柱施工方法。施工过程控制如下：

（1）混凝土浇筑过程中应测量混凝土浇筑标高，要求浮浆混凝土面要高出钢筋笼笼顶主筋。其目的是确保短锁口管的下端能插入混凝土的浮浆内。

（2）混凝土初凝前，在导管的内侧桁架边各插入一根短锁口管，短锁口管下端插入浮浆混凝土内，短锁口管顶端与顶升浆底座连接固定。

（3）在两根短锁口管之间的空隙回填素土，素土回填量较大，可采用挖土机配合人工回填，回填高度大于混凝土短柱浇筑时的上升高度。回填土的目的是防止短柱混凝土在浇筑时产生的侧压力把短锁口管推向一边，不能形成混凝土短柱。

（4）浇筑短柱混凝土时，可采用混凝土搅拌车的滑槽，将混凝土直接灌入短锁口管与原保留在槽段内部分锁口管之间的间隙中去。

两根短柱混凝土浇筑高度应基本一致。当短柱混凝土界面接近两根短锁口管之间填土高度时，应停止浇筑混凝土，并且在两根短锁口管之间的空隙回填素土。

（5）短柱混凝土浇筑与中间素土回填交替进行，并适时顶拔锁口管，与其形成配合默契的操作，直至短柱混凝土的界面超过导墙底以上 100～200mm 或稍高。

（6）待短柱混凝土的强度达到初凝状态时，选用履带起重机把短锁口管徐徐拔起，同时用顶升架顶升锁口管，两者应基本保持一致。

履带起重机的性能、起重量、起重高度、起重半径、起重角度、路基强度等均应符合安全施工要求，起拔锁口管的索具应符合起拔的要求。

（7）短锁口管拔除后其空隙应用填土回填。

实施效果如下：墙顶标高落低，浇筑的混凝土无多余，基坑开挖后无需凿除，节约了大量混凝土，也节省了大量混凝土凿除工作；浇筑混凝土施工难度增大，混凝土标高控制尤为重要；基坑开挖后，地下墙并没出现墙顶两侧为立柱状体的情况，而是高低不一，和原设想完全不一致，效果不理想。虽然墙体顶端出现高低不齐，但还是节约了大量混凝土，经济效益和社会效益是显著的。

2. 上海虹桥综合交通枢纽工程

上海虹桥综合交通枢纽工程位于长宁区老青沪公路以北，吴瞿路东侧，该枢纽中心功能区主要分五个层区，即由东至西分设 12m 层出板层、45m 换乘廊道，0m 层为到达层，

−9.5m 为到达换乘通道及地铁站厅层，−18.34m 为地铁轨道及站台层，9m 和−9.5m 层为新建航站楼与综合交通枢纽的重要换乘通道，高铁和磁悬浮轨道设在 0m 层，2 号线和 10 号线与地下二层东、西方向垂直穿越交通枢纽，5 号线、17 号线则于地下二层和 2 号线、10 号线垂直方向进入。

该工程地下墙围护与结构墙合二为一，墙厚分为 0.8m 和 1.0m 两种。由于虹桥综合交通枢纽含航空、地铁、高铁、磁悬浮、长途汽车、公交车等交通互相换乘，纵横交错，上下贯通，四通八达，因此各种围护的顶标高高低不一。例如：地下墙有效长度 10.7m，墙顶标高−21.970m，墙顶落低 19.17m；地下墙有效长度 12.5m，墙顶标高−21.670m，墙顶落低 18.87m；地下墙有效长度 30.62m，墙顶标高−13.050m，墙顶落低 10.25m 等。

为确保重大工程安全施工，避免重大施工事故造成恶劣的影响，对地下墙墙顶超低落深的施工方案进行了多轮的讨论。结合工期、造价、施工可靠、方法可行等因素进行综合评估，最后采用一幅隔一幅低标号混凝土充填空腔部分的施工方案。

为保证方案实施的成功，对方案作了以下要求：

（1）选用成槽机，因其具有显示 X、Y 方向槽段垂直度和记录槽段垂直度的设备，导板抓斗上有 X、Y 方向的强制性液压校偏装置。可选用例如利勃海尔 HS855、金泰 SG35 等成槽设备。

（2）槽段垂直度检验仪器选用 MODEL DM‐604 侧壁测定装置。槽段经该仪器检验合格后才可进入下道工序施工。

（3）调配合格的泥浆，确保槽壁稳定，配置泥浆的主要材料选用优质陶土。

（4）地下墙施工应选用具有资质的、施工经验丰富的、施工质量有保证的成建制施工队伍进行施工。

（5）一幅隔一幅低标号混凝土充填施工采用首开幅、闭合幅的施工工艺流程。

（6）首开幅作为空腔充填的槽段，为进一步节约材料，首开幅的尺寸应减小，槽幅宽度一般为 5.0～5.2m。

墙顶落低的地下墙施工工艺流程图如图 2‐11 所示。

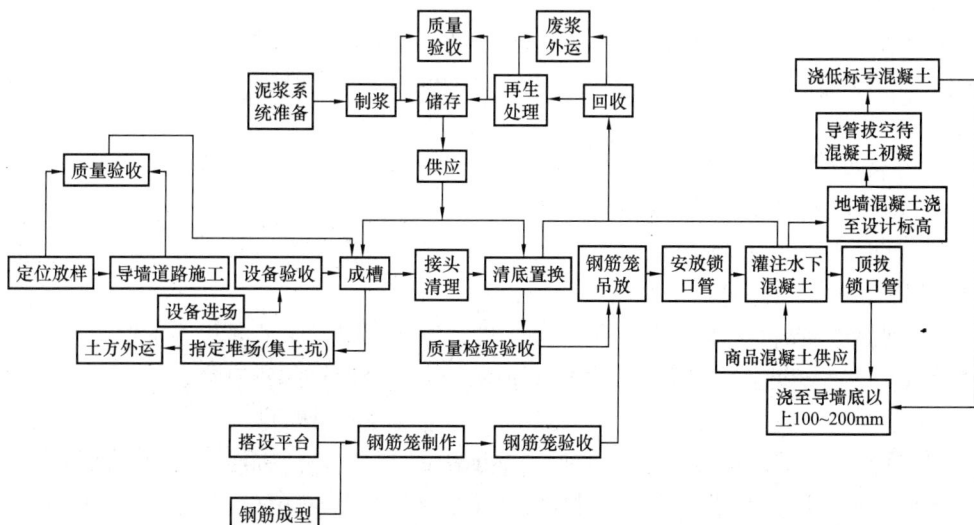

图 2‐11　墙顶落低的地下墙施工工艺流程图

实施效果如下：上海虹桥综合交通枢纽工程的地下连续墙均采用了一幅隔一幅低标号混凝土充填空腔部分的施工方法，成功地解决了地下墙墙顶超深落低的施工难度。

为进一步节约混凝土并为以后超深墙顶落低地下墙积累经验，采用一幅隔二幅低标号混凝土充填施工实践，经试验均未发生导墙下沉、内挤、断裂的情况，效果和一幅隔一幅低标号混凝土充填相同。

2.3　抓铣结合的地下连续墙施工技术

2.3.1　概述

目前上海地区地下连续墙成槽工艺基本采用抓斗式成槽机成槽施工工艺，少数工程采用了"二钻一抓"的成槽施工工艺。抓斗式成槽机成槽的施工方法具有施工速度快的优点，但是成槽垂直度只能控制在1/300以内，远远达不到本工程要求的1/600，同时这种成槽工艺基本不能在上海地区第7层土中施工；"二钻一抓"成槽施工工艺成槽速度相对较慢，垂直度也只能控制在1/300以内。上海地区现有的地下连续墙成槽工艺已经不能满足特殊工程的地下连续墙施工要求，为此引进了先进的铣槽机，并结合本地区的地质情况，采用"抓铣结合"的地下连续墙成槽施工技术。

2.3.2　技术简介

抓铣结合成槽施工是指在同一槽段中根据不同深度土层标贯值大小（以标贯值N50击为界），采用抓土成槽和铣削成槽相结合的一种成槽施工方法。

1. 抓铣界面

成槽前，应阅读和分析工程地层资料，根据土层的标贯值及物理特性，当标贯值N大于50击时，宜采用抓铣工艺。根据不同土层埋深及层厚，按照多抓少铣的原则，确定抓铣界面。

2. 试成槽

成槽前，应进行试成槽，验证抓铣成槽施工工艺及相关参数。无特殊要求时，试成槽可在工程的第一幅槽段上进行。

3. 抓铣顺序

根据上海地区土层上软下硬的特点，抓铣成槽顺序是先抓后铣。同一槽段应在抓土成槽全部至抓铣分界面后，再进行铣削成槽。同一槽段的抓铣应连续进行，抓铣的时间间隔不宜大于12h。

4. 铣削施工

（1）铣削头的宽度宜与抓斗的抓挖有效宽度匹配。

（2）铣削时，铣削设备应定位准确。铣削头应对正槽孔缓缓入槽并自上而下对上部抓土槽段进行慢扫修槽，直至抓铣分界面。

（3）铣削中应控制好铣削进尺和铣削头给进，保证铣削头在吊紧状态下铣削进尺。铣削中应经常观测铣削导架上的测斜仪，并根据观测结果，及时调整垂直度。

（4）铣削中泥浆应始终保持循环，使铣削中产生的泥渣及时排出。

（5）铣削至设计标高后应提出铣削头，进行槽段检查，合格后再进行换浆清槽。换浆清槽时，将铣削头由上而下逐渐下沉，同时启动泥浆泵进行泥浆循环、换浆清槽，此时铣削头的铣轮应同时保持转动。清槽近槽底时，铣削头宜上下来回移动，进行泥浆循环清槽。

2.3.3　工程实例

工程实例为 500kV 静安（世博）变电站如图 2-12 所示。该工程总投资近 30 亿元，占地约 13 300m²。变电站建筑设计为筒形，地下四层结构。筒体外径 130m，埋置深度 34.5m，它是我国目前城际供电网中最大的地下变电站，其建设规模居同类工程之首，也是世界上第二座 500kV 大容量全地下变电站，国际上仅有日本新丰洲变电所（直径 144m、埋深 29m，500kV）能与之媲美。

图 2-12　工程效果图

本工程地下连续墙厚为 1.2m，墙深为 57.5m，为当时上海仅次于四号线修复工程的第二深地下连续墙。该地墙在成槽、槽壁稳定及垂直度控制（1/600）、超宽超长钢筋笼吊装、槽幅间的防水连接、成槽质量控制方面的要求极高，并且在上海地区这种软土地基内首次采用抓铣结合的工艺，用铣槽设备进行成槽，这对机械设备、施工工艺提出了极高的要求。

本工程地下连续墙为两墙合一，地下连续墙墙厚为 1200mm，墙深 57.5m（穿透⑦2 层，进入到⑧1 层，如图 2-13 所示），共 408m。地下连续墙槽段分为 A、B、C、D、E、F 六个区，共 80 幅。一期槽段有 6.2m 和 6.3m 两种类型，二期槽段有 6.5m、3.75m 和 3.85m 三种类型（3.75m 为"T"形幅），另外有四个特殊槽段，分别为 6.58m、6.22m、6.69m、

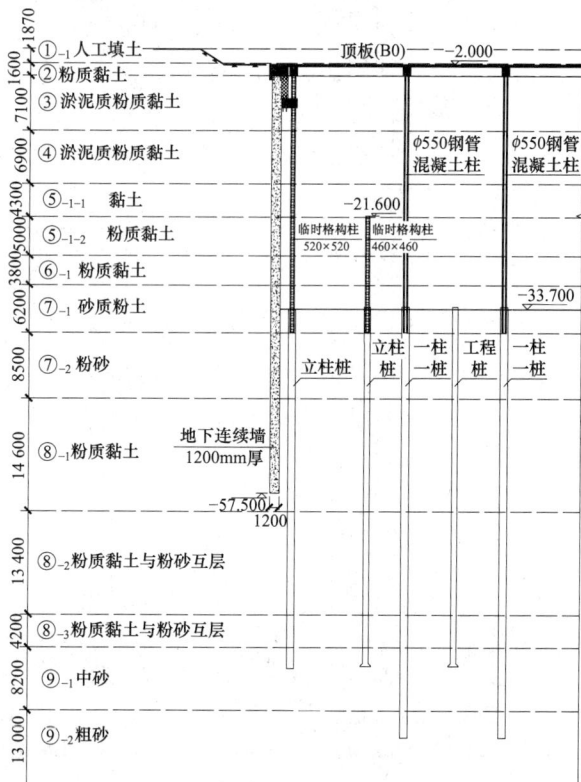

图 2-13　地下连续墙穿透土层情况

6.53m，如图 2-14 所示。地下连续墙体混凝土设计强度为 C35（施工时提高一个等级），抗渗等级为 P12，槽段接头采用工字型钢刚性接头。采用铣削式成槽机和抓斗式成槽机相结合的成槽工艺，有效地提高了地下连续墙的施工效率，确保了地下连续墙的施工质量和工期要求。

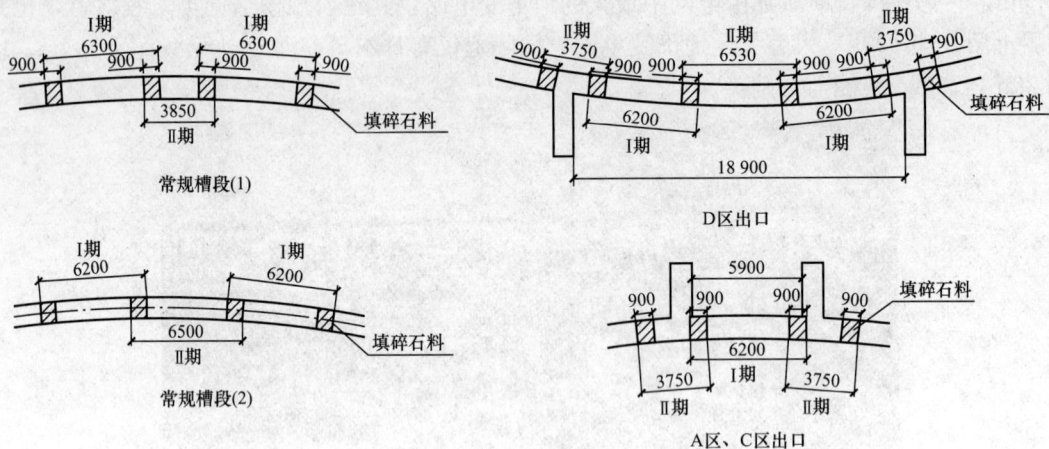

图 2-14　地墙分幅节点图

　　地下连续墙施工采用抓铣相结合的成槽施工工艺，如图 2-15 所示。针对不同土层的情况，分别采用两种型号的成（铣）槽机进行成槽施工，如图 2-16 所示。对于上部在⑦层土

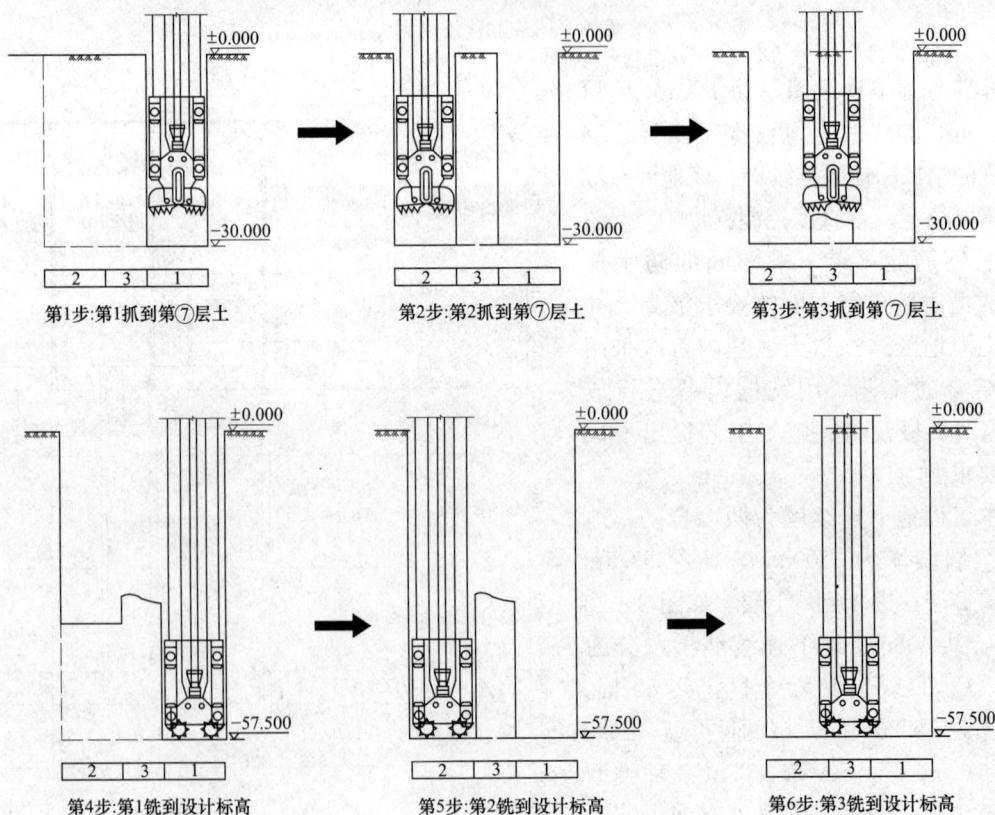

图 2-15　抓铣结合施工示意图

前的土层，用 CCH500 - 3D 真砂抓斗成槽机直接抓取。抓斗的抓取效率也可以保证。进入到⑦层土层后，用液压铣槽机铣削，铣槽机机体长度比较长，机体重量大，并能实施动态控制成槽垂直度，大大提高了成槽垂直度。

(a)　　　　　　　　　　　　　　　(b)

图 2 - 16　两种不同类型的成槽机

(a) BC40 液压铣；(b) CCH500 - 3D 真砂抓斗成槽机

(1)"抓铣结合"超深地墙沉渣控制和泥浆循环系统控制。

地下连续墙须穿越⑦1 层砂质黏土和粉砂层、⑦2 层粉砂层，层底夹大量粉砂。因此，槽底沉渣控制要求较高（沉渣厚度≤100mm）。

在施工过程中采用液压铣及泥浆净化系统联合进行清孔换浆，将液压铣铣削架逐渐下沉至槽底并保持铣轮旋转，铣削架底部的泥浆泵将槽底的泥浆输送至泥浆净化系统，由振动筛除去大颗粒钻渣后，进入 DE250 泥浆净化设备后旋流分离泥浆中的细砂颗粒（图 2 - 17、图 2 - 18）。经净化后的泥浆流回到槽孔内，如此循环往复，直至沉渣厚度达到混凝土浇筑前槽内泥浆的标准。

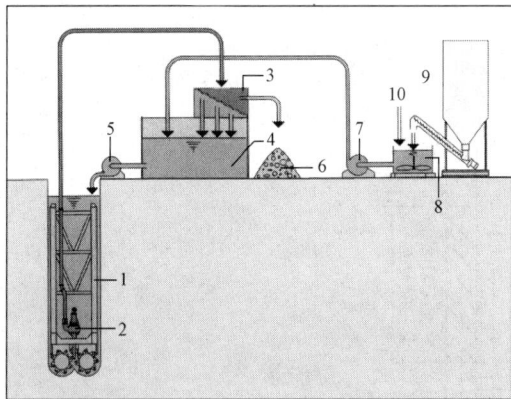

图 2 - 17　泥浆净化系统

1—铣槽机；2—泥浆泵；3—除砂装置；4—泥浆罐；
5—供浆泵；6—筛除的钻渣；7—补浆泵；8—泥
浆搅拌机；9—膨润土储料桶；10—水源

图 2 - 18　泥浆净化施工现场图

（2）H 型钢接头的防止混凝土绕流施工。地下连续墙厚度为 1200mm，成槽厚度比较大，而且设计接头形式采用工字钢。结合以往类似地下连续墙施工的经验，进行混凝土浇筑时，极易发生混凝土绕流现象，给后续槽段的施工带来比较大的难度。

因此在施工过程中采取了多种防止混凝土绕流的措施，具体如下：

1）在 Ⅰ 期槽钢筋笼的两端焊接 H 字钢作为墙段接头，钢筋笼及工字钢下设安装后，在工字钢与槽孔孔端之间回填石子，用以防止混凝土浇筑时绕流进入工字钢槽内。

2）Ⅱ 期槽成槽后，在下设钢筋笼前，除对接头做特别处理外，还应增加刷壁的次数，必要时采用专门铲具进行清除。

3）为了防止混凝土从 H 型钢底部绕流，将 H 型钢底端接长 300～500mm，以阻挡混凝土从槽底流向相邻槽幅。

4）为了防止混凝土从 H 型钢顶部绕流，把一期槽幅两侧 H 型钢以变截面形式接长至导墙面－1.0m 处，这样就可以阻挡混凝土翻浆向两侧溢出。

5）为了防止由于塌方引起的混凝土侧向绕流，采用 5mm 厚的铁皮将 H 型钢包起，根据成槽形状，采取了内包和外包两种措施，以防止混凝土绕流，如图 2-19 所示。

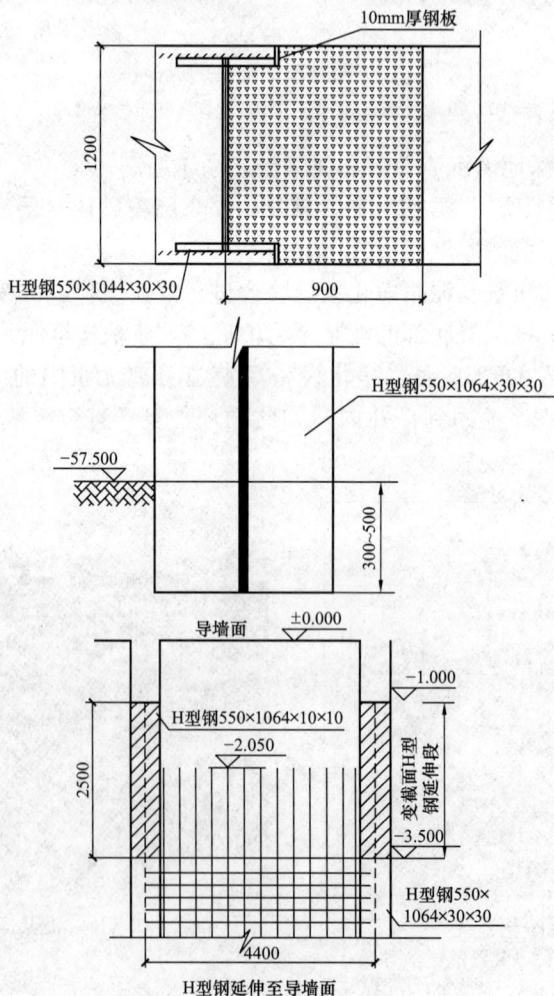

图 2-19　防止混凝土绕流的措施（一）

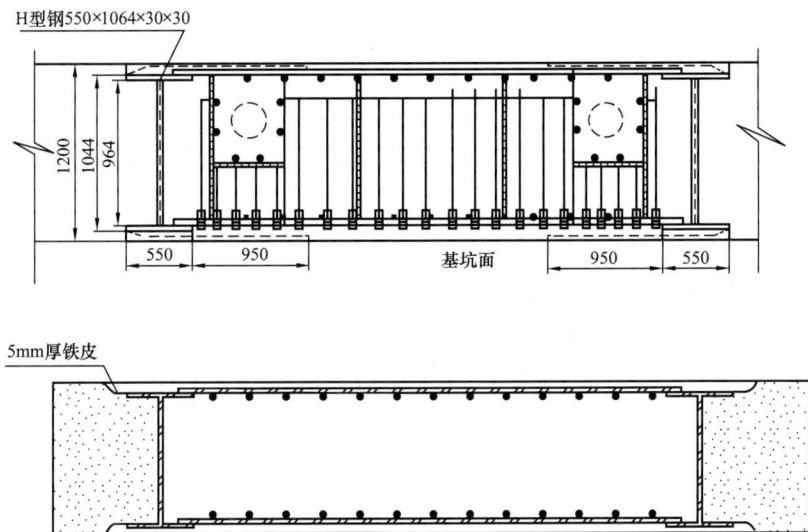

图2-19　防止混凝土绕流的措施（二）

本工程是上海地区软土地基首次采用抓铣结合施工工艺进行超深地墙（57.5m）施工的工程。本工程地下连续墙采用了两套抓铣设备，一套于2006年1月18日开始施工，到2006年7月14日结束，另一套于2006年3月10日开始施工，到2006年6月27日结束，期间由于开工典礼、中高考以及六国峰会，地下连续墙强制停止施工，总用时215d左右，其中第一套用时130d，第二套用时85d，实际完成地下连续墙80幅（408m），第一套设备完成51幅，第二套设备完成29幅，施工速度基本控制在2.7d/幅，大大提高了超深超宽地下连续墙的施工速度。墙体质量均达到设计要求，垂直度均满足设计要求值（1/650～1/900），最高达到了1/1050。在采取合理措施的情况下，合理的泥浆配比（1.18～1.20），控制成槽、铣槽速度（15m/h），超宽槽壁（$B=6.69$m）的稳定性是能够得到保证的。沉渣厚度最终控制在20～80mm，平均40mm，均满足设计要求（<100mm）。泥浆密度控制在1.16～1.19，平均控制在1.18，泥浆含砂率控制在2％～3％（<8％）。由于抓铣结合的施工中浆液可回收近70％，大大提高了泥浆的循环使用，符合现代社会倡导的绿色环保要求。

采用抓铣结合的施工工艺大大提高了超深地下连续墙的施工效率，满足了业主的施工工期要求，为世博会变电站的顺利投入使用打下了基础。

2.4　地下连续墙侧向成墙施工技术

2.4.1　概述

地下连续墙是深基坑围护和地下结构中常见的墙体结构形式。地下连续墙在上海地区开发应用已约有40多年的历史。近年来，上海地区地下空间开发规模空前，地下连续墙的应用十分广泛。同时，地下连续墙技术也有很大发展，地下连续墙的深度原来一般为30m左右，现在50m左右的深度已属常见，最深已达65m。成槽方法也在发展，除抓土成槽外，已开发应用了"抓钻结合"、"抓铣结合"的成槽工艺，这些成槽工艺的共同点都是垂直成槽。但在中心城区施工中经常会碰到地下管线（尤其是大型地下管线），"垂直成槽"则无用武之地，只能采用管线搬迁的方法解决问题，其费用高、工期长，这就成了地下连续墙技术发展的"瓶颈"问题。

上海外滩地下通道工程是上海市重点工程。该工程自新开河起，至海宁路吴淞路止，全长 3.315km。其中新开河至福州路工作井段，采用地下连续墙围护明开挖施工。地下连续墙墙厚为 600、800、1000 和 1200mm，墙深为 23~48.15m。在该施工段内，有一条东西横穿通道（即穿过两侧地下墙）的 220 万 kVA 封油电缆的地下钢筋混凝土箱涵。箱涵宽为 1.8m，高为 0.7m，自地面至箱涵顶埋深为 1.2m。该箱涵若搬迁则费用昂贵、工期影响大，工程建设方不希望采取搬迁方法解决问题，为此，对箱涵所在位置的地下连续墙施工进行了研究。先期提出的施工方法是，箱涵断面两侧采用高压旋喷摆喷形成止水帷幕，采用两侧斜向成槽形成地下连续墙挡土围护。但此方法的可行性和止水帷幕、围护墙成形存在不确定性，且在黄浦江畔，土层砂性重，动水位影响大，实施风险极大。经查询科技情报资料，日本的 SATT 工法可资借鉴，并经过对国内地下墙成槽设备制造厂的调研，确定对侧向成槽地下连续墙施工工艺进行研究，解决在大型地下管线下进行地下墙成槽成墙的技术"瓶颈"问题。

2.4.2 技术简介

采用 SJG 机具（图 2-20）进行侧向成槽有两个前提条件：一是侧向成槽段的旁边需要一个与其同样深度的空腔，以使机具可在其中上、下铣削成槽；二是空腔一侧壁有足够的刚度，为机具作业提供支撑及导向。根据这一要求，对侧向成槽施工工艺进行了研究，确定了其施工技术路线"液压抓斗竖向成槽，SJG 机具侧向成槽，侧向吊放钢筋笼，多导管浇水下混凝土"。为保证这施工技术路线的实施，必须对侧向成槽所需的导墙施工、成槽施工、钢筋笼下放、水下混凝土施工的特殊工艺进行研究。

图 2-20 SJG 机具

1. 导墙形式研究

与常规地墙施工不同，侧向成槽施工的导墙使用工况有以下特点：①由于地下管线埋设，距地面有一定深度，因而导墙深度也相应较深；②由于地下管线影响，管线两边的导墙是断开的；③成槽施工中，必须避免碰撞管线。为此，对导墙形式进行研究，针对以上特殊工况，采用设置封头板的深导墙形式，解决管线埋设位置的浅土保护、管线保护和导墙开口的技术问题，导墙埋置深度大于管线底面 200mm，封头板高度同导墙高度。导墙形式示意图如图 2-21 所示。

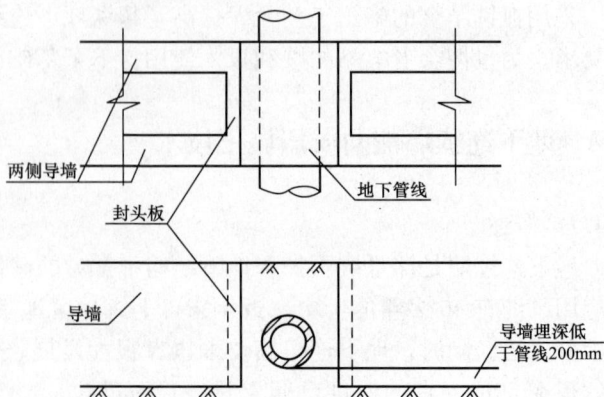

图 2-21 导墙形式示意图

2. 成槽工艺研究

针对侧向成槽的特殊性，对成槽过程的主要工艺环节进行了研究，并提出了针对性的解决方案。

（1）槽幅宽度的确定。由于工艺需要，侧向成槽段的墙幅由两侧的竖向成槽段和中间侧向成槽段组成，槽幅宽度较一般地下墙槽段分幅宽度宽很多。如何做到既满足工艺需要，同时又尽可能减小槽幅宽度以避免施工风险，这是确定槽段宽度的基本原则。具体计算时，竖向成槽段的槽幅宽为侧向成槽机具宽度＋导轨箱厚度＋锁口管直径，同时还须兼顾成槽机抓斗一抓的宽度；侧向成槽段的槽幅宽为管线直径（或截面宽度）＋两侧安全距离，单侧安全距离取 300～500mm，如图 2-22 所示。

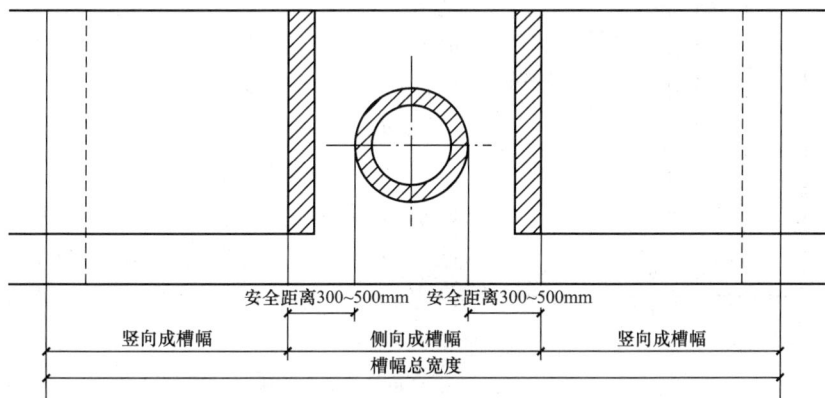

图 2-22　槽幅宽度确定示意图

（2）闭合幅施工。侧向成槽段施工的前提是相邻槽段地下墙须先期施工形成闭合幅。因此，闭合幅与相邻地墙两侧的锁口管、结合面的施工处理十分重要。解决这一问题，必须从以下各个环节进行控制：①须采用刚度较好的圆形锁口管，锁口管外形须规整；②锁口管下放的垂直度须严格控制，下口须埋设牢固；③锁口管起拔时间及过程须严格控制，保证混凝土结合面规整；④锁口管重新放置时，结合面须刷壁，保证锁口管与结合面吻合。通过以上措施，保证闭合幅锁口管与结合面的施工质量，从而保证 SJG 机具顺利下放和工作。

（3）槽壁稳定控制。侧向成槽段槽幅宽度宽（比一般的地墙槽幅宽 40％～50％），施工工序多，成槽及成槽后停歇时间长（比一般地墙长 50％～100％），因而槽壁稳定控制至关重要。在课题研究中，采取多项措施控制槽壁稳定：①对槽壁稳定进行计算，根据需要对槽壁两侧土体进行预加固；②不进行槽壁加固的，则根据槽壁稳定计算结果，适当调整泥浆指标，提高泥浆密度（新浆密度为 1.09～1.11，槽内浆密度≤1.15）和泥浆黏度（新浆黏度为 24～26s，槽内浆黏度为 26～30s）；③施工中对槽壁稳定进行定时检测。

（4）侧向成槽施工控制。侧向成槽施工是整个侧向成槽地下墙施工的关键，必须严格进行过程控制：①导轨箱安放。SJG 机具在侧向成槽中始终沿导轨上下移动，导轨箱（与锁口管连成一体）安放位置精确及垂直，是保证成槽质量的关键。安放位移和垂直度，采用双向经纬仪测校和液压千斤顶顶校的方法进行，位移控制精度为±20mm，垂直度为

1/500。导轨箱安放到位后，用专用夹具固定在导墙上；②SJG 机具吊放及作业。机具机架通过企口接头与导轨箱连接，机具上下企口卡入导轨后，须上下移动检验其连接状况。为防止机具企口滑出导轨根部，导轨箱安放深度须比机具行程深度深 1~2m。SJG 机具进入槽段后，打开自动纠偏装置，对机具垂直度进行校正，使机具下部的铣削杆呈垂直状态，下放机具至铣削杆下端至导墙底部 3.5m，开始铣削。铣削时，边拉铣削杆，边旋转铣削土体，至铣削杆呈水平状态。然后铣削杆呈水平状态旋转向下铣削土体侧向成槽。成槽中，机具通过油缸及自重浮动状进给控制下降。铣削中，观察机具悬吊钢索控制垂直度；③泥浆循环系统。SJG 机具工作时，通过铣削将土体磨削成泥浆、泥渣或泥块，其须通过泥浆循环带上排放。泥浆循环采用气举反循环。铣削前，应启动泥浆循环，正常循环后才能旋转铣削杆铣削成槽。铣削中，根据铣削进尺，通过控制送气量，控制泥浆循环速度，保证铣削和槽壁稳定。铣削后，继续泥浆循环，置换槽内泥浆至达标。

泥浆气举反循环示意图如图 2-23 所示。

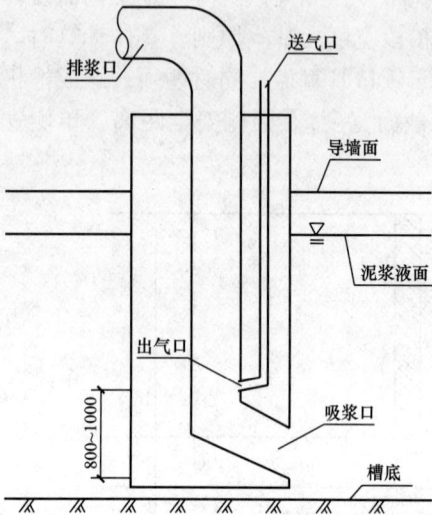

图 2-23　泥浆气举反循环示意图

3. 钢筋笼吊放工艺研究

由于"管下段"钢筋笼无法直接垂直吊放，必须通过垂直吊放、侧向进档的方法，解决其钢筋笼吊放问题。为实施"垂直吊放，侧向进档"，须研究解决具体的关键技术。

（1）钢筋笼侧向进档方法研究。在进行钢筋笼侧向进档方法研究时，有两个方案：一是钢桁架辅助钢筋笼平移方案。该方案原理是成槽后通过侧边槽段空腔垂直下放钢桁架；然后在另一端下放钢索，连接钢桁架另一端，拉起钢桁架呈水平状；然后在空腔内垂直下放钢筋笼，搁置在钢桁架上；通过钢桁架上水平起重滑组将钢筋笼平移到位。该方案操作复杂，须水下作业，实施风险较大。二是钢筋笼吊点平衡自行平移方法。其原理是，使钢筋笼纵向分为两段，利用两侧槽段空腔，垂直吊放钢筋笼然后转换吊点，单点起吊钢筋笼，吊点须与钢筋笼重心重合（或通过平衡措施使其重合），使钢筋笼呈垂直状，然后平移吊点实施钢筋笼侧向进档。该方案操作简单，实施风险也较小。通过分析比较，确定采用"吊点平衡自行平移"的方案。

（2）钢筋笼侧向进档技术措施研究。要实施钢筋笼"吊点平衡自行平移"侧向进档的方案，须对多项相应的技术措施进行研究：①钢筋笼分幅（图 2-24）。钢筋笼分为四幅，两幅为竖向成槽的钢筋笼，另两幅为"管下段"钢筋笼。各分幅钢筋笼宽度控制须满足三点原则：一是最大笼幅宽度小于竖向成槽段的槽幅宽度；二是"管下段"优先原则，通过宽度控制使其自身重心位置与吊点重合、平衡；三是笼幅间的合理间距，"管下段"与"管下段"间距；②吊点转换及平衡。钢筋笼垂直下放时，是两点吊，进行平移侧向进档时是一点吊，因此须进行"两点吊"与"一点吊"的转换。转换时必须保持吊点平衡。吊点平衡原理是吊点与钢筋笼重心重合，并保证钢筋笼进档距离。当不能满足时，通过增加平衡措施，使吊点与钢筋笼重心重合；③钢筋笼厚度调整。地下墙成槽垂直度为 1/300，以 40m 深地下墙计，地下墙上下端平面位置差约 133mm，而钢筋笼单边保护层为 50mm。当钢筋笼垂直下放时，因"顺势而下"，下笼比较容易。但钢筋笼侧向进档时，则是"硬碰硬"，垂直度造成上下平面位置差已超过了钢筋笼保护层的可调范围。故对钢筋笼厚度需作调整，经同设计单位协调、计算，钢筋笼厚度下放一档，例如 1000mm 厚墙采用 800mm 厚墙的钢筋笼厚度。

4. 水下混凝土浇筑工艺研究

由于槽幅宽度大，加之"管下段"槽幅内不能布设浇筑混凝土的导管，水下混凝土浇筑也有其特殊性。为此，对混凝土浇筑导管的布设、浇筑过程的控制环节进行了研究。

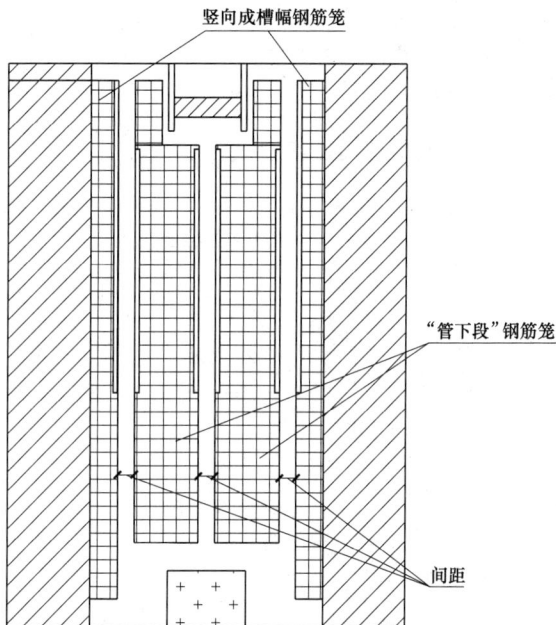

图 2-24　钢筋笼分幅示意图

（1）导管布设。针对槽幅宽，无法均匀布管的特点，导管采用四点布设。各导管的布设，以每根导管的服务范围满足规范规定的 1.5m 半径范围为原则，合理分布。具体布置时，中间两根导管尽可能向"管下段"靠，使服务范围达到或接近 1.5m 半径。导管分布示意图如图 2-25 所示。

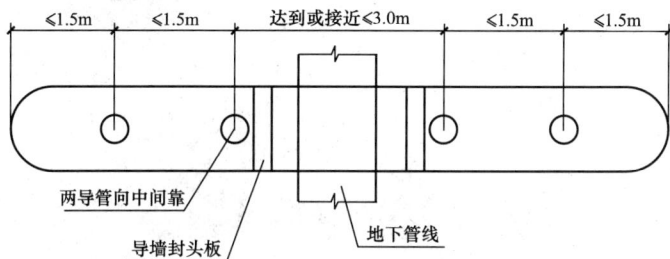

图 2-25　导管分布示意图

（2）混凝土浇筑控制。由于各导管服务半径不同，浇筑时，须对各导管第一次浇筑混凝土的灌注量进行计算，并根据计算结果，分配各导管灌注量。浇筑时各导管须同时浇筑，以保证各导管根部埋入混凝土中。在以后浇筑中，各导管依然同时浇筑。在各导管浇筑控制上，中间的导管略优先，呈现中间略高、两边略低状态。在浇筑中，需勤提导管，勤测混凝土面，并根据混凝土面适时调整各导管浇筑量的分配。

2.4.3　工程实例

1. 工程概况

外滩通道南段工程在 3B2-1 区段范围内的封堵墙做侧向成墙的施工技术研究，该处封堵墙设计厚度为 800mm 的地下墙，而铣削设备厚度为 1000mm，且先行施工槽段由于锁口管原因也要 1000mm 的地下墙，故将原设计的三幅直线封堵墙全部改为 1000mm 厚，钢筋笼全部按照 800mm 地下墙制作。并且对封堵墙上的槽段进行了重新划分，原设计深

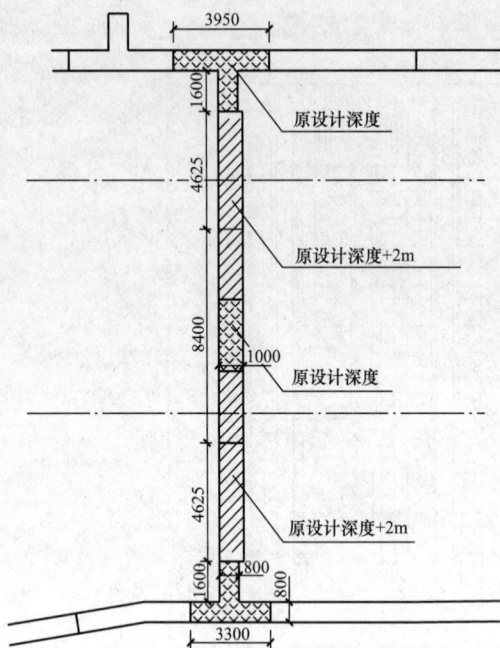

图 2-26 槽段分幅示意图

度为 30.4m，考虑到导轨箱和机头之间的安全距离后，将先行两幅直线槽段及两侧液压抓斗深度均调整为 32.4m，中间侧向成槽铣削深度为 30.4m。槽段分幅示意图如图 2-26 所示。

2. 施工情况

设计围护采用地下连续墙，要求将管涵底部地下连续墙封闭，按照目前的地下墙施工工艺，无法解决成墙问题，故采用侧向成墙施工工艺进行了施工，施工过程中槽壁稳定，垂直度在规定范围内，钢筋笼安放顺利，混凝土浇筑正常。

3. 施工效果

地下墙开挖暴露后，整幅墙面规整，与相邻墙面的接缝比较平整，墙面交接缝无明显渗漏。施工达到了预期效果，如图 2-27 所示。

(a)

(b)

图 2-27 侧向成槽施工实况及开挖后墙面效果

（a）侧向成槽施工；（b）开挖后墙面

2.5 预制地下连续墙施工技术

2.5.1 概述

随着上海地区城市建设的发展，市内建筑密集区出现了大量地下车库深基坑工程。目前普遍使用的是现浇地下连续墙作为基坑围护结构。地下连续墙技术在施工方面能适应不同形状地下构筑物的要求，具有施工噪声小、无振动挤压、施工作业程序易于掌握、施工速度快及对环境影响小等优点；但由于它是在水下进行混凝土浇筑的，因而不可避免地存在一些缺陷和弊病，如浇筑混凝土时容易夹泥，且钢筋上沾满泥浆，握裹力低，所以墙身质量难以得到保证，易引起墙面的无规则渗水；当土层软弱或为砂性土时，如果泥浆护壁处理不当，槽壁存在坍塌问题，常见的是墙面有外凸现象，墙面的平整度难以控制等。上述这些不足是目前现浇式地下连续墙的工艺无法克服的。本文对现浇地下连续墙的构造、施工工艺等方面所存在的问题进行剖析，设计出一种具有工厂化生产、现场装配式特点的预制式地下连续墙，并先后在多个地下车库工程中进行了实施，取得了良好效果。

2.5.2　技术简介

　　所谓预制地下连续墙就是在已成槽段的槽段中，放入预制墙段，然后通过接缝处理而形成的地下连续墙，其施工工艺流程如图 2-28 所示。

　　在施工准备阶段要进行施工设计与计算。预制墙段构件尺寸大、构件重，须对其吊装过程中不同吊装方式下各工况进行受力、裂缝和变形验算；根据计算合理布置吊点，并采用安全可靠的吊具；预制墙段构件尺寸大、构件重，须采用大型起重机，在施工前须验算施工道路、导墙的强度和槽壁的稳定；预制墙段超过一定深度后，必须在施工接头桩前计算混凝土侧向压力，由计算确定施工接头桩所需超前完成预制墙板安放的数量。

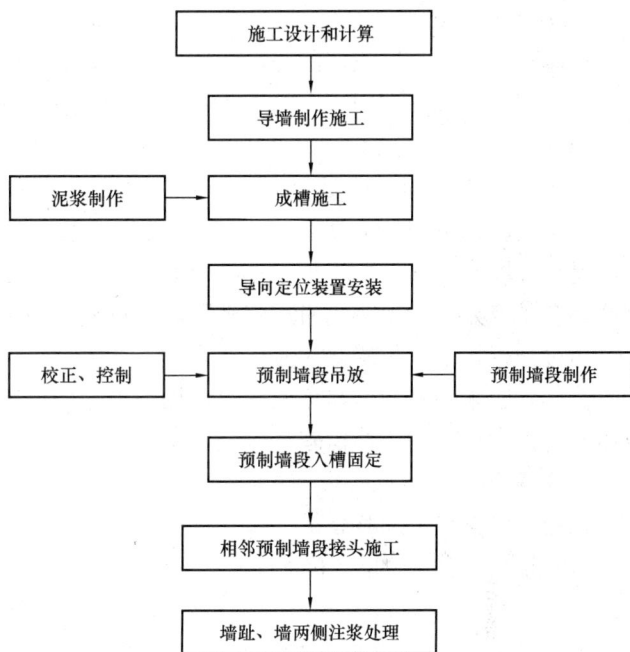

图 2-28　施工工艺流程图

　　1. 场外预制墙段的制作

　　预制墙段是指空腹钢筋混凝土板类构件。板宽 3～4m，预制墙段长度方向一般不分段。预制墙段可在工厂或现场预制。现场预制应符合下列要求：

　　(1) 预制墙段可叠层制作，叠层数不宜大于三层。叠层制作时，下层墙段混凝土达到设计强度的 30% 以后，才可进行上层墙段的制作。各层墙段间应做好隔离措施。

　　(2) 预制墙段厚度应小于成槽厚度 20mm。

　　(3) 制作模具应符合下列要求：

　　1) 底模宜采用混凝土台座。台座下的地基应平整、坚实，排水畅通，地基承载力应满足制作荷载的要求。台座板侧向弯曲允许偏差为 $L/1500$ 且不大于 15mm，2m 长度内台座的平整度允许偏差为 3mm。

　　2) 芯模宜采用充气胶囊或预制成型的塑料泡沫。充气胶囊在底层混凝土浇筑后放置充气，并采用环形抗浮钢筋固定。抗浮钢筋间距应不大于 300mm。上层、侧边混凝土初凝后，充气胶囊才可放气回收。

　　3) 侧模、端模下端应与混凝土台座连接固定，上口采用对拉螺杆连接。对拉螺杆的设置间距由计算确定，对拉螺杆应设止水片，侧模与端模交角应采用围檩固定。

（4）混凝土施工应符合下列要求：

1）混凝土采用水平分层连续浇筑。浇筑顺序为由墙段的一端向另一端。底层混凝土浇筑后，应立即安装胶囊芯模并充气，进行上层混凝土浇筑，停顿时间不大于 45min。芯模两侧的混凝土应对称浇筑振捣。

2）每浇筑一次混凝土应进行三次坍落度测试，浇筑过程的前中后各一次。每一单元槽段混凝土应做抗压强度试件，每 $100m^3$ 混凝土应不少于一组；每五个槽段应留置一组抗渗试件。

2. 施工现场的成槽施工

槽段分幅可根据墙深（即墙段长度）、起重机能力和构件长细比合理确定，一般为 3～4m；可采用连续成槽法成槽施工。成槽顺序为先转角幅后直线幅；成槽深度比墙段埋置深度深 100～200mm。

3. 预制墙段的堆放和运输

预制墙段达到设计强度的 100% 后进行运输及吊放；预制墙段水平起吊应四点吊，起重钢丝绳与墙段水平的夹角不小于 60°；预制墙段的堆放场地应平整、坚实、排水畅通。垫块宜放置在吊点处。底层垫块面积应满足墙段自重对地基荷载的有效扩散。预制墙段叠放层数不宜超过三层，上、下层垫块应放置在同一直线上。预制墙段运输叠放层数不宜超过两层，墙段装车后应采用紧绳器与车板固定，钢丝绳与墙段阳角接触处须有护角措施。异形截面墙段运输时须有可靠的支撑措施。

4. 预制墙段的安放

预制墙段安放前须具备下列条件：

（1）槽段完成并验槽合格。

图 2-29　预制墙段的安放

（2）槽段底部应均匀回填碎石，回填高度应高出墙段埋置底标高 50 mm。

（3）根据墙幅布置，在导墙面上画出墙段安放的分幅标记。放置预制墙段，限位搁置横梁，并与导墙面上的埋件焊固。两搁置横梁放置标高控制，应与墙段上的搁置点实测标高对应。

（4）预制墙段应验收合格。预制墙段的安放顺序为先转角墙段后直线墙段。预制墙段安放闭合位置宜设在直线墙段上。闭合幅安放前，须实测闭合幅槽段上、下槽宽，并根据实测数据，对闭合幅墙段安放作相应调整。预制墙段的安放如图 2-29 所示。

预制墙段的起吊和安放应符合下列要求：

（1）吊点设置和起重索具配置应满足墙段起吊回直后在墙厚、墙宽两个方向处于铅垂状态的要求。

（2）起吊回直过程应防止预制墙段根部拖行或着力过大。

（3）墙段入槽、安放应平稳，并使用经纬仪观察两个方向的垂直度。

5. 预制墙段墙缝和墙槽缝隙处理

预制墙段墙缝采用现浇钢筋混凝土接头，预制墙段与槽壁间的前后缝隙采用压密注浆填充；墙缝接头的施工应符合下列要求：

(1) 接头的施工宜有 3~5 幅超前完成的预制墙段用以抵抗混凝土侧向压力。

(2) 相邻墙段的上部和下部要有固定措施。

(3) 接头施工前，应先对两侧墙段侧壁进行刷壁，再对接头位置进行清孔，然后吊放钢筋笼。

(4) 接头水下混凝土宜采用细石混凝土，坍落度宜为 200mm±20mm，导管内径采用 ϕ200mm。导管埋置深度为 2~6m，导管应勤提勤拆。混凝土浇筑及导管提升要缓慢。

注浆施工应符合下列要求：预制墙段与槽段前后缝隙压密注浆应在接头施工完毕后进行；每个预制墙段宜设置两根注浆管，注浆时各注浆点应均匀注浆。

预制墙段的搁置点应待墙底墙侧注浆达到设计强度的 100% 后才可拆除。

2.5.3　技术特点

(1) 资源节约。本施工工艺既节约材料，又节省施工工期，更能减少地下空间的占用率。预制地下连续墙体采用空芯截面形式，可节约混凝土用量；施工中无水下混凝土浇筑，杜绝了槽壁塌方的发生，这样既减少了混凝土浇筑量，又避免了基坑开挖过程中混凝土的凿除工序；预制地下连续墙用作两墙合一，不需要再做内衬墙，这样节约了整个工程的混凝土和钢筋用量，同时也提高了地下空间的利用率；预制地下墙工艺无水下混凝土浇筑工序，不会发生混凝土污染槽段内护壁泥浆，因此泥浆重复利用率大大提高。预制地下墙的墙板场外制作，不占用施工工期；墙板是预制的，成槽完毕后，即可连续吊放墙段，无需养护，施工速度加快；同时，现场施工工序减少，缩短了施工周期。

(2) 环境友好。预制地下连续墙的墙体是场外制作，现场无钢筋笼制作工序，减少了施工噪声和电焊产生的光污染；预制墙可连续施工，减少了槽壁的不稳定性，减少了基坑周边建筑物的变形；现场施工工序减少，缩短了施工周期，从而也缩短了由施工带给周边居民的不便。

(3) 工程质量有保证。预制地下连续墙的墙体是在地面预制的，其混凝土的浇筑质量完全可以得到保证，其墙面的平整度和渗漏问题可以得到控制；地下墙作为主体结构时，其墙体与楼底板的连接预埋件的位置可以做到准确，便于后道工序施工。

2.5.4　技术内容

(1) 吊装工艺。针对不同的吊装工况，对预制墙板进行整体建模，采用大型有限元软件进行数值模拟，分析其在不同施工工况下的受力、变形特性，从而选择最合适的吊装工艺。同时，根据预制墙板的重量和吊装工艺确定与其相配套的吊具和料索具，确保大型构件吊运过程中的安全。

(2) 接头处理。地下连续墙施工工艺中接头处理是关键，研究适合预制地下连续墙的有效接头形式，以期改善预制地下连续墙槽段连接处的抗剪、防渗性能和整体性。

(3) 墙趾墙侧注浆。预制地下连续墙施工过程中墙体与槽壁之间一般留有 10~20mm 的空隙，需要在墙趾墙侧注浆，使墙侧摩阻力得到恢复，才能满足预制地下连续墙本身的稳固及作为地下室外墙时的竖向承载和抗浮性要求。

2.5.5　工程实例

1. 工程概况

华东医院停车库为地下二层结构，位于已建的东南西北四大主楼之间，其北面的外边线距北楼十分贴近，距离约 4m；其南面的外边线距南楼（西北角）约 8m。建筑占地面积约为 3297m²，总建筑面积为 6963m²，基坑开挖深度为 9.15m，地下一层建筑层高为 3.3m，地下二层建筑层高为 4.65m。地下外墙采用与围护墙相结合的预制地下连续墙，预制地下墙厚度为 780mm，标准幅宽度约为 4.05m，有效长度为 20.5m，重量约为 110t，如图 2-30 所示。

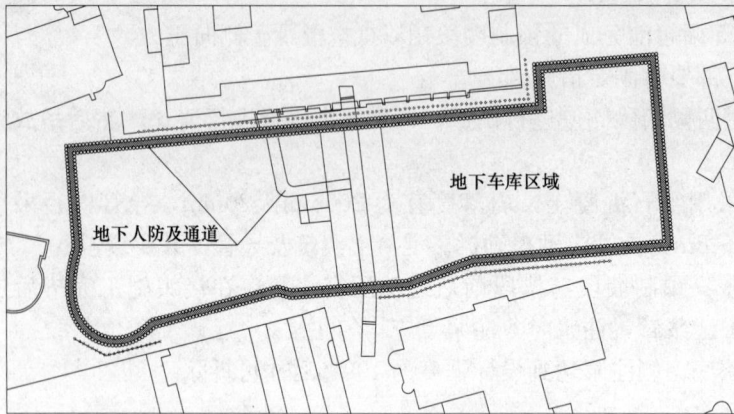

图 2-30 地下二层停车库平面图

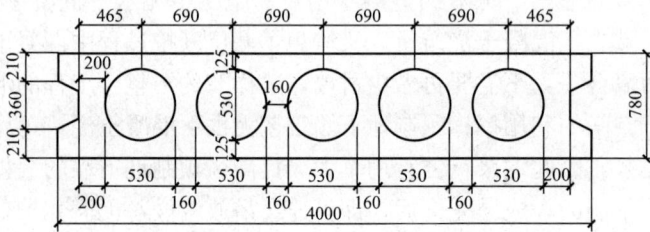

图 2-31 预制地下连续墙段标准幅面的截面形式

2. 预制墙板的制作

预制地下连续墙段的构造，根据经济性、制作难易性、施工的方便性和接头的抗渗性等方面进行综合分析比较，墙段截面采用空芯形式，既满足设计对构件的刚度要求，又大大减轻了构件的自重。预制地下连续墙段标准幅面的截面形式如图 2-31 所示。

根据制作现场的情况，预制墙段可叠层制作，叠层数应不大于三层。叠层制作时，下层墙段混凝土达到设计强度的 30% 以后，才可进行上层墙段的制作。各层墙段间应做好隔离措施。预制墙段制作时，根据要求正确埋置不同作用的埋件，埋设的位置、标高必须符合设计规范要求，为下道工序创造有利条件。预制墙板的堆放如图 2-32 所示。

(a)   (b)

图 2-32 预制墙板的堆放

3. 预制墙板的运输

预制墙板场外制作后，委托专业大型运输公司装车并运输送到现场，在运输过程中，墙段应用托架及钢丝绳紧固器固定牢。每幅预制墙板运输时使用两个支架，利用此支架装载，既可缩短装车时间，省去不停移动枕木、垫平受力点的过程，还可保证异形墙板装载时平稳，运输时预制墙板表面不受任何损伤，如图 2-33 所示。

　4. 预制地下墙施工

（1）导墙施工。导墙在预制地下连续墙的施工中不仅起到成槽时的定位作用，还对墙段的承重和吊放起着导向作用。因此，对导墙的深度、配筋和级配的确定要根据预制墙的结构和重量进行相应的调整。

图 2-33　预制墙板的运输

（2）成槽施工。成槽施工顺序一般为先转角幅后直线幅，槽段之间可连续成槽，也可间隔成槽；闭合幅位置设在直线墙段上。为了保证墙段的顺利吊放就位，其成槽垂直度控制在 1/600 以内，成槽深度大于设计深度 100～200mm。槽段完成并验槽合格后，槽段底部均匀回填碎石，回填高度控制在高出墙段埋置底标高 50mm，以增强墙底土体的承载力。

（3）预制墙板的吊放。预制墙段的吊放综合考虑板的长度、重量，并结合施工现场场地条件等因素，选择合适的起重设备和吊装方式，使得墙板在吊装时所产生的弯矩、应力及竖向变形值满足设计、规范要求。经分析、验算，对于 20.5m 长的预制墙板采用单机纵向两点吊装方案，如图 2-34 所示。

（a）　　　　　　　　　　　　　　　（b）

图 2-34　预制墙板两点吊放入槽示意图

（4）墙段间的接头处理。预制墙段间的接头既要止水抗渗又要传递墙间内力，是抗渗的最薄弱环节，一般采用钻孔灌注桩施工工艺处理接头。接头处理是在预制墙段相邻两幅安装定位后，在墙缝接头处用小钻机配置专用钻头旋转，并换浆清孔至孔底，再吊放钢筋笼、安放导管、现浇混凝土，完成接头桩。另外，在墙段预制时，在基坑内侧的墙段接缝处预埋钢筋，做一个扶壁柱，这样一方面提高了接头处抗渗漏能力，另一方面也提高了墙段间的抗剪强度，如图 2-35 所示。

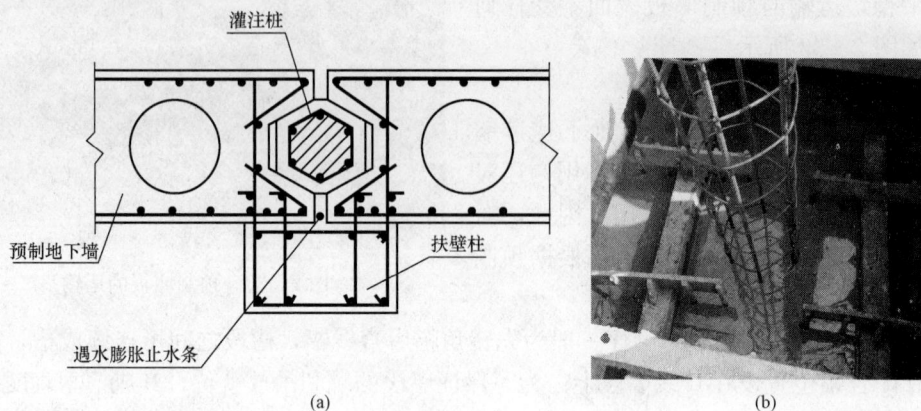

(a)　　　　　　　　　　　　　　　(b)

图 2-35　钻孔灌注桩接头处理

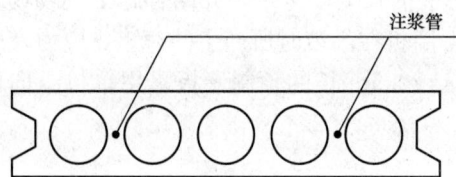

图 2-36　预制墙段预埋注浆管

（5）墙趾墙侧注浆。对于预制地下连续墙，墙体与槽壁之间留有 20mm 左右的空隙，为了较快地恢复墙底土体承载力、墙体摩阻力及防止构件间接缝渗水，需要对地下墙两侧和墙趾进行注浆，满足预制地下连续墙本身的稳固及作为地下室外墙时的竖向承载和抗浮性要求。经实验，采用泥浆置换法能满足设计要求，如图 2-36 所示。

5. 效果分析

分析已建工程的实施情况，相对于现浇地下连续墙而言，预制地下连续墙的混凝土用量可节省 30%～40%，钢筋可节省 5%～10%，但预制地下连续墙的单方工程造价还是要比现浇地下连续墙高 10%～15%。但是钢筋、混凝土、泥浆的使用量要比现浇地下连续墙节约，符合现代社会倡导的节约型、环保型建筑的需求；同时，它能起到很好的止水防渗作用，它的墙面和接缝质量好，可直接作为地下室的外墙，所以当它用于两墙合一时，地下结构无需内衬墙，虽然单方造价要高于现浇地下连续墙，但地下室总体造价可基本持平，甚至略有降低。

6. 结语

（1）预制墙板制作工厂化。工厂化生产，使得预制墙板可以做到标准化，有利于质量控制；可以做到批量化，有利于节约综合成本。

（2）预应力技术的应用。预制墙板的重量较大，运输、吊装受到限制，其推广应用受到很大制约。将预应力技术应用到预制墙板中，可减小预制墙板厚度，降低用钢量，使墙板轻量化，这样就更能体现出预制地下墙板的独特性和经济性。

（3）地源热泵技术的应用。在油价暴涨、资源拮据、环境持续恶化的今天，地源热泵这一绿色节能技术能应用到预制地下墙施工工艺中，更能显著降低建筑空调的能耗，改善环境质量。

2.6　钢筋混凝土支撑切割拆除技术

2.6.1　概述

随着城市的发展，土地资源的紧缺，城市地下空间的开发利用，城市土地资源的可持续高效利用需求日益增加，其发展趋势方兴未艾。传统的单层地下室已难以满足使用要求，地下空间开始向纵深发展。另外，为了破解城市交通难题，国内许多大城市大规模地发展地铁，地铁与未来城市生活的密切度也在不断加深，上海地铁一跃突破 400km 大关，几乎是用不到 20 年的时间走过了西方发达国家 100 年的发展历程，世界地铁协会（CoMet）称之为"创造了世界地铁建设史上的奇迹"。由此带来的是紧邻地铁的深基坑工程数量越来越多。为了保证邻近地铁区间、车站的安全，在地下空间开发过程中，对工程建设提出的要求更加严格。针对地下空间开发利用，所有的规划和工程建设都把安全放在首位，而在地铁边大型深基坑混凝土支撑拆除施工过程中，传统的爆破工程产生的振动、冲击波、飞石等会影响到地铁区间的安全。另外城市的不断发展，对于绿色环保的要求也更加严格，而传统的拆除方式——镐头机破碎，其所产生的噪声和粉尘也大大阻碍着文明城市发展的步伐。

当前传统的施工方式制约着行业的发展，而切割技术运用现代科学技术对传统支撑拆除方式进行了全面、系统的改变，此技术施工速度快，无振动，对原结构无影响，无噪声，无碎石，坑道内无粉尘，吊运快，无后续清理工作，施工环境好，能实现建筑行业的绿色环保施工。

2.6.2　技术简介

1. 切割工艺原理

采用钻石链条锯（SK-SD 线锯机，如图 2-37 所示）对混凝土支撑进行切割拆除。该切割机由大功率液压泵站、传动定位滑轮及带有金刚石锯齿的钢绳组合而成，具有施工高速、切口平直、尺寸精确，不破坏原有建筑物结构，不受桩或支撑的形状、尺寸限制，切割后无须事后修补，噪声低，环保，安全等优点，适合在闹市区施工，是现代化拆除施工的潮流。

(a)　　　　　　　　　　　　　　(b)

图 2-37　SK-SD 线锯机

2. 施工流程

施工流程是：施工准备→搭设脚手架→划分切割段→钻机排孔施工→金刚链切割→起重

机吊运→场内短驳、临时堆放→运输至指定堆场→后续处理。

3. 切割流程

根据工程要求，分段长度根据起重机的性能及回转半径确定的起吊重量来确定。为保证支撑梁吊运过程的绝对安全，每分段支撑梁的大小在 4t 左右。支撑梁切割分段落在承重支架上，所以支架脚手架的承重强度和稳定性非常重要。

4. 支撑梁分块划分原则

（1）切割后的钢筋混凝土块不能超过脚手架的支撑强度，以确保混凝土块体在吊离前的安全性。

（2）钢筋混凝土块体在吊离过程中应稳定可靠。

（3）钢筋混凝土块体的大小应考虑起重机的选型及起吊半径。

（4）钢筋混凝土块体应尽可能最大化，切割总量应最小化，以达到最大经济效益和最快施工速度。

（5）支撑梁切割前应正确放样，使切割后的混凝土块体与理论计算值大致相符。

图 2-38 支撑梁排架

5. 支撑梁排架搭设方案（图 2-38）

（1）排架搭设的间距须根据计算确定。

（2）对须在切割支撑梁下搭设排架作业面位置进行清空处理。

（3）支撑与支撑梁空隙用锲块牢固。

（4）钢管表面应平直光滑，不应有裂缝、结疤、分层、错位、硬弯、毛刺、压痕和深的划痕。

（5）旧扣件使用前应进行质量检查，有裂缝、变形的严禁使用，出现滑丝的螺栓必须更换；新旧扣件应进行防锈处理。

（6）直接承受支撑梁上部荷载的横向水平钢管、立杆和纵向钢管相交处要采用双扣件紧紧靠固。

（7）先搭设一半，待施工完毕之后再搭设另一半。

6. 切割施工步骤（图 2-39）

(a)

(b)

图 2-39 切割施工实况

钻石链条切割的施工工艺包括以下内容：

（1）现场接好电源、水源。

（2）在支撑和圈梁上划分分块切割钱。

（3）用钻孔机在圈梁的切割线交界处贴墙钻直径不小于 65mm 的通孔，用于穿钻石链条；支撑梁上无须钻孔。

（4）将切割机放在圈梁和支持梁下面的楼板上，并连接好电源、水源。

（5）穿好链条并用液压钳接好接头，按正确方法连接。

（6）开通水管，调节水流大小，通过控制器将链条收紧，开始切割。

（7）当圈梁等不能直接穿金刚链条时，要使用钻孔机通过排孔作业来辅助完成切割施工工序，如图 2-40 所示。

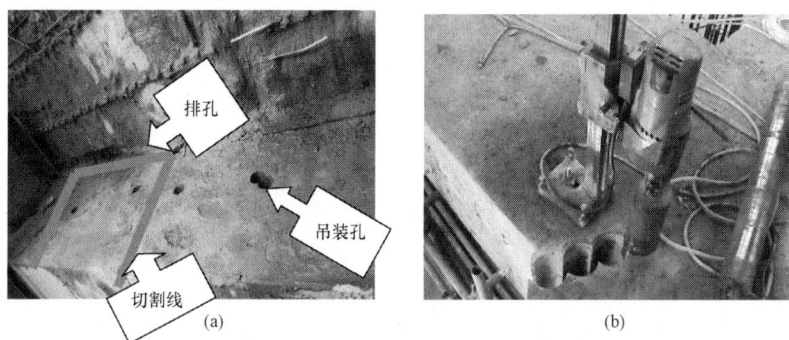

图 2-40　钻孔机排孔辅助切割

7. 拆除的混凝土块体吊离及吊机选型

由于受现场场地和交通的限制，支撑梁采用分块切割吊运的方法。每块重量原则上控制在 4t 左右。

支撑梁逐块切割后落在支架上，然后采用单机抬吊的方法将混凝土块体吊放到平板车上运到破碎场。梁体起吊时，速度要均匀，构件要平稳，混凝土块体下放时须慢速轻放。考虑到支撑梁上下投影重合，现场配备若干数量的手动葫芦辅助吊装，如图 2-41 所示。

图 2-41　手动葫芦辅助吊装

2.6.3　工程实例

1. 工程概况

四川北路 178 街坊××丘地块项目由办公楼、裙房两部分组成。本工程共分为四个基坑，一期基坑面积为 5500m²，形状不规则，采用四道钢筋混凝土支撑，支撑中心标高分别为 −2.200m，−6.700m、−10.400m 和 −13.645m。第一道支撑截面为 900mm×1000mm，900mm×900mm，700mm×700mm；第二、三道支撑截面为 1100mm×900mm，1100mm×800mm，800mm×700mm，1000mm×700mm；第四道支撑截面为 1000mm×900mm，1000mm×800mm，800mm×700mm，1000mm×700mm，如图 2-42 所示。

本工程位于虹口区四川北路以东、衡水路以南、乍浦路以西地块内，南侧紧靠已建设通车的轨道交通 10 号线四川北路站，东侧为 10 号线盾构区间。基坑周边道路交通繁忙，对交通组织要求高，另外周边还分布有多条公共事业市政管线，主要管线有：$\phi700$ 煤气管，$\phi600$ 雨水管，$\phi300$ 煤气管，$\phi600$ 污水管，20 孔电力管等。

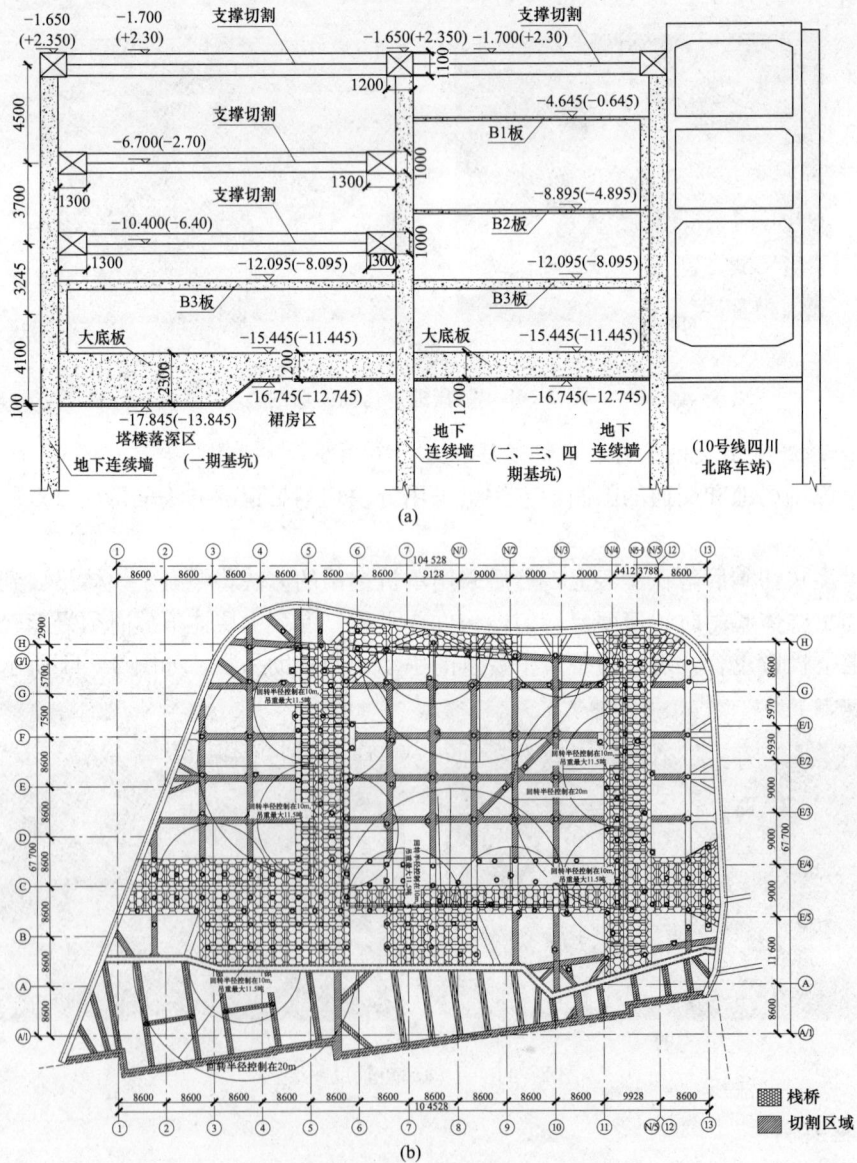

图 2-42 混凝土支撑平、剖面图

(a) 支撑剖面图；(b) 支撑平面图

2. 实施效果

（1）施工速度快：采用金刚链切割工艺施工，不受气候、环境等外界因素影响，可连续施工。根据已施工的工程，采用的金刚链切割拆除工艺能够在工期上比传统拆除方法缩短30％以上。

（2）对已有结构影响小：切口平直，尺寸精确，不破坏原有建筑物结构，不受桩或支撑的形状、尺寸限制，切割后无须事后修补。

（3）噪声低：采用金刚链切割方法切割的噪声比传统方法切割时的低。使用专业的测量仪器在采用链式切割支撑的基坑边对噪声进行测量，测得为 75.1dB，施工区域周边噪声为 52.3dB；作为对比，采用一台镐头机凿除时，噪声为 102.4dB，施工区域外的噪声为 82.6dB。

（4）无粉尘污染：切割过程中采用两路水管不停喷水，无施工粉尘，而且现场泥浆废水采用三级沉淀排放。

（5）无振动：采用金刚链切割混凝土支撑的施工工艺，无振动，对结构、周边建筑物、道路、管线及居民无影响。

2.7　软土地区深基坑逆作法施工技术

2.7.1　概述

20 世纪 80 年代以来，上海、北京、广州、深圳、天津等大城市的地下空间开发利用发展迅速，大规模的高层建筑地下室、地下商场的建设和大规模的市政工程，如地下停车场、大型地铁车站、地下变电站、大型排水及污水处理系统等的施工建设带来了大量的深基坑工程，而且其规模和深度仍在不断加大。由于城市中深基坑工程常处于密集的既有建筑物、道路桥梁、地下管线、地铁隧道或人防工程的近旁，虽属临时性工程，但其技术复杂性却远甚于永久性的基础结构或上部结构，稍有不慎，不仅将危及基坑本身安全，而且会殃及临近的建（构）筑物、道路桥梁和各种地下设施，造成巨大损失。因此，基坑工程是当今土木工程中最为复杂的一个系统工程，涉及工程地质与水文地质、工程力学与工程结构、土力学与基础工程和施工与组织管理等，是融多种学科知识于一体的综合性科学。基坑工程施工中不仅要满足结构自身强度的要求，还须保证基坑施工过程中的土体稳定，严格限制周边的地层位移以确保四周环境的安全。

以上海为例，基坑工程施工特点如下：

（1）地质条件差，地下以软弱土层为主。

（2）工程挖深大，须采取安全可靠的支护体系。

（3）周边环境复杂，环境保护要求高。

（4）文明施工管理要求高。

近年来，地下空间的开发和大量深基础工程的出现以及对环境保护的要求越来越严格，作为保障深开挖进行的深基坑支护体系的设计计算方法、施工工艺由此也不断地产生和更新。基坑工程从最早的放坡大开挖，到后来由于场地的限制而设计附加结构体系的开挖支护系统，如钢板桩支护、地下连续墙、柱列式灌注桩排桩支护、多支撑或锚杆组合结构、土钉墙支护和深基坑工程的逆作法施工。

2.7.2 技术简介

1. 逆作法的工艺原理及分类

（1）逆作法工艺原理。逆作法的工艺原理是：先沿建筑物地下室轴线（地下连续墙也是地下室结构承重墙）或周围（地下连续墙等只用作支护结构）施工地下连续墙或其他支护结构，同时在建筑物内部的有关位置（柱子或隔墙相交处等，根据需要计算确定）浇筑或打下中间支承桩和柱，作为施工期间于底板封底之前承受上部结构自重和施工荷载的支撑。然后施工地面一层的梁板楼面结构，作为地下连续墙（或其他支护结构）刚度很大的支承，随后逐层向下开挖土方，支模浇筑各层地下永久性结构梁板，直至底板封底，如图2-43所示。

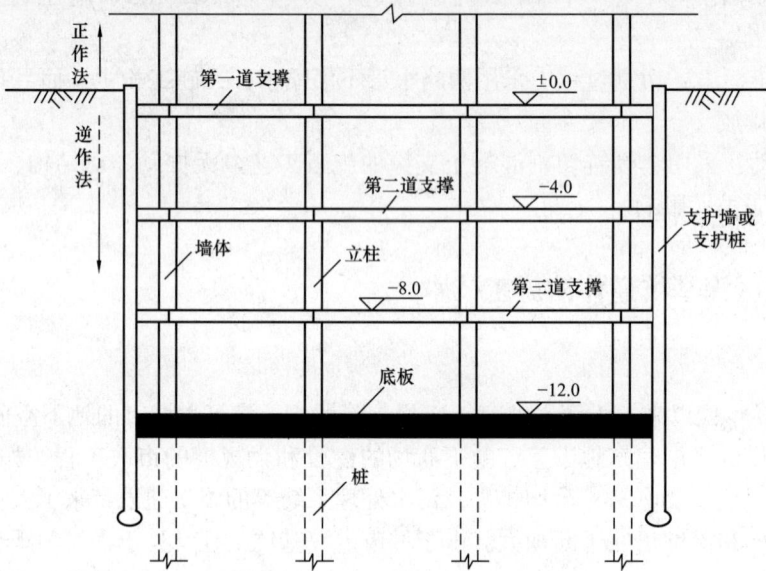

图2-43 逆作法工艺原理

（2）逆作法分类。根据对围护结构的支撑方式，基坑工程逆作法，可分为以下几类作法：

1）半逆作法。利用地下各层的钢筋混凝土楼板对四周围护结构形成水平支撑。楼盖混凝土先整体浇筑，然后在其下掏土，通过楼盖中的预留孔洞向外运土并向下运入建筑材料，逐层向下施工各层楼板直至基础底板，待地下结构完工后再进行地上主体工程的施工。软土地区半逆作法施工多结合盆式挖土，即利用基坑内四周暂时保留的局部土方及地下楼板支撑等对四周围护结构形成水平抵挡，抵消侧向土压力所产生的部分位移。如图2-44所示。

2）全逆作法。当地面一层的楼面结构完成后，可以在逆作地下结构的同时还进行地上主体结构的施工，如此地面上、下同时进行施工，直至工程结束。但是在地下室浇筑钢筋混凝土底板之前，地面上的上部结构允许施工的层数要经计算确定。

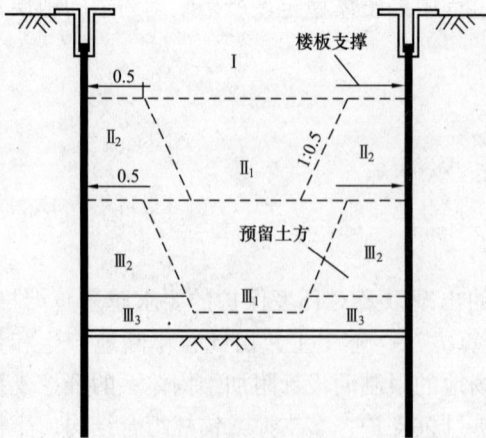

图2-44 半逆作法（单位：m）

（3）框架逆作法。利用地下各层钢筋混凝土肋形楼板中先期浇筑的交叉格形肋梁，对围护结构形成框格式水平支撑，待土方开挖完成后再二次浇筑肋形楼板，如图 2-45 所示。

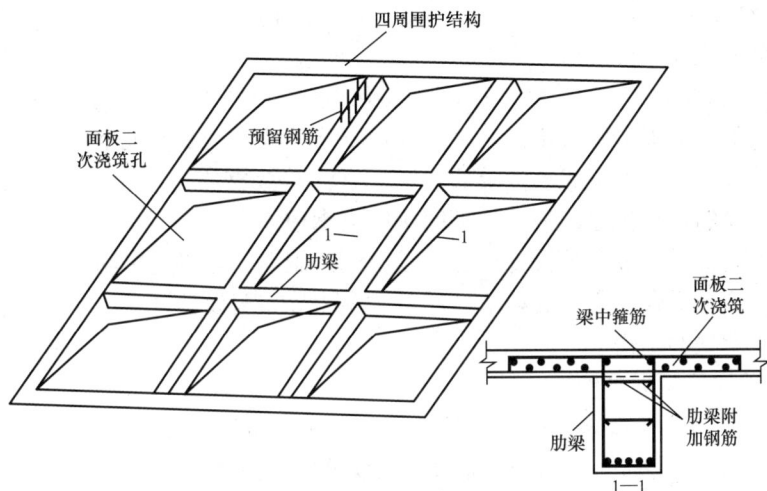

图 2-45　框架逆作法

（4）跃层逆作法。在适当的地质环境条件下，根据设计计算结果，通过局部楼板加强以及适当的施工措施，在确保安全的前提下实现跃层超挖。主要工艺流程如图 2-46 所示。

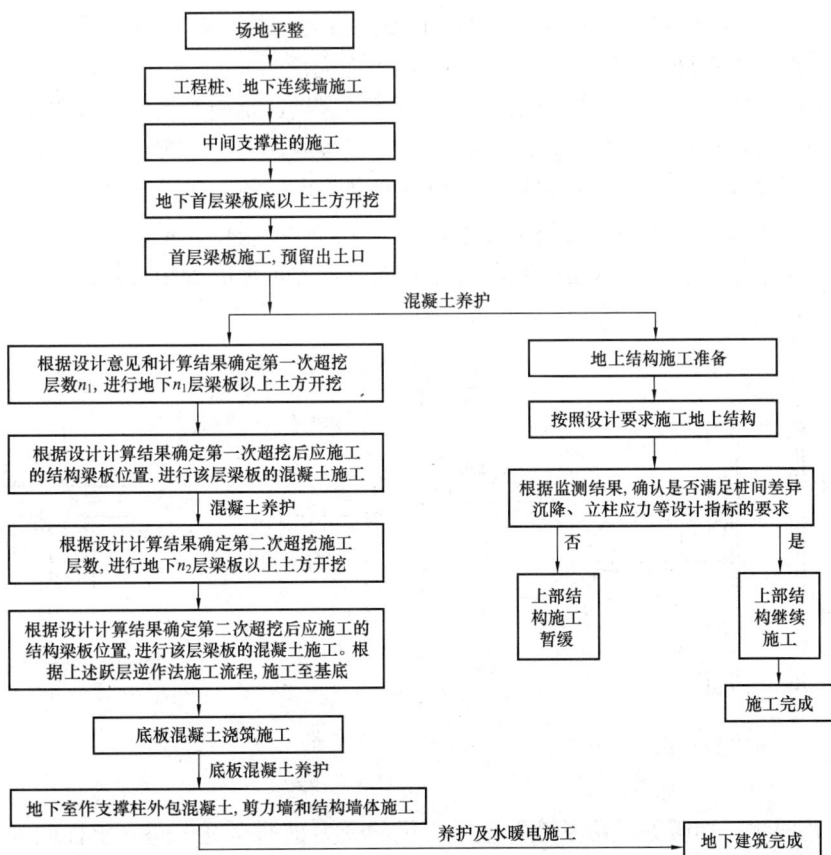

图 2-46　跃层逆作法工艺流程图

除了上述几种逆作法施工地下结构外，还有部分正作法、部分逆作法；土方抽条开挖逆作法；考虑时空效应的逆作法等。

2. 逆作法的关键技术

（1）节点构造及施工

1）楼板梁与中间支承柱的节点。在逆作法施工中，中间支承柱是重要的竖向支撑构件。在逆作法施工期间，地下室底板未浇筑之前与地下连续墙一起承担地下和地上已建各层的结构自重和施工荷载；在地下室底板浇筑后，与底板连接成整体，作为地下室结构的一部分，将上部结构及承受的荷载传递给地基，期间中间支承柱须承受的荷载很大。

楼板梁与中间支承柱节点的设计，主要是解决梁钢筋如何穿过中间支承柱或与中间支承柱如何连接，保证在复合柱完成后，节点质量和内力分布与设计计算简图一致。该节点的构造取决于中间支承柱的结构形式。

① 中间支承柱采用钢格构柱。

a. 钻孔穿筋法。对于型钢及组合槽钢的格构立柱，可以在楼板梁通过中间支承柱位置钻孔，使楼板梁的受力钢筋能穿过立柱，形成较好的连接。施工中每穿过一根钢筋，应立即将孔的双面满焊封严，然后再割下一个孔和穿筋。这种节点构造简单，梁柱接头混凝土浇筑质量好；但钻孔施工较为麻烦，效率较低，同时削弱了柱的有效面积，在立柱长细比较大时容易出现失稳，承载力降低。因此，该方法须通过严格计算，确保截面损失后的钢格构柱满足承载力要求时才可使用，如图 2-47 所示。

b. 传力钢板法。此方法是在中间支承柱上焊接传力钢板，在传力钢板上再焊上梁受力钢筋，然后绑扎梁的钢筋，浇筑混凝土，待基础底板完成后，再浇筑外包复合柱的混凝土，从而达到传力的作用。施工中钢板与型钢宜采用竖向焊接，钢板与型钢的焊缝应满足设计要求。施工现场应做焊缝探伤试验，梁的钢筋与传力钢板的焊接应做焊件抗拉强度试验。该方法无须钻孔，可保证格构柱截面的完整性，但材料消耗大，施工工艺复杂，而且在施工地下二层及以下水平结构时，需要在已处于受力状态的支撑柱上进行大量的焊接作业，因此施工时应对高温下钢结构承载力降低给予充分考虑，同时传力钢板的焊接也增加了梁柱节点混凝土密实浇筑的难度，如图 2-48 所示。

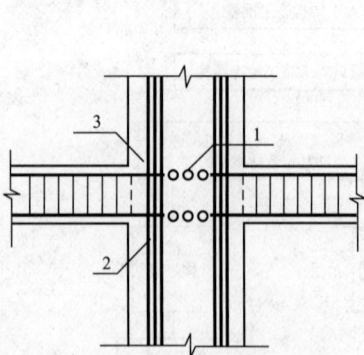

图 2-47　钻孔穿筋法

1—钻孔；2—型钢；3—复合柱

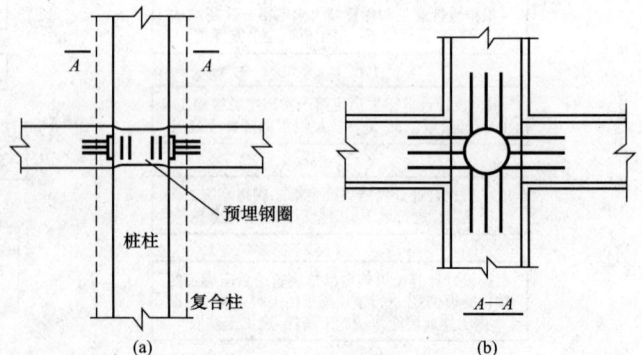

图 2-48　传力钢板法

c. 加腋处理法。加腋处理法是地下室楼板梁的受力钢筋穿过中间支承柱的一种新方法，即在钢筋绑扎时若按常规方法将梁的主筋难以全部从钢格构柱角钢空隙之间穿过去，这时尽量让未能穿过的框架梁钢筋从格构柱侧面绕过格构柱，在相交节点处适当对框架梁做加腋处理，如图 2-49 所示。

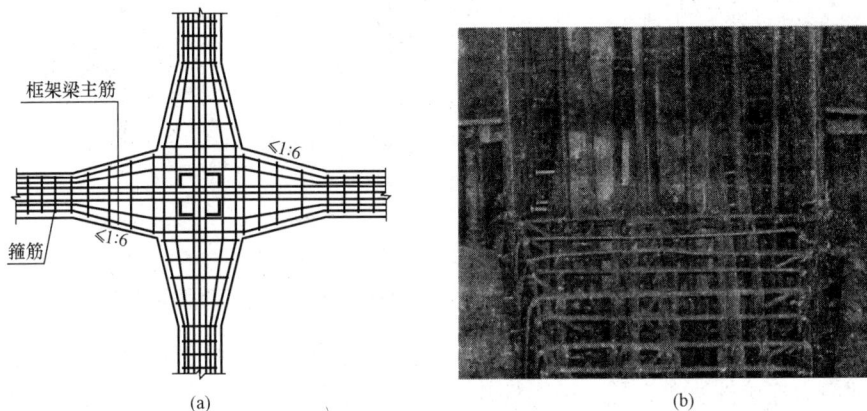

图 2-49 加腋处理法

（a）梁柱节点加腋处理示意图；（b）加腋处理法节点内的钢筋布置

通过加腋处理，使梁中受力钢筋全部穿过钢格构柱，很好地解决了在不损伤支承柱的前提下将梁的受力钢筋穿过中间支承柱的难题，回避了以上两种方法的不足之处。但由于在梁侧面加腋，梁柱节点位置箍筋尺寸须根据加腋尺寸进行调整，且节点位置绕行的钢筋须在施工现场根据实际情况进行定型加工，也在一定程度上增加了现场施工的难度。

② 中间支承柱采用钢管混凝土柱。一般采用钻孔穿筋法和传力钢板法，如图 2-50 所示，且多以后者为主。采用传力钢板法时形式很多，常用的有钢牛腿和接驳器两种形式。前者是在钢管表面焊钢牛腿，通过钢牛腿连接钢筋与钢管，达到传递弯矩与剪力的目的；后者则是在钢管表面焊环形钢板，传递结构剪力。钢筋连接接驳器直接与钢管焊接，传递结构弯矩。

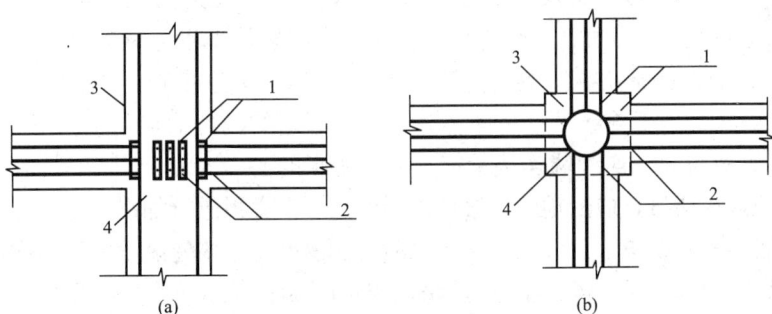

图 2-50 钻孔穿筋法和传力钢板法

1—竖向传力钢板；2—梁受力钢板；3—复合柱；4—钢管中柱桩

2）地下连续墙与楼板、梁节点。地下室楼盖是地下连续墙的可靠支撑，结构设计中楼盖梁与地下连续墙连接多按固结考虑，因此该节点可靠性十分重要，必须设法确保梁端受力钢筋的锚固或连接、梁断面的抗弯和抗剪强度等设计要求，如图 2-51 所示。

① 预埋连接钢筋法。在施工地下墙时预埋连接钢筋并加以弯折，当楼盖梁板施工到地下楼板标高处时，将地下连续墙钢筋保护层凿除，暴露主筋，再与地下室楼板一起浇筑。预埋连接钢筋法构造简单、施工方便，但对直径较大的钢筋扳直困难且如果扳出的连接钢筋不

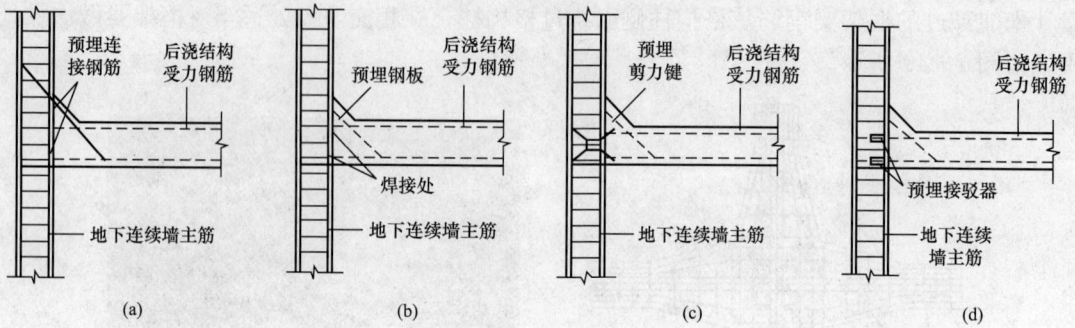

图 2-51　地下连续墙与楼板、梁节点

(a) 预埋连接钢筋法；(b) 预埋剪力连接件法；(c) 预埋连接钢板法；(d) 预埋钢筋接驳器连接法

直，会使连接困难并产生初始应力。预埋连接钢筋仅传递水平力，抗弯性能差，应慎用。

② 预埋剪力连接件法。它是一种柔性连接法，在施工地下墙时预埋与墙内受力钢筋焊接的带剪力槽的钢板，在施工楼盖梁板时将梁板内受力钢筋与这些钢板连接，再与地下室楼板一起浇筑。此法的优点是接头抗剪性能好，施工方便；缺点是大直径钢筋弯折和反弯较困难。

③ 预埋连接钢板法。它是将钢板预埋在地墙钢筋笼上的特定位置，钢筋笼吊入槽内，浇筑混凝土，待挖土至楼盖梁标高位置时，先绑扎楼盖梁钢筋，将混凝土凿开后露出钢板，然后将梁内受力钢筋与墙内预埋钢板焊接连接。该方法施工方便，接头受力性能较好；但对电焊质量和技术要求高，现场焊接量大，施工进度慢，空气污染重，故在逆作法中不太适用。

④ 预埋钢筋接驳器连接法。它是地下连续墙与地下室楼板、底板连接常用的刚性连接法，即在地下室底板与楼板的配筋标高上预先在地下墙的内墙面埋入钢筋接驳器（带肋钢筋套管或钢螺纹套管），在地下室开挖后施工楼板、底板时，其底板与楼板钢筋通过钢筋接驳器直接与地下连续墙连成整体，成为刚性接头。该方法的优点在于钢筋锚固牢固，抗弯抗剪性能好，刚度大，构造简单，施工速度快，空气污染少，施工环境好；缺点是钢筋接驳器定位要求高，需要专门的措施将其固定正确与牢固，对不同幅段的地下连续墙沉降差要求严格。

3) 地下连续墙与底板的连接。地下连续墙与地下室底板的连接节点需要满足以下两个要求：

① 地下室底板与地下连续墙连成整体，与设计假定的刚性节点一致。

② 地下室底板与地下连续墙连接紧密，达到防水的要求。

通常为保证连接质量，应沿地下连续墙四周将地下室底板进行加强处理，加配钢筋。在底板与地下连续墙接触处设止水条，以增强防水能力，也可在连接处设剪力键增强抗剪能力。当用排桩支护作为围护结构时，可将主体结构的底板和楼板插入桩体内，如图 2-52 所示。

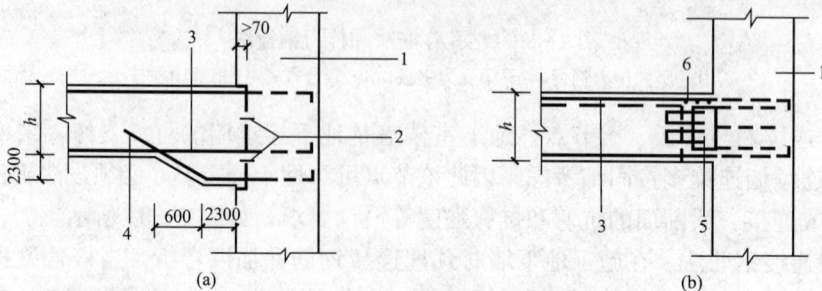

图 2-52　地下连续墙与底板连接

1—地下连续墙；2—电焊钢板；3—梁内钢筋；4—支拖加强钢筋；5—预埋剪力连接件；6—附加钢筋

（2）中间支承柱设计。在逆作法施工中，中间支承柱是重要的竖向支撑构件。在逆作法施工期间，地下室底板未浇筑之前与地下连续墙一起承担地下和地上各层的结构自重和施工荷载；在地下室底板浇筑后，与底板连接成整体，作为地下室结构的一部分，将上部结构及所承受的荷载传递给地基，期间中间支承柱需承受的荷载很大。

1）与立柱桩的连接

① 插入柱脚长度的计算。逆作法施工中的立柱在底板施工前要承受较大的结构荷载和施工荷载。工程实测结果表明，钢立柱的柱脚插入部分和混凝土之间的内力传递，主要靠黏结力，因此通过钢柱与混凝土之间的内力传递关系即可推算柱脚根部的插入长度。

当钢立柱插入混凝土桩中之后，通过对实际施工的观察发现，由于混凝土的下沉，在钢柱底下发生空洞现象，使钢柱底平面与混凝土之间的支承压力难以得到保证。因此，为了保证钢柱和核心混凝土的整体性，避免因柱脚处桩身混凝土产生剪切，应保证柱脚插入深度大于 3m。

② 立柱柱脚与立柱桩的连接构造。

a. H 型钢柱脚与钢管桩的连接。柱锚固在钢管桩的 C40 混凝土内。在距底板底面约 4.5m 的钢管内设有多功能钢托座，不但减少了钢管桩内充填混凝土的数量，而且还可兼作立柱就位时的支座。钢托座的十字交叉加劲盖板上留有排气孔，在沉桩过程中还采取了管内清土措施。在柱底上加焊有钢板，钢板上留有浇筑混凝土的导管通过的缺口，在底板以下的钢柱上焊有栓钉，以增强柱的黏结周长并减少柱底接触压力。

b. 钢管（混凝土）柱与灌注桩的连接。在钢管（混凝土）柱底加焊竖向分布筋和环向筋，在钢管（混凝土）柱的锚固段还均匀地开有四个椭圆孔，以利于混凝土流动和加强桩、柱之间的连接。当钢管（混凝土）柱就位采用两点定位方案时，桩内的混凝土分两次浇筑，钢管（混凝土）柱就位前，应将桩顶已浇好的劣质混凝土全部凿除。

2）支承上部荷载的方式。20 世纪 60 年代前支承上部荷载多采用临时立柱（桩），近年来随着施工技术的不断完善，则转向以直接利用工程桩为主。工程桩是人工挖孔灌注桩或大直径钻孔灌注桩时，应优先采用一柱一桩；若是小直径桩或预制桩，则布置成多桩承台支持立柱。立柱（桩）承载力经计算不足时，应增加临时立柱（桩）。在部分无工程桩的部位可加设临时立柱桩，其平面布置应尽量避开主次梁并做好穿越基础时的防水处理。另外，还可以将上部荷载通过与地下墙相连的临时斜撑传到地下墙，由地下墙直接承重。常见支承方式主要有以下几种：

① 大直径工程桩＋永久柱承载。该方法通常称为一柱一桩，即利用大直径工程桩直接支承上部荷载，不另设立柱支承桩。工程桩多为人工挖孔灌注桩或大直径钻孔灌注桩。支承立柱有 H 型钢、工字钢、格构式钢柱，钢管混凝土柱，混凝土柱等形式。

② 钻孔灌注工程桩（或预制桩）＋承台＋永久柱承载。该方法通常称为一柱多桩承台，施工时人工挖孔护壁井道至基础底板以下，在柱下钻孔灌注工程桩（或预制桩）上做多桩承台，然后利用护壁井道在承台上安装固定钢管柱或型钢柱，浇筑混凝土。

③ 钻孔灌注工程桩（或预制桩）＋承台＋临时立柱承载。该方法也称为一柱多桩承台，施工时将型钢柱或格构钢柱安装在离结构柱较近的钻孔灌注工程桩（或预制桩）上，在地面层楼板做多桩承台，结构柱可逆作也可顺作。该方法在软土地区应用的特点是对支柱桩的定位与垂直度无特别要求；此外，多桩支撑可增大施工时的承载力，使上部结构向上施工的层数更多，更能加快施工速度，缩短总工期。

3）中间支承柱垂直度控制。中间支承柱是逆作法过程中替代工程结构柱的一种临时性结构杆件，起着支承已完成施工构件和施工荷载的作用。逆作法施工结束，支承柱一般外包混凝土后，作为正式地下室结构柱的一部分，永久承受上部荷载，所以支承柱的定位和垂直度必须严格满足要求。一般规定支承柱轴线偏差控制在 20mm 以内，垂直度控制在 1/300 以内，否则将影响结构柱位置的正确性，在承重时会增加附加弯矩并在外包混凝土时发生困难，为此必须要有专门的设备对其进行定位和调垂。目前主要有三种调垂控制方法：气囊法、校正架法和导向套筒法。

（3）土方开挖技术。逆作法施工中土方工程由于与结构施工交叉进行，且土方多为暗挖施工，施工困难较大、周期较长，不仅是影响工期的关键因素，而且挖土也是使围护结构和基坑土体产生变形的主要原因，是影响施工安全的关键。因此，土体开挖首先要满足控制地下连续墙和结构楼板的变形及受力要求，其次在确保已完成结构满足受力要求的情况下应尽可能提高挖土效率；有必要在挖土方式、取土口的布置等各方面采取经济有效的措施。

1）挖土方式。逆作法施工中，土方开挖根据施工的特点主要分为明挖和暗挖两种。

① 明挖。明挖法具有施工简单、快捷、经济、安全的优点，但是对周围环境的影响较大。

在明挖施工中，当基坑平面面积很大时，基坑对撑困难，可以采用"中顺边逆"部分逆作法。"中顺边逆"采用放坡和中心岛开挖结合的方法，保留周边土体，达到控制围护结构变形和减少悬臂弯矩的目的。当中间顺作区底板浇筑完毕并形成一定刚度后，浇筑周边逆作区地面楼板并对称挖除地下连续墙边的斜坡土，及时浇筑垫层与第一层地下室底板，当形成二层楼板加外墙、中柱的箱形结构后，上部结构与地下室就可以同时向上下两个方向施工。当基坑平面面积很大且工期较短时，也可以将基坑分成小基坑开挖，即采用"坑中坑"的部分逆作法，利用空间效应来减少变形。

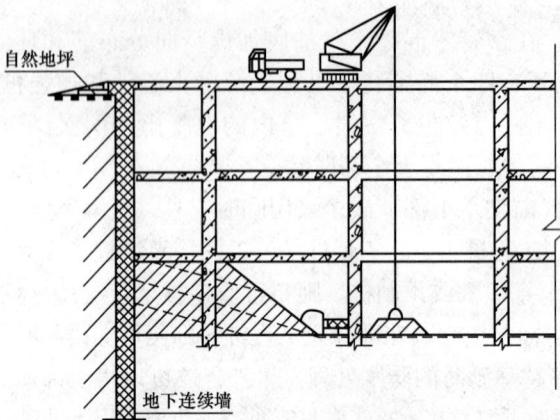

图 2-53　暗挖法施工示意图

② 暗挖。暗挖即掏挖，一般采用小型挖土机与人工挖土相结合，地下水平运输采用人力拖车运输到出土口下，出土吊运由专门设计的抓土行车完成，再由卡车运出工地，如图 2-53 所示。

2）逆作条件下取土口的布置。对于半封闭式的逆作法，可按顺作法一样直接用挖土机出土，土方用车运出场地。但对全封闭式逆作法，施工是在顶部楼盖封闭条件下进行的，在进行地下各层地下室结构施工时，须进行施工设备、土方、模板、钢筋、混凝土等的上下运输，所以须预留几个上下贯通的垂直运输通道。为此，在设计时就要在适当部位预留一些从地面顶层直通地下室底层的施工孔洞，也可利用楼梯间或无楼板处作为垂直运输孔洞。出土口的数量，主要取决于土方开挖量、工期和出土机械的台班产量。

① 取土口的尺寸。取土口的形状大小除满足挖土机械、支撑及材料运输的要求外，还应满足结构受力要求，特别是在土压力作用下必须能够有效传递水平力；并尽可能采用大开口，以加快出土速度；同时应使板的削弱尽量小，且不改变柱、梁结构的布置。为了防止雨水进入地下室，在取土口周围需设置防水围堰，并设置自动或手动的帐篷；在贯通各层楼板

的混凝土浇筑孔处设置临时薄板。

② 取土口数量的确定。取土口的数量除受场地条件限制外，主要由出土机械的台班产量、土方开挖量和施工工期决定。一个取土口对应设置一台出土机械，在结构及工作面许可的情况下，宜增加取土口数量。取土口数量经计算决定，一般不少于两个。

③ 取土口的平面布置。取土口的平面布置应考虑地下及地上主体工程的规模、劳务现场划分，其净距离可以考虑在 30m 以内，平面布置视工程条件的不同而不同，一般应考虑以下几个因素：

a. 现场划分。各分区至少需一个取土口。

b. 工程规模。根据单个取土口的挖土范围来决定取土口的个数，一个取土口可承担的挖土范围一般为 500m²。

c. 工程车辆运输线。根据进入口和现场划分，沿着运输线决定取土口的位置，尽量便于土方运出基坑，并与土方驳运的起重机设置相配合。

d. 上部结构。根据上部结构开工的时间和地下及地上现场划分的关系来决定取土口的位置。

2.7.3　工程实例

1. 全逆作法

(1) 兴业大厦

1) 工程概况。上海兴业银行大厦位于上海市黄浦区四川中路、汉口路路口。工程占地面积 7856m²，基坑面积约 6200m²。主楼 19 层，高 82.5m；裙房 10 层，高 42m；主楼和裙房均设三层地下室，基础埋深为 13.6～14.6m。结构采用钢筋混凝土框架剪力墙体系，基础形式为桩筏基础，桩基采用钻孔灌注桩。工程基地位于上海市密集建筑群中，周边紧邻多幢上海市优秀近代保护建筑，且路面下分布管线较多，环境保护要求很高。基坑工程总平面图如图 2-54 所示。

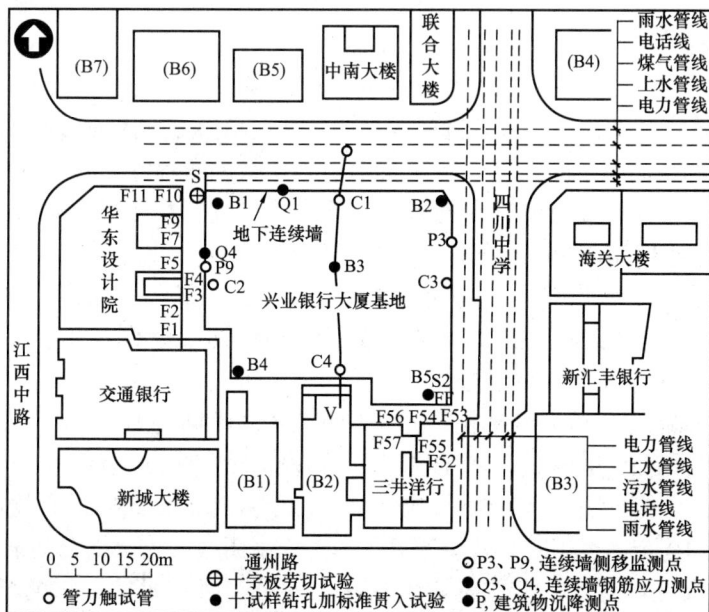

图 2-54　基坑工程总平面图

2）总体设计方案。综合考虑了周边环境保护要求、施工工期以及经济性等情况后，决定采用全逆作法的设计方案。本工程地下三层，根据一柱一桩竖向承重体系的实际承载能力，在地下室逆作施工完成时，上部结构可以同时施工至第三层，大大缩短了工期。由于施工场地狭小，同时为了加快上部结构的施工速度，本工程的核心筒也采用逆作法，这是本工程设计的一个创新之处。

全逆作法选用两墙合一的地下连续墙作为围护结构，根据周边环境不同的保护要求采用了不同深度、厚度和不同槽段宽度的连续墙。逆作法中将地下室的结构梁板作为水平支撑体系，局部梁板缺失处采用临时支撑以满足水平传力要求；主楼底板较深处加设一道临时支撑，该支撑同浅部底板同时浇捣，以解决该位置土体一次开挖过深的问题。采用主体结构的一柱一桩系统作为竖向承重体系；局部剪力墙后作部位，加打型钢立柱和 $\phi800$ 钻孔灌注桩，以满足竖向承重要求。

为进一步控制坑外土体变形，确保地下室施工期间相邻保护建筑及管线的安全，在基坑外西侧和南侧打设一排拱形树根桩，起到隔离作用；另外还采用水泥土搅拌桩对基坑内土体进行加固。

3）关键技术

① 地下连续墙。地下连续墙采用 C30 水下混凝土，抗渗等级为 S8。连续墙根据深度和厚度不同采用了三种不同的槽段划分形式。连续墙普遍宽度为 6m，接头形式采用三波形锁口管柔性接头。

由于采用两墙合一的连续墙，因而带来大量的预留工作。在槽段划分中充分考虑连续墙的接缝位置，尽量避开留洞、埋管、插筋密集区。钢筋笼制作时埋管、留洞、插筋要精确定位，严格复核。连续墙与地下室中的楼板、底板等标高部位埋设钢筋接驳器及插筋，待结构施工时凿出钢筋接驳器及插筋与相应的结构楼板连接。

针对保护建筑地下连续墙施工的特殊措施包括：a. 将槽段宽度减少至 4.2m，以提高单元槽段的施工速度，有利于槽壁的稳定性；b. 加快施工速度，严格控制地下连续墙的成槽时间和钢筋笼下放时间；c. 在连续墙墙底进行注浆，减少连续墙沉降量，从而减少对坑外土体的扰动，同时增加连续墙的纵向刚度，减少连续墙和立柱之间的沉降差；d. 在基坑西侧和南侧的地下连续墙的槽段接头处进行劈裂注浆，提高槽壁土体的稳定性和地下连续墙的抗渗能力；e. 适当提高泥浆的密度，在泥浆中掺入适量的重晶石，以进一步提高槽壁的稳定性；f. 为提高地下连续墙槽段接头处的抗渗能力及刚度，在槽段分幅接头及转角槽段角部设置壁柱，地下连续墙内预埋钢筋同壁柱连接。

围护结构的平面布置如图 2-55 所示。图 2-56 给出了 A—A 截面的剖面图。

② 工程桩。在非剪力墙部位，施工期间的荷载由一柱一桩的钢管混凝土柱承担，其中的一柱是指上部的 $\phi609$ 钢管混凝土柱，一桩是指其下的 $\phi900$ 钻孔灌注桩。钻孔灌注桩长约 62m，进入⑨$_1$ 粉细砂层。剪力墙部位下的格构柱截面由四根 L160×14 角钢和缀板焊接而成。格构柱插入钻孔灌注桩内 3m，灌注桩直径为 800mm，桩长约为 57m。

③ 土方开挖。土体开挖具有时空效应，合理的土方开挖方式可以有效地控制基坑的变形，有利于基坑的稳定。运用时空效应原理，本工程采用盆式挖土结合抽条挖土的方案。第一次挖土中，为减少暗挖土方工作量，第一皮土采用大面积明挖，先挖至 -1.500m 标高处，然后盆式挖土至 -5.300m 处。以后各次挖土中采用盆式开挖结合抽条开挖。土体抽条

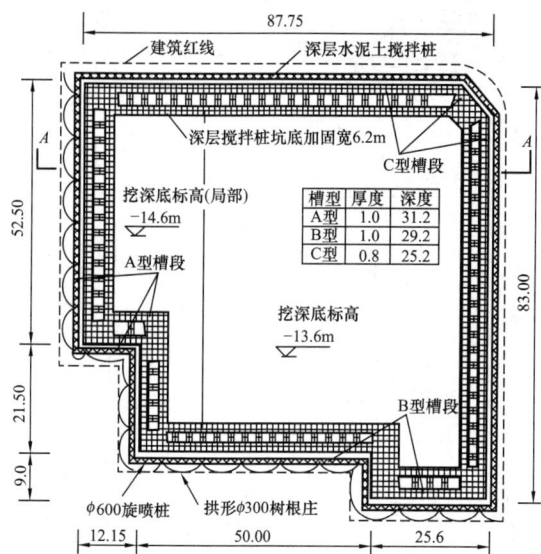

图 2-55　围护结构平面布置图

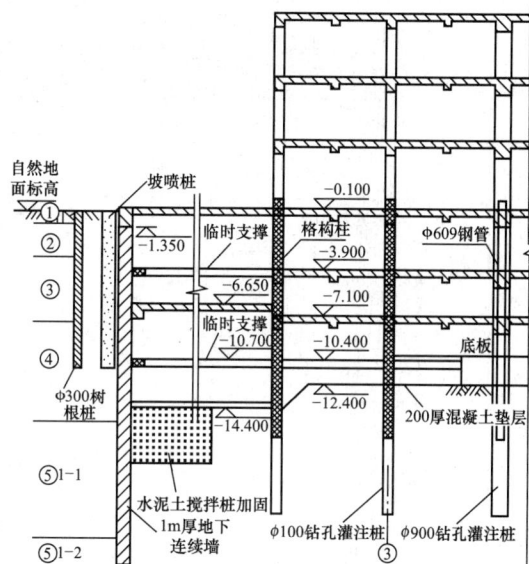

图 2-56　A—A 剖面图

宽度在 4m 左右，原则上使后挖土体尽可能多地包含经过搅拌桩加固的土体，两条搅拌桩之间未加固土体先抽条开挖，待随捣的垫层达到 50% 以上的强度以后再挖除余下的搅拌桩加固区的土体。抽条挖土必须对称进行且须在 24h 内完成挖土并随即浇捣好垫层。

④ 临时支撑。在较大面积的楼板缺失处，采用钢筋混凝土支撑并与结构楼板一起浇筑；在较小楼板缺失处则采用钢支撑。钢筋混凝土支撑通过扁梁围檩与周边连续墙连在一起。支撑与围檩、围檩与地下连续墙之间通过预埋插筋连接。另外，支撑应与挖土紧密结合，随挖随撑，先撑后挖。

⑤ 地下室剪力墙筒体。由于逆作法工艺要求，地下室剪力墙为后施工。各层土体挖空以后，在施工各层梁、板之前，在格构柱上烧焊牛腿，并在剪力墙下方加设与剪力墙同厚、700mm 高的托梁与其他处梁、板一起施工。托梁上必须预留剪力墙插筋，施工底板时要在剪力墙部位预留垂直插筋。当底板达到一定强度后，依次往上施工地下室各层剪力墙，并贯穿格构柱。由于剪力墙的厚度有 600、400、250mm 等不同尺寸，而格构柱的截面统一为 475mm×475mm，因此施工剪力墙时水平主筋应尽量避开格构柱，在无法穿越格构柱的情况下，水平主筋应与格构柱角钢建立有效连接。

(2) 外滩 191 项目

1) 工程概况。外滩 191 项目位于上海市外滩 CBD 核心区，由一座 23 层五星级酒店（主楼）、8 层商业裙房及景观区组成，设置五层地下室，采用桩筏基础。基坑开挖面积约为 4200m²，周长约为 310m，裙房及景观区开挖深度为 18.6m，主楼开挖深度为 19.4m，局部深坑降深至 23m。

工程地处上海市黄浦区中山东一路、延安东路、四川中路、广东路围成的区域之内，地理位置特殊，周边环境极其复杂，除北侧广东路、西侧四川中路下均埋设大量市政管线之外，更紧邻多达五幢国家级、市级文物保护建筑，如图 2-57 所示。

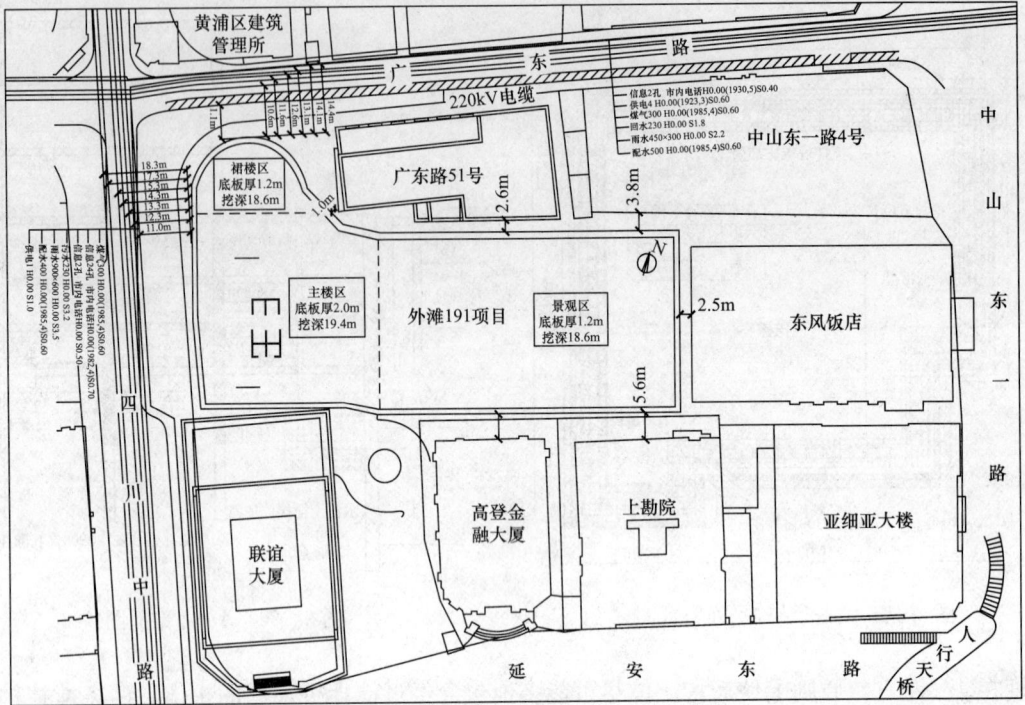

图 2-57 周边环境平面图

2) 总体设计方案。在进行基坑支护设计方案比选时，主要考虑到本工程具有以下难点：①环境保护要求高：基坑周边紧邻多幢保护建筑，且周边道路下分布大量市政管线；②施工组织难度大：工程地理位置特殊，场地条件十分紧张，几乎无多余施工作业空间；③工期短：本工程规划于 2010 年上海世博会前投入使用，结构施工的总工期只有 15 个月，留给地下结构的施工时间则更少。

综合以上情况，本工程决定采用逆作法的设计方案：①逆作法以结构梁板作为水平支撑体系，大大增强了支撑体系的平面内刚度，能有效控制围护结构变形，保护周边环境；②逆作法施工时地下室顶层结构梁板可作为施工车行通道及材料堆场，有效缓解了本工程作业空间紧张的问题；③逆作法避免了顺作法采用临时支撑造成的浪费，在提高工程经济效益的同时，还可通过地上地构同步施工节约工程工期。

逆作法设计方案选用"两墙合一"的地下连续墙作为基坑围护结构，根据周边环境不同的保护要求设计了不同厚度及深度的墙体；以地下室结构梁板作为基坑开挖阶段的水平支撑体系，局部楼板缺失处设置临时混凝土支撑以满足结构水平传力要求；利用主体结构的一柱一桩作为竖向支承系统，基坑开挖施工阶段以钢格构柱和钢管混凝土柱承受竖向荷载，逆作施工结束后立柱外包混凝土形成主体结构劲性柱。

3) 关键技术

① 围护结构。围护结构设计中，采用竖向弹性地基梁法进行地下连续墙的内力及变形计算。由于本工程基坑周边紧邻的保护建筑多为木桩支承的浅基础，建造年代久远，"两墙合一"的设计须考虑建筑物超载作用对围护结构的影响，进行特殊情况下的土压力计算，即地下连续墙的侧向荷载中应计及基坑开挖影响范围内建筑物荷载所产生的侧向附加土压力，

并按永久荷载取分项系数 $\gamma_G = 1.0$。

根据基坑内各区域开挖深度及周边环境保护要求的不同，地下连续墙采用了四种不同的槽段形式：主楼西侧及南侧采用厚度为 1m、深度为 39.9m 的 A 型槽段；裙楼区因开挖深度较小采用厚为 1m、深度为 38.6m 的 B 型槽段；主楼东北侧因开挖深度大、距离保护建筑近，采用厚度为 1.2m、深 40.4m 的 C 型槽段；被保护建筑环绕的景观区则采用厚度为 1.2m、深度为 39.1m 的 D 型槽段。槽段接头采用施工适应性较强的圆形锁口管柔性接头，槽段接缝处通过预留拉结插筋与主体结构内衬墙相连。地下连续墙槽段布置如图 2-58 所示。

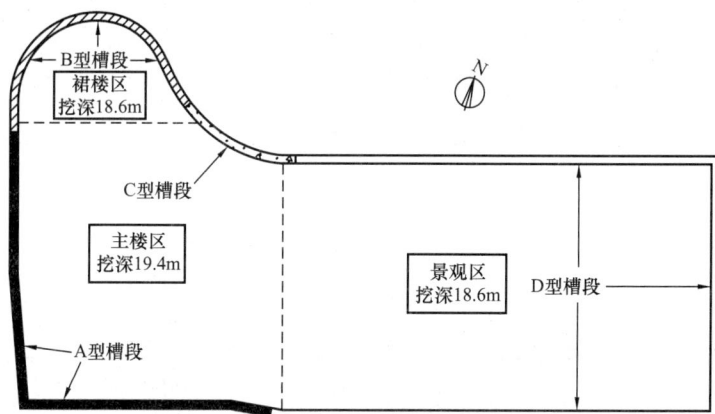

图 2-58　地下连续墙槽段布置图

地下连续墙与地下室各层楼板的连接采用铰接接头，各层楼板钢筋进入边环梁，边环梁通过地下连续墙墙内预埋钢筋的弯出与地下连续墙相连接；地下连续墙与结构底板采用刚性连接，底板钢筋通过钢筋接驳器全部锚入地下连续墙。

为提高地下连续墙的成槽质量及抗渗能力，同时减少成槽施工对周边环境的影响，本工程采用在地下连续墙两侧先行施工三轴水泥土搅拌桩或高压旋喷桩进行槽壁加固的措施。实践表明，该措施确保了地下连续墙的施工质量，为基坑工程顺利安全实施奠定了坚实基础。

此外，在地下连续墙施工中还采取了墙底注浆工艺，在每幅槽段内预留两根注浆管，待墙身混凝土达到设计强度等级后注浆，以改善墙底土层的受力性能，协调地下连续墙与工程桩之间的差异沉降。

② 水平支撑体系。逆作法施工中，利用结构梁板作为基坑开挖的水平传力体系，并在地下室各层对应位置留设五个出土口，作为土方开挖及材料运输通道。本工程景观区由于建筑设计为下沉式广场，导致地下室首层结构梁板整体缺失，考虑到该区域周边保护建筑众多，为减小基坑开挖过程中围护结构顶部变形，确保首道水平传力体系的完整性，设置一道临时钢筋混凝土支撑与主楼区首层结构梁板连接。临时支撑采用整体刚度较好的十字对撑布置形式，待逆作施工完成后再行凿除，同时结合施工组织要求于局部位置设置栈桥板，作为车行通道及材料堆场。逆作阶段首层结构平面布置如图 2-59 所示。

因使用功能要求，主楼区地下三层楼板部分区域存在高差达 1.7m 的错层，考虑到如采用梁侧加腋方法难以满足水平传力要求，故选用错层区域设置临时混凝土支撑（－10.250标高位置每跨均设）的处理方案，在基础底板及地下四层楼板施工完毕后，先浇筑－11.950标高处的梁板结构，再凿除临时混凝土支撑，如图 2-60 所示。

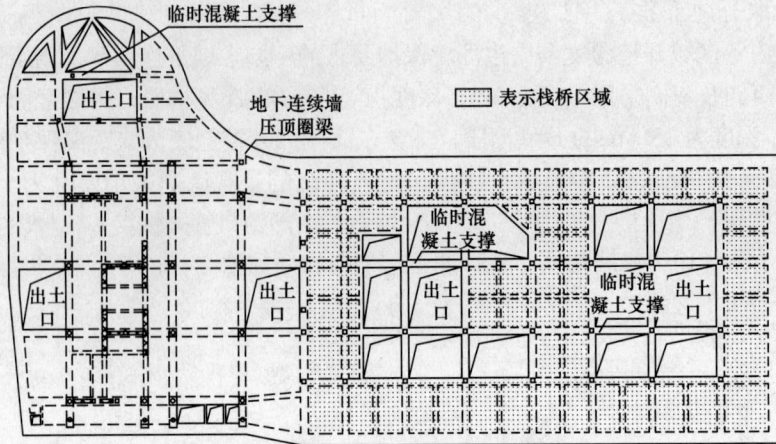

图 2-59　逆作阶段首层结构平面图

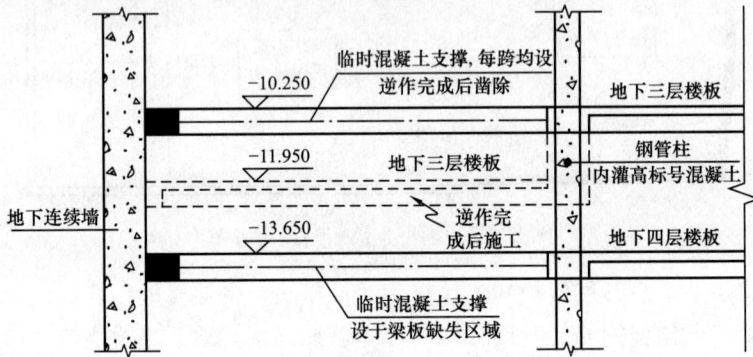

图 2-60　B3 板错层处理示意图

本工程主楼与景观区之间设置 0.8m 宽沉降后浇带,逆作施工阶段该区域仅有结构梁板纵向钢筋贯通,使得水平力无法传递。设计通过在后浇带位置的框架梁及楼板内分别设置小截面的 H 型钢及工字钢以解决传力问题,H 型钢及工字钢末端通过封头钢板锚固在框架梁及楼板混凝土内。后浇带位置框架梁传力节点如图 2-61 所示。

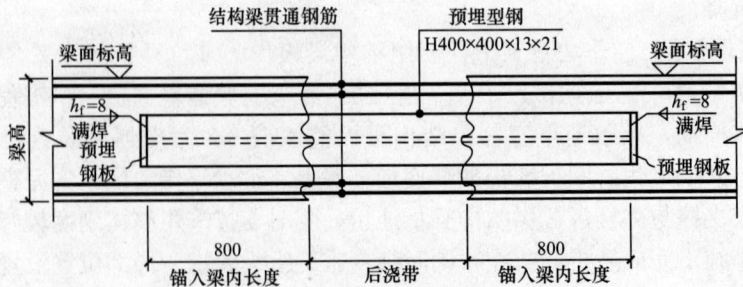

图 2-61　后浇带位置框架梁传力节点

③ 竖向支撑系统。在基础底板施工前,逆作施工的所有竖向荷载,包括结构的梁、板、临时支撑的自重以及施工荷载均由一柱一桩承担。本工程中立柱桩均利用主体结构工程桩,立柱则根据竖向承载能力要求分别采用钢管混凝土柱以及钢格构柱。

主楼区一柱一桩系统考虑上部结构同步施工的荷载要求，采用承载能力较强的钢管混凝土柱作为逆作阶段的竖向受力构件，钢材牌号为 Q345B，钢管外径有 609mm 与 711mm 两种，壁厚均为 16mm，钢管内灌 C60 高标号混凝土，下端插入 ϕ1200mm 钻孔灌注桩中。图 2-62 所示为钢管混凝土柱工程实景，其施工垂直度要求控制在 1/600 以内。

裙楼及景观区一柱一桩承受的竖向荷载主要为地下各层的结构自重和施工荷载，钢立柱根据稳定性计算结果分别选用由四根∟160×16、∟180×18 或∟200×20 型号的等边角钢与缀板拼接而成的格构柱，立柱桩为 ϕ850mm 钻孔灌注桩。钢立柱一般在基础底板浇筑完成后外包混凝土作为主体结构劲性柱，局部区域设置的临时钢立柱待逆作施工结束后割除。

图 2-62　钢管混凝土柱工程实景

梁柱节点的处理是逆作法工艺中的难点，往往由于逆作阶段在框架柱部位设置立柱而带来诸如框架梁钢筋穿越、弯矩和剪力传递等问题。本工程前期经过与结构设计方充分沟通，地下室梁板采用了宽扁梁的结构体系，宽梁的设计使得框架梁主筋基本可以全部穿越钢立柱而无须设置额外的抗弯构件；同时，通过在钢立柱的梁板标高处焊接抗剪螺栓以传递结构梁板的自重和各种施工荷载。钢格构柱与结构梁板的连接节点如图 2-63 所示。

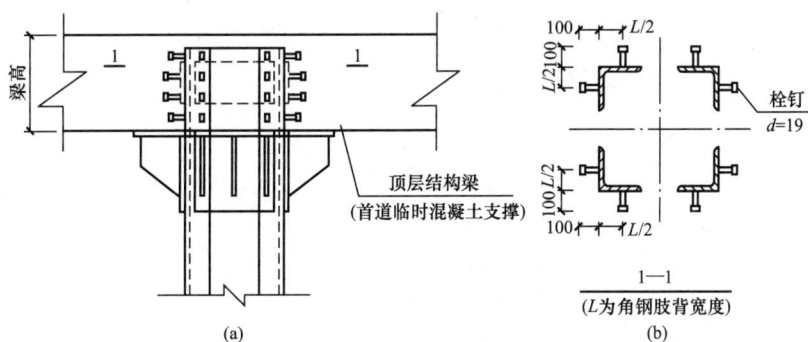

图 2-63　钢格构柱与结构梁板的连接节点

④ 地基加固。为减少基坑开挖对周边环境的影响，设计采用 ϕ650@450 三轴水泥土搅拌桩对坑内土体进行裙边加固，以提高坑底被动区土体的抗力，控制围护结构的水平位移。水泥土搅拌桩沿基坑周边的加固宽度为 5.15m，深度范围从地下二层结构梁板底部至坑底以下 5m，坑底以下搅拌桩水泥掺量为 20%，坑底以上水泥掺量为 15%。加固体与地下连续墙槽壁加固之间用 ϕ600@400 高压旋喷桩填充。局部深坑（电梯井、集水井等）则根据其落低的深度采用三轴水泥土搅拌桩围护结合高压旋喷桩封底进行加固处理。

2. 半逆作法

(1) 上海由由大酒店

1) 工程概况。上海由由大酒店分为 N1 和 N2 两个地块，由三幢 23～33 层的塔楼和三层的裙楼组成，塔楼采用框筒结构体系，裙楼采用框架结构，均设置两层地下室，基础采用桩筏基础，工程桩均采用钻孔灌注桩。基坑占地面积约 29 319m²，开挖深度为 10～12m。

　　本工程东毗邻沂北路、西依浦东南路、北靠浦建路，周边市政管线和临近的多层、高层建筑物众多，环境保护要求较高，尤其是北侧埋藏有已建（尚未投入运营）的地铁明珠线车站，须引起足够重视且应给予重点保护。

　　2）总体设计方案。综合考虑工程特点、环境条件、建设工期和造价等因素，确定深基础工程采用其他区域先期逆作、塔楼区域后期顺作的工艺施工。与其他逆作法工艺施工的工程不同，本工程采用钻孔灌注桩结合外侧水泥土搅拌桩止水帷幕作围护，节约了工程成本，同时利用永久结构梁板作水平支撑，并在塔楼区域形成圆形大空间。施工流程是：首先采用由上而下的逆作施工方式施工裙楼地下各层结构，同时在塔楼区域设置圆形大空间，然后待裙楼逆作施工至基底时，再采用由下往上的顺作施工方式施工塔楼，与此同时裙楼可顺作施工一柱一桩中由钢立柱外包混凝土形成的框架柱以及内部剪力墙和结构外墙等竖向受力构件，如图 2-64、图 2-65 所示。

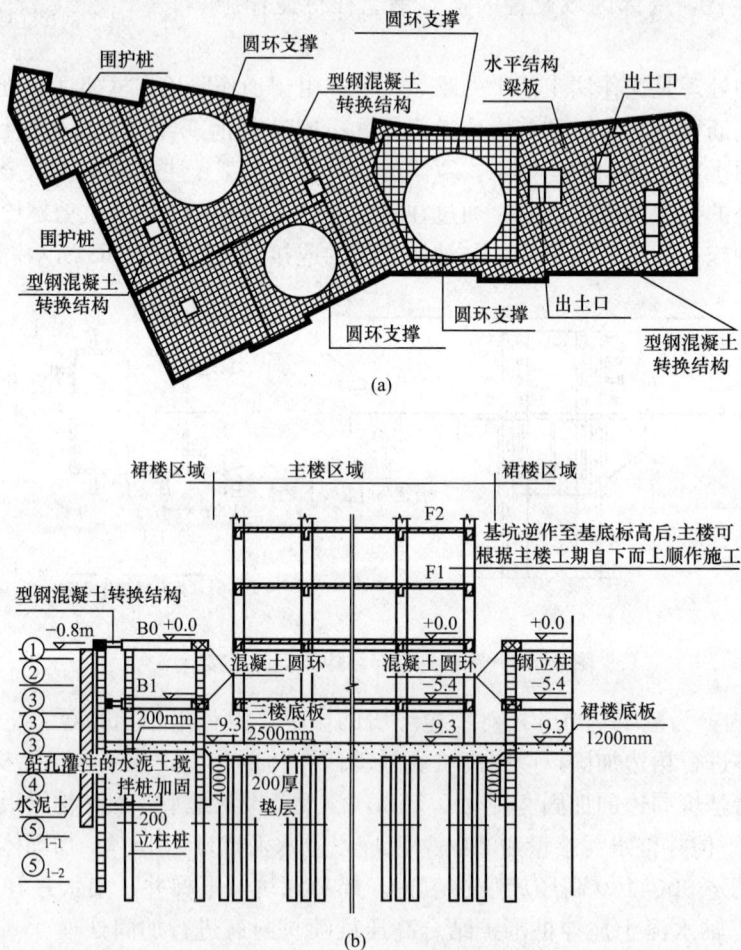

(a)

(b)

图 2-64　上海由由大酒店深基坑支护设计

　　地下各层结构在主楼区域设置圆形大空间，出土口周边设置混凝土圆环支撑。一方面受力比较合理，圆环支撑在较为理想的均布荷载作用下，其各截面上受力以轴力为主，弯矩和剪力均较小，可充分发挥混凝土材料优越的抗压性能，具有较高的经济性；另一方面圆形出

图 2-65　上海由由大酒店深基坑工程实景

土口所辖的有效出土面积相对更广，再利用周边封板作为逆作施工阶段的挖土平台，可显著提高出土速度。特别是在塔楼区域设置圆形出土口，将裙楼和塔楼地下主体结构分成两个独立的部分，待基坑逆作施工至基坑底后，塔楼便可不受裙楼地下主体结构施工的制约，完全根据自身进度安排由下往上顺作施工，施工工期可以明显缩短。

　　3）关键技术

　　① 后施工地下室外墙与梁板支撑的连接。在逆作施工阶段，地下室结构外墙尚未完成，根据结构要求，作为支撑的梁板要与地下室外墙连接，也不能够一次浇筑完成，必须在离外墙一定距离处断开，分两次浇筑。而地下室结构外墙，是在基础底板施工完成之后才自下而上顺作施工的。因此，需要在梁板断开位置增设临时边梁，在边梁下增设立柱桩，保证作为支撑体系的梁板的整体性，这样既有利于水平力的传递，又可保护先施工完成梁板的安全，如图 2-66 所示。

　　② 排桩围护与梁板支撑的连接。本方案采用 H400×400 型钢连接排桩桩顶压顶梁和结构梁板，进行水平力的传递。在压顶梁和结构框架梁或临时边梁上预埋钢板，型钢与预埋钢板焊接。另外在型钢顶面焊接 φ19 圆柱头螺钉，在 H 型钢顶部浇筑一定宽度的钢筋混凝土板，螺钉与混凝土板整体浇筑在一起，以增加 H 型钢的整体稳定性，提高抗剪和抗扭性能，如图 2-67 所示。

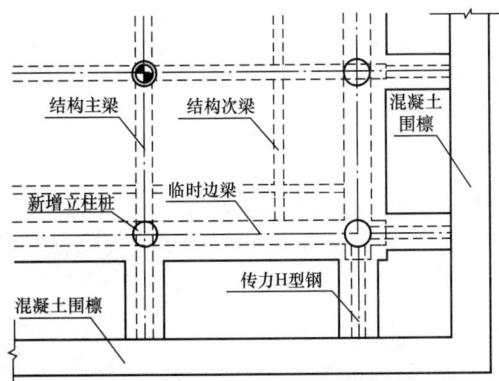

图 2-66　临时边梁与新增立柱桩

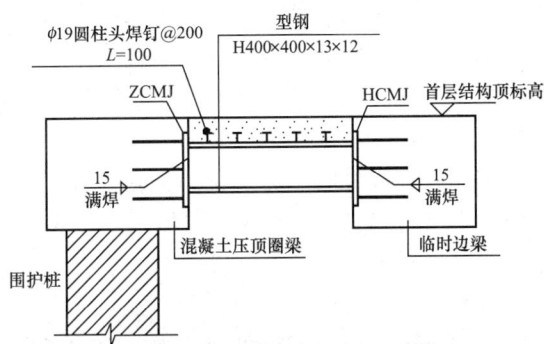

图 2-67　临时边梁与压顶梁连接

③ 立柱桩与结构框架梁的连接。本基坑方案采用首层结构楼板作为逆作施工阶段的操作平台，且必须采用可靠的竖向支撑系统来支撑结构梁板自重和大量施工荷载（包括大型吊机、运输车辆及堆载）。设计采用一柱一桩作为竖向支撑系统，由└型钢焊接钢板构成钢格构柱，其下部插入工程桩或新增立柱桩中，顶部与结构框架梁整体浇筑连接。根据钢格构柱与框架柱的关系，在地下结构施工完成时钢格构柱割除或与外包混凝土形成永久框架柱。

④ 结构框架梁与混凝土环梁的连接。本基坑方案在主楼区域采用三个大型环形混凝土支撑，兼作逆作施工阶段的出土口。混凝土环梁外侧为逆作施工的裙楼结构楼板，混凝土环梁内侧为顺作施工的主楼结构楼板，两者非一次浇筑，因而环梁处主楼梁板与裙楼梁板的连接，也是本逆作方案设计的重要节点之一。

本方案设计在混凝土环梁内侧除按结构要求预留结构框架梁钢筋外，还采用在环梁中预埋 H 型钢的方法来保证结构梁板的整体性，在 H 型钢顶底面上分别焊接了两排圆柱头螺钉，与混凝土环梁整体浇筑，如图 2-68 所示。

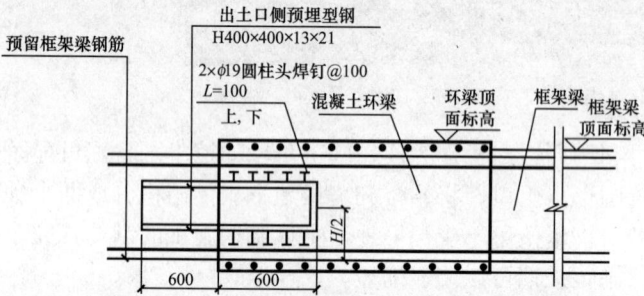

图 2-68 框架梁与混凝土环梁的连接

⑤ 结构梁板高差。本工程结构设计较为复杂，首层结构楼板多处存在高差，其中高差最大处达 2.2m。结构楼板存在较大高差，对基坑开挖阶段的水平力传递极为不利。为保护周边环境，有效控制围护结构的变形，保证用作支撑结构的梁板本身安全，须对存在高差的结构梁板进行处理，使水平力得以正常传递。本方案采取梁板顶底面加腋措施，在高差为 2.2m 处增设临时支撑，既解决了高差处水平力的传递，也方便了施工车辆在首层楼板上的行走，具体节点设计如图 2-69 所示。

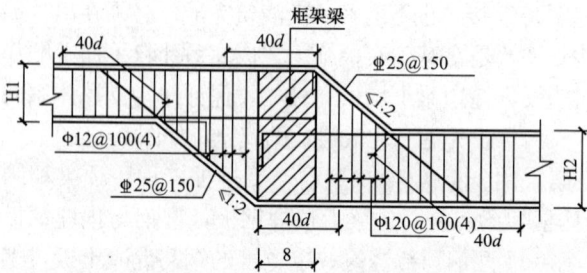

图 2-69 结构梁板加腋处理

⑥ 结构楼板开洞。首层结构楼板作为逆作阶段施工平台，将有大量施工荷载施加在梁板上，须对原结构设计梁板进行加固，如增大框架梁断面、加大结构配筋等。由于结构楼板上存在大量电梯洞和设备洞，另外还须增加出土口，框架梁加宽会减小各种洞口的净空，在逆作施工结束时需要部分凿除，如果处理不当，不但会大大增加人工凿除的工程量，而且对结构梁板会产生一定的影响。

本方案在设计时从保证结构安全和方便施工的角度出发，对占用各种洞口净空的框架梁进行了双层配筋处理，如图 2-70 所示，使框架梁要凿除部分相对独立，大大方便了施工，加快了施工进度。

（2）上海南站

1）工程概况。上海铁路南站南广场工程是上海铁路南站的重要组成部分，它位于主站屋南侧，与主站屋南侧出站敞厅相接，东邻柳州路，南邻老沪闵路，在正南花苑、东荡小区以东，明珠线以南，周边环境较为复杂，如图 2-71 所示。

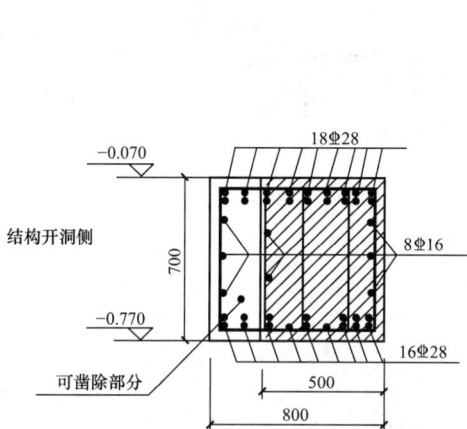

图 2-70　洞口处框架梁处理

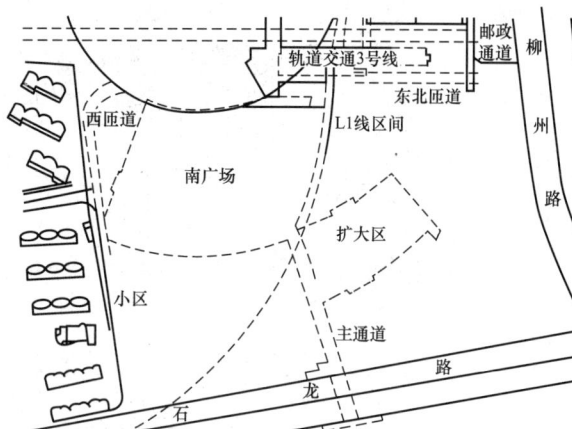

图 2-71　上海南站南广场总平面图

本工程的主体为特大型地下车库、商场，地下两层，基底标高为 -15.380m，基坑挖深为 13.38m，地下室顶板标高为 -3.500m，覆土厚度为 1.5m，车库面积约为 46 000m²。主体结构周边有次通道、坡道 A、坡道 B、坡道 D 和主通道等相接的单位工程。

2）总体设计方案。根据本工程的基坑围护形式以及设计工况，对于底板逆作土方开挖有两种方案：一种是待顺作中心岛底板、中板完成，中板全部封闭后进行逆作底板土方开挖；另一种是顺作中心岛底板、中板、顶板全部完成后进行逆作底板土方开挖。上述两种方案中，前者在逆作土方开挖时由于顶板尚处于施工阶段，因此只能利用周边卸土平台作为挖机及土方运输道路，这样，需要对卸土平台进行大量土体加固，而且，施工时对基坑变形不利；而后者，由于车库顶板设计有 1.5m 的覆土层，因此，在覆土之前，结构稍作加固即可承受土方车等附加荷载，可以节约大量的临时施工措施费。通过比较，并考虑顶板施工工期等综合因素，最后结合两种方案，土方开挖采用"南北侧在中板完成后挖土、东西侧在顶板上挖土"。

根据围护及挖土设想，并考虑到前后工况之间的衔接条件，最终形成的主要工序如下：首先，周边放坡卸载开挖，浇筑连续墙顶圈梁，坑内土体整体开挖至 -10.68m，并浇筑周边 1～2 跨中板结构；然后，在基坑内侧边设置 10.0m 宽度留土平台，以 1:2.5 坡度盆式开挖基坑中部土体至基坑设计底高 -15.38m，然后顺作该部分底板、中板；最后，现浇接高地下连续墙，顺作完成顶板梁柱，逆作区底板则与顶板穿插交错施工。

本工程的结构施工主要分为周边中板施工、中心岛底板施工、中板封闭施工、顶板施工及逆作区域底板施工五个施工阶段，如图 2-72～图 2-76 所示，每个施工阶段又按结构诱导缝分为六个施工区域，分块施工。

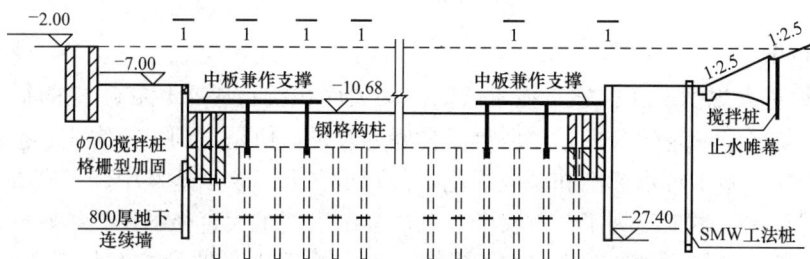

图 2-72　施工工况一

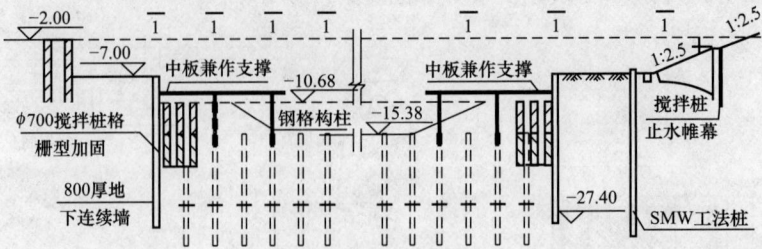

图2-73 施工工况二

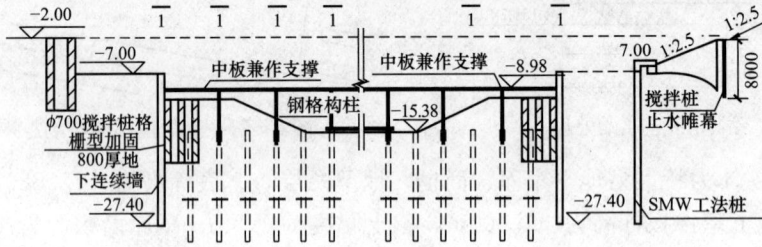

图2-74 施工工况三

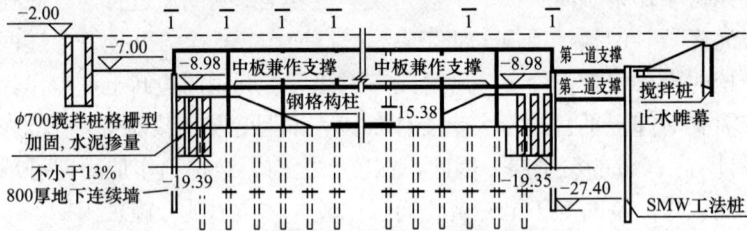

图2-75 施工工况四

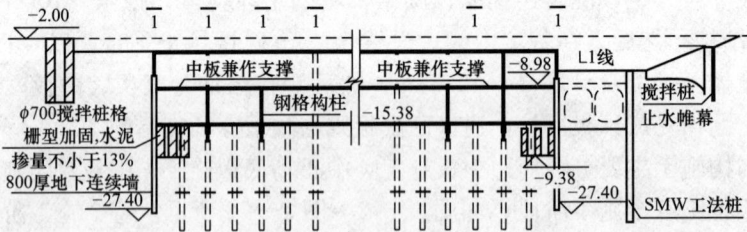

图2-76 施工工况五

3）关键技术

① 软土地基大规模扩底桩施工技术。南广场大面积抗拔桩采用扩底桩的形式。扩底桩虽然在国内外均已有一定的应用，也取得了良好的效果，但是，到目前为止，扩底桩在国内还没有建立相应的施工技术标准和验收规范，特别是在上海软土地基中，扩底桩大面积使用在工程上还属首次。本工程为了节省投资，首次尝试采用了大直径的钻孔扩底桩。为此，实施时，要求先通过现场成桩工艺和桩基承载力试验，在取得足够的实测数据和施工参数后，

由施工单位牵头，联合设计、监理等单位共同制订钻孔扩底桩的相应施工技术标准和验收标准，并经上海市建委科技委有关专家的论证后作为实施时桩基施工质量的控制依据。

扩底桩在软土地基中的施工，一方面，桩底要扩孔，但存在缩径及塌孔两方面的威胁，而且，扩底后的形状要保持到混凝土浇筑后，难度大；另一方面，由于扩底部分孔径是桩径的一倍，在正循环清孔时，扩底部分可能产生涡流，沉淤处在涡流的作用下翻滚，不易随泥浆带出孔口。

针对上述情况并查阅了有关文献，确定本工程扩底桩施工机械采用 GPS 15 型钻机正循环钻进成孔，钻头直径为 600mm，扩孔钻头直径为 600～1200mm，如图 2-77 所示。第一次用 φ600 钻头直接钻进到孔底，然后调换扩径钻头下至孔底，利用该钻头加钻杆的重量向下对孔底作用，孔底的土体对扩径钻头产生反作用力并使钻头向桩壁扩张，钻机在孔底旋转以达到扩底的作用。

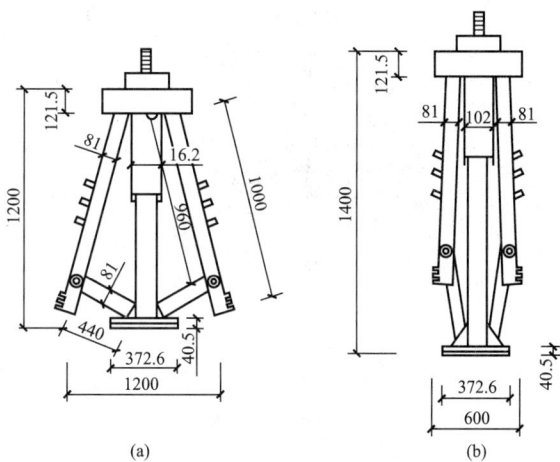

图 2-77 扩底桩所应用的扩底钻头
(a) 扩底状态；(b) 未扩底状态

成孔时根据不同的地质特点，合理控制钻进参数（钻速、钻压）。钻孔至孔底停止成孔，提杆、更换扩孔钻头重新下杆，使扩孔 L 钻头达到须扩孔位置，钻机使用 I 档（40r/min），并增加钻压，使扩孔钻头在压力的作用下打开，旋转切削土体以达到扩孔的目的，此时减慢钻进速度，泥浆密度控制在 1.25～1.3，黏度控制在 22～25s。

② 开挖条件下一柱一桩格构柱垂直度控制技术。南广场周边总共 134 根一柱一桩格构柱，每一根格构柱长度为 10m，格构柱顶标高为 -9.100m，地面标高为 -2.000m，格构柱顶离地面为 7.1m。为便于采用校正架对格构柱的垂直度进行控制和校正，必须将格构柱接长至地面。

由于格构柱顶离地面为 7.1m，常规做法是：将每一根格构柱都按相同规格加工到 20m 长，出地面露出 2.9m 作为校正之用，在地面上进行垂直度、平面偏差控制，当第一次土方开挖至 -10.98m 之后再割除至 -9.1m。如果每一根格构柱都加工到 20m，即比设计要求的长 10m，134 根一柱一桩整个费用将会很昂贵；且基坑第一次开挖之后还需要将大量多余的格构柱割除，既会产生大量的噪声和粉尘，又会形成大量的浪费。

最终经过对常规方案的优化，自行设计了工具式格构柱来进行对一柱一桩的垂直度控制。具体做法是：加工相同长度、相同规格的工具式格构柱，与工程桩内的格构柱通过长螺杆连接，利用特制加工的格构柱校正架在地面上对露出地面的工具式格构柱的垂直度与水平位移进行校正，以达到校正下节格构柱的目的。在校正完毕，浇筑混凝土并强度达到初凝之后用起重机拆卸上节工具式格构柱，拆卸后的校正架和工具式格构柱又可运用到下一根一柱一桩上，如图 2-78、图 2-79 所示。

③ 取土口设置及运土流程控制技术。本基坑工程除顶板施工阶段采用明挖法以外，中板和底板的土方均采用暗挖法施工。为了提高土方开挖的工作效率，减少暗挖阶段土方的地

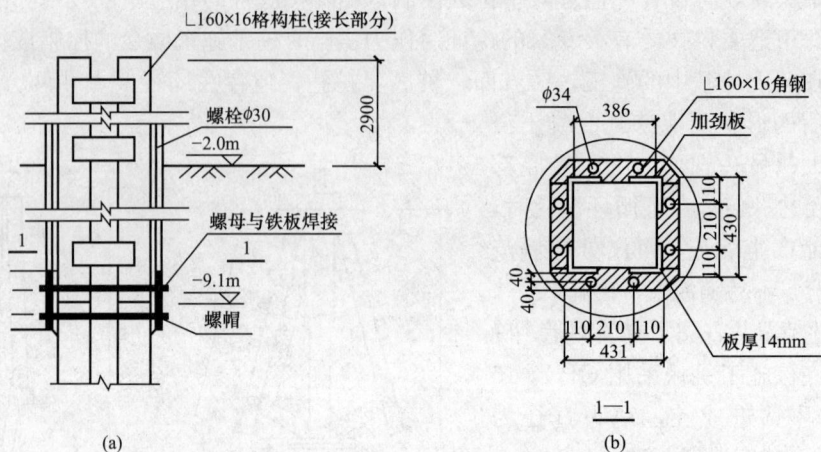

图 2-78 工具式格构柱示意图

图 2-79 一柱一桩校正架

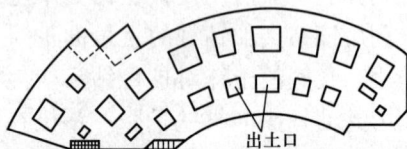

图 2-80 取土口设置

下驳运量，合理设置取土口以及规划运土流程是关键。一般逆作法施工中，取土口大小为 15m² 左右，而本工程取土口大小设置一般均在 600m² 左右，最大达到 730m²，取土口之间的净距离控制在 30m 以内。取土口大小满足结构受力要求。取土口水平距离既要满足挖土机最多两次翻土的要求，又要满足暗挖时自然通风的要求，此外取土口数量还须满足底板抽条开挖时一个取土口能兼顾三块抽条区域的出土要求。顶板与中板留设的取土口位置相对应。通过取土口的合理设置，在中板开挖时，一天一个取土口的出土量达到 2000m³，暗挖阶段的出土量达到了一般顺作法基坑的出土量。取土口留设平面如图 2-80 所示。

由于本工程基坑面积超大，且场外唯一可用的道路就是路面狭窄的闵西路，因此，充分利用逆作法施工以及本工程顶板设计覆土荷载的优势，在结构设计时，事先将车辆行走路线部位的结构进行处理，利用顶板作为中板和底板的两层土方的施工道路，各挖土点出来的土方经此道路由闵西路运出场外。顶板运土道路如图 2-81 所示。

④ 竖向构件的混凝土施工。本工程一柱一桩格构柱混凝土以及部分剪力墙采用逆作法施工，施工时，分两次支模，第一次支模高度为 2.8m，主要为方便格构柱振捣混凝土；第二次支模到顶，顶部形成柱帽的形式。对剪力墙顶部也形成开口形的类似柱帽的形式。混凝土浇筑完后，为了保证整个格构柱或剪力墙顶部混凝土的密实性，利用预留的注浆管进行二次压浆，如图 2-82 所示。

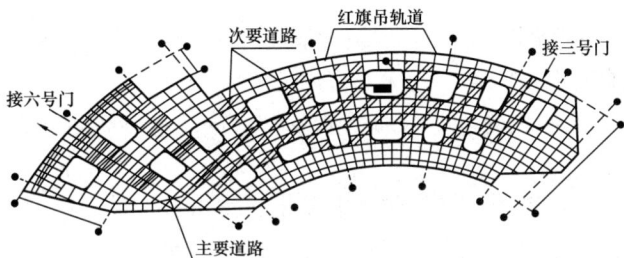

图 2-81　挖土驳运平面流程图

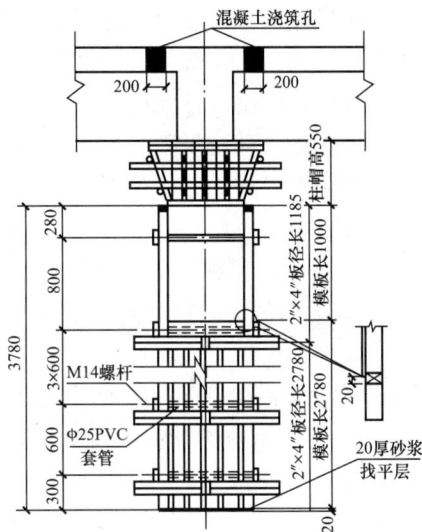

图 2-82　逆作立柱模板支撑示意图

（3）上海世博 500kV 地下变电站

1）工程概况。上海世博 500kV 地下变电站工程位于上海市中心城区，是世博会的重要配套工程。该工程作为国内首座大容量全地下变电站，基坑直径为 130m，开挖深度为 34m。变电站采用以框架为主、剪力墙为辅的内框外筒的结构形式。外筒即为变电站的结构外墙，由基坑开挖前从地面施工完成的地下连续墙和逆作阶段分层浇筑形成的内衬墙组成。地下结构内部采用框架结构作为结构竖向受力体系，地下各层结构采用双向受力的交叉梁结构体系，满足大容量设备对空间较高的要求。基础采用桩筏基础，筏板厚 2.5m，桩基采用桩侧注浆钻孔灌注桩抗拔桩。

2）总体设计方案。工程地处上海市中心城区，邻近多条交通要道、地下管线和保护建筑。如何在保证基坑安全的前提下，以变形控制为原则保护周边环境成为本工程总体方案面临的主要问题。结合本工程大深度、大面积、圆筒形等特点，采用了主体工程与支护结构全面相结合的逆作法总体设计思路，即基坑围护体采用"两墙合一"圆形地下连续墙，坑内利用四层地下水平梁板结构结合三道临时环撑作为水平支撑系统，采用一柱一桩作为逆作阶段的竖向支撑系统，大部分立柱逆作结束后与外包混凝土作为框架柱。由于充分利用地下工程主体结构作为基坑开挖阶段的临时支撑结构，并采用逆作的构筑方式，减少了临时支撑结构的设置和拆除带来的资源浪费，同时在圆形空间结构的基础上发挥了主体结构刚度大的优势以控制基坑变形。

3）关键技术

① 圆形地下连续墙。地下连续墙既作为基坑开挖阶段的挡土和止水围护结构，又作为正常使用阶段结构外墙的一部分。地下连续墙厚度为 1200mm，开挖深度为 34m，插入深度为 23.8m，插入比为 0.70。墙底深度达到为 57.5m，有效长度为 54.00m，混凝土设计强度等级为 C35。由于须作为逆作阶段的竖向承重结构，所以对墙端进行了注浆加固。

墙体配筋：地下连续墙呈圆筒形布置，水土压力的作用将主要转化为环向压力，根据三维空间分析结果显示，地下连续墙表现出以环向拱受压为主，竖向梁受弯为辅的受力特点，这与常规非圆形基坑地下连续墙的受力特点完全不同，因此根据地下连续墙的受力特点，墙体也按环向水平钢筋为主，竖向钢筋为辅的原则进行配筋。

槽段接头：槽段之间选择了工字钢刚性接头，以利于巨大环向压力的传递。该接头型钢与先行槽段钢筋笼焊接，后续槽段钢筋直接插入型钢内，使得接头不存在无筋区，形成的地下连续墙整体受力性能好，可适应接头区复杂的受力要求。而且该接头还可免除常规地下连续墙须在接头部位设置和拔出锁口管或接头箱的流程，有效地解决了超深地下连续墙锁口管或接头箱难以拔除的困难。

接缝防水：本工程地墙接头防水设计的原则为以堵为主，以疏为备，主要体现为四个方面：

a. 采用工字钢接头，该接头增长了地下水由地墙接缝深入室内的绕流路径。

b. 为增强槽段接缝处的防渗可靠性，槽段接缝外侧设置 3 根 ϕ1000 高压旋喷桩进行接缝封堵止水。

c. 地墙内侧浇筑一圈钢筋混凝土内衬墙，采用纤维、防水混凝土。

d. 内衬墙内侧设置一圈环通的排水沟，以疏排地墙接缝可能渗入的地下水。

② 水平支撑体系。基坑采用逆作法施工，利用四层地下水平结构梁板作为水平支撑系统，四层结构均采用双向受力的交叉梁板结构体系。本工程逆作阶段地下各层水平结构设置九个上下对应的出土口，作为逆作阶段出土和施工设备、材料运输的进出通道，这给逆作施工阶段的出土带来极大的方便。同时根据施工组织设计，将变电站顶层结构划分为具有明显界限的施工区域和非施工区域，施工区域还进一步细分为材料堆放区和施工机械作业区，之后根据施工区域的施工参数对顶层结构梁板进行复核加强。如图 2-83 所示为逆作阶段顶层结构实景图。

图 2-83　逆作阶段顶层结构实景

③ 竖向支承体系。逆作阶段各层水平结构以及临时支撑的竖向支承系统称为一柱一桩，一柱一桩主要由钢立柱和钻孔灌注桩组成。

钢立柱根据逆作阶段竖向荷载的大小采用钢管混凝土立柱和角钢格构柱两种类型。钢管混凝土立柱分为永久和临时两种类型，永久性钢管混凝土立柱布置在框架柱的中心位置，逆作结束后与外包混凝土形成方形的钢筋混凝土框架柱；临时性钢管混凝土立柱分布在部分跨度较大的框架梁的跨中位置以及边跨结构位置，逆作结束后进行割除。角钢格构柱分布在荷载相对较小的第二、三道双环支撑位置，逆作结束后进行割除。

立柱桩作为逆作阶段的竖向支承基础，在变电站基础底板形成封闭及地下水水位恢复之后，转变为抗拔桩，因此立柱桩的设计须同时满足逆作阶段（承压）和正常使用阶段（抗拔）的要求，均采用桩端后注浆灌注桩。

3. 跃层逆作法

逆作法是一种支护结构与主体结构相结合的施工方法，因此在设计上相比常规的顺作法而言更为复杂，尤其是跃层逆作工艺。

首先，跃层超挖后部分楼层的地下结构梁板需要后施工，这就相当于在基坑开挖过程中水平支撑道数减少了，作为水平支撑体系的地下结构梁板则受力更大，导致需要在更多的地方进行结构抗压与抗弯验算，并做楼板局部加强设计。楼板加强的方法主要包括施工阶段局部加大主体结构梁的尺寸与配筋、增设临时水平支撑和封板等。其次，在超挖过程中，应采取留土护坡措施，防止一次性开挖过大，引起围护结构及周边环境产生过大的变形。基坑围护结构的变形必须根据拟定的工况进行严格的计算分析，使之在规范规定的允许范围内。同时，由于跃层开挖增大了一柱一桩的计算长度，对一柱一桩施工过程中的调垂精度控制提出了更高的要求。

跃层逆作法在施工上同样也有一些特性。跃层开挖必须制订合理的挖土方案，按照正确的挖土施工顺序，分皮分块开挖，尽量减少挖土对基坑变形的影响；由于基坑超挖，相同时间段内的土方量增大，必须采用特殊的、高效率的挖土出土方法。

（1）南宁永凯大厦

1）工程概况。南宁永凯现代城位于广西省南宁市东葛路与望园路交汇处，地上由一栋 27 层的四星级酒店，三栋分别为 26、27 和 28 层的高层住宅楼以及连为一体的 5 层裙房组成，地下设置四层地下室。基坑总面积约为 13 000m²，周长约为 500m，开挖深度主楼和裙楼分别为 18.15m 和 17.75m。

2）总体设计方案。该工程采用跃层逆作施工工艺，施工完顶板结构后跃层开挖至地下二层结构梁板底，然后第二次跃层开挖至基底。其施工剖面如图 2-84 所示。

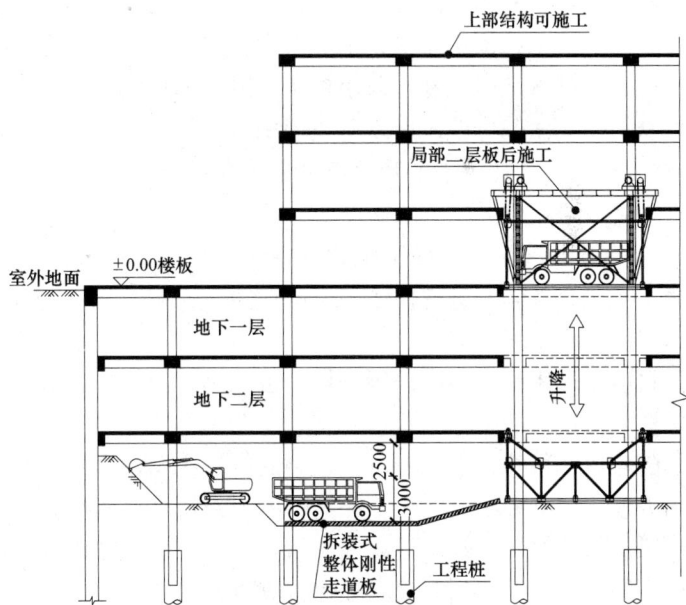

图 2-84　南宁永凯大厦逆作法施工剖面图

3）关键技术

① 主体结构梁板支撑体系受力分析。采用逆作法的工程其水平支撑体系为正常使用阶段的主体结构梁板，结构平面复杂，梁板结构数量繁多，受力状态较复杂。而跃层逆作由于减少了水平支撑的道数，通过围檩传递到结构梁板上的围压更大。因此，为保证基坑开挖过程的绝对安全，必须分析主体结构梁板支撑体系的内力及变形情况，为基坑设计提供参考和校核。

目前较多采用平面有限元的方法来进行梁板体系的受力分析，根据实际的结构平面布置与尺寸来进行有限元建模，设置必要的边界条件以及荷载进行计算分析。现在使用较广泛的大型通用有限元软件，如 ANSYS、MIDAS 及 SAP 等，均可完成该项分析。

② 留土护坡。由于跃层逆作法的一次土体开挖深度一般在 8m 以上，对于增大的围护结构内力可以通过加强配筋的方式来解决，而围护结构变形控制的难度则要大得多。

留土护坡施工简便，且无须增加额外的施工费用，是一种比较有效地减少围护结构位移的方法。基坑开挖时，沿坑边的留土不仅增大了基坑内被动土压力，而且土体本身也有一定的结构抗力，对围护结构的水平位移起到限制作用。坑边留土的宽度和坡度大小对于减少基坑变形的效果有较大的影响，因此基坑设计方案中应对留土护坡进行计算分析，以找出最合理的宽度和坡度。不同地质条件下的留土护坡设计也有所不同，根据软土地区工程经验，一般坡宽宜在 8m 以上，坡度不宜小于 1:2。

③ 竖向支承系统。逆作法基坑的竖向支承立柱可以采用型钢格构立柱或钢管混凝土立柱。型钢格构立柱由于构造简单、便于加工且承载能力较大，无论在顺作法基坑还是逆作法基坑中都得到了广泛的应用。但是，由于常规型钢格构立柱的竖向承载能力值一般不超过 6000kN，当地下结构逆作施工期间同时施工一定层数的上部结构时，单根型钢格构柱所能提供的承载力无法满足一个柱网内的荷载要求。其次，当采用跃层逆作工艺时，立柱的计算长度将由原来的一倍层高变成二倍甚至三倍层高，导致立柱的承载能力大大降低。如果单单依靠提高钢材牌号的方法来提高立柱的承载力，则经济性较差。

高层建筑结构采用在钢管中浇筑高强混凝土形成钢管混凝土柱，施工便捷、承载力高且经济性好。基坑工程中立柱采用钢管混凝土的形式，可以弥补上述型钢格构立柱的缺点，尤其在跃层逆作法基坑中还可以避免采用"一柱多桩"的办法来提高竖向承载力，它是逆作法"一柱一桩"设计在技术上和经济上更为合理的方案。对于钢管混凝土柱与结构梁板的连接构造，可以采用双梁的办法来解决。

④ 钢立柱高精度调垂系统。一柱一桩的施工技术是整个逆作法施工水平的核心部分，其施工质量直接影响着逆作法施工的成败，尤其是跃层逆作法由于增大了立柱的计算长度，对垂直度要求更高。

目前多采用校正架法进行一柱一桩调垂，但是该方法的调垂精度与调垂效率一般，无法很好地满足逆作法工程的要求。

随着数字传感技术在土木工程中的广泛应用，出现了新型钢立柱高精度三轴自动无线实时调垂系统。该系统采用数字倾角传感器对钢立柱的倾斜度进行测量，并采用无线数传模块在传感器与控制站之间进行数据通信，经过控制计算机对数据进行处理后，用液压装置对钢立柱进行纠偏，以达到使钢立柱保持垂直的目的。

该调垂系统相比校正架法具有可靠度高、自动化程度高、调垂精度高和调垂成本低的特点，在工程实践中已得到了较好的应用。

⑤ 岩石地层中地下连续墙施工方法。跃层逆作法适用于各种土质条件下的基坑工程，尤其适合在土层条件相对较好的岩石地层区域使用。随之而来的问题是跃层逆作法中最常用的围护结构——地下连续墙的施工难度大大增加。由于目前地下连续墙成槽机多适用于软土地区，因此在岩石地层中地下连续墙施工就不能仅依靠成槽机来完成。若使用铣槽机来解决这个问题，施工机械代价则较高。

针对上述问题，可以采用泥浆护壁、钻、抓、冲、修、清相结合的特殊成槽工艺施工。泥浆由膨润土、胶粘剂（CMC）、分散剂（纯碱）、自来水经合理配比而成，黏度适当、相对密度符合要求、稳定性好、过滤失水量小，泥皮形成时间短且薄而又有韧性。导墙施工好后，在每个槽段的两端和中间沿地下连续墙纵向采用钻机钻孔，钻孔深度至地墙底标高，再用液压抓斗成槽机挖掘至岩石层顶面。接下来用冲岩机冲岩，冲岩完毕后可将冲锤换成方锤进行修槽。修槽合格后，清底换浆，安放钢筋笼。最后安放导管，进行水下混凝土浇筑。

该施工方法既保证了施工工期和质量，又节约了生产成本，是岩石地层中施工地下连续墙的一种行之有效的方法。

⑥ 高效率取土工艺及设备。常规逆作法工程中当地下室顶板施工完成后，基坑内的土多采用小挖机挖掘，翻运至出土洞口，然后由停在顶板上出土洞口边上的长臂挖机作垂直提升并装车外运。当施工至地下三、四层，甚至地下五层时，停在顶板上的长臂挖机就不能满足提升高度的要求，而必须换成履带抓斗挖机。该取土方法挖土效率低，出土洞口的设置影响结构本身的施工质量，而且由于在出土洞口边的长臂挖机或履带抓斗挖机的把杆在提升装土时须回转操作，因此须较大的运行空间，给逆作法地下、地上结构同步施工带来了非常大的影响。

跃层逆作法由于在基坑开挖过程中跳过部分楼层的施工，每皮土的开挖空间一般都能达到 8m 以上，使得较大的挖土机械能够进入开挖面进行施工，这就需要一整套适用于跃层逆作法的高效率取土工艺与设备。

钢筋混凝土坡道结合垂直升降机的取土方法在跃层逆作法工程中有较好的实用价值。土方车直接由钢筋混凝土坡道进入开挖面，钢筋混凝土坡道的延伸随着土方开挖而分级通向开挖面，这样就简化了土方外运流程，并且由于挖机直接装运土方车，土方外运速度成倍增长。钢筋混凝土坡道出土对上部结构的同时施工影响很小，加快了整个逆作法工程进度。当土方车满载后，由垂直升降机升入地面。垂直升降机的应用可以大量减少挖土机械，降低逆作法挖土成本，并能在后期钢筋混凝土坡道的收坡过程中起到重要作用，对土方工程工期起到控制性影响。

2.8　框架逆作法施工技术

2.8.1　概况

陆家嘴塘东总部基地中块地下空间开发项目位于杨高南路、花木路、锦康路、东锦江大酒店合围地块，本标段为地下室结构部分。基坑总面积约 46 475m²，地下室总建筑面积约 136 000m²。整个基坑呈长方形，东西长约 251m，南北宽约 189m。

本工程场地绝对标高约为 +5.700，自然地面平均标高相当于相对标高 -1.650，地下室三层的层高分别为 6、3.8、3.6m，塔楼区基坑开挖深度为 14.2~15.2m；裙房区基坑开挖深度为 13.6m，局部电梯井坑深度达到 18~20m。

地下室底板根据区域分设不同厚度，裙房底板为 1m，主楼底板根据主楼高度为 1.6~2.6m，底板之间设置沉降后浇带，在结构封顶后封闭；裙房地下室结构为框架结构，主楼在地下室为钢筋混凝土框架—核心筒结构，地上部分为内（核心）筒外框（钢结构）体系。

根据工程特点，本工程采用了裙房区域框架逆作、主楼区域顺作的设计方案：在主楼区域周边设置临时混凝土圆环支撑，形成大空间；裙房区域利用裙房主体结构的结构梁体系作支撑系统，临时支撑和裙房结构梁处于一个平面上，共同构成基坑开挖期间的整体围护体系。采用结构框架梁代替支撑的施工方法在超大体量的地下室施工中为首次运用。

2.8.2 技术简介

1. 基坑围护体系

(1) 围护采用钻孔灌注桩,桩直径为 1050～1100mm,间距为 1250mm;止水帷幕采用三轴搅拌桩,桩径为 $\phi850@600$;桩间填充采用压密注浆,如图 2-85 所示。

(2) 坑内加固分别采用二轴搅拌桩和三轴搅拌桩,其中二轴搅拌桩用于坑边加固,加固宽度为 11.95～12.35m,加固深度为 19.25～19.65m;三轴搅拌桩用于主楼部位电梯井深坑处,加固宽度为 4100mm,加固深度为 11m;电梯井深坑内采用压密注浆满坑加固。坑内加固采用深层搅拌桩及压密注浆,其中沿围护桩内侧采用双轴搅拌桩进行加固,对于电梯井、集水井等局部落深区采用三轴水泥土搅拌桩进行加固,并且对坑内采用压密注浆进行坑底加固。

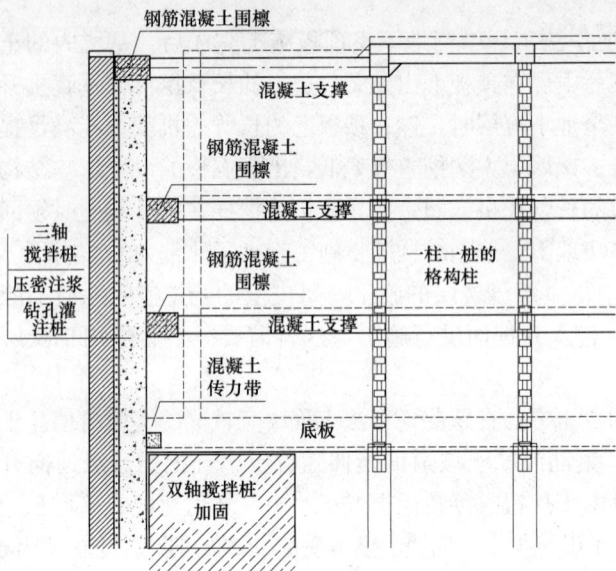

图 2-85　基坑围护剖面图

2. 基坑支撑体系

(1) 裙房区域的结构主梁作为支撑,楼板暂时不施工,在基础底板完成后,在主楼顺作过程中逐步施工楼板。非主楼区利用三道结构梁作支撑,主楼区域采用三道临时混凝土作支撑,支撑均在同一标高面上。

(2) 第一道支撑布置施工栈桥,栈桥宽度为 9.2m。栈桥作为结构楼板,不予拆除。

(3) 主楼区域采用圆环状临时支撑,与裙房结构梁处于同一标高平面,在主楼顺作过程中逐层拆除,如图 2-86 所示(其中圆环所在的部位的正方形支撑为临时支撑,其他支撑为结构梁代替的永久支撑,阴影部位为栈桥)。

(4) 在第一、二、三道支撑处分别设置混凝土围檩,支撑梁(即结构梁)支撑于围檩上;在底板边缘设置混凝土传力带,使底板支撑于围护结构上,如图 2-85 所示。

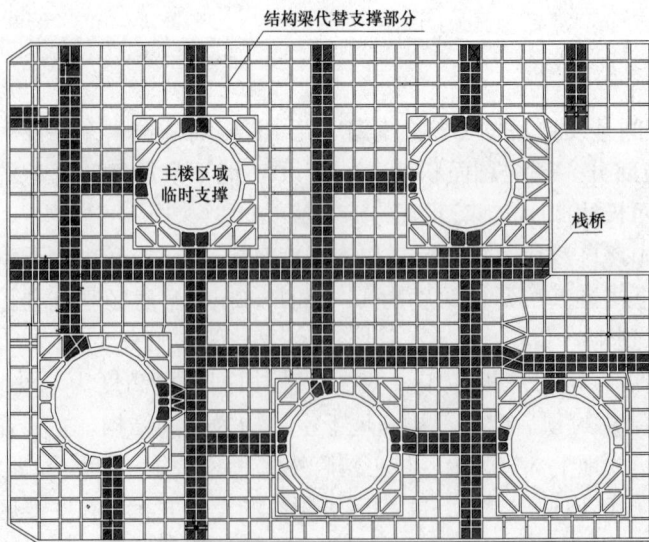

图 2-86　临时支撑示意图

（5）支撑立柱采用一柱一桩的施工工艺，利用现有工程桩和增加的临时立柱桩作为钢格构柱的支撑。立柱采用截面尺寸为 430mm×430mm 的钢格构柱，立柱桩采用 $\phi800$ 钻孔灌注桩，立柱穿越底板范围内设置止水片。

（6）立柱桩分为一柱一桩的永久性立柱和临时立柱两种形式，永久性钢格构立柱在逆作施工结束后外包钢筋混凝土形成主体结构柱，临时钢格构立柱待地下室结构全部完成并达到强度后割除。

3. 施工总体顺序

（1）进行围护钻孔灌注桩的施工和止水帷幕的施工。

（2）正式工程桩完成后立即开始进行基坑加固工程（双轴和三轴搅拌桩）施工。

（3）降水施工与基坑加固工程（双轴和三轴搅拌桩）搭接。在基坑加固进行一定时间且具备施工条件后，开始深井的打设。

（4）基坑表面挖土至第一道支撑底标高，栈桥部位开挖到栈桥梁底下 1～1.5m，然后开始施工首层非主楼区结构梁和栈桥梁板及主楼区的第一道临时支撑。

（5）待首层结构梁及第一道支撑达到其设计强度的 80% 后（其中栈桥强度要求达到 100%），基坑周边在 −2.650 标高处设置 20m 宽度的平台，基坑大面积分层、分段开挖，基坑中部盆式开挖至 B1 层梁底，坡面采取护坡措施，及时施工地下室 B1 层中已开挖至设计标高的非主楼区结构梁及主楼区的第二道临时支撑。

（6）中部支撑施工完成后，分区分段间隔跳挖周边土体至 B1 层梁底标高，并及时施工地下室 B1 层周边部分已开挖至设计标高的非主楼区结构梁及主楼区的第二道临时支撑。

（7）待 B1 层结构梁及第二道支撑达到其设计强度的 80% 后，在基坑周边标高处留设 20m 宽的平台，基坑大面积分层、分段开挖，基坑中部盆式开挖至 B2 层结构梁底标高，坡面采取护坡措施，及时施工地下室 B1 层中已开挖至设计标高的非主楼区结构梁及主楼区的第三道临时支撑。

（8）中部支撑施工完成后，分区分段间隔跳挖周边土体至 B2 层梁底，并及时施工地下室 B2 层周边部分已开挖至设计标高的非主楼区结构梁及主楼区的第三道临时支撑。

（9）在 B2 层结构梁（即第三道支撑）施工间隙，进行主楼电梯坑内的压密注浆施工。

（10）待 B2 层结构梁及第二道支撑达到其设计强度的 80% 后，对最后一层土体进行分块开挖。其流程按图纸要求分别为先中心后四周，先裙房后主楼。每一分块土体开挖至基坑底标高后，及时施工地下室垫层、大底板及传力带。坡面如有不能及时跟进施工的，采取护坡措施。

（11）基础底板完成后的区域，开始施工 B2 层主楼四周的楼板及换撑。

（12）待基础底板、混凝土传力带、B2 层先浇筑的楼板及换撑混凝土达到其设计强度的 80% 后，拆除主楼区第三道临时支撑。

（13）施工主楼区 B2 层楼板及传力带，并施工 B1 层主楼区四周的楼板及换撑。

（14）待主楼区 B2 层楼板、混凝土传力带、B1 层先浇筑的楼板及换撑混凝土达到其设计强度的 80% 后，拆除主楼区第二道临时支撑。

（15）施工主楼区 B1 层楼板及传力带。

（16）待主楼区 B1 层楼板及混凝土传力带混凝土达到其设计强度的 80% 后，拆除主楼区第一道临时支撑。

（17）施工主楼区首层楼板。

（18）在顺作施工主楼区域的同时，根据现场条件及时施工剩余的结构墙板。

（19）基坑开挖及地下室结构施工工况流程，如图2-98所示。

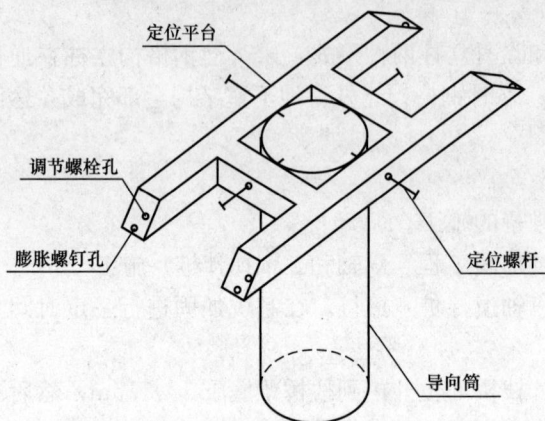

图2-87　反导向固定架示意图

4. 一柱一桩施工措施

（1）对于永久格构柱所在的立柱桩，采用扩孔的工艺来确保格构柱的垂直度，扩孔部位直径为1000mm，用1000mm钻头成孔至立柱底标高以下2m后，提钻换800mm钻头成孔至设计深度，并进行清孔。

（2）利用"反导向固定架"装置进行格构柱的定位和纠偏，"反导向固定架"固定在桩孔的上方，导向架的轴线与地面上立柱桩位的轴线完全重合，并经过水平测试，如图2-87所示。

（3）钢格构柱采用50t履带起重机进行吊装。并根据不同要求（永久和临时）与钢筋笼分别采用不同的连接方式。

（4）一柱一桩的钢立柱与钢筋笼顶部须分离，钢筋笼先下，钢立柱随后垂直插入校正架后缓慢下放，当下放至设计标高时固定牢固。

（5）临时钢立柱与钢筋笼顶部连接，即在下放钢立柱时，钢筋笼的主筋直接焊接在钢立柱上，然后继续下放钢立柱。

（6）混凝土浇筑过程中每浇筑3m³混凝土测量一次混凝土面标高，直至超出设计标高2~4m，严格控制一柱一桩的桩顶混凝土标高；在混凝土浇筑过程中，导管埋深严格控制在3~6m。

（7）"反导向固定架"必须待混凝土浇筑完并使混凝土完全终凝之后才能拆除。

5. 降水工程施工措施

（1）本基坑开挖面积大，深度深，时间长，地质条件复杂。基坑开挖层以下有高承压水头的承压含水层，基坑周边分布有众多管线、道路和建筑，这对降低承压水和减小由于降低承压水对周边环境的影响提出了很高的要求。

（2）本工程采用大口径井点，在基坑内共布置疏干管井130口，主楼深坑处布置承压管井（坑内）18口，坑外观测井6口。井位布置在具体施工时应避开支撑、工程桩和坑底的抽条加固区，同时尽量靠近支撑以便井口固定，如图2-88所示。井的具体深度应根据相应区域的基坑开挖深度来定。降水工作应与开挖施工密切配合，根据开挖的顺序、开挖的进度等情况及时调

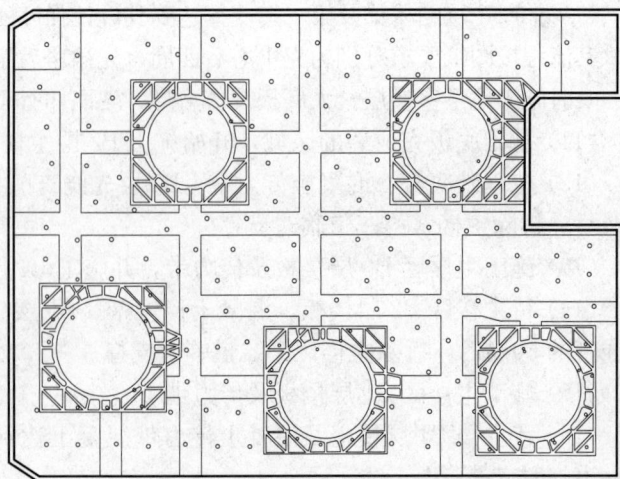

图2-88　深井平面布置图

整降水井的运行数量。

（3）针对降水工程难点，采用以下措施解决降水工程中的难点：

1）对于不同土层的降水要求，本工程中采用不同降水方法来解决。根据不同土层的渗透性，合理地布置疏干井滤水管，降低基坑潜层土层水位，如图 2-89 所示。

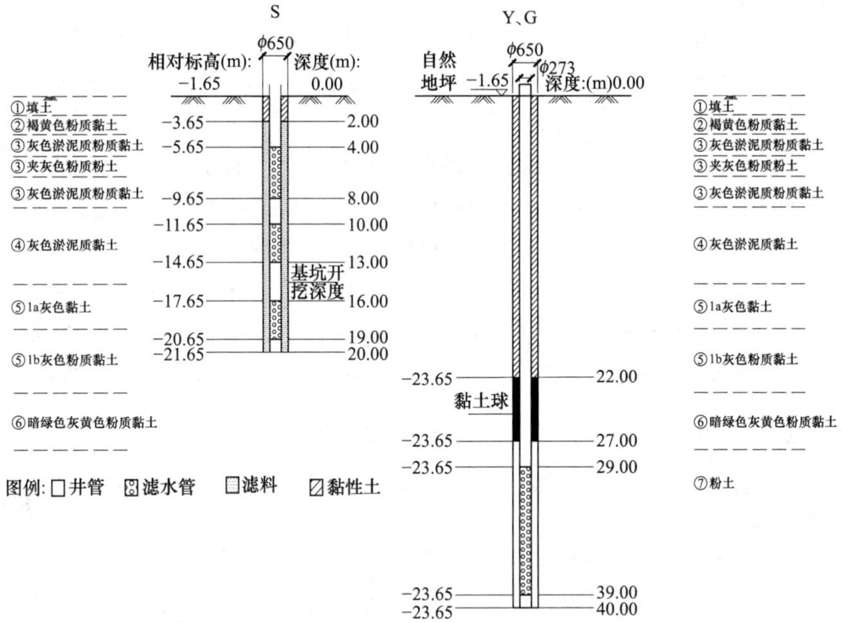

图 2-89　深井剖面图

注：1. 本图尺寸及标高均以米计。

2. 各井点平面布置见井点平面布置图。

2）对于承压水，布置降压井和观测备用井进行降低承压水的工作，防止基坑突涌的发生。

3）利用基坑内未抽水的井和基坑外观测井作为临时观测井，加强水位观测，根据监测结果来指导抽水或采取其他措施。

4）确保承压水井的不间断工作，根据试抽水出水量及观测井水位决定抽水速率，控制承压水头与上覆土压力以满足开挖基坑稳定性要求，这将使降水对环境的影响进一步降低。为确保承压水降压井的供电不间断，施工现场应配置备用双电源。

6. 土方工程施工措施

（1）基坑开挖前，坑内土体中的地下水位降至坑底土体开挖标高下 50～100cm，确保土方施工的顺利进行；施工中，及时排除坑内的积水和地面流水。

（2）根据"时空效应"的理论，应该严格按照"分层、分区、平衡、限时"的要求进行开挖，紧扣挖土与支撑施工的工序衔接。采用盆式开挖方式时，先开挖基坑内中间区域的土方，待中间部位的支撑形成后，再开挖两侧留土，并快速组织支撑施工。

（3）在施工过程中应严格遵循"先撑后挖，见底覆混凝土"，确保基坑支撑围护系统的安全。在开挖至坑底时，混凝土垫层应随挖随浇，一般在开挖至基坑底的标高后，应在 24h 内完成混凝土垫层的浇筑。

（4）根据开挖进度，应提前在围护墙边开挖应力释放沟，使围护墙的侧压力逐步得到卸载，应力释放沟的深度一般为 2m 左右，确保基坑围护墙的安全与稳定。

（5）根据基坑围护设计方案中的具体要求，基坑土方的开挖施工采取分层、分区及盆式开挖的方式。

（6）首层支撑部位开挖时按照逐块后退的原则，逐步完成栈桥及支撑的施工，使得栈桥在首层形成施工通道，如图 2-90 所示。

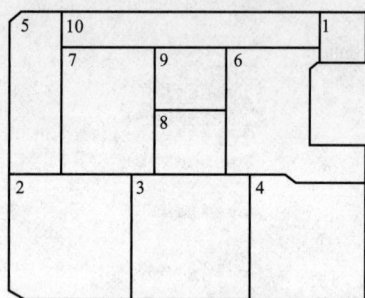

（7）第二、第三道支撑的土方开挖按照设计的要求，先行开挖中间部位并进行混凝土支撑施工，周边留置 20m 宽度的土方，并留设斜坡；在中间部位支撑施工完成后，再抽条开挖周边土体并跟进混凝土支撑施工；最后将余留的土方开挖后完成支撑施工，如图 2-91 所示。

（8）底板的土方开挖是先开挖中间部位土方，并浇筑底板；然后将裙房部位的土方挖出后施工底板，以在基坑内形成对撑，保证基坑的整体稳定；最后再开挖主楼区域的土方并施工底板，如图 2-92 所示。

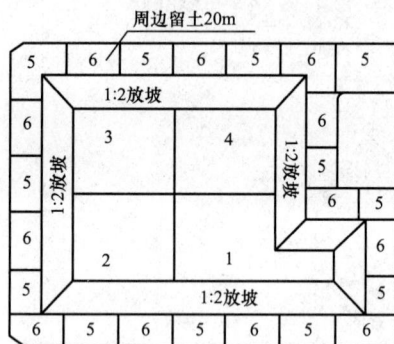

图 2-90　首层土方开挖分块流程

图 2-91　盆式开挖分块流程

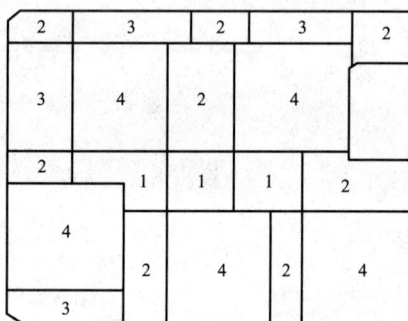

图 2-92　底板开挖分块流程

7. 钢筋混凝土结构的施工特征

本工程地下室的钢筋混凝土施工为常规施工，但在节点部位与普通施工工艺的混凝土有所不同，主要表现在以下几个方面：

（1）由于除主楼位置外，支撑梁均兼作结构梁，故对结构支撑梁施工的尺寸、位置、标高、施工质量等均有很高的要求。在施工过程中，需要采取措施，严格控制混凝土的浇筑质量。

（2）叠合梁板的施工为先梁后板，梁上预留插筋，与后浇的板结合在一起，如图 2-93 所示。

（3）永久立柱的格构柱内混凝土的浇筑为施工难点之一。由于框架柱截面远远小于梁宽，混凝土的浇筑必须经由格构柱内的空间，所以采用预留混凝土浇筑孔的方法。

（4）对于首层栈桥区域的结构，在永久格构柱顶端预留浇筑口。浇筑口用钢管制作，每个格构柱一个，位于格构柱角钢内侧。管子上口高出栈桥 5～10cm，以防止地面水经由钢管流入基坑，如图 2-94 所示。

（5）对于第二、第三道支撑结构区域，在永久格构柱外侧对称部位预留浇筑口。浇筑口用钢管制作，每个格构柱两个。管子上口先行封闭，在柱混凝土浇筑时打开，防止支撑混凝土浇筑时发生堵塞，如图 2-95 所示。

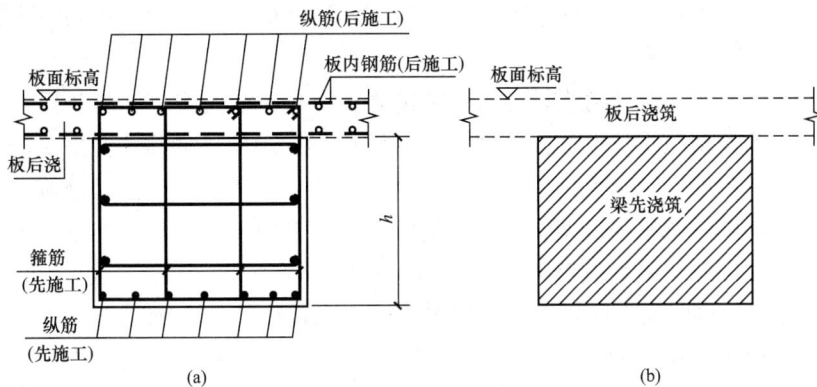

图 2-93　叠合梁板示意图

（a）结构梁与板钢筋示意图；（b）结构梁与板浇筑顺序

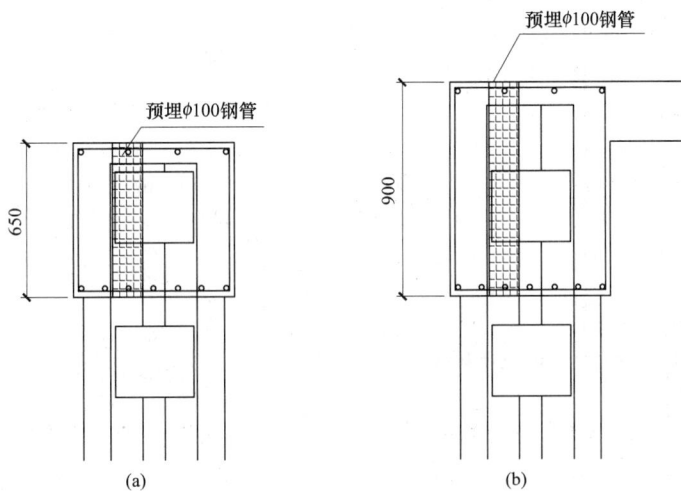

图 2-94　首层格构柱浇筑口留设

（a）第一道支撑部位留混凝土浇筑孔；（b）栈桥部位留混凝土浇筑孔

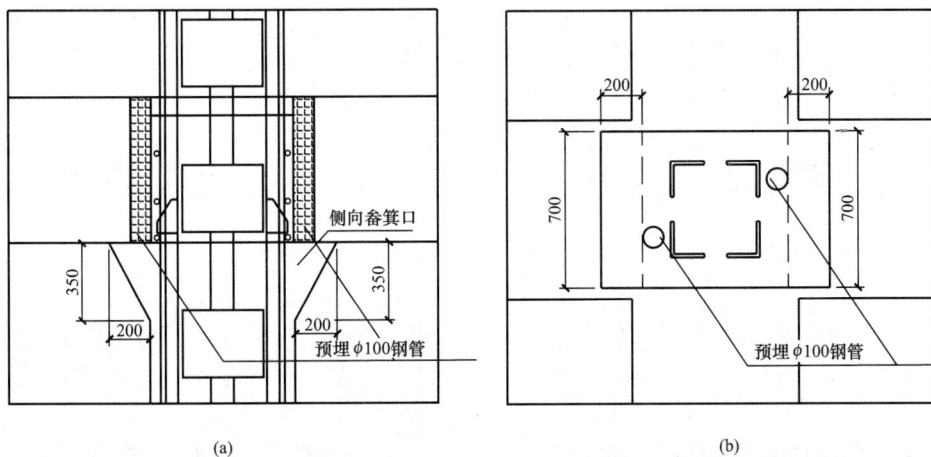

图 2-95　第二、第三道格构柱浇筑口留设

（a）第二、三道格构柱部位留混凝土浇筑孔剖面图；（b）第二、三道格构柱部位留混凝土浇筑孔平面图

（6）浇筑格构柱的混凝土难度在于要让混凝土流经格构柱的空隙，充满整个模板，所以振捣必须充分，混凝土填充必须密实。

（7）根据设计意图，外墙浇筑时将结构梁包裹在内。在结构梁施工的时候，预先留设墙板插筋在梁上，等外墙施工的时候，外墙钢筋和结构梁的预留插筋连接后浇筑混凝土，浇筑前对新老混凝土结合面进行凿毛清理，并设置膨胀止水带作为防水节点。外墙混凝土浇筑到连接节点部位时，应注意单向浇筑，充分振捣，防止在支撑下形成空腔造成渗漏。外墙防水在施工至该节点部位时，做好节点加强，如图 2-96 所示。

（8）基础底板及楼层梁板内设置传力钢梁。其中支撑内的传力钢梁预先内置在混凝土支撑内，在基础底板施工完成后的主楼顺作中逐步凿除混凝土后形成钢传力带，如图 2-97 所示。

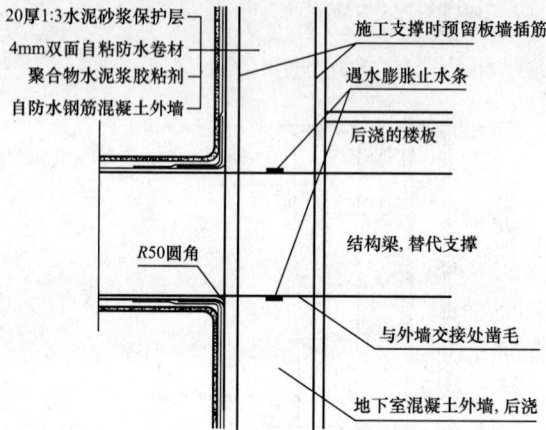

图 2-96　外墙和永久支撑节点详图

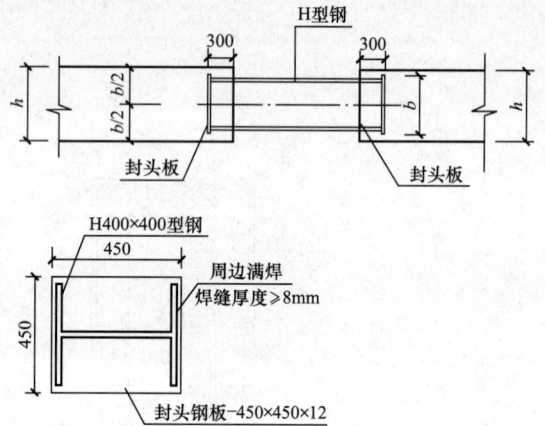

图 2-97　后浇带结构详图

基坑开挖及地下室结构施工工况流程图，如图 2-98 所示。

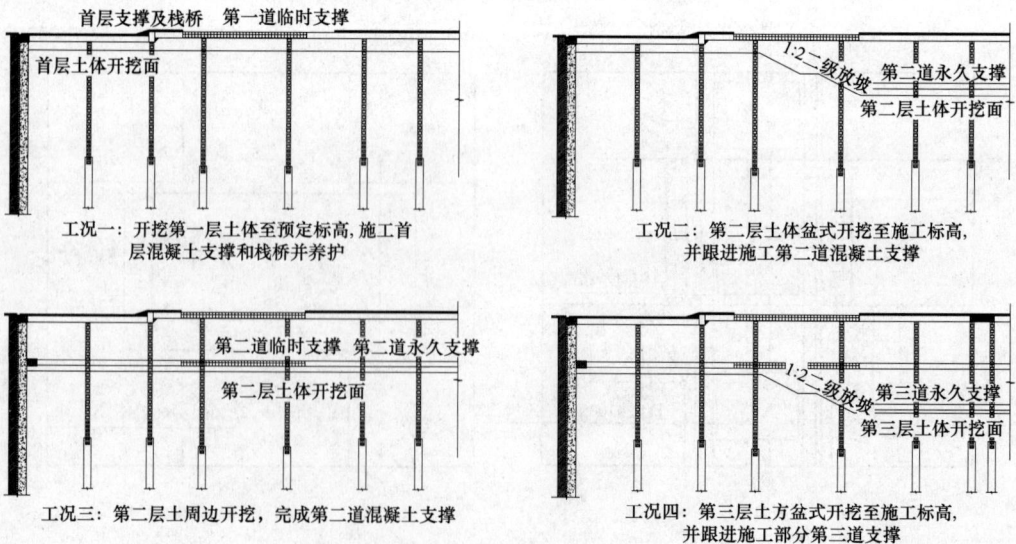

工况一：开挖第一层土体至预定标高，施工首层混凝土支撑和栈桥并养护

工况二：第二层土体盆式开挖至施工标高，并跟进施工第二道混凝土支撑

工况三：第二层土周边开挖，完成第二道混凝土支撑

工况四：第三层土方盆式开挖至施工标高，并跟进施工部分第三道支撑

图 2-98　基坑开挖及地下室结构施工工况流程图（一）

工况五: 第三层土周边抽条开挖, 完成第三道支撑施工

工况六: 第四层土先开挖裙房部位, 跟进施工基础底板

工况七: 主楼区土体开挖, 完成基础底板施工

工况八: 施工B2层必须施工的楼板, 爆破拆除第三道临时支撑

工况九: 施工B3层主楼结构, 同时跟进B3层其余部分结构

工况十: 施工B1层必须施工的楼板, 爆破拆除第二道临时支撑

工况十一: 施工B2层主楼结构, 同时跟进B2层其余部分结构

工况十二: 拆除第一道临时支撑及格构柱

工况十三: 施工B1层主楼结构, 同时跟进B1层其余部分结构

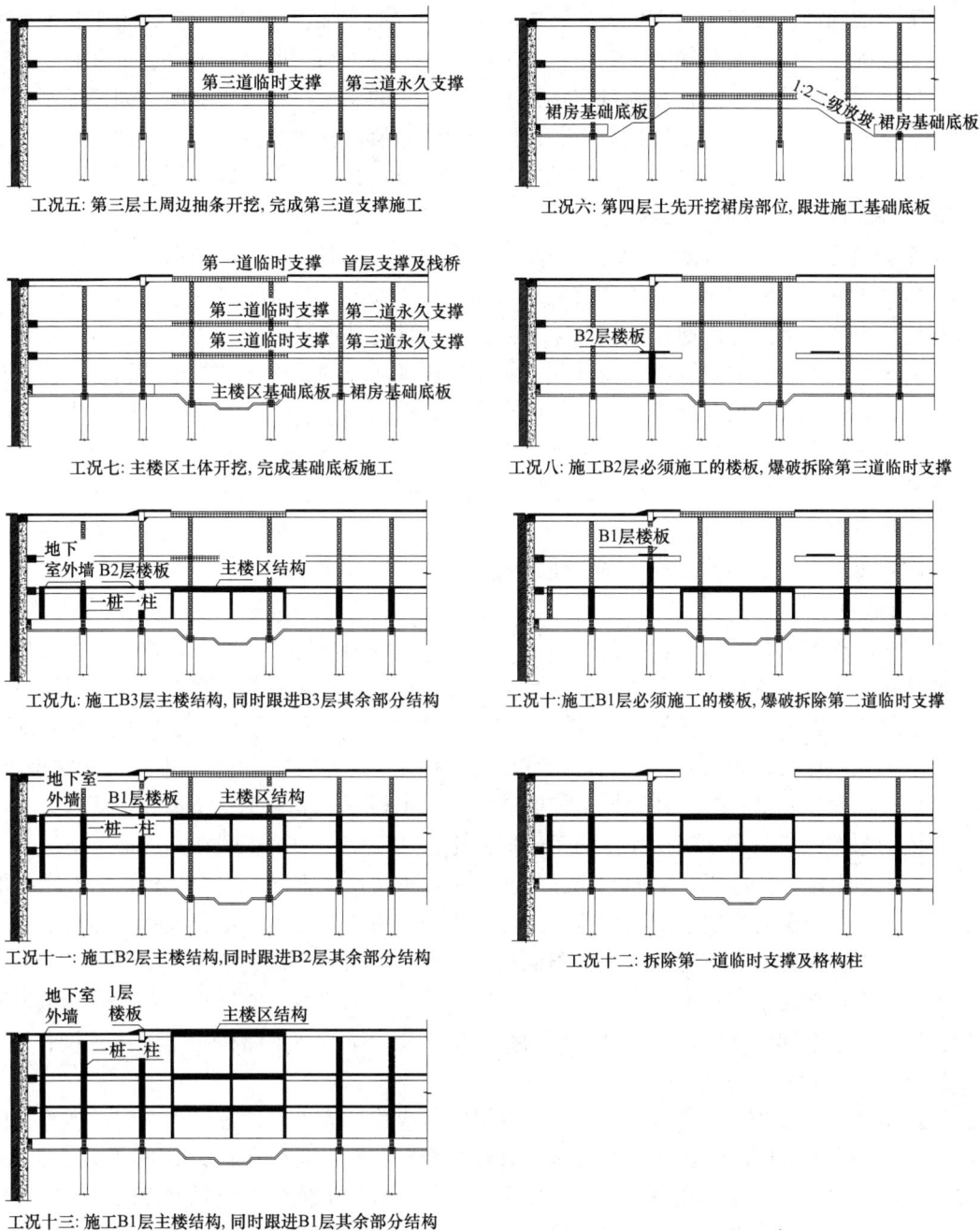

图 2-98　基坑开挖及地下室结构施工工况流程图 (二)

2.9　高层建筑双向同步逆作法施工技术与应用

2.9.1　概述

随着社会文明的进步, 城市化进程的加速, 城市建筑密度的增加, 城市设施的功能要求日趋严格, 合理地开发和利用地下空间, 是现代中心城市发展的必然趋势, 因此建筑工程正

在向地下多层和地上高层、超高层发展，同时也推动着地下工程结构和深基础施工技术的发展。深基础施工是极为复杂和敏感的过程，地下工程的造价和工期又占了总造价和总工期的很大比例。深基坑的施工过程除本身应达到安全、可靠的要求外，更重要的是如何控制基坑外地面的位移和沉降，防止邻近建筑物、道路管线的超值位移而造成危害。因此，对多层地下室深基础支护进行多方面的研究与技术优化十分必要，其中逆作法施工技术无疑是优化深基坑施工方面值得推广的技术路线之一。

逆作法是近年来发展起来的广泛应用于高层建筑深基础施工中的一种新兴的施工工艺，它具有缩短工期，降低造价，减小基坑变形，减小地下结构施工对周边环境的影响等优点。从目前情况来看，虽然国内逆作法的施工工艺和相关理论都取得了一定成果，也有一定的普及，但由于技术和设备的限制以及设计理论和作用机理研究的缺乏，往往仅采用逆作方法施工地下工程，上部结构极少同步施工。即便有少数工程同步施工上部结构，但受剪力墙荷载及竖向结构承载力限制等原因，目前国内高层建筑中，在地下室结构底板施工完成前，上部的框架结构体仅能施工至3～4层高度。如何能够充分发挥逆作施工方法的各项优势，做到上部结构和下部结构同步施工，充分协调地下结构向超深发展和上部结构向超高发展的关系，双向同步逆作法施工技术成为高层建筑施工中的重要研究目标。

2.9.2　技术简介

逆作法的施工工艺和相关理论都取得了一定成果，应用也有了一定的普及，但目前仍作为一种特殊施工方法应用，对工程一般都具有特殊要求。该工法主要是面向具有多层地下室的高层建筑物，尤其是基坑周边有重要建（构）筑物、道路等，对基坑外围沉降和变形要求、环境、噪声等要求较高时，或用传统方法施工满足不了要求而又十分不经济的情况下，运用逆作法可以较好地解决上述问题，同时能够在一定程度上节省工程预算和工期。

传统的顺作法施工和常规逆作法施工一般先进行地下结构的施工，在完成地下室底板工程后，开始地上结构的施工。双向同步逆作法施工在进行地下室施工的同时进行上部结构的施工，国内正在施工的高层建筑均属这一类施工流程。在下部结构施工完成时，即地下室底板完工时，上部结构一般施工到地上三到四层，少数工程已经能达到地上八层。

双向同步逆作法施工技术是高层建筑施工中的重要技术路线，能够充分发挥逆作施工方法的各项优势，做到上部结构和下部结构同步施工，充分协调地下结构向超深发展和上部结构向超高发展的关系。

该新型施工工法及相关技术，通过科学的研究与应用形成了设计理论和作用机理等方面的成果，给今后的双向同步逆作工程提供了有效的指导，使得高层建筑能上下同步施工，缩短施工工期，减小基坑变形及对周边环境的影响，同时减少了施工作业对周边居民生活的影响，更进一步发挥了逆作法施工技术的优势。

主要技术内容包括：适用于双向同步施工的施工工艺、设备和工艺节点；理论上分析不断变化的施工工况对整体结构受力、传力体系的作用机理；对逆作结构受力机理和变形特点的研究，形成设计施工一体化技术；逆作实时动态监控系统，提升信息化施工的手段。

2.9.3　工程实例

1.工程概况

上海市外滩191地块联谊二期工程项目，该项目地下五层，地上23层，建筑总高度为80m，挖深为19.2m，采用双向同步逆作法施工技术进行施工，在地下室结构底板完成时，上部结构同步施工至 15 层。

　　该工程主体建筑包括一座五星级酒店、地下商业中心和景观区域，设置 5 层地下室。本项目基地面积为 5158m²，总建筑面积约为 48 717m²，其中地上建筑总面积为 28 265m²，地下建筑总面积为 20 425m²，主楼地上 23 层，西北角副楼地上 8 层，建筑总高为 80.00m（机房水箱顶）。地下一层主要用于商业娱乐，地下二层为设备层，地下三、四、五层为地下停车场。

　　"新联谊大厦二期"项目为一幢 23 层（约 80m）高层塔楼，转角八层裙楼，以及中心广场（其下为 5 层地下室），结构形式分别为框架-剪力墙结构以及框架结构；主楼、裙楼地下室均为 5 层，与广场地下室连为整体，主楼部分埋深约为 20.0m，裙楼及广场地下室部分埋深约为 19m，如图 2-99 所示。

　　工程勘察项目等级为甲级。主楼为框架-剪力墙结构，地下车库为框架结构。本工程设置 5 层地下室，采用桩筏基础，桩基采用钢筋混凝土钻孔灌注桩，工程主要参数及性质见表 2-2。

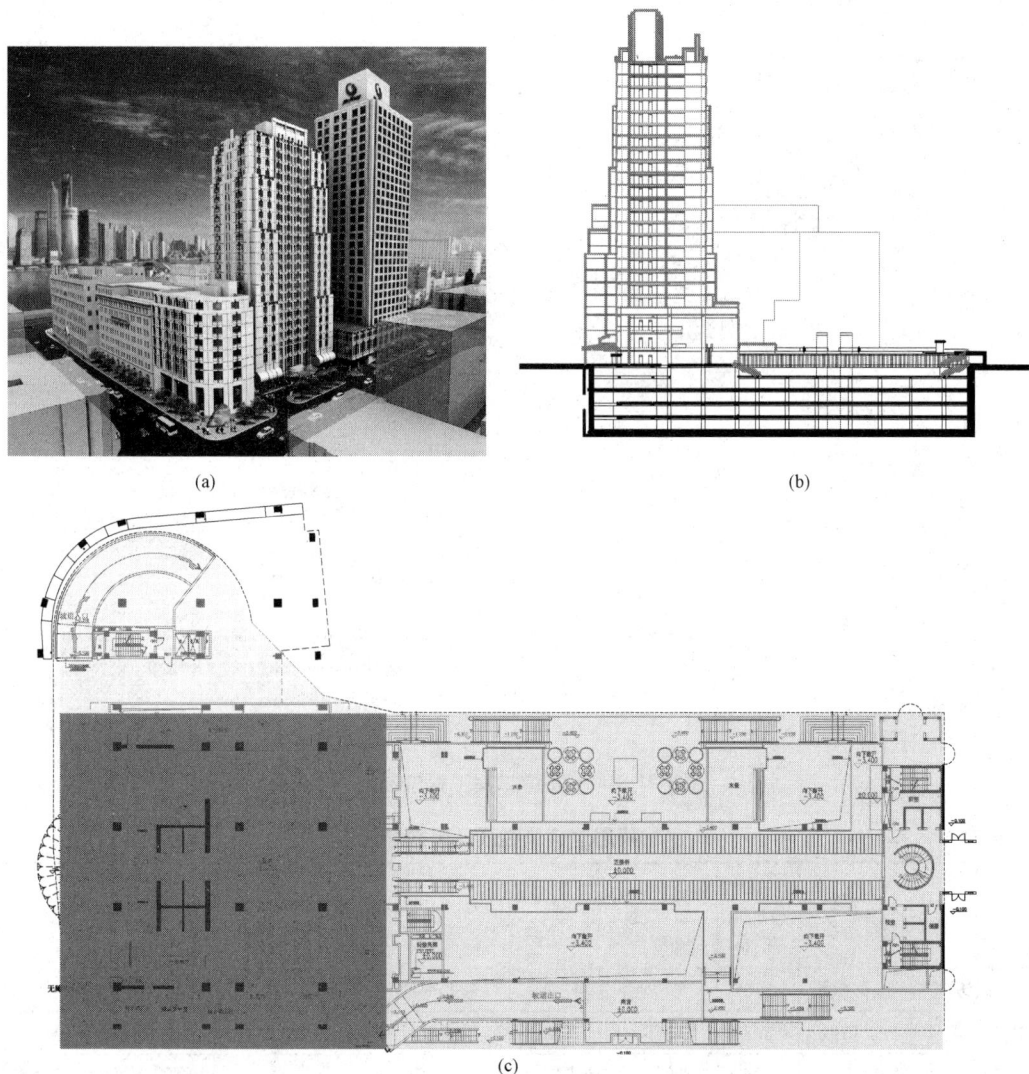

(a)　　　　　　　　　　　　　　　　(b)

(c)

图 2-99　联谊二期工程

(a) 建筑效果图；(b) 建筑剖面图；(c) 建筑区域分块示意图

表 2-2   工程主要参数及性质一览表

| 建筑物名称 | 结构类型 | 层数 | 柱间距/m | 基础设计资料 | | | 有否地下室 | 是否作沉降量计算 |
				基础形式	基础尺寸/mm	基础埋深/m		
主楼	框架-剪力墙	23	9	桩基	1200	20.0	5层	是
裙房	框架-剪力墙	8	6	桩基	850	19.0	5层	是
地下车库	框架	地下5	9	桩基	850	19.0	5层	是

工程施工区域地处上海外滩市区中心地段，周边分布多幢国家级、市级文物保护建筑，保护等级高，且距离基坑很近。南面与联谊大厦、高登大厦及上海市城市交通管理局大厦用地相接；东面紧靠东风饭店；北临广东路51号及中山东一路4号（外滩3号），如图2-100所示。各保护建筑物情况见表2-3。

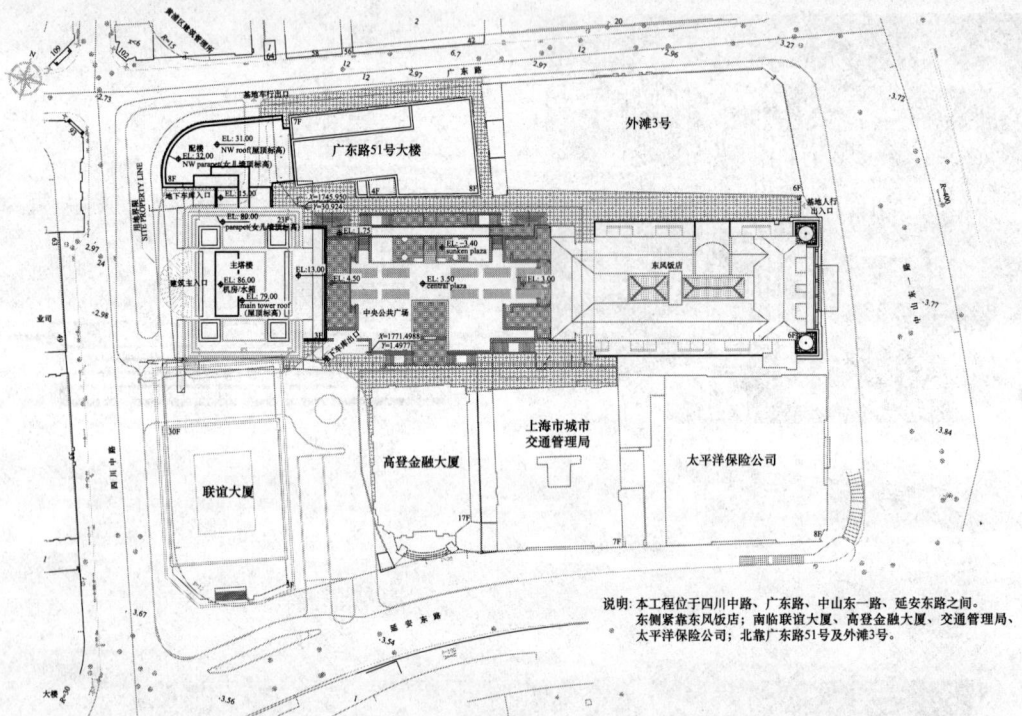

图 2-100 联谊二期工程概况图

表 2-3   工程周边建筑性质及参数表

建筑名称	保护等级	与基坑最近距离/m	地下室	基础形式	地下室埋深/m	上部结构形式
东风饭店	国家级	2.5	地下一层	筏板基础下木桩		5层混合结构
中山东一路4号	市级	3.8	局部一层地下室	肋梁式片筏基础	2.1	7层钢框架结构
上勘院大楼	市级	5.6	局部一层地下室	桩筏基础	2.6	7层钢筋混凝土框架结构
广东路51号	市级	1	无地下室	钢筋混凝土条形基础和独立基础下设木桩		7层钢筋混凝土框架结构

续表

建筑名称	保护等级	与基坑最近距离/m	地下室	基础形式	地下室埋深/m	上部结构形式
亚细亚大楼	国家级	20	半地下室及人防工程	钢筋混凝土片筏基础		7 层钢筋混凝土框架结构
联谊大厦		0.6	地下一层	桩筏基础，钢管桩桩长 55m	6.5	30 层钢筋混凝土框架—剪力墙结构
高登金融中心		5.1	地下三层	桩基础	8.6	16 层钢筋混凝土框架—剪力墙结构

土层地质分布如图 2-101 所示。

根据地质勘探报告提供的结果分析：

（1）③层及③夹层为粉质黏土及黏质粉土，平均厚度达 4.9m，渗透系数为 7.58E-05～1.22E-04，含水量大，密实度为松散，对地下墙成槽施工槽壁的稳定会产生很大影响。

（2）③层和③夹层中的粉性土夹层在动水条件下可能产生流砂现象。

本工程中，地下连续墙进入第五层黏土，灌注桩进入第七层土，因此对地下水的深度和影响应作充分的考虑和应对。

工程地下连续墙较深，施工质量要求较高，给施工增加了一定的难度，同时地下墙既作为基坑开挖过程中挡土止水围护结构，又作为地下室结构的外墙，因此施工中须控制好其垂直度和接头施工质量，并要严格控制地下墙施工标高，以确保地下室结构顶板、楼板、底板中的钢筋连接器标高符合设计要求。

工程工期较紧，基坑周边施工场地较小，故施工前必须确定合理的施工场地临设布置及施工安排，确保施工时不影响进度要求。工程地处市中心繁华地段，因此在做好文明施工的同时，场地周边应围墙封闭，加强对周边历史建筑和重要管线的保护，并做好监测。

工程地质复杂，基础穿越的不同土层达 10 层以上。地下③层及③夹层为粉质黏土及黏质粉土，平均厚度达 4.9m，渗透系数为 7.58E-05～1.22E-04，含水量大，

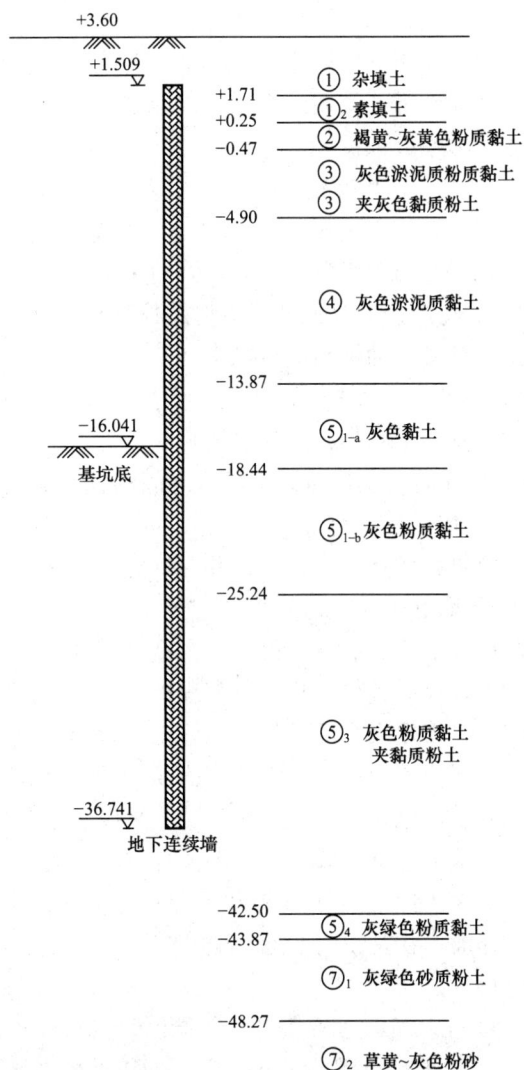

图 2-101　土层地质分布图

密实度为松散，对地下墙成槽施工中槽壁的稳定会产生很大影响。所以在地墙两侧进行三轴深层搅拌桩加固，以保证槽壁的稳定。另外，场地第①层多为杂填土，厚度 1~2m，表层含大量碎砖、碎石等，局部上部为混凝土路面，下部有时会遇到老建筑的基础，给施工带来了一定的难度。所以在施工前，先将施工区域的表土刨开，凿除老基础，并削去场地内的表层土约 600mm 后再浇筑施工道路，使场地内标高接近±0.000，这样既能满足导墙的施工要求，又为后续的地下室结构施工创造了便利条件。

2. 双向同步逆作施工设计

(1) 工程施工组织的总体安排

1) 在基坑支护设计阶段，应对照建设单位或有关部门提供的周边保护建筑与周边地下管线资料，做好充分的调查取证工作，以制订相应保护措施。

其中，对周边历史保护建筑应走访有关房屋管理局、文物管理会等单位，摸清建筑保护等级、建造年代、结构形式（主要是基础形式）、目前使用状况，并做好原始情况的记录（相片等资料）。

对分布于外围周边道路的地下管线，应走访有关单位，调查清楚各类管线性质、管线走向、相对地下连续墙的距离、埋深、材料、壁厚以及接头的方式，以作为制订基坑支护设计与施工方案的依据。

在基坑工程施工期间，应由专业监测单位负责，对基坑周边建筑、道路、地下管线等进行监测。在施工过程中必须按设计及施工要求设置好监测点，做好信息化施工的每一项工作，以便在出现紧急情况时，及时采取有效的控制与应急措施。

2) 在进场后首先进行工程总体定位、测量控制网的建立以及场地平整工作，按照基坑支护设计要求的标高进行场平。

3) 按照设计进度，并充分结合工程场地条件，以控制施工对周边环境的影响并减少各分项工程施工间的相互影响为目的，按"双向同步"制订以下施工安排：

① 先施工主楼与景观区域之间的临时隔断墙灌注桩与墙侧三轴水泥土搅拌桩止水帷幕。

② 在临时隔断墙施工完后，进行地下连续墙三轴搅拌桩（靠联谊大厦一侧局部为低掺量旋喷桩）槽壁加固施工，并穿插施工各区的地下连续墙。

③ 地下连续墙施工时，先施工四川中路、广东路侧以及南侧地下连续墙，即先完成主楼区域地下连续墙后，再施工景观区域地下连续墙；在施工景观区域地下连续墙时，投入部分设备，穿插进行主楼区域工程桩（立柱桩）施工，在景观区域地下连续墙完成，场地条件具备后，再投入全部设备集中施工工程桩（立柱桩）。

④ 在工程桩施工期间，视场地条件，跟随工程桩施工，穿插进行坑内加固（三轴搅拌桩）施工，也是先施工主楼区域，再施工景观区域；各区域的坑内加固搅拌桩施工完成后，可安排地下连续墙墙槽壁加固搅拌桩与坑内加固搅拌桩之间的压密注浆施工。

⑤ 在坑内加固搅拌桩施工即将完成的后期，穿插进行疏干井与减压井（观测井）钻孔成井作业；在基坑开挖前，进行疏干井预抽水，每区预抽水应提前在基坑开挖前 15d 左右进行。

4) 在基坑降水准备开挖的同时，完成保护广东路一侧 220kV 电缆箱涵的树根桩施工。

5) 根据基坑围护设计工况，加快主楼区域施工进度，原则上先开挖施工主楼区域结构，再开挖施工景观区域结构，总体开挖施工由西向东进行。同时结合场地条件，为便于施工场地布置，为后期施工及早创造施工所需道路、材料堆场，准备在基坑预降水后期，先穿插施工主楼区域 B0 梁板（顶板）与景观区域的第一道混凝土支撑结构（包括栈桥板），在达到设计强度后，进行第一层逆作开挖，由西向东先主楼区后景观区的流向，并及时浇筑 B1 梁板结构。

6）在 B1 梁板完成后，进入第二层逆作开挖，同样按先主楼区再景观区的流向进行挖土与对应 B2 梁板结构施工。在完成 B2 梁板结构后，为减小基坑变形，并确保主楼施工进度，先进行主楼 B3 梁板开挖与结构施工，景观区域可根据作业条件跟随其后进行施工。

7）在主楼区域向下开挖浇筑完 −15.700m 混凝土支撑后，可以施工主楼区域 B4 梁板结构（架设临时钢支撑），待临时混凝土支撑达到设计强度后，可开挖施工景观区域对应的 B3 梁板结构，同时主楼区域开挖施工底板，待主楼区域底板结构达到设计强度后，可开挖施工景观区域对应的 B4 梁板结构，待达到设计强度后，再开挖施工对应的底板结构。

8）根据围护设计工况，主楼区域上部结构安排在所对应的 B3 梁板结构全部完成后开始向上施工，并按照在主楼区域底板结构完成时上部结构能够完成五层的计划组织施工。其中，为保证上部结构能够向上施工，在主楼区域结构逆作施工时，按框架结构做法，核心筒剪力墙周边结构梁直接通过核心筒区域（在设计剪力墙位置上下预留插筋），在上部结构剪力墙同时施工。同时对核心筒剪力墙内对应地下钢立柱而设置的型钢柱部位完成外包混凝土形成劲性结构柱。在主楼区域底板结构完成后，由地下五层开始向上浇筑各层钢立柱与电梯井区域剪力墙结构（外包混凝土）。

9）西北副楼地下车道区域采用逆作法，施工方法同主楼一致。

（2）结构工程总体施工流程

1）工况一（图 2-102）：主楼（含裙房）开挖至 B0 板梁底以下 500mm，施工 B0 板；B0 板养护；开挖主楼第二层土。

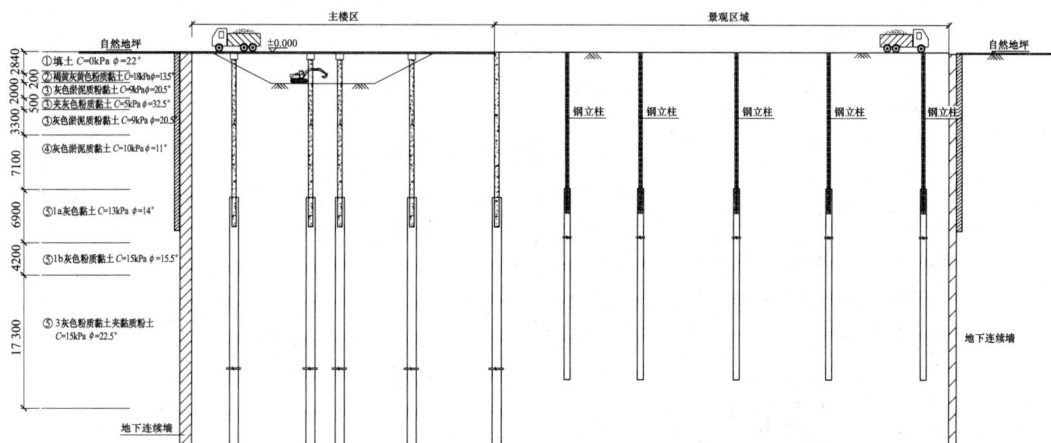

图 2-102　工况一

2）工况四（图 2-103）

① 主楼（裙房）B2 板施工及养护。

② 景观区域开挖第三层土。

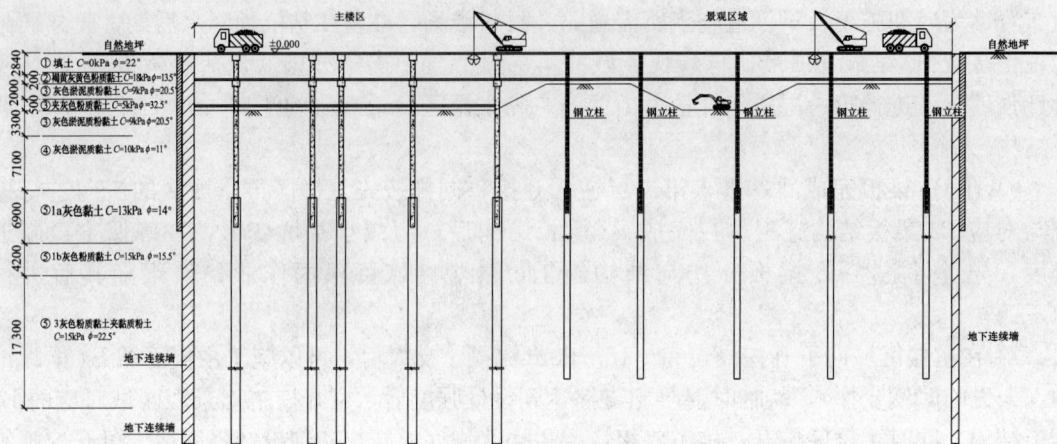

图 2-103 工况四

3）工况五（图 2-104）

① 主楼（裙房）挖第四层土。

② 景观区域 B2 板施工及养护。

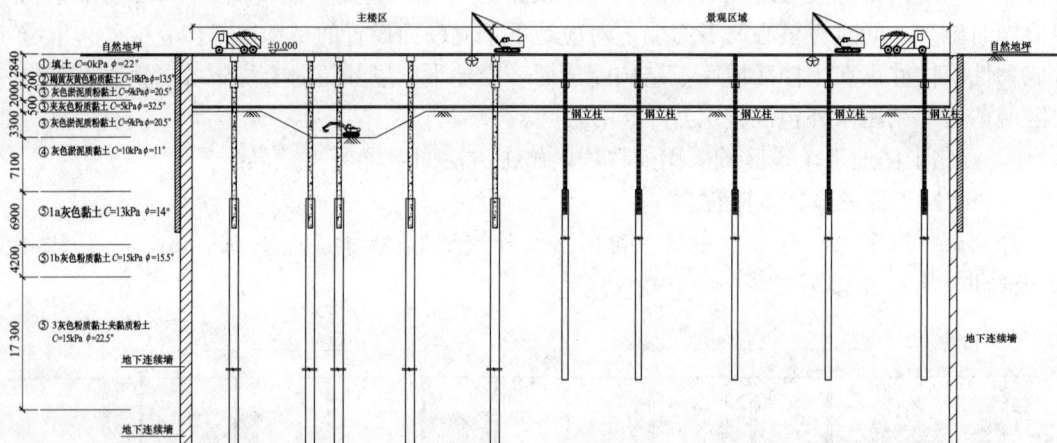

图 2-104 工况五

4）工况六（图 2-105）

① 主楼（裙房）B3 板施工及养护。

② 景观区域开挖第四层土。

③ 上部施工 2 层。

5）工况九（图 2-106）

① 主楼（裙房）开挖第六层土。

② 景观区域 B4 板施工及养护。

③ 施工上部结构 6 层。

6）工况十（图 2-107）

① 主楼（裙房）底板施工及养护。

② 景观区域开挖第六层土。

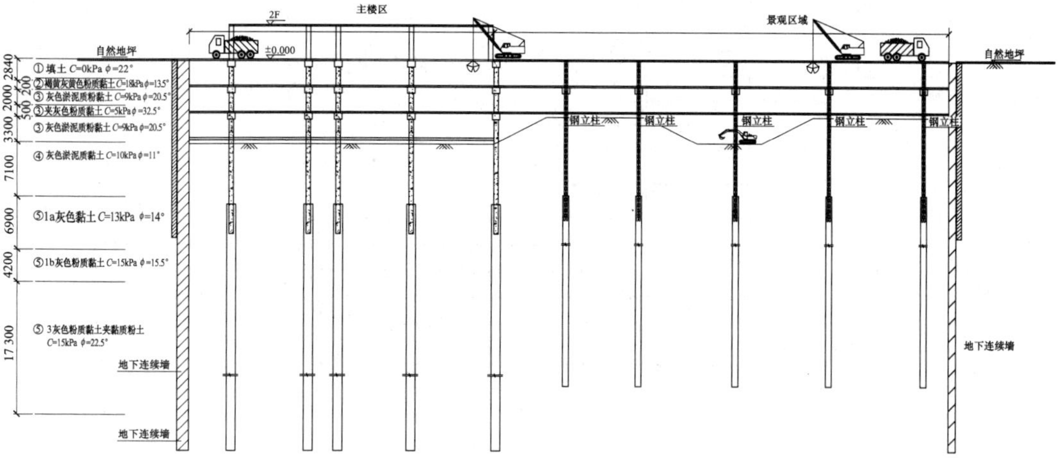

图 2-105　工况六

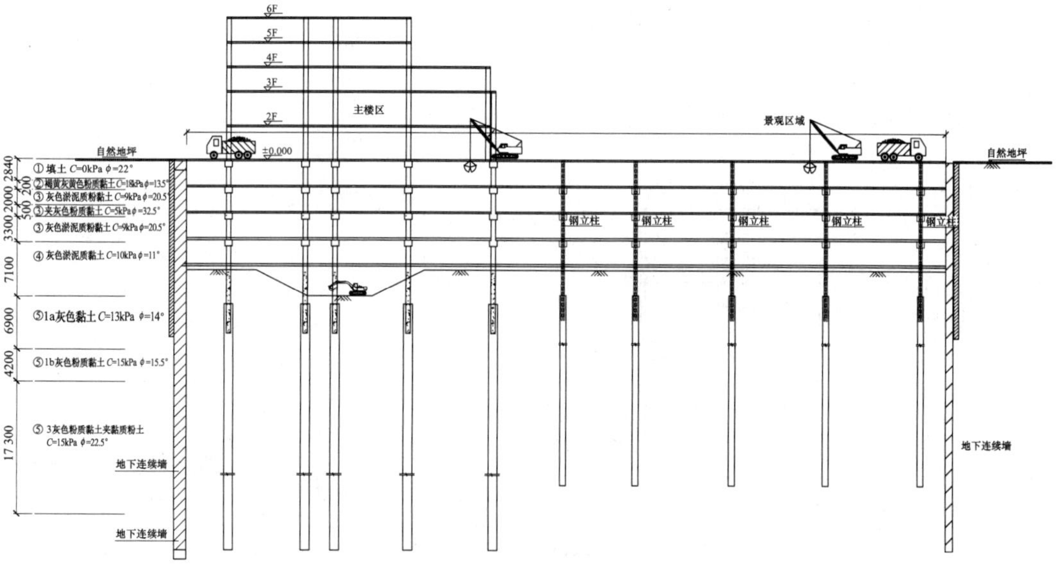

图 2-106　工况九

③ 施工上部结构 8 层。

7) 工况十一（图 2-108）

① 景观区域底板施工及养护。

② 施工上部结构 12 层。

3. 基坑工程中的越层施工

鉴于工程实际施工的差异，在实际施工中，首次挖土深度为 7m，直接挖至了地下二层，施工工况与设计工况存在一定区别，因而需要对越层开挖情况作工况分析。

调整后的施工工况是：主楼区首层结构梁板施工至⑧轴线以后就直接挖至地下二层结构梁板底标高，不但跳去了地下一层结构梁板，对于围护结构而言少了一道水平支撑；并且由于首层结构梁板仅施工至⑧轴线，顶层楼板作为支撑体系而言其东西向传力路径并未完全形成，

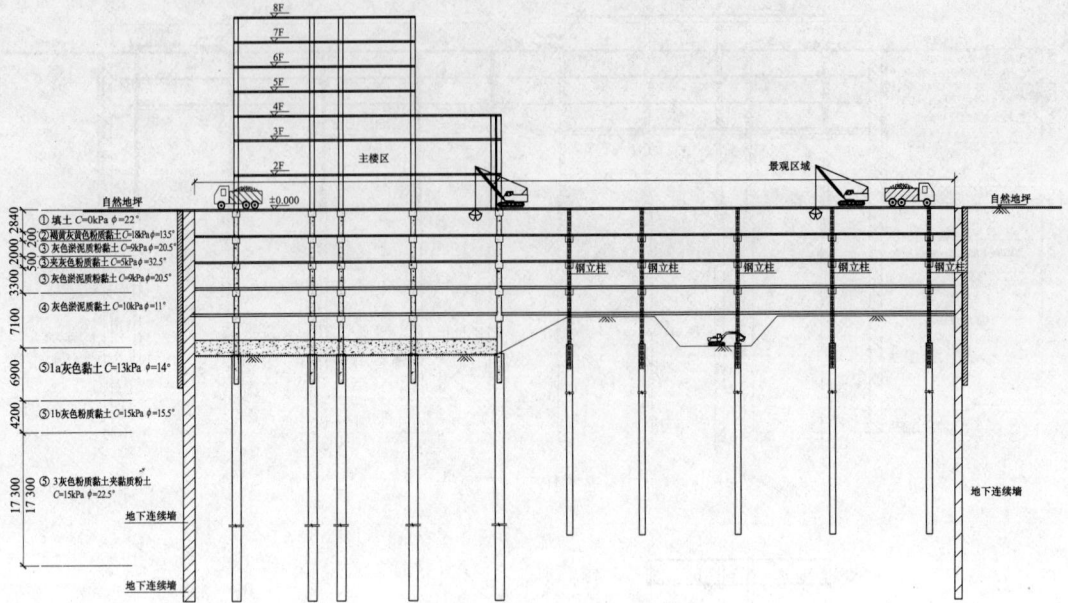

图 2-107　工况十

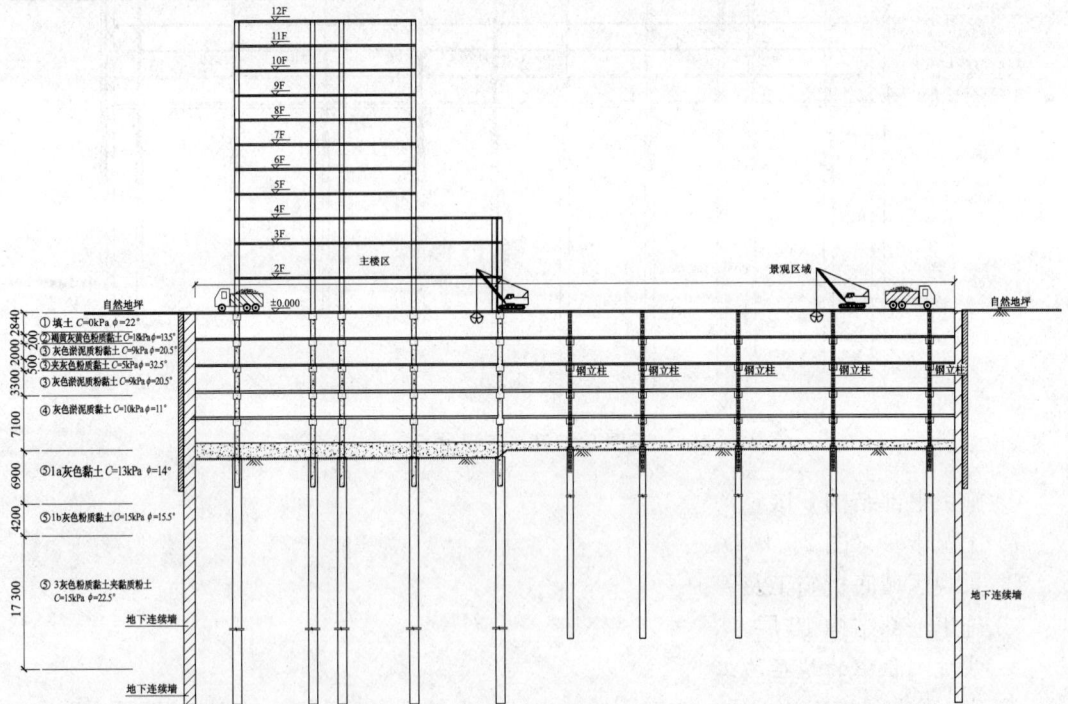

图 2-108　工况十一

因此该施工工况同原设计方案相比，安全性有一定程度的降低，须对此进行计算分析。

围护结构的计算沿基坑纵向取单位长度，采用竖向弹性地基梁杆系有限元法进行受力分析，并考虑基坑开挖、支撑安装、主体结构混凝土浇筑等施工过程的特点，按"先变形、后支撑"的原则模拟实际施工工况，分步进行计算分析计算结果见表 2-4、表 2-5。

表 2-4		支撑轴力对比表		(单位：m)
没超挖/超挖	四川中路侧	广东路侧	广东路 51 号侧	联谊大厦侧
B0 板/(kN/m)	135.6/278.3	142.8/301.6	249.9/485.8	142/293.2
B1 板/(kN/m)	427.7/0	441.2/32.3	601.7/103.7	423.9/33
B2 板/(kN/m)	767.2/896.5	563.5/639.5	704.5/781.9	499.2/570.7
B3 板/(kN/m)	865.2/928.6	642.6/688.4	805.6/857.1	665.6/709.1
B4 板/(kN/m)	1104.7/1139.2	878.6/906.7	1179.8/1219.9	1110.3/1142.8

表 2-5		每一步开挖位移对比表		(单位：m)
没超挖/超挖	四川中路侧	广东路侧	广东路 51 号侧	联谊大厦侧
挖至 B2 板下/mm	12.2/18.8	12.4/17.5	17/21.9	12.3/17.2
挖至 B3 板下/mm	18.8/23.7	19/23.1	21.5/25.9	17.6/21.8
挖至 B4 板下/mm	25/28.5	25.3/28.4	26.1/29.5	23.9/26.8
总位移/mm	37/39.4	33.1/35	35.4/37.2	35.4/36.9

从计算结果可以看出，对比原设计方案的施工流程，调整后施工流程下的围护结构变形与内力有一定变化，除 B1 板外各层梁板承受的水平围压以及围护结构的位移均有增加，整个施工流程及工况满足施工安全和结构设计的要求。

4. 双向同步逆作设计

本工程计算采用了在国内工程设计中最广泛使用的三维结构分析软件 SATWE（05）版软件进行分析研究，并采用 ETABS9.0 对其计算结果进行复核比较。

（1）风荷载、地震作用对立柱的影响。与传统逆作施工相比，在地下结构施工期间，双向同步施工的工程将承受上部结构传来的荷载，除承受上部结构的自重外，风荷载、地震作用对下部结构的影响不容忽视。在这里，我们分别比较了上部结构建造至第 15 层时下部结构立柱在恒载、风荷载、小震、中震等不同荷载工况下的柱底内力。数据整理后见表 2-6、表 2-7。

表 2-6		立柱内力（按荷载分类）				(单位：kN)
荷载		恒载	活载	X 向小震	X 向中震	风载
典型钢管柱内力（B1）	N	−8028.0	−1838.6	−378.8	−1089.0	−47.3
	M_x	9.2	1.2	−5.4	−15.5	−0.3
	M_y	−98.9	−31.3	−2.3	−6.7	−0.1
典型格构柱内力（B1）	N	−4159.8	−739.2	3717.2	10687.1	469.6
	M_x	−22.9	−16.0	10.6	30.5	0.6
	M_y	−79.7	−19.9	89.4	257.1	5.8
典型钢管柱内力（B5）	N	−10625.8	−2047.9	−410.7	−1180.9	−44.5
典型格构柱内力（B5）	N	−5638.4	−829.2	3937.9	11321.4	435.8

表 2-7   立柱内力（按工况组合）

荷载		工况 1	工况 2	X 向小震	X 向中震	风载
典型钢管柱内力（B5）	N	12 674	15 618	10 885	9623	15 655.4
典型格构柱内力（B5）	N	6468	7926	7953	10 059	8293

（2）不同土体嵌固条件对结构周期的影响。地下结构的受力特点为土体与结构主体相互作用，对于高层的双向同步施工工程，采用土体、地下结构及上部结构共同作用的整体分析模型更为合理，然而在具体的工程设计中采用上述方式计算需要耗费大量的时间，几乎是不可能的，而计算参数取值上的粗糙又在很大程度上影响计算结果的准确性。现有程序提供了一个粗略的方法以对比研究土体的嵌固条件对结构的影响，本次研究中也沿用了上述方法，通过改变此参数来反映土的约束条件对结构静动力分析的影响。在小震情况下，主要参数整理见表 2-8。

表 2-8   不同土体嵌固条件对结构周期的影响

回填土对地下室约束相对刚度比	项目	0（嵌固于基底）	1	5（嵌固于顶板）
周期	T_1	1.6584	1.5022	1.5008
	T_2	1.4749	1.3941	1.3933
	T_3	1.3920	1.3726	1.3723
剪重比（首层）	X	5.14%	4.33%	4.32%
	Y	4.84%	4.04%	4.02%

（3）地面层楼板厚度对结构的影响。地下结构须承受土体传来的压力，同时又与土体共同承受上部结构传来的侧向荷载，地面层作为上下施工的交接面以及上部结构的嵌固端，对其刚度、强度均有较高的要求。在《建筑抗震设计规范》（GB 50011—2010）（以下简称为《抗规》）和《高层建筑混凝土结构技术规程》（JGJ 3—2010）（以下简称为《高规》）中，对地面层作为嵌固端有很高的要求，对于逆作施工的工程，由于挖土孔与浇筑孔的存在，楼板的削弱不可避免，此时，楼板厚度对结构的抗震性能的影响值得研究。表 2-9 所列为采用不同厚度楼板对上部结构地震效应的影响（计算时土体约束相对刚度比取 1 时）。

表 2-9   不同厚度楼板对结构的影响

地面层楼板厚度	项目	120mm	240mm
周期	T_1	1.5058	1.5022
	T_2	1.3988	1.3941
	T_3	1.3768	1.3726
剪重比（首层）	X	4.32%	4.33%
	Y	4.04%	4.04%

（4）计算分析总结。根据以上分析结果，可得出如下的初步结论：

1）根据计算结果，对于双向同步施工工程，侧向荷载对地下结构构件的受力情况影响较大，本工程仅建造至 15 层，且上部建筑的周圈围护尚未施工，由于上部结构底层剪力墙往往吸收大部分倾覆力矩，侧向荷载作用对剪力墙下立柱内力影响很大；侧向作用对于柱下立柱影响较小，其组合工况往往并非控制工况。除了地震作用外，风荷载也不能忽视，但考虑施工阶段的时间较短，建议地震作用与风荷载不同时考虑。

2）对于地震作用，建议分别按小震弹性和中震不屈服验算立柱。对于柱下立柱，中震不屈服的要求有时甚至低于小震弹性的要求，而对于墙下立柱，前者往往起控制作用。

3）考虑最不利工况实际存在的时间很短，可在该工况的验算中对地震作用进行折减，折减系数参照上海世博会临时展馆按 0.65 取值。

4）在逆作阶段，土体嵌固条件对结构的地震作用有一定影响，根据本工程的计算，完全不考虑土体作用，即嵌固至基底时，与考虑土体作用时的首层剪力相差 20％以上，而考虑土体作用时刚度比取值的调整对计算结果几乎无影响，主要的原因是由于地下连续墙大大加强了地下室结构的刚度，而目前 SATWE 软件采用的土体与地下结构刚度比的方法较为粗糙，未能准确地反映土体的共同作用，采用刚度比的方法可能高估了上海地区软土在地下室抗震中的作用。

5）在《抗规》和《高规》里对地下室顶板作为嵌固端的楼板厚度有较严格的要求，计算结果表明，楼板厚度的变化无论对上部结构还是地下结构的地震效应都没有很大的影响，不过，由于地下室楼板承受较大的轴压力，而计算中未考虑楼板的屈曲带来的二阶应力，所以楼板作为支撑体系的一部分达到一定的厚度还是必要的。

值得注意的是，建筑在侧向力作用下的倾覆力矩与高度的平方成正比，对于更高层数的上下同步施工，以上结论仅供参考。

5. 逆作法施工中的环境影响分析与保护措施

（1）设计和施工措施

1）加强围护体的厚度及入土深度。

2）水平支撑体系采用刚度大的主体结构梁板替代钢筋混凝土支撑或钢支撑。

3）为确保地下室施工期间相邻建筑物的结构安全及周边环境的稳定，避免近代优秀历史建筑的损坏，工程采用三轴水泥土搅拌桩对坑内被动区土体进行加固，以提高被动区土压力，减小围护结构变形。

4）设置地下连续墙与保护建筑之间的隔离措施。

5）土方开挖时严格运用时空效应规律，并严格遵循"抽条、对称"开挖、"随挖随捣垫层"的原则。

6）设置保护建筑的沉降观测点。

经过以上设计和施工上的相关措施，外滩 191 基坑在施工开挖中有效控制了基坑的变形和周边环境的变形。在基坑从开挖到底板完成这个阶段，周边保护性建筑的变形基本在控制范围内，周边管线和地表沉降除个别点达到警报值外，基本控制在预计范围之内，这些设计和施工措施取得了明显的效果。

（2）实施效果与小结。根据计算，东风饭店紧靠外滩 191 基坑一侧最大沉降值约为 7mm，靠近外滩通道基坑一侧最大沉降值约为 14mm，整个建筑中部沉降较小。实测数据中，靠近外滩通道一侧最大沉降达到 26.5mm。靠近外滩 191 基坑一侧最大沉降约为 3.7mm。由实测值可以看到，东风饭店沉降变形在外滩 191 基坑主裙楼底板完成、外滩通道完成底板，最大沉降约为 16.3mm。后期沉降增大主要集中在外滩通道结构施工阶段。

结合实测数据和计算值可以看到，无论是计算值还是实测值，外滩 191 项目基坑在开挖阶段对东风饭店的保护措施起到了预期效果，东风饭店这一侧沉降较小。

采用二维平面有限元法进行基坑开挖的模拟分析，可以比较准确地预计基坑本身及周边土体和建筑的变形情况，但计算结果与实际施工工况的复杂程度、工况搭接方法等因素有关，特别是受时空效应的影响，计算的结果往往偏大。在上海软土地区，基坑开挖模拟采用硬化土模型可以较好地反映土体开挖后回弹模量与压缩模量的差异。如果可以在基坑开挖阶段将实测值反馈给计算模型，对模型不断进行修正，可以得到更精确的模拟效果。

2.10 超大型基坑工程踏步式逆作施工技术

2.10.1 工程概况

上海莘庄龙之梦购物广场位于上海市莘庄镇，东临沪闵公路、西至莘东路、南依莘建路、北接莘松路，由一幢四层大型购物中心与一幢 32 层酒店综合楼组成。其中购物中心呈 L 形，与综合楼对角呼应，综合楼建筑高度为 170.5m。该工程总建筑面积为 197 828m²（其中地上部分为 91 593m²，地下部分为 106 235m²），地下共四层，各层楼面标高为 −0.070m、−6.070m、−11.550m、−15.050m、−18.600m。基坑呈方形，南北宽约为 160m，东西长约为 167m，占地面积约为 26000m²，开挖深度为 19.8m，土方开挖总量达到 50 万 m³ 以上。

建设方要求地下室及购物中心结构于 2010 年上海世界博览会召开前完工，为期 13 个月，工期十分紧张，若采用常规的逆作法或顺作法施工均难以满足工期节点要求，通过多种方案的对比分析，最终采用了踏步式逆作施工方案。

2.10.2 施工工艺原理

踏步式逆作施工以顺逆结合为主导思想，其中周边若干跨楼板采用逆作法踏步式从上至下施工，余下的中心区域待地下室底板施工完成后逐层向上顺作，并与周边逆作结构衔接完成整个地下室结构的施工。

该工艺的特点是采用由上而下逐层加宽的踏步式逆作结构作为基坑的水平支护体系，形成中心区大面积敞开式的盆状半逆作基坑，改善了逆作施工作业环境；提供了踏步式逆作施工作业面，且作业面不受地下结构层高的限制，为土方施工创造了有利条件，进而提高了挖土施工工效；结合逆作岛式土方开挖技术，即相当于在中心区设置一层反压土，限制了坑内土体隆起和坑外土体沉降，有效地控制了基坑变形和对周边环境的影响。

2.10.3 关键施工技术及实施

踏步式逆作施工的关键施工技术是踏步式逆作支护技术、土方施工技术及立体化作业面施工技术，这三者相辅相成，以达到基坑施工安全、高效、经济性好及周围环境影响小的目的。典型的踏步式逆作基坑三维模型图如图 2−109 所示。

1. 踏步式逆作支护技术

踏步式逆作支护技术是采用由上而下逐层加宽的踏步式逆作结构作为基坑的水平支护体系，符合基坑水土压力上小下大的规律，同时形成中心区大面积敞开式的盆状半逆作基坑，与以往逆作法施工相比，减少了上层逆作区域对下层逆作区域

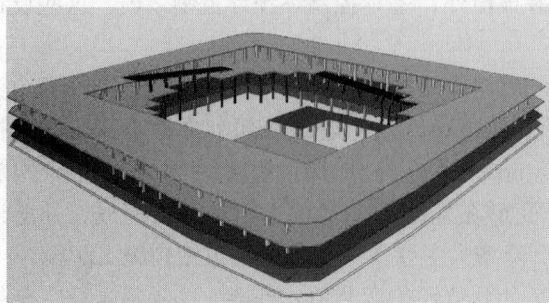

图 2−109 踏步式逆作基坑三维模型图

的覆盖,改善了逆作区施工的作业环境。

为了进一步发挥踏步式逆作支护体系的优势,最大限度地减少逆作区域面积,采用将踏步式逆作结构与加强撑组合共同作为基坑的水平支护体系,以达到逆作楼板区域最小化与基坑安全稳定的最佳组合。其中,加强撑可采用斜撑或内嵌环梁的形式。同时不难发现,由于踏步式逆作水平支护位于周边逆作区,即支承立柱均分布在坑内土体隆起的平缓区,因此,踏步式逆作支护技术对控制立柱的差异和沉降也非常有利。

周边逆作楼板结构的跨数与加强撑的截面,应根据基坑的实际情况计算分析确定,计算分析中应结合地下室结构与挖土工况进行全过程分析,以确定最佳的基坑支护体系。莘庄龙之梦购物广场工程各层支护体系如图 2-110、图 2-111 所示。

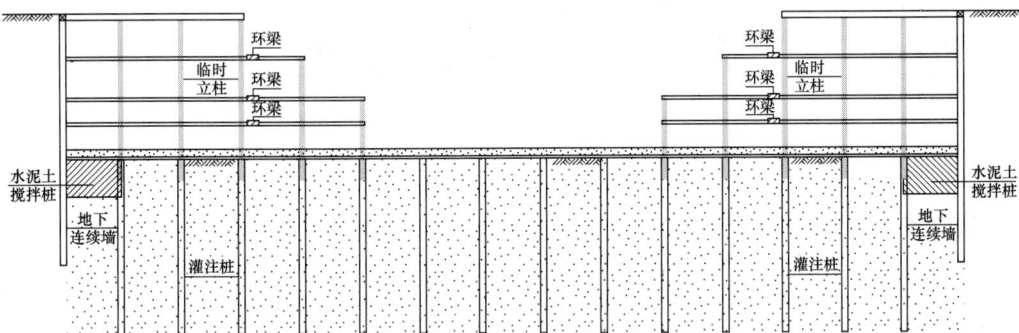

图 2-110 莘庄龙之梦购物广场的基坑支护剖面图

其中首层采用周边三跨逆作楼板作水平支护,由于地下室一层层高为 6m,土方挖深近 8m,故对逆作楼板采用临时钢筋混凝土斜撑加强,以控制 B1 层逆作结构完成前的土方施工期间首层楼板及围护体的变形。斜撑支撑在逆作楼板 1/3 跨处,与楼板结构同期浇筑,同时以 10m 的间距设置支承格构柱。临时斜撑在地下一层周边逆作楼板结构达到设计强度后予以拆除。

B1 层水平支护采用四跨逆作楼板加内嵌环梁,B2 及 B3 层为五跨逆作楼板加内嵌环梁,整体上形成踏步式的半逆作基坑形式。内嵌环梁为完整圆形,具有良好的轴向受压性能,充分发挥拱效应原理进行基坑支护。为了方便后期拆除工作,环梁做成上翻梁的

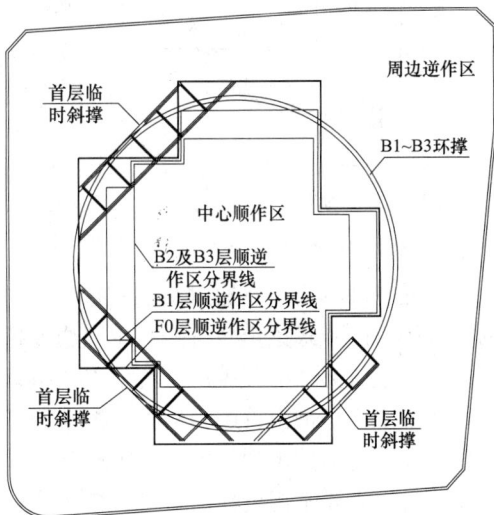

图 2-111 莘庄龙之梦购物广场的基坑支护平面图

形式,与楼板结构同期浇筑,楼板上下层钢筋应在环梁处拉通,不得断开。环梁在后期该层中心区结构顺作施工完成并达到设计强度后才可拆除。

2. 土方施工技术

踏步式逆作法分为中心顺作区和周边逆作区,其中逆作区范围由上往下逐渐加大,土方施工总体流程为先开挖周边逆作区土方,再开挖中心顺作区土方。

针对踏步式逆作基坑支护的特点，采用逆作岛式开挖技术，即由上至下先行开挖各层逆作区土方，并随即完成该层的逆作结构，待逆作区结构施工完成后再开挖上层中心区土方，形成中心顺作区土方开挖始终比周边逆作区延迟一层的施工工况，以此循环直至开挖至坑底周边逆作区土方并完成逆作区底板结构，最后挖除中心顺作区底层土，如图2-112所示。逆作岛式开挖技术相当于在中心区设置了一层反压土，限制了坑内土体隆起和坑外土体沉降，进而控制了对围护结构和周边环境的影响。

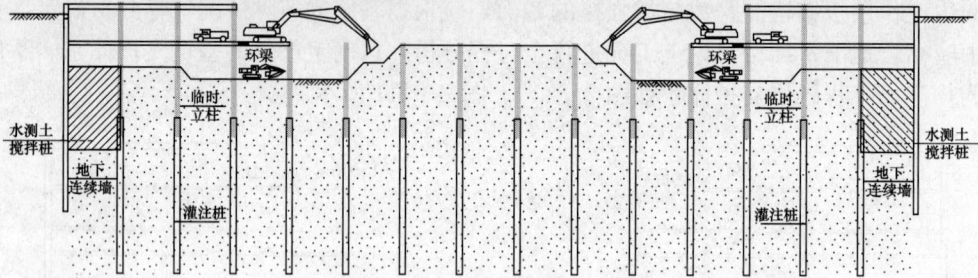

图2-112 逆作岛式开挖示意图

采用踏步式逆作施工技术的基坑，一般周边逆作区范围较大，土方须分块开挖，施工中采用先施工角部区域后施工跨中区域的施工流程，待周边逆作结构施工完成后再开挖中心区土方。

莘庄龙之梦购物广场基坑工程施工中，周边逆作区土方平面分块挖土顺序遵循对角对称施工、对边对称施工的原则，将周边逆作区平面上分为八个部分，其中四块为角区域、四块为跨中区域，采用先角后中的顺序，逆作区土方开挖顺序如图2-113所示。

需要注意的是，中心顺作区留土应按规定放坡，同时做好基坑的排水工作，防止雨季期间雨量过大时在逆作区域积水过多。

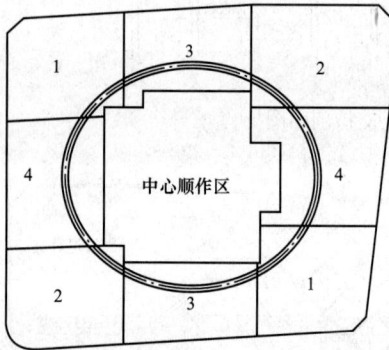

图2-113 逆作区挖土分区图

3. 立体化作业面施工技术

立体化作业面主要是通过踏步式挖土栈桥、下坑挖土栈桥、坑内挖土平台等挖土设施来实现的。其中，踏步式挖土栈桥是利用周边逆作结构作为土方施工作业面，其特点是作业面设置在坑内，且上方无结构覆盖；下坑挖土栈桥则是架设在踏步式逆作结构上、下两层之间的行驶通道，实现土方机械由首层结构到达挖土施工作业面层；坑内挖土平台是利用地下室永久梁板结构设置在坑内的挖土操作平台，配合踏步式挖土栈桥，使坑中、坑边多个挖土作业面同步开挖施工，且只需要常规机械即可进行挖土作业。踏步式挖土栈桥、下坑挖土栈桥、坑内挖土平台共同形成的立体化作业面，大大加快了土方出土速度，并为地下室结构施工提供了便捷。

莘庄龙之梦购物广场基坑工程中，在F0层～B1层及B1～B2层设置了下坑栈桥，并在B2层中心区利用永久结构设置了16.8m×25.2m的坑内挖土平台与B2层楼板结构相连，施工现场如图2-114、图2-115所示。

图2-114所示为F0层及B1层周边逆作结构及第一道下坑栈桥施工完成，第三层土方开挖施工阶段。中心区留土使得土方车能行驶至基坑内部，装车运土，同时B1层增加的楼板结构处也可作为挖机取土平台，直接挖取逆作区驳运至的土方。

图 2-114　施工现场一

图 2-115　施工现场二

图 2-115 所示为 B2 层逆作楼板及坑内挖土平台施工完成，部分 B3 层逆作楼板施工阶段。此时土方车可通过两道下坑挖土栈桥行驶到基坑内，装车运土。剩余的各层土方均以坑内挖土平台及 B2 层楼面结构作为取土平台出土。坑内挖土平台在后期施工期间也可起到材料临时堆放和施工平台的作用。

立体化作业面应根据基坑实际情况做好总体衔接设计，特别是要制订好施工期间重车在逆作区结构范围的行驶路线，对结构设计进行加固处理，同时应采取措施保证下坑挖土栈桥及坑内挖土平台下支承立柱的稳定性。土方车下坑后应按规定的路线限速行驶，并注意不能与支承柱发生擦碰。

2.10.4　工程应用效果

莘庄龙之梦购物广场基坑工程采用了踏步式逆作施工技术施工，在改善逆作施工环境、提高挖土施工工效、控制周边环境影响方面均取得了成功，并具有良好的经济和社会效益。

（1）逆作环境好：形成中心 7500m² 的顺作区，减少投入 80% 通风照明设备。

（2）出土效率高：出土方量平均为 3500m³/d，最快时出土方量达 6000m³/d，地下室施工总工期较常规逆作法施工缩减 4 个月。

（3）变形控制佳：地下室底板完成后，地墙最大倾斜为 39.2mm，支承立柱的最大降沉为 6.10mm，最大不均匀沉降为 4.5mm。

（4）经济效益：较传统逆作施工减少了中心区立柱投入量的 30%；节省了中心区各层结构混凝土垫层；逆作环境大为改善，减少了通风照明设备的投入。

（5）社会效益：节约工程材料、节约能耗，符合绿色、低碳理念；缩减了地下室施工总工期，减小了基坑施工对周边环境的时效影响。

2.11　深基坑自适应支撑系统应用技术

2.11.1　概述

随着城市地下空间的开发，出现大量的深基坑工程。基坑施工通常采用内支撑方式，在上海最常用的是 φ609 钢管支撑，接头一般采用活络头，用千斤顶预加轴力并插钢楔，这种支撑施工简便，被广泛应用于长条形基坑中。钢支撑体系经过拼装、架设和施加预应力等工序完成安装工作。预应力大小根据设计要求取值。伴随着基坑的进一步开挖，钢支撑轴力会逐步增大，一定程度上抵抗着基坑侧向变形的发展。

　　钢支撑体系的稳定和基坑整体稳定密切相关。工程实践表明：在深基坑施工过程中如果缺乏正确的设计、计算分析或在施工中没有采取必要的技术措施，就容易导致基坑变形过大而对附近建筑、管网、道路造成严重的影响，甚至发生支撑失效、基坑塌方等。

　　钢支撑体系存在以下问题：一方面，由于温度的变化、钢支撑自身的应力松弛和钢楔块的塑性变形等因素，钢支撑的轴力会出现损失，无法有效控制基坑变形；另一方面，常规的支撑体系很难对某些钢支撑在需要适当释放或降低部分轴力时进行操作，轴力释放或降低的精度控制难，操作不当往往会导致轴力下降过头而出现墙体的新的变形。

　　针对以上问题，传统钢支撑需要复加预应力来弥补钢支撑的轴力损失，但是所采用的支撑轴力补偿装置都是通过人工间断的支撑轴力监测数据或监测基坑变形来做出调整，这样势必会造成工作量增加且不能及时反映基坑变形，支撑轴力调整相对滞后不能满足深基坑施工苛刻变形的控制要求。深基坑开挖施工，时空效应的理论指出：支撑轴力补偿得越及时，控制变形的效果越好。另外，由于传统钢支撑轴力释放或降低的精度控制难，实际施工时往往就不去操作调整，从而不能满足设计要求，即钢支撑轴力有时需要适当释放或降低轴力，从而使钢支撑轴力变化始终在允许变化精度控制要求内。

　　伴随着城市的飞速发展，基坑开挖已趋于大规模化及大深度化，且施工多以明挖顺作法为主，众所周知，深基坑明挖施工往往伴随着极强的环境效应，若不对深基坑施工进行严格的变形控制，邻近的地铁会因为较大变形而影响其正常使用。传统钢支撑由于自身的缺陷无法满足基坑苛刻变形的要求，因此，将自动化实时监控系统引入到基坑工程中，实现了对钢支撑轴力的全天候不间断监测和控制，提高了施工的信息化水平，具有非常重要的价值。

2.11.2　技术简介

　　1. 工艺原理

　　（1）工艺技术路线

　　1）总体工艺技术路线。系统设计采用了"树状即插分布式模块结构、多重安保体系"的总体工艺技术路线，确保系统在工地现场使用安全、可靠、方便且便于移植。

　　本系统针对建筑深基坑施工的工艺及基坑的变形规律和基坑边管线建筑物的保护要求，尤其对基坑边运行地铁生命线的苛刻保护要求，提出了"树状即插分布式模块结构、多重安保体系"的总体工艺技术路线，将机电液比例控制技术、PLC电气自动控制技术、总线通信技术以及现代HMI人机界面智能技术和计算机数据处理技术等多项现代高科技技术有机集成起来，创新地开发了具有高技术含量且能有效控制和减少建筑深基坑施工引起的基坑变形的深基坑施工钢支撑轴力自适应实时补偿与监控系统，简称自适应支撑系统。

　　本系统主要应用于建筑工程深基坑施工时钢支撑轴力的实时补偿与监控，有效控制和减少基坑的变形，确保地铁生命线等管线建筑物的安全。

　　2）树状即插分布式模块结构原理

　　① 树状即插分布式模块结构示意图如图2-116所示。

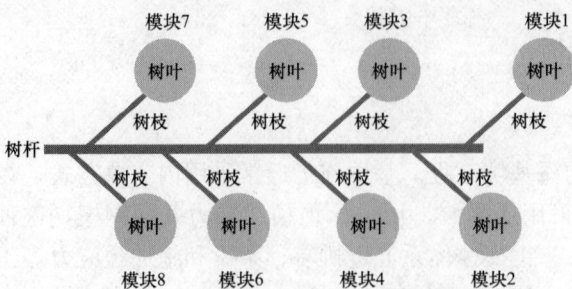

图2-116　树状即插分布式模块结构示意图

② 结构图说明

a. 树干表示 CAN 总线主干；树枝表示 CAN 总线分枝；树叶表示各系统模块。

b. 图中表示的 8 个模块，其中 6 个是现场控制站、1 个是操作站、1 个是监控站，它们之间的位置根据工地现场的条件可以自由更换，即拔、即插、即用，非常方便。

树枝与树干的连接也具有即拔、即插、即用的功能，同样方便。

c. 8 个模块可以自由增减，或可表述为在线或不在线，不在线的模块不会影响其他模块发挥作用。

d. 8 个模块、总线主干、总线分枝像一棵树一样沿工地现场的长条形基坑分布在基坑边，实现钢支撑轴力的自适应实时补偿。

e. 6 个现场控制站模块下面还有 18 个液压系统模块，每个现场控制站模块下面分配有 3 个液压系统模块，同样也可以自由增减而不影响相互间的使用。图 2 - 116 中未表示液压系统模块。

（2）施工工艺研究

1）现场设备配置工艺。现场布置包括设备和线路的现场布置及供电系统的布置。根据基坑形状及开挖方案，将自适应支撑系统的现场控制站及泵站沿基坑边缘一字排开。现场控制站及泵站的布置位置坚持线路最短原则，即现场控制站与泵站间的线路最短，泵站与千斤顶间的油管最短。系统平面架构如图 2 - 117 所示。

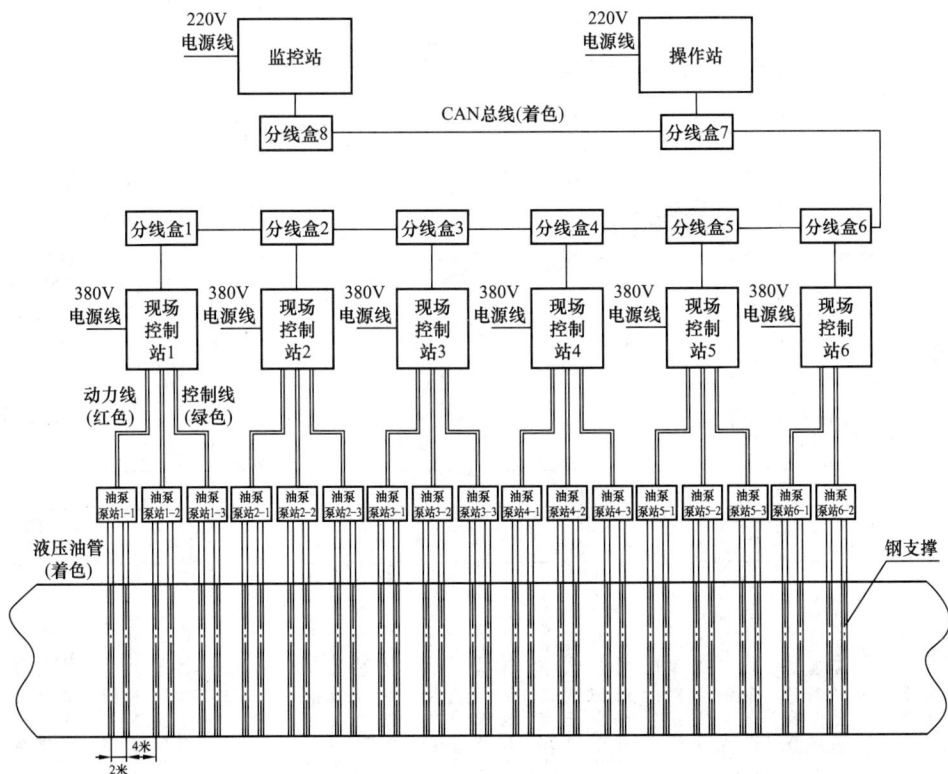

图 2 - 117　系统平面架构图

2) 安装工艺

① 将钢箱体与钢支撑通过高强螺栓或焊接连接为整体。

② 将钢支架平台在设计位置与预埋钢板焊牢。

③ 将钢箱体连同支撑一起吊装至钢支架平台。

④ 吊放千斤顶至钢箱体内，并安装油管。

⑤ 预撑钢支撑，待预撑到位后安装限位构件。

⑥ 通过千斤顶对钢支撑施加预应力。

⑦ 启动自适应支撑系统自动调压程序。

3) 拆除工艺

① 关闭自动调压程序，解除机械锁。

② 将千斤顶活塞杆缩回。

③ 拆除油管。

④ 将千斤顶吊离钢支撑并运至地面。

⑤ 拆除钢支撑及支座。

所有钢支撑拆除后，可以拆除自适应支撑系统设备线路及配电设施，并堆放整齐以便吊装。

2. 施工设备

(1) 系统原理。图 2 - 118 所示为自适应支撑系统的总体设计结构原理图。

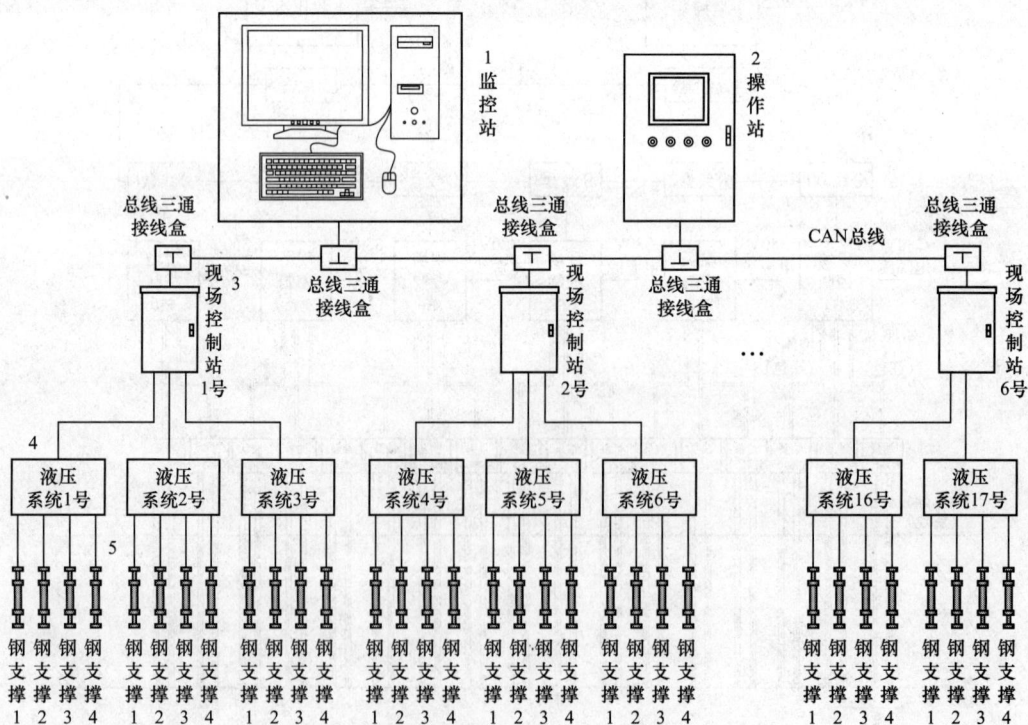

图 2 - 118　自适应支撑系统的总体结构设计原理图

（2）系统组成。如图 2-118 所示，该自适应支撑系统主要由以下设备组成：①监控站；②操作站；③现场控制站；④液压系统；⑤总线系统；⑥配电系统；⑦通信系统；⑧移动诊断系统；⑨千斤顶；⑩液压站接线盒装置等。

（3）主要设备系统介绍

1）电气与监控系统。电气与监控系统采用 DCS 系统，由监控站、操作站、现场控制站和钢支撑液压站电气系统等组成。现场控制站靠近基坑边一字排开，每隔一段间距设置一个，分别控制三个泵站（液压系统），每个泵站可控制四个钢支撑。各个站点通过 CAN 总线实现数据采集及发送控制指令。

2）液压伺服泵站系统。自适应支撑系统的液压伺服系统设计采用了液压集成、高精度压力实时检测、比例自动调节、闭环控制等先进技术，使液压伺服系统具有动力大、功能强、控制精度高、响应速度快且安全可靠、无泄漏等特点。液压伺服系统结构如图 2-119 所示。

3）移动诊断系统。自适应支撑系统的移动诊断系统设计采用了 HMI（人机界面）技术、通用总线技术、直驱式实时调控技术、在线热插拔技术等，使自适应支撑系统具备了现场的故障诊断和应急处理功能，并可相对独立地对每个控制柜或每个泵站进行分别操作与控制，使集散控制的思想在这套系统中得以充分实现。图 2-120 所示为智能移动诊断系统实体图。

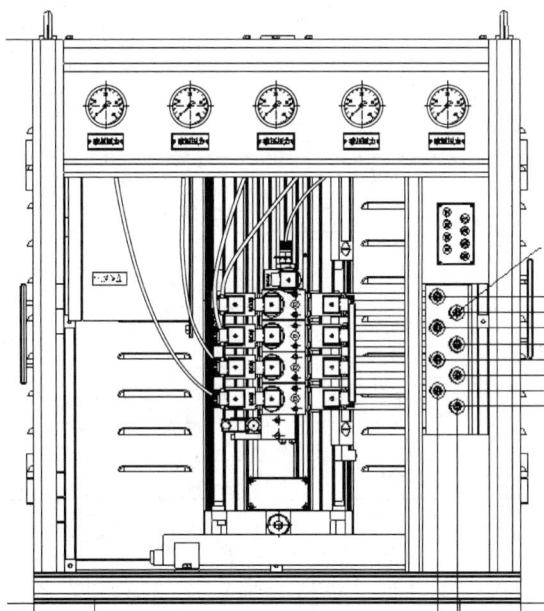

图 2-119　液压伺服系统结构示意图　　　　　　　图 2-120　智能移动诊断系统站实体图

4）数据通信及稳定系统。数据通信系统是自适应支撑系统数据采集和控制指令发送的桥梁，采用 CAN 总线来实现数据采集和控制指令发送。站与站之间采用方便的接插件技术并赋以新型可靠的稳定技术，确保数据传输可靠、安全，同时满足了工地现场的方便使用。图 2-121 所示为总线数据通信系统结构示意图。

5）钢支撑轴力补偿执行装置。钢支撑轴力补偿执行装置如图 2-122 所示，主要由钢箱

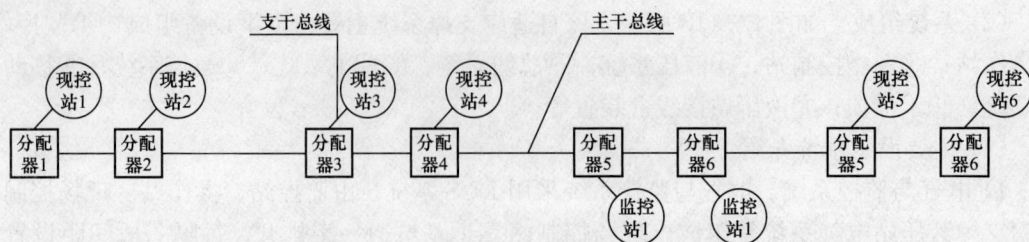

图 2-121 总线数据通信系统结构示意图

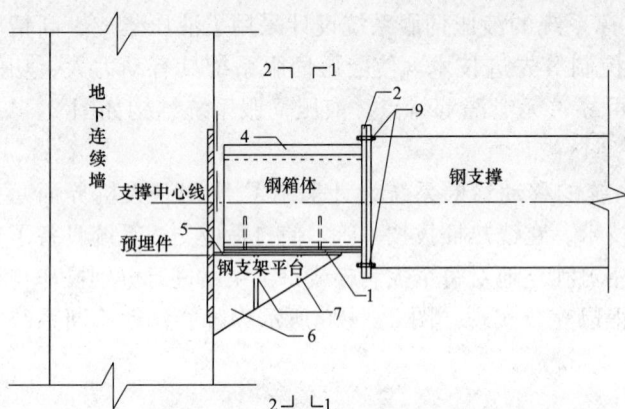

图 2-122 钢支撑轴力补偿执行装置结构示意图

体、钢支架平台和千斤顶组成。本装置属于自适应支撑系统的支座节点装置，通过底部圆弧形支座固定大吨位千斤顶，千斤顶的一端与钢箱体端头封板接触，另一端与地下连续墙内的预埋钢板抵紧。千斤顶施加预应力后，钢支撑必然会产生轴向位移，此时本端头节点装置可以沿钢支撑轴线方向自由滑移，直至达到理想位置。

（4）主要技术性能参数（见表 2-10）。

表 2-10 主 要 技 术 性 能 参 数

序号	项 目	单位	参数
1	供电电压	V	380、220、24
2	响应精度	%	95
3	响应速度	s	2
4	系统工作压力	MPa	28
5	最大工作压力	MPa	35
6	千斤顶最大推力	kN	3000
7	伺服泵站系统流量	L/min	2.34
8	伺服泵站系统电动机功率	kW	1.5

（5）主要技术性能特点

1）自适应支撑系统总体工艺设计采用树状结构，更贴近、更适合地铁长条形基坑的结构特点，便于现场布置和使用。

2）自适应支撑系统总体工艺设计采用模块结构，便于现场维护和使用，控制精度高。

3）自适应支撑系统总体工艺设计采用即插分布式结构，便于现场维护和使用，也更适合基坑边设备的布设和移植。

4）自适应支撑系统总体工艺设计采用了多重安保体系，大大提高了系统运行的可靠性、安全性，确保建筑深基坑开挖施工所引起的基坑变形控制效果，从而确保运行中地铁生命线等管线建筑物的安全。

5）由于自适应支撑系统设计采用了冗余设计，所以系统的工作能力强，适应能力强，可以应用在各种轴力范围、各种深度大小和各种支撑数量并要求钢支撑轴力需要实时补偿的建筑深基坑工程中。

6）系统对钢支撑轴力实时补偿的能力强、精度高、速度快，响应精度达 95% 以上，响应时间缩短至 2s。

7）设计并配置了基于移动诊断技术的多功能移动诊断控制箱，在中央监控系统（监控站）或操作站或现场控制站等模块通信失效的情况下能实现故障单元的轴力自动补偿和故障诊断；在控制模块硬件故障情况下能实现故障单元的轴力手动补偿，提高了系统的应急处理能力，从而大大增加了系统的安全性和可靠性。

8）现场控制站、多功能移动诊断控制箱等都采用了 HMI 人机界面智能控制技术，使操作简单，使用十分方便。

9）自适应支撑系统采用 CAN 总线来实现数据采集和控制指令发送，站与站之间采用方便的接插件技术并赋以新型可靠的稳定技术，包括：①高性能的总线拓扑结构技术；②方便、实用的现场接线技术；③高可靠性的触点连接技术；④总线传输波特率的计算并优化技术；⑤完善的诊断和错误恢复技术；⑥终端电阻的灵活接入或关闭技术；⑦总线成员自由增减技术，从而确保数据传输可靠、安全，同时满足了工地现场的方便使用。

10）自适应支撑系统采用独特的钢支撑轴力支顶结构设计，千斤顶设计采用体积小、重量轻、便于现场安装的增压结构，设计了自动调平机构，具有自动调平功能，头部系统结构上还独特设计了机械锁＋液压锁的双重安全装置，确保安全。

2.11.3　工程实例

1. 南京西路 1788 号基坑工程

（1）工程概况。南京西路 1788 号工程基坑总面积约为 10 228m²，基坑周长约为 420m，外形约呈正方形。综合考虑，基坑分北区和南区两个区，分别为 Ⅰ 区和 Ⅱ 区，中间用 1000mm 厚临时地墙相隔，Ⅱ 区基坑紧邻地铁 2 号线。Ⅰ 区基坑内竖向共设置三道十字正交钢筋混凝土支撑；Ⅱ 区基坑内竖向共设置四道水平支撑，第一道为钢筋混凝土，其余为 $\phi609×16$ 钢管支撑，每幅地墙设两根支撑平面布置。Ⅱ 区基坑呈狭长形，普遍挖深为 15.7m，基坑面积约为 1090m²，土方工程量约 15 042m³。根据有关方面的要求，地铁结构最终绝对沉降量、隆起及水平位移量小于 10mm；累计变化量不得大于 ±20mm。显然，常规钢支撑工艺难以满足深基坑施工对地铁结构苛刻的变形控制要求，故采用了自适应支撑系统变形控制技术，本工程的 Ⅱ 区基坑第三、四层钢支撑施工采用自适应支撑系统，共有 66 根支撑，三、四层各 33 根。

2009 年 9 月 28 日～2009 年 11 月 30 日自适应支撑系统在上海南京西路 1788 号地块基坑工程中获得成功应用。图 2 - 123

图 2 - 123　自适应支撑系统在工程中的实际应用

所示为自适应支撑系统在工程中的实际应用。

（2）应用效果。Ⅱ区基坑施工对地铁运行线影响非常小，最大值仅下沉1.2mm，远远低于设计要求的10mm，说明自适应支撑系统对控制地下连续墙的变形和位移起到了非常积极的作用，对保护地铁具有非常重要的意义。

2. 淮海中路3号地块发展项目基坑工程

（1）工程概况。上海市淮海中路3号地块基坑工程离运行中的地铁1号线不到8m，且沿线平行长度长达200多m。基坑开挖施工对变形控制非常严格，常规施工很难满足以下施工要求：基坑连续墙地铁水平位移量小于20mm；地铁结构最终绝对沉降量、隆起及水平位移量小于10mm；累计变化量不得大于±20mm。

图2-124 自适应支撑系统在工程中的实际应用

基坑共分为四个区，每个区都对第二～第四道钢支撑配备轴力自动补偿装置，工程施工采用了自适应支撑系统基坑变形控制施工技术。2009年11月25日～2010年5月22日自适应支撑系统在淮海中路3号地块发展项目基坑工程中获得成功应用。图2-124所示为自适应支撑系统在工程中的实际应用。

（2）应用效果。整个基坑（4A、4B、3B1、3B2）开挖施工结束，地下连续墙个别点最大累计水平位移为8.98mm，极大部分点累计水平位移小于6mm，远远低于设计要求的20mm水平位移变形；地铁结构最终绝对沉降量、隆起及水平位移量小于3mm，远低于设计要求的10mm的位移控制标准；累计变化量也小于5mm，远小于设计要求的±20mm的施工要求，说明自适应支撑系统基坑变形控制施工技术对地下连续墙的变形和位移起到了非常积极的作用，确保了深基坑工程施工质量及施工安全，同时也保证了施工进度，获得了极大成功。

3. 四川北路178街坊21/2地块项目基坑工程

（1）工程概况。四川北路178街坊21/2地块项目工程位于上海市虹口区四川北路以东、衡水路以南、乍浦路以西地块内，南侧紧靠在建轨道交通10号线四川北路站，该项目二～四期基坑平面呈矩形，设置一道钢筋混凝土支撑、四道钢支撑，二～五道为钢支撑，整个基坑较长，约为120m，且基坑紧贴车站。基坑开挖施工对车站变形控制要求严格，常规施工很难满足地铁结构平面位移变形值小于或等于5mm和连续墙的水平位移变形值小于或等于22.5mm的施工要求。

基坑共分为三个区，每个区都对第三道和第五道钢支撑配备轴力自动补偿装置，采用了自适应支撑系统基坑变形控制施工技术，工程从2010年1月17日开始到2010年4月28日结束，自适应支撑系统在四川北路178街坊21/2地块项目基坑工程中应用并获得成功。图2-125所示为自适应支撑系统在工程中的实际应用。

（2）应用效果。监测报告表明，在安装了自适应支撑系统以及使用基坑变形控制技术后，地铁内监测点平面位移变形变化较小，满足了施工要求，说明自适应支撑系统对控制围

图 2 - 125　自适应支撑系统在工程中的实际应用

护结构的变形起到了非常积极的作用，确保了深基坑工程施工质量及施工安全，同时也保证了施工进度，取得了良好的效果。

2.11.4　结语

通过创新研制的自适应支撑系统，将传统支撑技术与液压动力控制系统、可视化监控系统等结合起来，实现了对钢支撑轴力的监测和控制 24h 不间断的数据传输和控制，解决了常规施工方法无法控制的苛刻变形要求和技术难题，使工程始终处于可控和可知的状态，对保护邻近地铁具有重要意义。

通过分析，可以得出如下结论：

（1）自适应支撑系统具有精度高、安全、可靠、性能稳定、操作方便、维护方便等特点。

（2）与传统钢支撑相比，自适应支撑系统可以有效控制地下连续墙的最大变形及最大变化速率，完全能够保证地下连续墙最大累计变形值控制在 20.0mm 以内；自适应支撑系统可以有效控制邻近地铁等重要建（构）筑物的变形。

（3）基坑使用自适应支撑系统的道数越多，控制基坑地下连续墙水平位移变形的能力越强，控制变形的效果越佳。

（4）可以有效防止和杜绝深基坑施工由于支撑等各种因素引起的施工事故，确保施工安全。

（5）施工中，做到随挖、随撑和随补，可以极大提高控制效果，减少位移变形。

综上所述，自适应支撑系统已成功应用于南京西路 1788 号基坑工程、淮海路 3 号地块基坑工程、四川北路 178 号地块基坑工程，对控制基坑及邻近地铁的变形起到了非常重要的作用，为地铁运行线的安全正常运行提供了有力保障。

深基坑施工钢支撑轴力自适应支撑系统必将取得十分显著的经济效益和社会效益。

2.12　地下通道盖挖法施工技术

2.12.1　概述

改革开放 30 年来，中国经济的飞速发展导致城市化程度的提高和城市人口的剧增。城市人口及汽车数量的膨胀给城市的交通造成了巨大的压力。由于各城市一般有着比较悠久的历史，城市建设缺乏现代化的规划，城市建筑拥挤，道路狭窄，因此，在这种城建规划布局相对古老的城市地下建设地铁或者地下通道工程，难免遇到不少问题。在城市中心区，地下工程的建设主要存在闹市区地下工程的建设与地面交通的矛盾、建筑密集区施工场地不足、基坑挖深大、地质条件差、周围环境复杂、环境保护技术难度大、文明施工管理要求高等问题。随着以上几种问题的进一步凸现，地下工程师们开始考虑在原有传统施工方法的基础上，改进并提出新型路面盖挖法的施工方法，即构建一个临时路面系统，用以保障地面交通，同时也能作为施工场地，并能作为工程场地的隐蔽屏障。在该新型路面盖挖法中，考虑路面体系支承结构与支护体系相结合的方式，能满足基坑变形的控制要求，从而能较好地解决以上几个问题。

由于这种方法的诸多优点及在工程上的成功应用，使其在城市中心区的工程应用中迅速推广。相对于其他施工方法，新型盖挖法施工具有对交通管线影响小、经济性适中、文明施工程度高等众多突出优势，既能减少对地面交通和周围环境的影响，又能保证施工进度和预期的技术经济效益，可以满足工程实施的要求。

2.12.2　施工工艺流程

盖挖法施工的特点是首先在地下结构所处的上方设置临时路面系统，提供路面交通和相应的施工场地，然后可以进行地下结构主体的施工，对周围环境影响小。盖挖法施工的总体流程是：先施工地下结构的围护结构→铺设盖板路面→土方开挖→车站结构施工→撤去临时路面，回填覆土，修筑永久道路。

1. 围护结构及临时路面体系施工

图 2-126 所示为新型盖挖法下围护结构和临时路面体系构建的一个大致流程。在保持交通的前提下将围护结构及路面体系分成两幅施工（或根据基坑宽度及立柱位置分多幅施工）。施工工序如下：

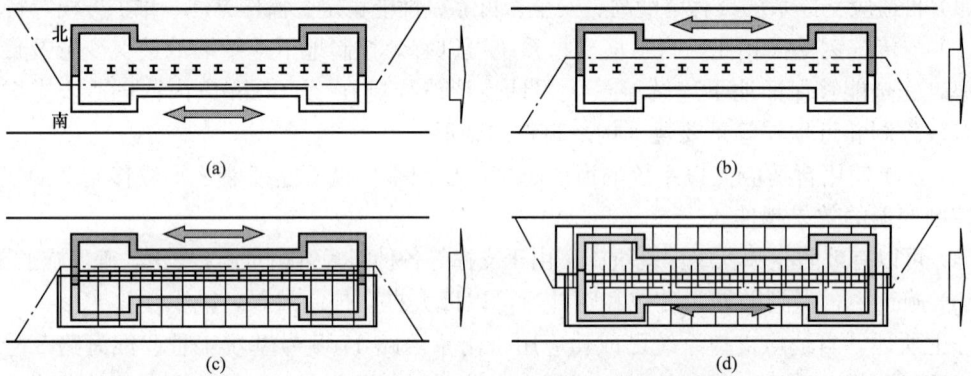

图 2-126　围护结构、立柱及盖板铺设流程示意图

(a) 北侧　连续墙、中间立柱施工；(b) 南侧　连续墙施工；(c) 南侧　路面盖板设置；(d) 北侧　路面盖板设置

(1) 施工北侧基坑围护结构、中间立柱及基底土体加固，预留南侧保持交通运行。

(2) 恢复北侧路面交通，施工南侧围护结构、基底土体加固。

(3) 开挖南侧基坑土体，构建南侧临时路面体系支承结构（首道支撑），铺设盖板梁、盖板。

(4) 恢复南侧交通，开挖北侧基坑土体，构建北侧临时路面体系。

其中，临时路面体系的构建是区别于以往基坑施工工艺的一个重要部分。以常熟路两柱三跨基坑为例，图 2-127～图 2-129 所示为新型盖挖法中临时路面体系构建过程中的交通组织及施工组织的大致流程。

2. 基坑开挖、支撑架设及结构施工

在临时路面体系构建完成后，则可以占用临时路面一侧作为施工场地和出土位置，在临时路面盖板的遮护下开挖基坑土体并进行横向支撑的施工，如图 2-130 所示。

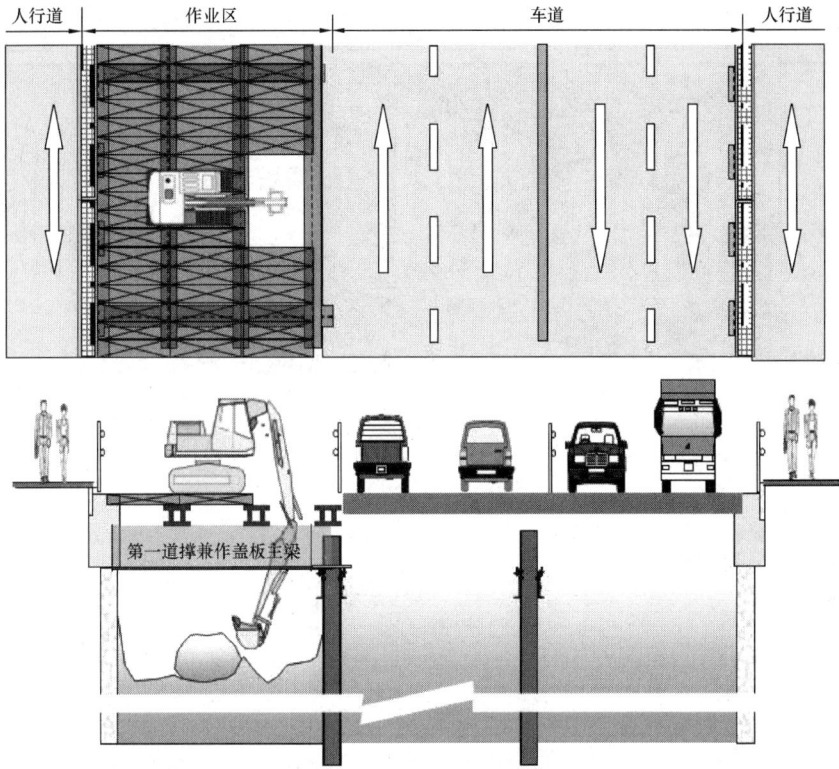

图 2-127　盖挖法路面体系施工示意图（一）

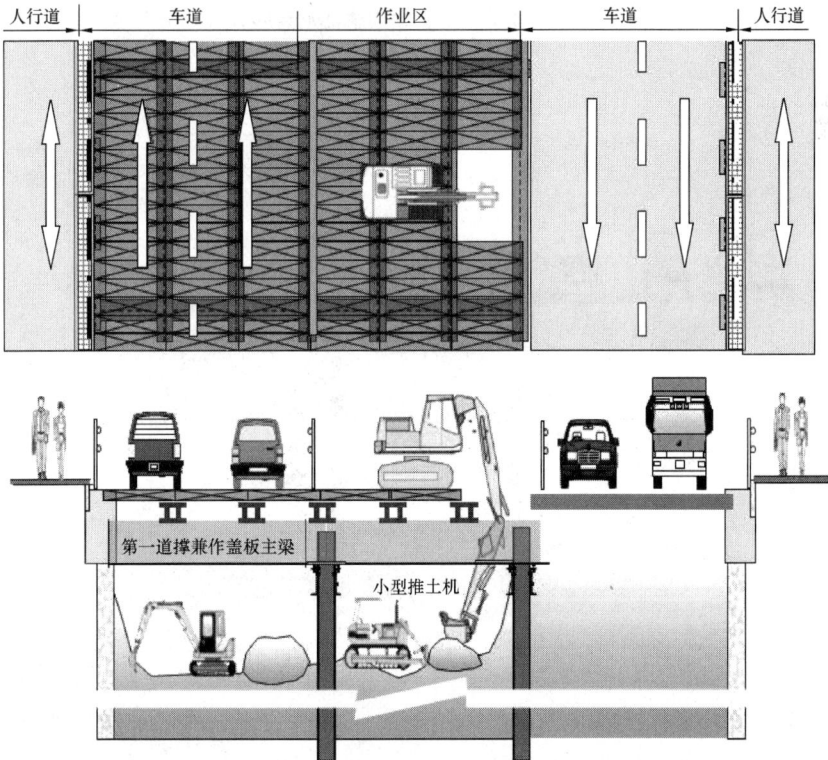

图 2-128　盖挖法路面体系施工示意图（二）

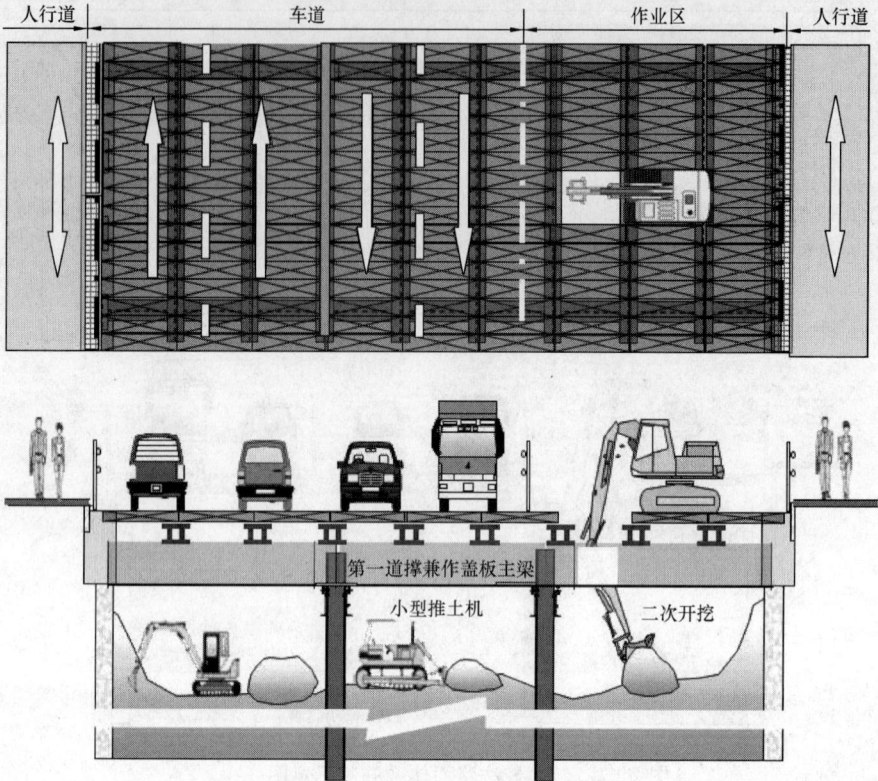

图 2-129　盖挖法路面体系施工示意图（三）

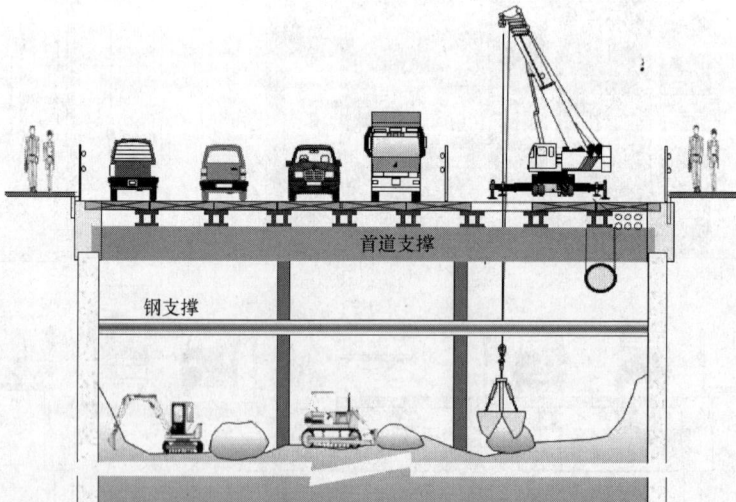

图 2-130　盖挖法基坑开挖支撑架设示意图

在新型盖挖法中，为控制基坑围护结构变形，可考虑采用结构局部逆作的方式，将结构楼板施作当作支撑，如图 2-131 所示。

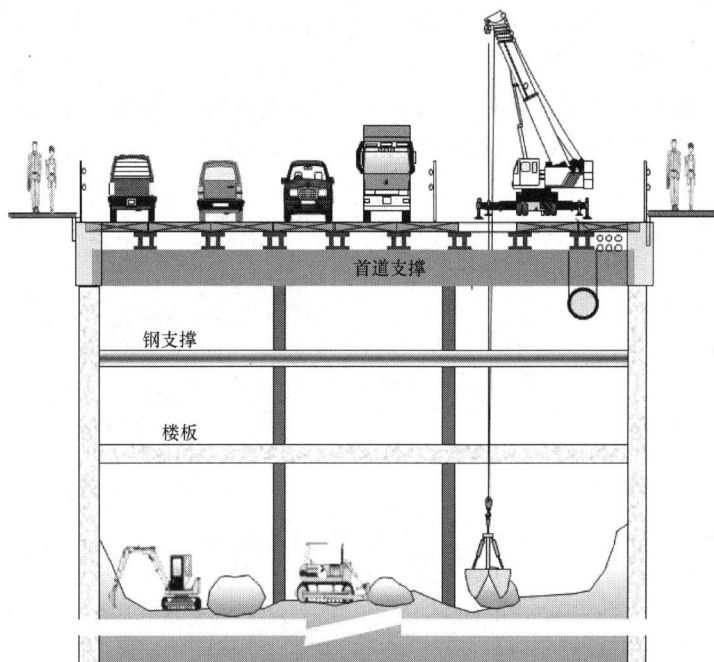

图 2-131 盖挖法楼板局部逆作立面示意图

2.12.3 工程实例

1. 工程概况

（1）工程位置。该工程位于上海市徐汇区肇嘉浜路和乌鲁木齐南路、东安路路口，位置紧邻繁华的城市中心区徐家汇，南北两侧为商住大楼及居民住宅。车站东南角为复旦大学医学部用地范围，西南角为南京军区青松城的用地范围，东北和西北角是城市住宅区和沿街商业建筑区如图 2-132 所示。

图 2-132 R4 线肇嘉浜路（东安路）车站全景图

（2）工程简况。上海市轨道交通 7 号线肇嘉浜路地铁车站，车站位于上海市徐汇区乌鲁木齐南路、东安路和肇嘉浜路交叉路口，7 号线东安路站处于肇嘉浜路以南、呈南北走向布局，9 号线肇嘉浜路站位于肇嘉浜路下跨路口、沿肇嘉浜路呈东西走向布局。两线车站均采用岛式站台布局，为 T 形换乘，两线相交夹角为 71°，如图 2-133 所示。

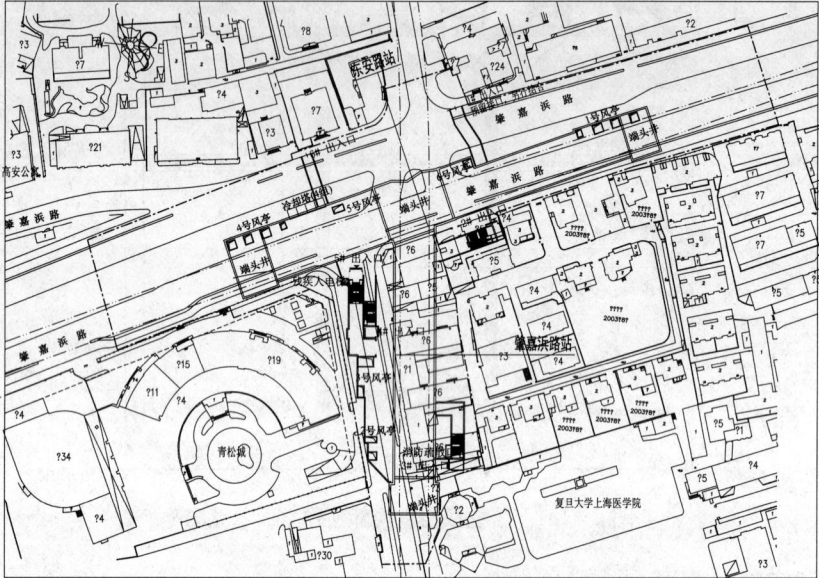

图 2-133　R4 线肇嘉浜路（东安路）车站平面图

　　7 号线肇嘉浜路站为地下三层岛式站台，车站全长为 170.31m，标准段内净宽为 19.7m，车站站台计算长度中心处顶板覆土厚度为 2.1m，车站南北两端设盾构井，围护结构采用 1000mm 厚的地下连续墙。结构顶板覆土埋深约为 2.1m，车站结构标准段底板埋深约 21.9m；车站南端盾构井底板埋深约 23.5m，车站北端盾构井底板埋深约 24.5m。站台宽度均为 12m，有效站台长度为 140m。车站标准段为地下三层三跨箱形框架结构。盖板总体布置如图 2-134 所示。

　　9 号线东安路站为地下二层岛式站台，车站全长为 231.8m，总宽为 19.7~27.05m，站台计算中心线处顶板覆土厚度为 2.9m。结构顶板覆土埋深 2.9m，车站结构标准段底板埋深约 16m，盾构井底板埋深 17.8m。车站站台宽度均为 12m，有效站台长度为 140m。车站标准段为地下二层三跨箱形框架结构。

　　本换乘站共设六个出入口，其中 2、3、4、5 号出入口为主体直出式出入口，肇嘉浜路北侧的 1 号和 6 号出入口需要与北侧建筑结合。车站风道均设置在主体内，风亭均在主体结构顶板直出，两站共设六组风亭。

　　2. 施工流程

　　肇嘉浜路车站施工部分考虑半逆作法施工，具体施工流程如图 2-135 所示。

　　3. 水平支撑体系

　　水平支承体系主要分为以下两个部分。

　　（1）首道支撑。首道支撑采用钢筋混凝土，截面为 1200mm×1200mm，兼作盖板主梁，间距 7~9m，首道支撑截面设计及配筋图如图 2-136 所示。

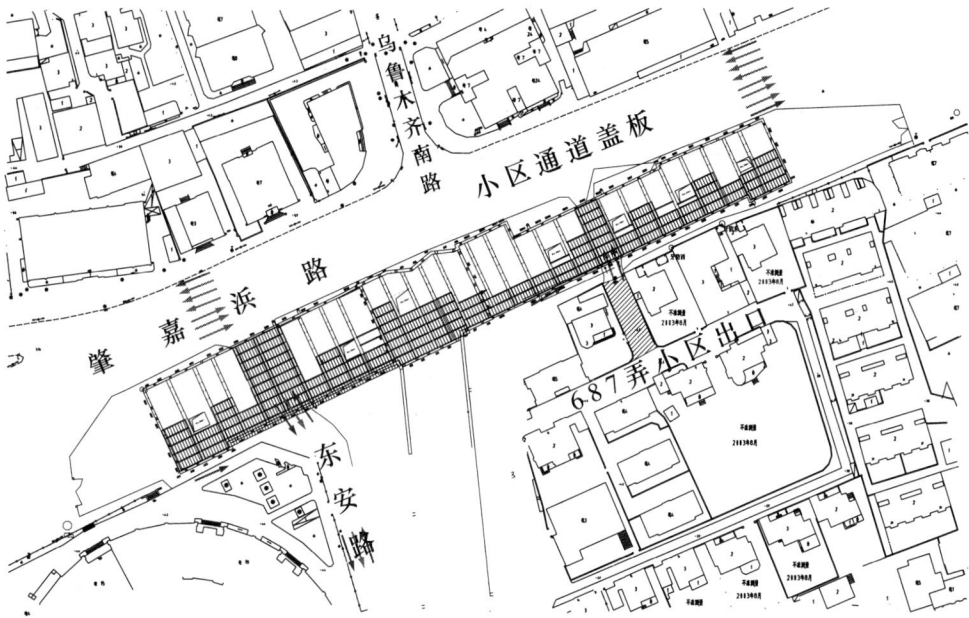

图 2-134 肇嘉浜路站盖板总体布置图

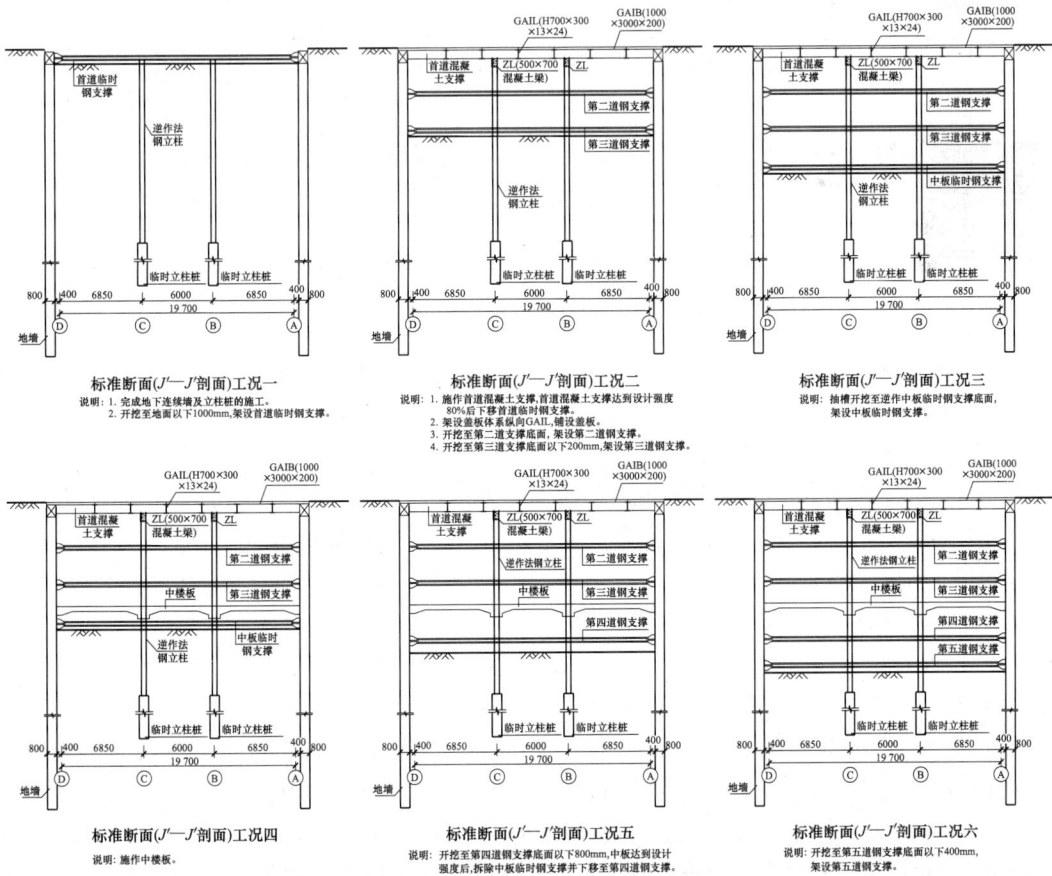

图 2-135 肇嘉浜路车站基坑典型施工步骤（一）

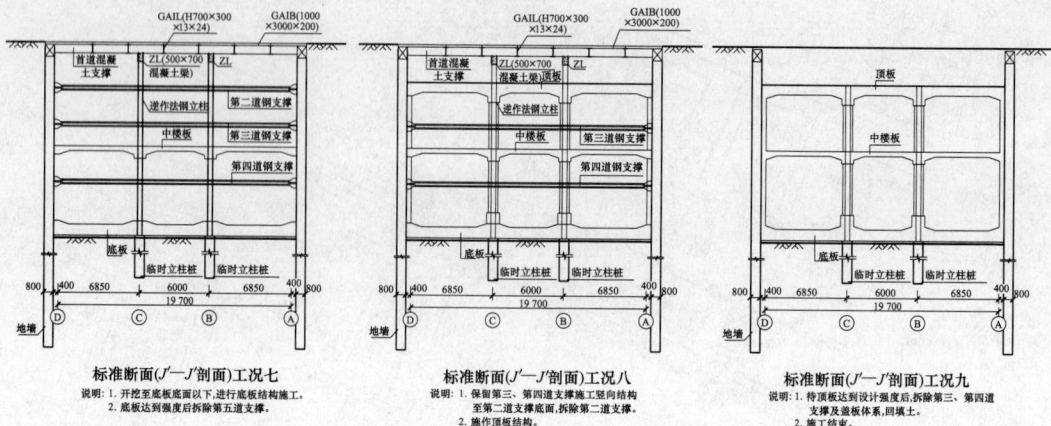

图 2-135　肇嘉浜路车站基坑典型施工步骤（二）

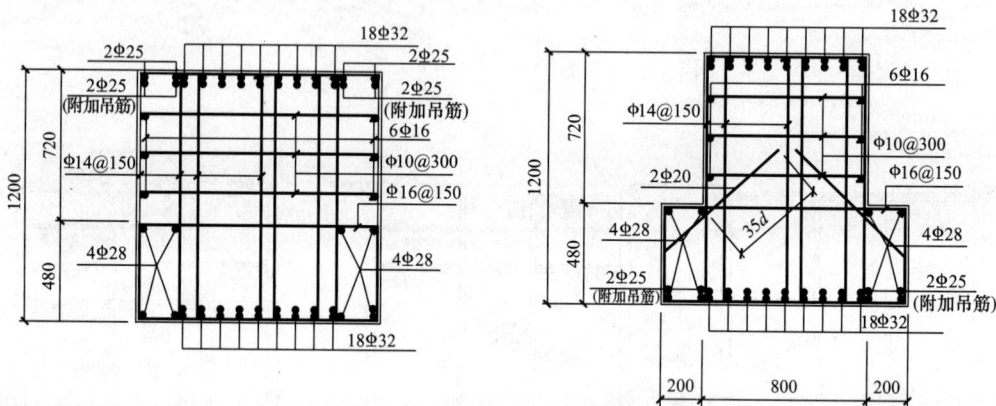

图 2-136　首道支撑截面配筋设计

（2）其他支撑。其他支撑采用 φ609 圆钢撑，水平间距约 3m，竖向根据结构中板局部逆作采用换撑形式。

4. 竖向支承体系

立柱桩采用 1000mm 钻孔灌注桩。立柱采用 600mm×500mm×26mm×38mm H 型钢，兼作结构柱，纵向间距与首道支撑间距一致为 7～9m，车站基坑有三跨两柱、四跨三柱形式，如图 2-137、图 2-138 所示。

5. 临时路面系统

（1）布置方式。设置盖板次梁，盖板主梁与首道支撑合设；盖板次梁沿基坑纵向（长度方向）布置，间距 3m；路面盖板长轴向与次梁垂直布置。

（2）路面盖板：采用型钢盖板，大小为 3000mm×1000mm×200mm，喷涂沥青颗粒作为防滑面层。路面盖板吊装及铺装效果如图 2-139～图 2-141 所示。

（3）盖板次梁：采用单品 700mm×300mm×13mm×24mm H 型钢，沿基坑纵向布置，梁长 7～9m，间距为 3m；在首道支撑上预留梁槽并施作支承牛腿作为盖板次梁限位构造（设计中采用沟槽内预留钢套管螺栓孔，用长杆螺栓将盖板次梁与主梁连接限位），如图 2-142 所示。

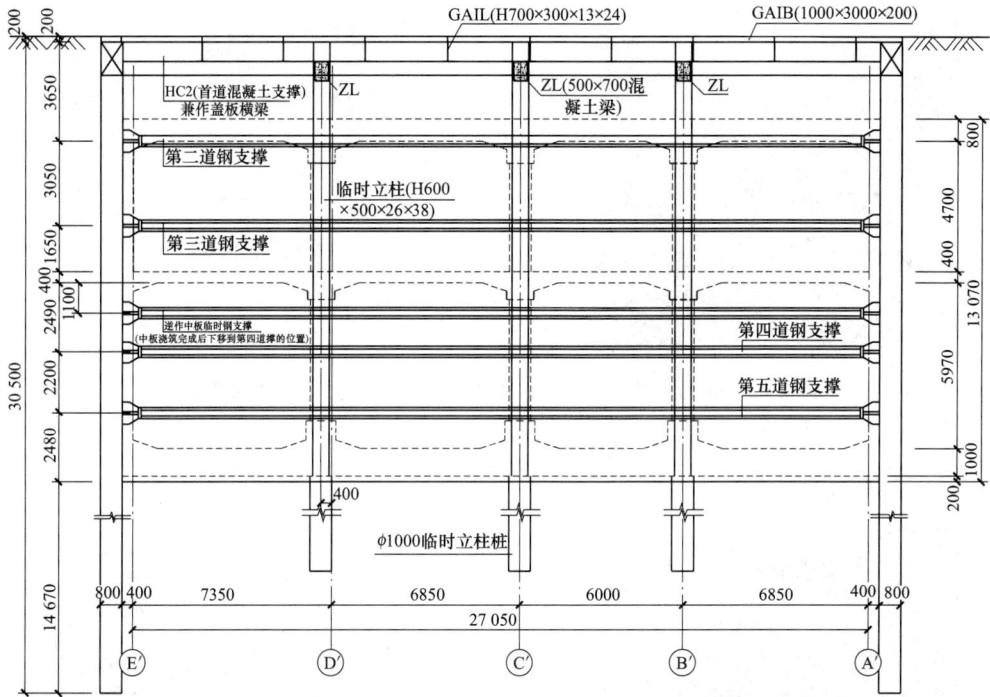

图 2-137　典型断面Ⅰ（四跨三柱）处横向支撑及立柱布置图

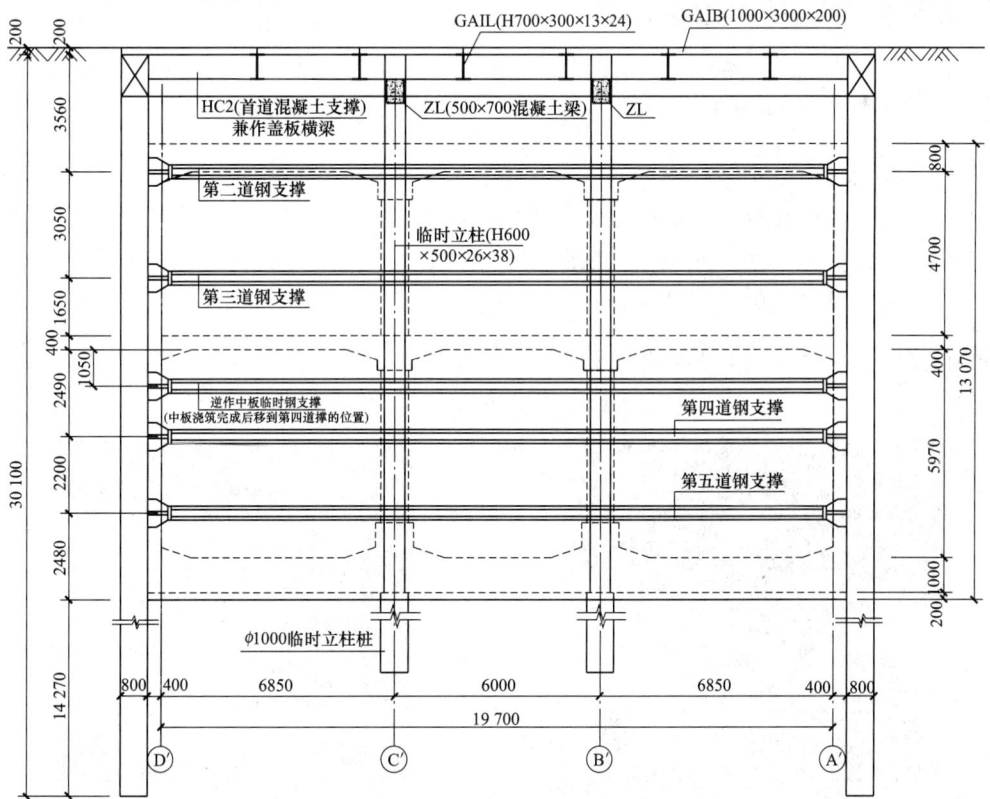

图 2-138　典型断面Ⅱ（三跨两柱）处横向支撑及立柱布置图

图 2-139　肇嘉浜路车站钢格栅盖板

图 2-140　肇嘉浜路车站盖板吊装

图 2-141　肇嘉浜路车站临时路面
实际铺装效果

盖板次梁

首道支撑
（兼盖板主梁）

支承沟槽与牛腿

图 2-142　现场施作的盖板次梁、
首道支撑图

6. 实施效果

本工程由于地处徐家汇商业中心，位于肇嘉浜路与东安路交接处，场地狭小，给本工程的施工带来了极大的不便，在采用盖挖法施工工艺后，既保证了原有交通的通行能力，又提供了本工程施工所需要的施工场地，在社会上产生了积极的影响，为类似的工程提供了先例及样板，得到市领导及社会的好评。如图 2-143、图 2-144 所示是采用盖挖法之后的交通状况。

图 2-143　肇嘉浜路及东安路的畅通

图 2-144　施工过程中周边居民的通车方便

2.13　地下通道顶管法施工技术

2.13.1　概述

随着城市化进程的加快推进，对城市地下空间的开发和利用也提出了越来越高的要求，原本孤立的地下商场、地下车库等地下结构设施，越来越多地希望能通过地下通道等进行连接，以最大限度地发挥地下空间的效益。对于城市，尤其是闹市区的地下通道施工，敞开式施工方法的劣势是显而易见的。作为非开挖技术之一的顶管法，由于不在地表挖槽，可实现路下施工、路上畅通，不影响城市交通等正常运转，是一种适合城市地下通道施工的有效手段。

2.13.2　技术简介

顶管法是隧道或地下管道穿越铁路、道路、河流或建筑物等各种障碍物时采用的一种暗挖式施工方法。顶管按挖土方式的不同分为机械开挖顶进、挤压顶进、水力机械开挖和人工开挖顶进等，顶进的施工设备主要有顶进工具管、开挖排泥设备、中继接力环、后座顶进设备等。

施工时，先以准备好的顶压工作坑（井）为出发点，将管卸入工作坑后，通过传力顶铁和导向轨道，用支承于基坑后座上的液压千斤顶将管压入土层中，同时挖除并运走管正面的泥土。第一节管全部顶入土层后，接着将第二节管接在后面继续顶进，只要千斤顶的顶力足以克服顶管时产生的阻力，整个顶进过程就可循环重复进行，如图 2-145 所示。由于预管法中的管既是在土中掘进时的空间支护，又是最后的建筑构件，故具有双重作用的优点，而且施工时无需挖槽支撑，因而可以加快进度。

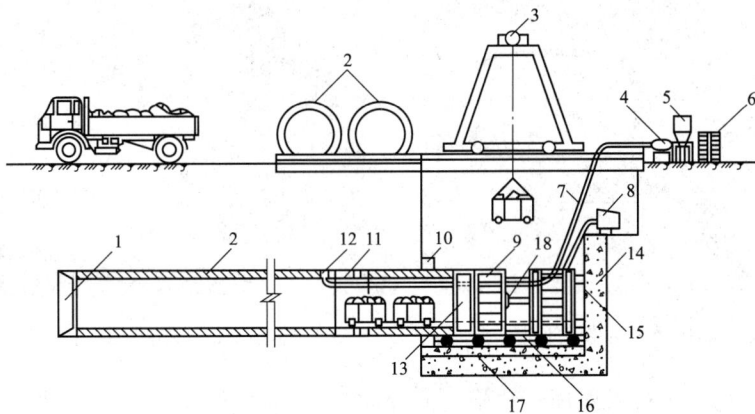

图 2-145　顶管法施工示意图

1—工具管刃口；2—管子；3—起重行车；4—泥浆泵；5—泥浆搅拌机；6—膨润土；7—灌浆软管；
8—液压泵；9—定向顶铁；10—洞口止水圈；11—中继接力环和扁千斤顶；12—泥浆灌入孔；
13—环形顶铁；14—顶力支撑挡；15—承压垫木；16—导轨；17—底板；18—后千斤顶

相比开槽明挖法，顶管法施工具有对地面干扰小，又能在江河、湖海底下施工的特点，故自 20 世纪 70 年代起，世界各国对顶管施工技术纷纷进行探讨和研究，广泛采用了中继接力技术、膨润土触变泥浆减摩剂、盾构式工具管、机械化全断面切削开挖设备、水力机械化排泥、激光导向等技术和措施，从而使顶管的顶进长度越来越大和顶进速度越来越快，适应环境也日益广泛。

    适用于城市地下人行、车行通道的顶管一般断面尺寸较大，如上海海泰大厦地下车行道的顶管断面尺寸达到 ϕ4200（钢管）、上海轨道交通六号线浦电路车站三号出入口地下通道断面尺寸达到 4390mm×6270mm。管节通常采用钢筋混凝土管或钢管，每节管的长度综合考虑运输及起重能力确定。

    适用于城市地下人行、车行通道顶管法施工的顶管设备一般采用土压平衡式顶管机。城市地下人行、车行通道多处于城市闹市区，地理位置敏感，且很多情况为浅覆土顶管，土体相对疏松，若使用气压式顶管机，存在因泄气而无法建立气压平衡的可能。而泥水平衡式顶管机的场地、泥浆系统等问题在城市繁华区域矛盾比较突出。因此，土压平衡式顶管机相对更适合。

    地下人行或车行通道通常的设计截面为圆形，主要是因为圆形结构受力均匀，但圆形结构断面利用率低。而矩形断面能充分利用结构断面减少土地征用量和地下掘进面积，有利于降低工程总体造价。因此，矩形断面的地下通道越来越得到重视，如图 2-146 所示。

    目前，国内已经掌握矩形大断面顶管机设计、制造及顶管施工技术，并已经在多个工程中得到成功应用。图 2-147 所示为国内首台自主研发的大断面矩形隧道掘进机，该机具有模块组合，可适应不同截面和多种土质。

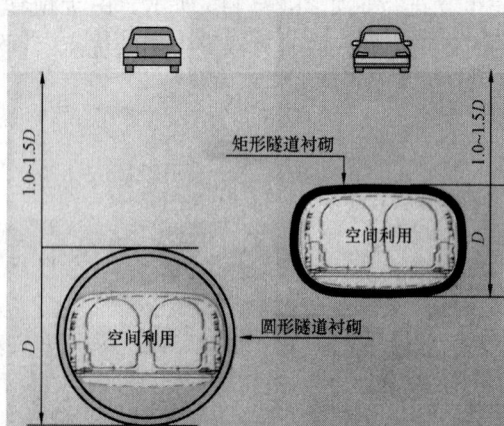

图 2-146 圆形及矩形断面比较

图 2-147 TH625PMX-1 型矩形隧道掘进机

    城市地下人行、车行通道顶管法施工流程如图 2-148 所示。

2.13.3 工程实例

    1. 上海海泰大厦 ϕ4200 地下车行道（大直径钢顶管）工程

    上海四川北路海宁路口海泰国际大厦至海泰中心地下连通道采用大直径钢顶管技术施工，钢顶管直径为 4200mm，壁厚 40mm，顶管总长 53m，顶管分节宽度 4m。

    顶管工程以海泰中心地下 2~3 层间的 2 号井为始发井，以 -5.668m~-3.470m 标高为通道设计中心轴线，坡度为 4%，穿越川流不息的繁华商业街四川北路后至海泰国际大厦 3 号井（接收井），如图 2-149 所示。

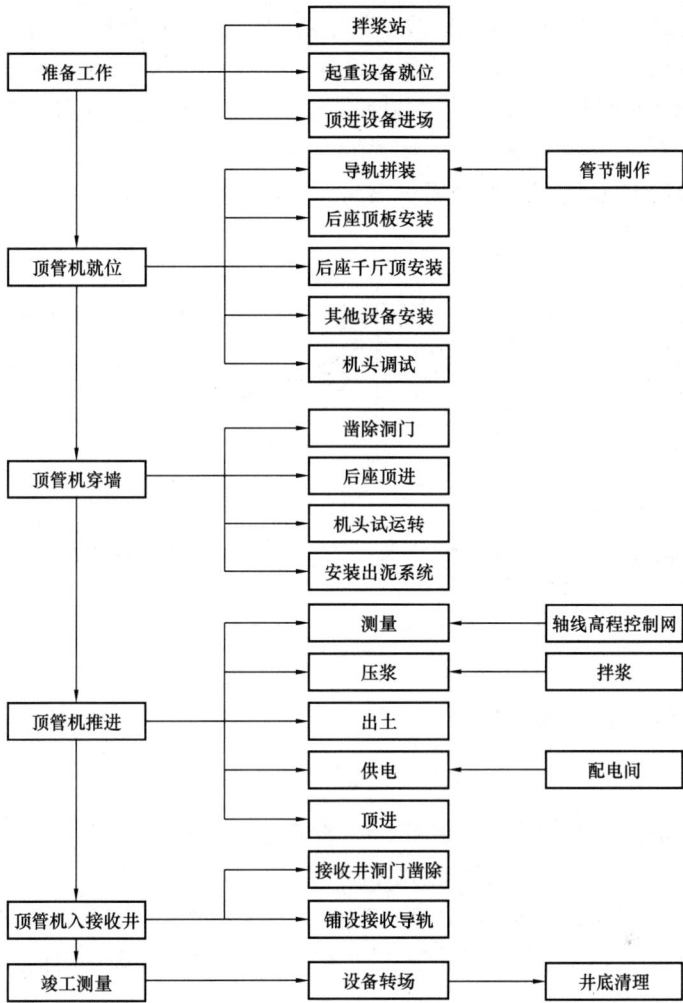

图 2-148　顶管施工流程图

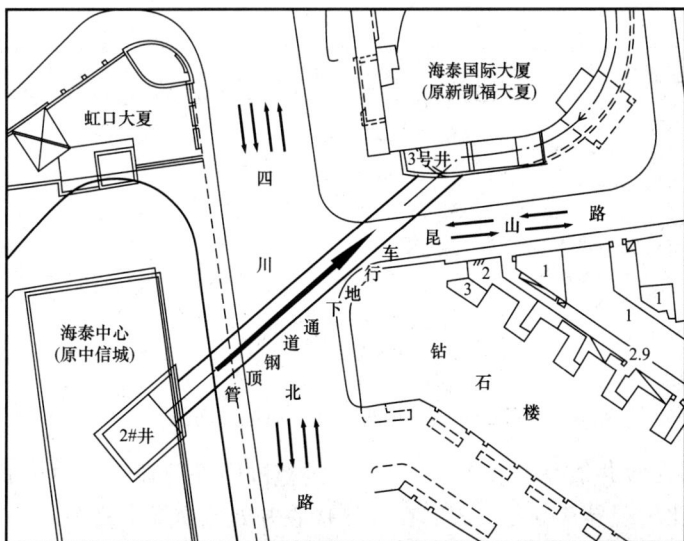

图 2-149　海泰大厦地下车行道大直径顶管工程平面图

顶管在四川北路地下穿越，该地区位于市中心闹市区，车流量大，施工现场周边有优久历史建筑物"钻石楼"（四层）。本工程地面场地平均标高约 3.000m，最浅的覆土厚度仅为 4.17m，小于一倍的顶管直径。因此，本工程属浅覆土顶管工程。而且，本工程的地下管网复杂，穿越的地区有 10 多根市政管线，其中的 $\phi1000$ 雨水管口径较大，与顶管的净距只有 0.87m，如图 2-150 所示，管线保护要求很高。

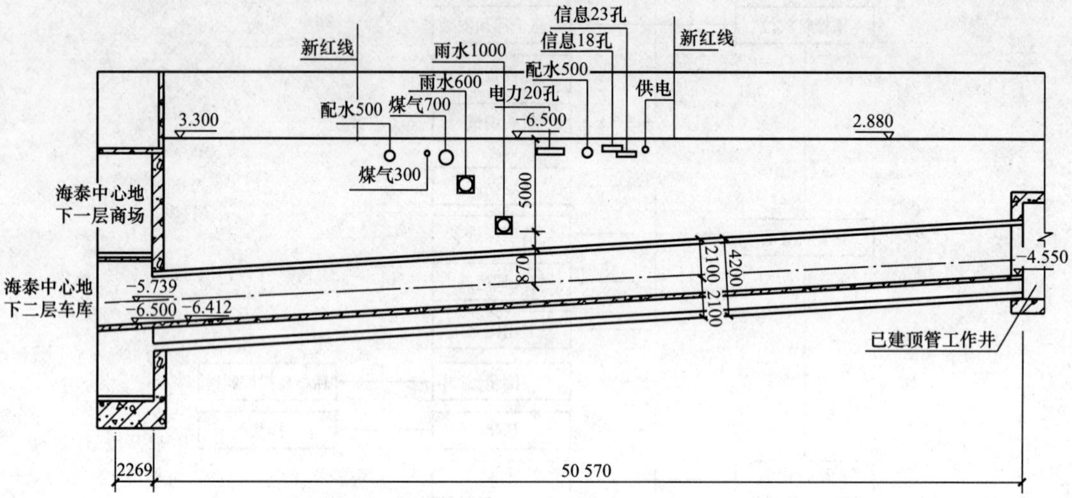

图 2-150　车行道与管线位置剖面图

根据地质勘探资料，本场地从地表至 25m 深度范围内所揭露的土层均为第四纪松散沉积物（图 2-151）。在通道顶进深度范围内的土层为饱和的黏质粉土层，砂性重，在一定的水动力条件下易产生流砂和涌砂现象，造成流土、渗水、突涌、地面沉降等不良后果。且临近的地下连续墙工程施工时也验证了曾发生严重的流砂、"钻石楼"门前曾发生不明原因的地表塌陷等现象。

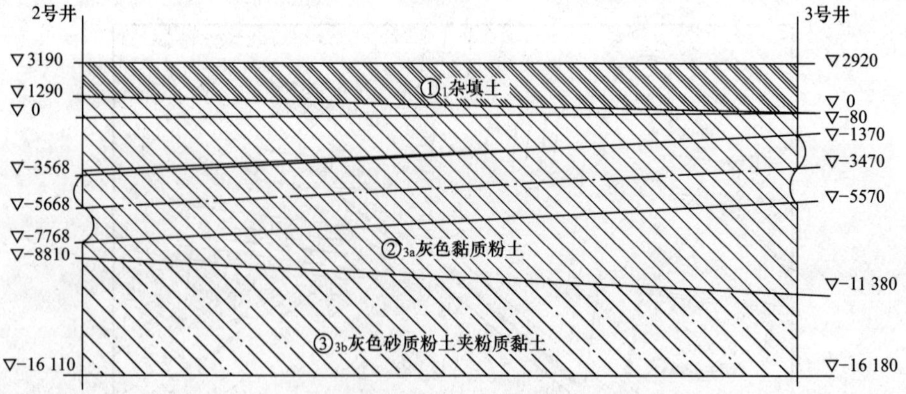

图 2-151　顶管工程地质纵剖面图

此外，在 3 号接收井地表以下 3.5～11.5m 的范围内进行降水头注水试验时，在注水历时 420s 后，水头比出现异常变化，表明在 3 号接收井处地质异常复杂。

针对工程的实际难点和特点，选用了直径为 4.2m 的特大直径土压平衡式顶管机，并自行研究设计了刀盘，将切削面积提升至整个断面的 93％（图 2-152）。

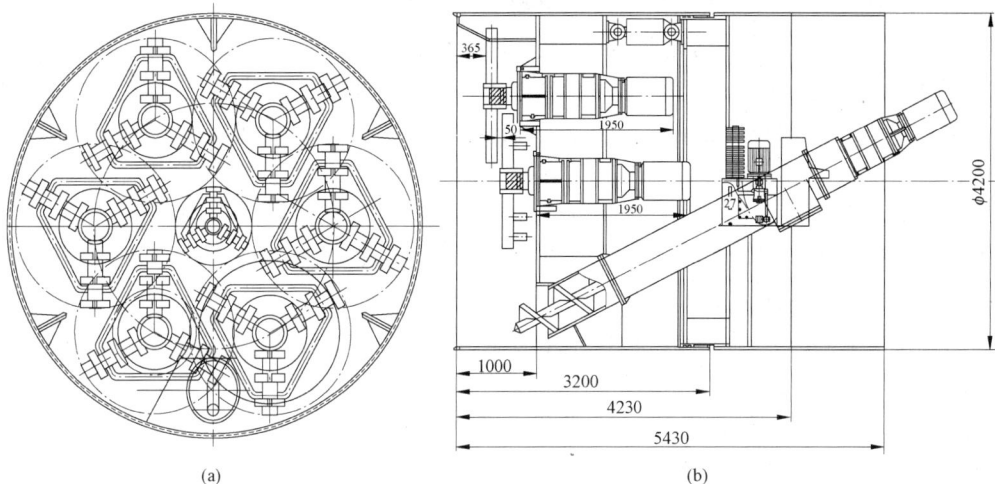

图 2-152　4.2m 直径特大土压平衡式顶管机

(a) 顶管机刀盘示意图；(b) 顶管机工具头示意图

顶管施工工艺如图 2-153 所示。

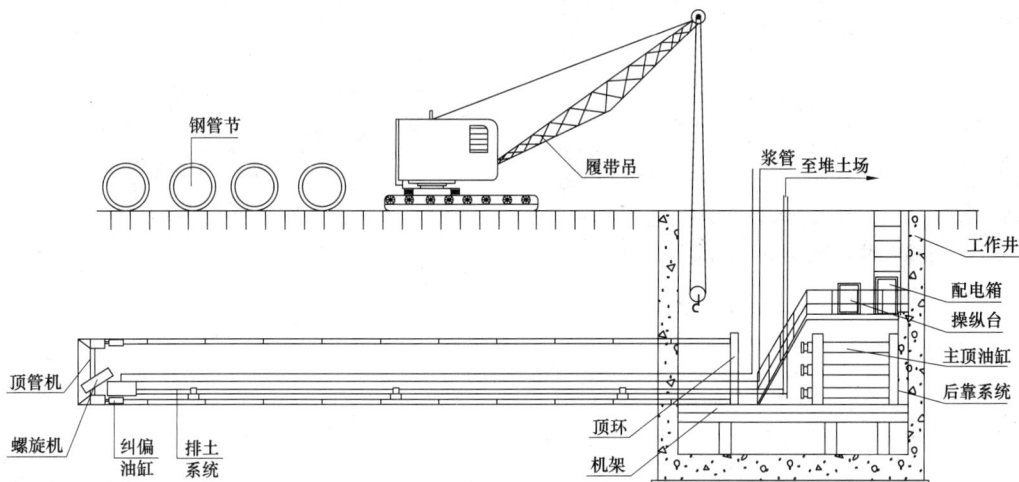

图 2-153　顶管顶进工艺图

　　为减少土体与管壁间的摩阻力，提高工程质量和施工进度，在顶管顶进的同时，向管道外壁压注一定量的润滑泥浆，变固硬摩擦为固液软摩擦，以达到减小总顶力的效果。

　　工程中，通过采用改进的土压平衡顶管机解决浅覆土下钢顶管的施工问题，采用钢套管止水辅助出洞解决大夹角斜向进出洞的施工问题（图 2-154），采用大夹角顶进法面控制解决斜向进出洞的测量问题，采用顶管机内和通道内钻孔进行水平液氮冻结

图 2-154　穿墙管实景图

加固的方法保证顶管机安全进洞和保护地面环境，通过顶进与开挖结合解决利用已有车行道进洞的施工问题等，成功实施了闹市区地下通道非开挖施工。

2. 上海轨道交通六号线浦电路车站 3 号出入口（大断面矩形顶管）工程

上海市轨道交通六号线浦电路车站 3 号出入口，位于浦东新区东方路与浦电路交界南侧的绿化带中。该出入口地下通道位于浦电路车站工程的⑥～⑧轴之间，穿过东方路直至潍坊八村居民区内。通道采用矩形顶管法施工，推进方向为自东向西。顶管长 42m，共 28 个管节，每个管节长 1.5m，内部尺寸为长 3.36m，高 5.24m，厚度为 0.5m（图 2-155）。顶管机穿越的土层依次为：③淤泥质黏质粉土、③（夹）黏质粉土、④淤泥质黏土。顶管机穿越时，离地下管线最小距离仅 300mm。

该工程掘进设备采用了上海市机械施工有限公司与日本（小松）共同设计研发的我国首台遥控式大截面矩形隧道掘进机（图 2-147），矩形顶管机截面尺寸为 4360mm×6240mm，长度为 5.200mm，是当时国内最大的矩形截面顶管机。

始发工作井截面尺寸为 12 460mm×13 000mm，底板埋深约 13～14m；接收工作井截面尺寸为 12 300mm×12 800mm，底板埋深约 13m，出入口结构围护为地下连续墙（图 2-156）。

图 2-155　矩形顶管管节

图 2-156　始发工作井

工程实施效果：高程、水平轴线最大偏差小于 2.5cm；侧转偏差为 0.5 度；最大累计沉降为 38.4mm。本工程的圆满完成，标志着我国享有自主知识产权的国内最大可变截面的矩形隧道掘进机成功问世，如图 2-157、图 2-158 所示。

图 2-157　顶管机进洞

图 2-158　已建成的矩形顶管通道内部

2.14　地下通道双重置换工法施工技术

2.14.1　概述

随着中国城市化进程的加速发展，迎来了规模空前的城市建设高潮。而地下空间因对解决交通拥堵、改善城市环境、保护城市景观、减少土地资源的浪费等方面具有显著功效，在诸多国际大都市（特别是繁华闹市区）的城市建设与旧城区改建领域越来越受到关注。特别是构建地下立体交通网络，缓解城市交通拥堵，提高路网的运行效率，已成为城市建设和既有铁路线路改造的重要内容。

地下立体交通网络建设，经历了明挖法到非开挖法的发展过程，特别是非开挖法，经过长期探索和发展，先后形成了管幕法、箱涵法、管幕箱涵法等系列工法。

（1）管幕法。管幕法是利用微型顶管技术在拟建的地下建筑物四周顶入钢管或其他材质的管子，钢管之间采用锁口连接并注入防水材料而形成水密性地下空间，在此空间内修建地下建筑物的方法，是一项利用小口径顶管机建造大断面地下空间的施工技术。经过 30 余年的发展，管幕工法在穿越道路、铁路、结构物、机场等方面都取得了良好的效果，积累了一定的施工经验。

（2）箱涵法。箱涵顶进工法是在不影响地面活动的情况下建造大断面浅埋式地下通道的施工方法，通常用于矩形隧道，穿越铁路、江河湖泊以及市政立交等地下通道。箱涵法起源于顶管技术，当圆形断面不经济或者管面积较小时，一般采用箱涵法，箱涵前端的工具头一般是非机械式，如为机械式则为矩形顶管。

（3）管幕箱涵法。管幕箱涵法是管幕法结合箱涵法而开发出的大断面地下通道施工方法，多应用于城市新建地下道路，既有道路拓宽，各种人行、车行通道，涵洞等工程中，且多用于较硬地层。上海北虹路地道则是管幕箱涵法在软土地区的首次应用，积累了大量宝贵的经验。目前，管幕箱涵工法逐渐向大断面、长距离、浅覆土和模数化发展。

但是，无论明挖法，还是管幕法、管幕箱涵法等非开挖工法，都存在一定的局限性，难以完全满足工程建设的需求：明挖法环境影响大，管线和交通翻交投入大，综合成本高；管幕箱涵法的钢管不能重复利用，材料消耗量大，同时对地质条件比较敏感，应用受到很大限制。

因此，开发环境影响小、工程适应性强、材料重复利用率高的地下立体交通空间结构施工新型工法——地下立体交通工程箱涵顶进置换管幕工法具有显著的经济社会效益和广阔的应用前景。

2.14.2　技术简介

地下立体交通工程箱涵顶进置换管幕施工工法是通过逐根顶进箱形工具管形成全断面管撑，对拟施作结构的上覆土体形成临时支撑，在后续箱涵顶进置换工具管过程中隔离箱涵与周围土体，控制箱涵顶进背土效应，并实现箱涵顶进端面的止水，在不影响上覆结构正常使用的条件下，最大限度降低下穿结构施工对周边环境的扰动。

1. 工法步序

地下立体交通工程箱涵顶进置换管幕施工工法，关键施工步序包含三个阶段，即工具式钢管节顶进阶段、箱涵顶进阶段和箱涵结构内处理阶段，最终形成地下箱涵结构。其中包含两个关键置换过程，即管节顶进置换土体过程和箱涵顶进置换钢管撑过程。

第一阶段：钢管节顶进阶段。钢管节顶进，同时置换相应位置土体，在拟施作地下通道部位形成超前管幕或管撑，如图2-159所示。

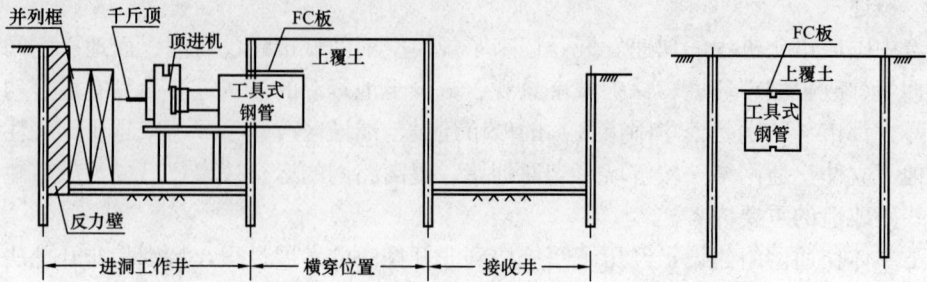

图2-159　钢管节顶进置换土体过程示意图

第二阶段：箱涵顶进阶段。箱涵顶进，同步逐段置换出先导管幕或管撑，形成地下立体交通结构框架，如图2-160所示。

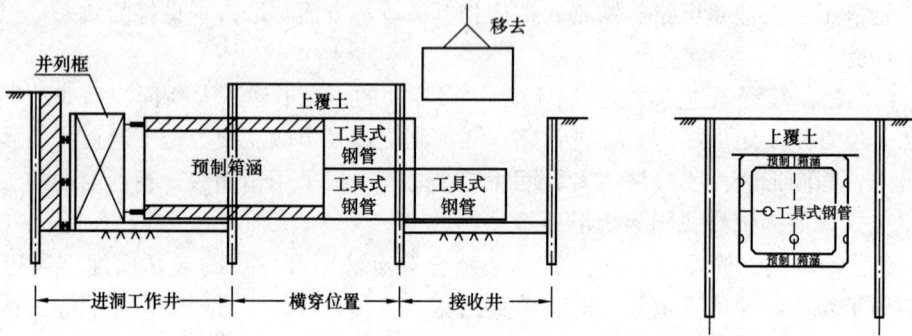

图2-160　箱涵顶进置换管幕或管撑过程示意图

第三阶段：箱涵结构内处理阶段。箱涵结构内处理，主要包括分段顶进的箱涵结构的变形缝处理、内部防水处理、路面结构施工、内部装饰施工和机电安装施工，最终形成地下立体交通工程，如图2-161所示。

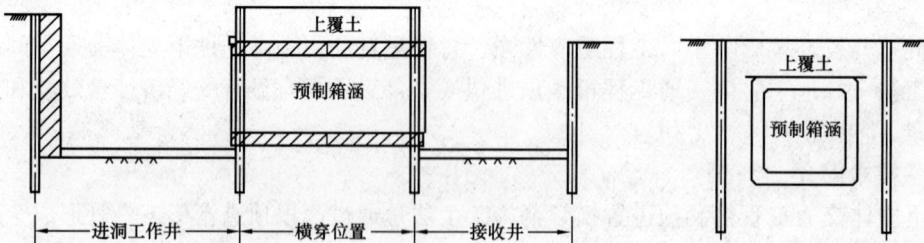

图2-161　箱涵结构内部处理示意图

2. 工法特点

地下立体交通工程箱涵顶进置换管幕施工工法，结合了管幕法和箱涵法的优点，但与常规的管幕箱涵法相比，又具有自身突出的特点和优势，主要体现在以下三个方面：

（1）断面适应性强。由空间可任意组拼的方钢管形成先导管幕，管幕的截面形式灵活，可以满足不同截面形状的地下立体交通工程空间结构的需要。

（2）环境影响小。地下立体交通工程箱涵顶进置换管幕施工工法采取了独特的防背土措施，可切断管幕、箱涵与周边土体的直接联系，有效降低了箱涵顶进过程中的背土效应，减小了箱涵顶进对周边土体特别是上覆地层的扰动，可以确保浅埋地下结构地表及周边土工环境的稳定；此外，先期形成的管幕或全断面管撑，可对上覆土体或构筑物形成有效支撑，提高了箱涵顶进过程中既有构筑物的安全性和稳定性。

（3）材料重复利用率高。较之传统的管幕内顶进箱涵工法，地下立体交通工程箱涵顶进置换管幕施工工法通过置换管幕，实现钢管构件重复利用，施工成本低、施工周期短。

3. 顶进设备及管幕构件选型

（1）顶进设备选型。顶进设备主要由顶管机、后顶装置、发射架、支承平台等关键部分组成。顶管机为土压平衡式矩形顶管机，尺寸为 4450mm×1500mm×1500mm（长×宽×高），分为前、中、后三段，各段均采用螺栓连接。

顶管机前段由一只大刀盘、四只小刀盘、两只刀盘驱动电机带减速器、一只增速过渡齿轮箱、螺旋机前段和顶管机前壳体等组成，如图 2-162 所示。为改善顶管机出洞时的密封状况，大刀盘与小刀盘设计在同一平面切削土体，土体切削率在 90% 以上。顶管机刀盘总扭矩为 100kN·m，大刀盘额定转速为 4r.p.m，小刀盘额定转速为 12r/min，采用电气变频调速控制。两个刀盘驱动电机功率为 18.5kW×2。

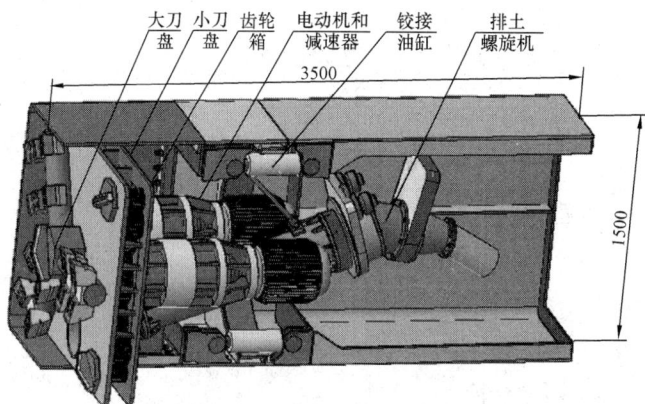

图 2-162 顶进设备示意图

顶管机中段由顶管机中壳体、四只铰接油缸、铰接密封、螺旋机中段等组成。为保证顶管机在顶进工具式钢管过程中具有纠偏功能，顶管机中段分为前后两段，在前后两段之间安装铰接密封，在顶管机中段布置四只铰接油缸，铰接油缸行程为 50~100mm，最大纠偏角为 0.5°。螺旋机中段通过连杆固定在顶管机中段壳体上。

顶管机后段由顶管机后壳体、螺旋机后段、螺旋机闸门、防侧转装置、止退装置、液压泵站、电气控制箱等组成。顶管机后段与工具式钢管采用螺栓连接。

（2）工具式钢管选型。工具式钢管的内部空间须满足排土设备、精确测量与导向系统、注浆系统等的空间要求；为便于设备检修，同时须满足人员进出工具管的内部空间需求。综合工具管功能、空间、运输、安装和顶进效率等因素，拟采用截面大小为 1460mm×1460mm 的箱形管节，单根管节长度取 3m。管节间通过螺栓连接，实现工具管回收操作简便性，连接、拆卸高效性。

4. 关键施工技术

（1）洞门止水。进出洞止水分为始发井止水和接收井止水，两者均采取在工作井钢筋混凝土内衬墙上预留门洞的方式实现止水，采用"型钢进行封门＋洞门内橡胶帘布板加堵漏泥浆"形成密封止水装置，如图 2-163 所示。洞门止水设计的直接目的是取消洞门外土体加固，简化施工步序，减少施工对周边既有环境土工的影响。

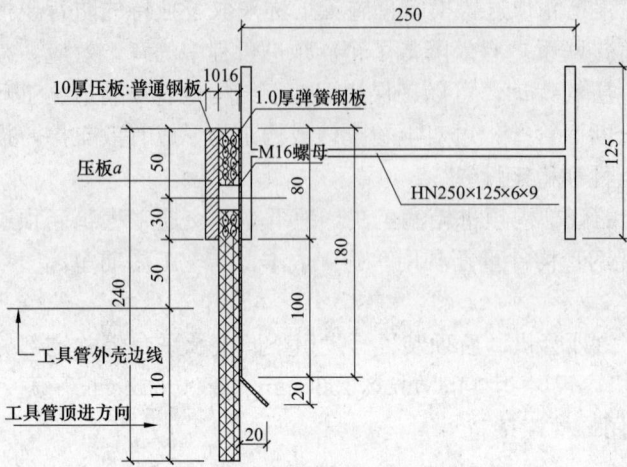

图 2-163　橡胶帘布止水详图

（2）隔离减摩设计。箱涵顶进施工中，隔离/减摩是减少顶进阻力、降低顶进对地层扰动的重要措施。隔离采用钢板隔离，钢板尺寸为 1460mm（宽）×3000mm（长）×7mm（厚）。隔离钢板洞门位置固定采用"钢梁＋反牛腿"法，每块隔离钢板设两块加劲肋板形成反牛腿，焊接固定在洞门固定钢梁（H型钢，H - 300×305×15×15 - Q235）的一侧翼板，钢梁通过预埋件牢靠固定于洞门结构上，具体如图 2-164、图 2-165 所示。

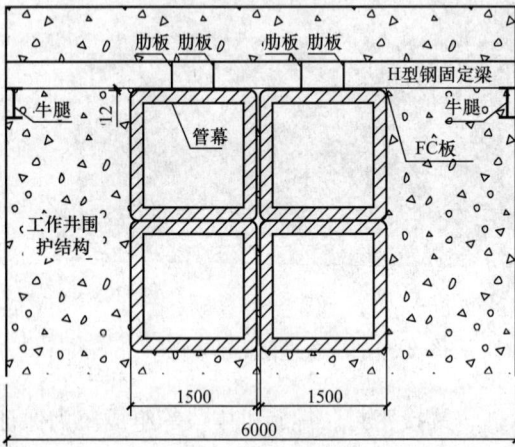

图 2-164　隔离钢板设置示意图

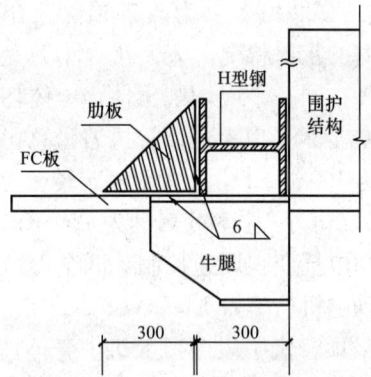

图 2-165　隔离钢板固定节点详图

（3）箱涵设计。箱涵一般采用框架结构，有单孔、双孔或多孔等形式。框架杆件的断面可以是等截面的，也可以是变截面的。采用在箱涵端部与工作井壁埋设钢板，待箱涵顶进完成后焊接钢筋，再浇筑混凝土将两头封闭，这样既满足受力要求，又满足防水要求。

（4）高精度控制措施。工具式钢管顶进偏差大时，会导致锁口变形和脱焊，管幕无法闭合，甚至会导致箱涵卡住，无法顶入。施工中采用计算机自动控制系统来指导，并在机头后方紧跟三节过渡钢管的措施，使机头纠偏能带动后续整体刚性钢管导向。机头分为三段，在机头后再连接三段短管，短管之间以可以产生微小空隙的铰相连，形成多段可动的铰构造，在纠偏油缸的作用下，可以带动后面钢管，达到纠偏的目的。

5. 工程试验

（1）试验简介。试验工程场地位于上海市宝山区江杨南路。工程试验主要围绕验证地下立体交通工程箱涵顶进置换管幕施工工法来进行，采用全混凝土地上矩形箱体结构，大底板落低至地下，周边铺设混凝土硬地坪。试验模拟的地下通道设置上覆土 1.0m，顶进距离为

6m。试验采用顶进方式推进，箱涵采用场内预制方式。模拟箱涵为单孔形式，截面尺寸为 2920mm×1460mm，箱涵长度为 5.5m。模拟土层采用回填方式形成，穿越的土层采用黏性土，分段填入矩形箱体内。在距出洞口 1.5m 范围内和距进洞口 1.5m 范围内都填筑加固土，中间 3m 范围内填筑黏性土，箱体内每层填铺厚度不大于 25cm，所填筑的土体要分层夯实，回填土压实系数大于 0.92。

为方便多种工况的模拟以及实验数据的采集，采用地上试验台的方式进行实验，试验台尺寸约为 19m×6m，其中实验平台大底板尺寸为 8.4×9.0m。平台上箱体平面尺寸为 5.0m×6.0m，其中沿轴线方向长为 5.0m，箱体内回填土高为 3.5m。顶进所用的箱涵横截面为长方形，尺寸为 2.92m×1.46m，长为 5.5m，试验平台示意图如图 2-166 所示。

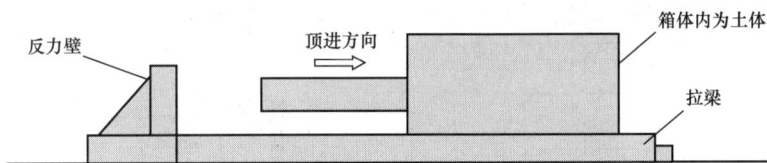

图 2-166　试验平台示意图

试验场地内设顶进设备控制室、各种数据采集设备以及泥浆池等，如图 2-167 所示。

（2）试验监测。试验监测主要为工具管及箱涵在顶进过程中地表土体的沉降观测及深层土压力监测。

1）地表沉降监测。地表沉降监测的目的是了解工具管顶进中对地表及周边土体的扰动情况。布点采用短钢筋直接插入回填土表面的一定深度进行。沿顶管机顶进方向的中心线布置三组断面，每组断面共设置三个点，共计九个监测点。如图 2-168 所示。

图 2-167　试验工程现场全貌

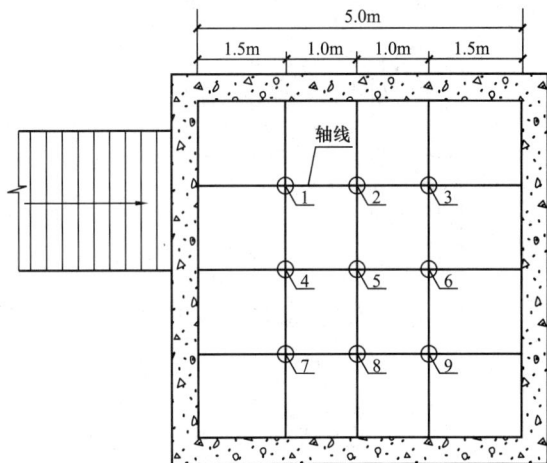

图 2-168　地表监测点布设示意图

2）土体压力监测。土压力监测主要是了解施工中对周围土体的挤压情况。试验中共布设三组监测断面，其中 A—A、C—C 剖面布设在回填土内，目的是了解侧向土体受挤压剪切受力情况；B—B 断面布设在洞门的四周，目的是了解施工中前方土体的挤压受力情况，具体布设如图 2-169～图 2-171 所示。

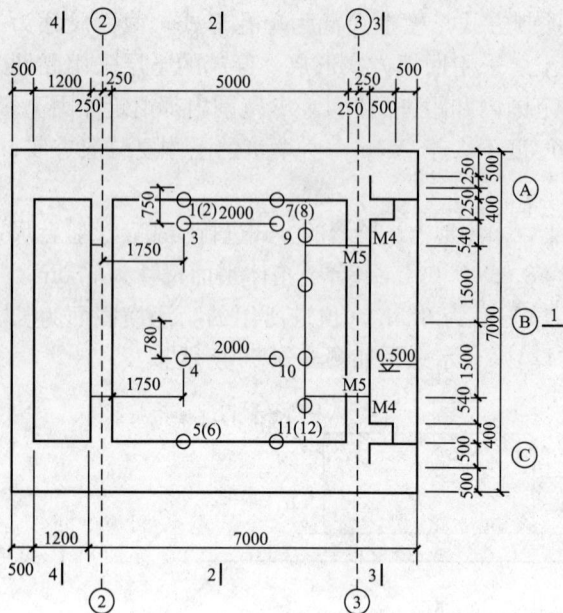

图 2-169 土压力监测点布置平面图

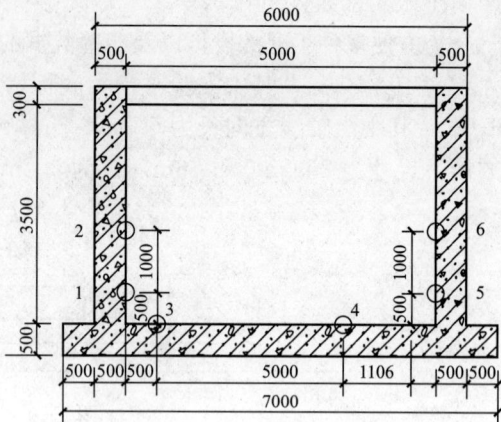

图 2-170 土压力监测点侧压力布设图
（A—A、B—B 断面）

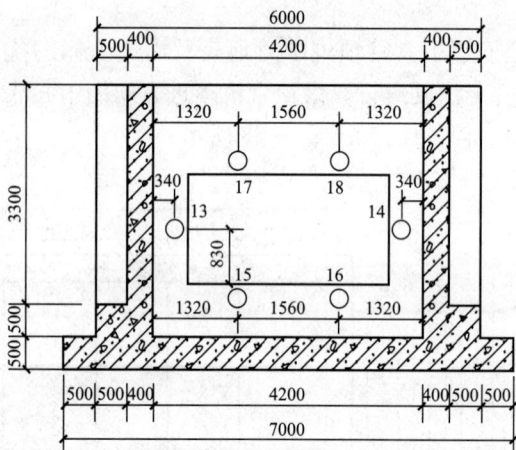

图 2-171 前方土压力盒布设图（C—C 断面）

（3）监测结果

1）土压力监测结果

① 工具管顶进对侧向土体的扰动。根据图 2-172、图 2-173 所示的监测结果，从顶进轴线方向上看，工具管在顶进中对土体有一定的侧向压力，随着刀盘与监测断面距离的减小，侧向土压力逐渐增大，当刀盘到达监测断面位置处，侧向压力达到最大值。当刀盘穿过监测断面后，侧向压力逐渐减小，并逐渐趋向平衡。从同一断面上看，工具管顶进对上部土体侧压力的影响较小，对下部土体尤其是对顶管机以下的土体挤压力较大。

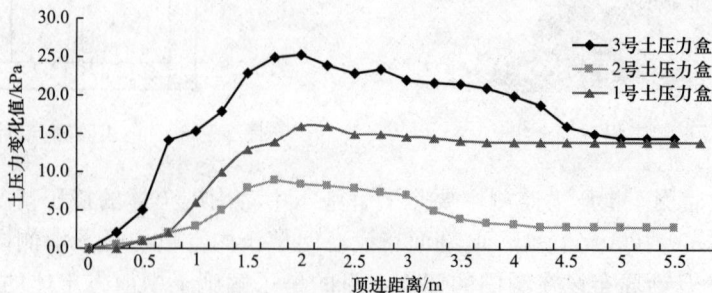

图 2-172 A—A 断面顶进距离与土压力变化曲线图

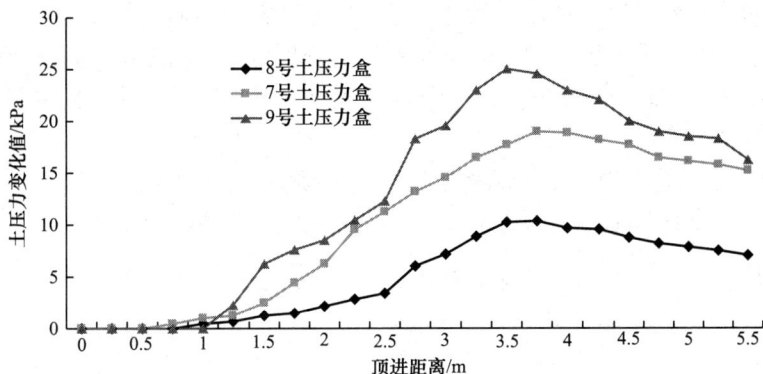

图 2-173　C—C 断面顶进距离与土压力变化曲线图

②　工具管顶进对前方土体的挤压。如图 2-174 所示，随着刀盘工作面与监测断面距离的减小，顶管机对前方土体的挤压力逐渐增大，当刀盘工作面即将到达监测断面位置处，达到最大值，约为 19.5kPa。从横向断面上看，顶管机顶进过程中对中上部土体的挤压力影响较大，对下部土体影响较小。

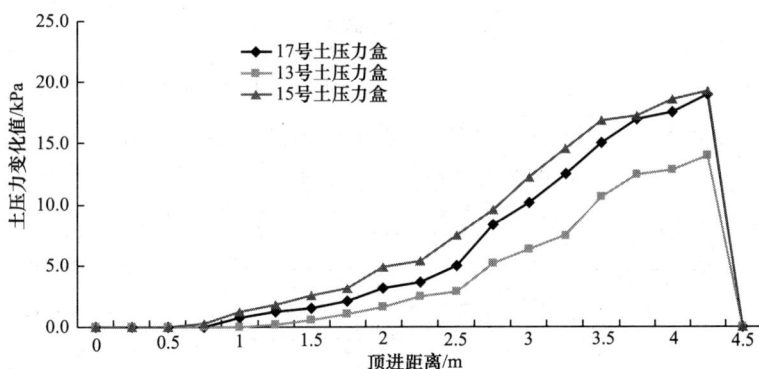

图 2-174　B—B 断面顶进距离与土压力变化曲线图

③　工具管顶进对相邻管节的挤压。由图 2-175 可以看出，新顶推管节对已施工管节具有一定的侧向挤压力，因管节在顶推过程中注浆压力和刀盘切削土体的作用，产生了侧向压

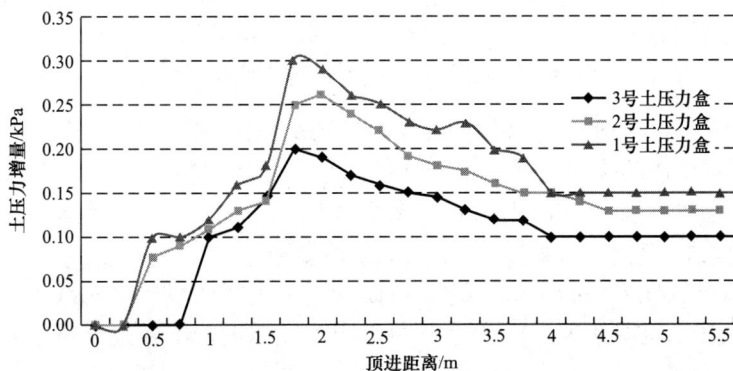

图 2-175　A—A 断面管节顶进对相邻管节挤压力曲线图

力，但从测试曲线来看，该两种压力较小，小于 0.3kPa。从顶进轴线上看，随着刀盘工作面与监测断面距离的减小，压力增量逐渐增大，当刀盘达到监测断面位置处，侧向压力达到最大值，后逐渐减小，趋于稳定状态。从横断面上看，对顶管机下部土体的影响较小，侧向上随覆土厚度的减少而增大。

④ 箱涵置换工具管对周边土体的挤压扰动。根据图 2-176 所示的监测结果，从轴线上来看，在刚顶进置换管节时，土压力增至 1.2kPa。随着顶进距离的增大，土压力逐渐增加，最后达到稳定状态。

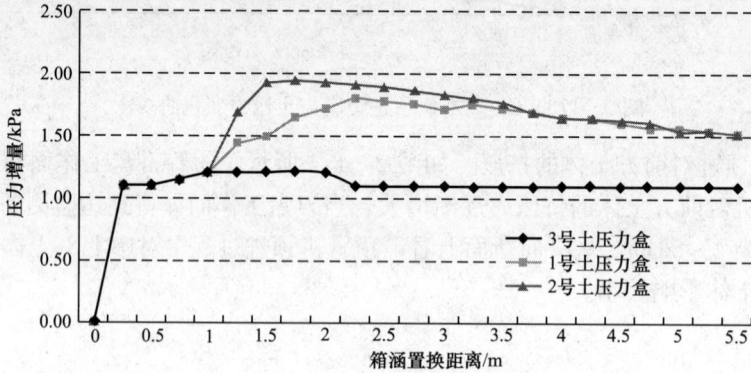

图 2-176　A—A 断面箱涵置换工具管压力变化曲线图

2）管节轴线方向地表沉降变化。顶管机在掘进过程中土体应力的改变是通过地表变形反映出来的。试验中地表沉降监测结果如图 2-177 所示。

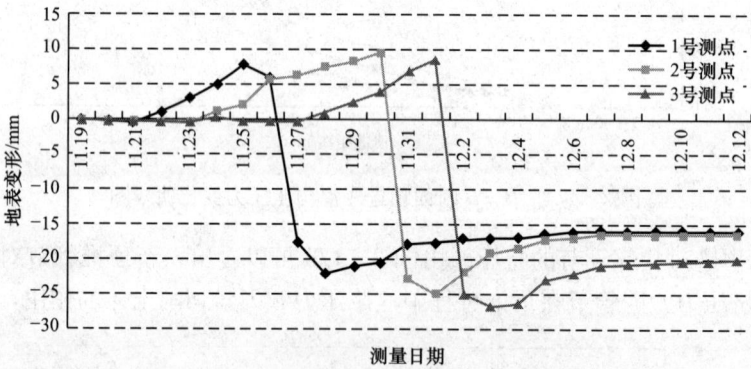

图 2-177　管节顶进过程中地表沉降曲线图

从图上可以看出，在顶进前由于土体本身的固结，地表略有沉降，当刀盘工作面到达监测点前，先由于对土体的扰动，导致地表隆起，最大隆起约为 9.0mm，当刀盘通过后一段时间内，地表发生较大沉降（即时沉降），最大沉降达 26.8mm，因顶管机后管节的顶进中少量注浆，使其地面沉降稍有减小，最后达到稳定状态。

3）垂直于管节轴线方向的地表沉降。在横断面上沉降曲线成抛物线形，影响距离约为 3m，即在管节轴线上沉降最大，距离管节中心线距离越远，沉降逐渐减小。试验中监测结果如图 2-178 所示。

试验工程证明了地下立体交通工程箱涵顶进置换管幕工法是可行的，且环境影响小、工程适应性强、材料重复利用率高，具有良好的推广应用前景。

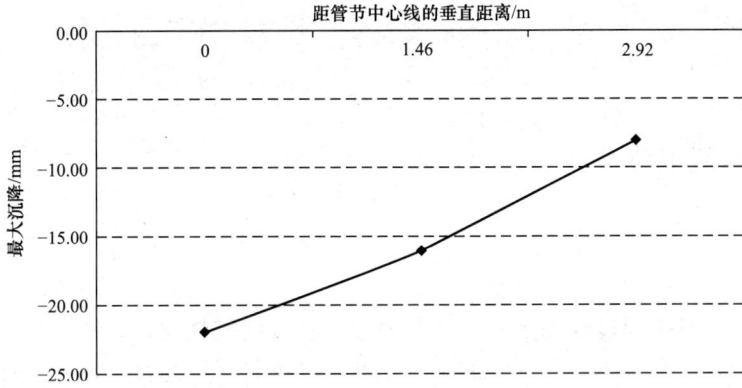

图 2-178　垂直于管节轴线方向地表沉降曲线图

第3章 钢筋混凝土结构施工技术

3.1 高流态混凝土技术

3.1.1 概述

1. 定义

高流态混凝土是指通过外加剂、胶结材料和粗细骨料的优化选择和配合比的设计，使混凝土拌和物屈服值减小且又具有足够的塑性黏度，粗细骨料能悬浮于水泥浆体中不离析、不泌水，在不用或基本不用振捣的条件下，能充分填充狭小空隙形成密实、均匀的混凝土块体结构。

2. 特点

高流态混凝土的发展是与混凝土泵送施工的发展相联系的，泵送施工要求混凝土拌和物有较大的流动性，而且不产生离析，高流态混凝土恰好可以满足这种要求，因而它代替了过去采用的坍落度为 200mm 左右的大流动性混凝土。因为大流动性混凝土的收缩裂缝较多，抗渗性、耐久性较差，钢筋容易锈蚀。高流态混凝土，一方面，因为水泥用量相对较多，坍落度约为 200mm，具有大流动性混凝土的施工性能，便于泵送运输和浇筑；另一方面，又具有近似于坍落度为 80～100mm 的塑性混凝土的质量。它既满足了施工要求，又改善了混凝土的质量，因而受到广泛的重视，应用规模逐渐扩大。

3.1.2 技术简介

1. 原材料

高流态混凝土所用的原材料，除外加剂有明显区别外，其他材料与普通混凝土的原材料基本相同。

（1）水泥。配制高流态混凝土所用的水泥，与普通混凝土所用的水泥相同，并无特殊要求。通过对不同品种的水泥掺加外加剂后进行流态化试验的结果表明，除超早强水泥以外，其他各种水泥的流态化效果、流化后的坍落度、含气量等的经时变化基本相同。

在建筑工程中配制高流态混凝土，使用最多的水泥品种是普通硅酸盐水泥。在大体积混凝土中使用流态混凝土时，为了控制混凝土的绝对温升，防止混凝土产生温度裂缝，必须降低单位体积混凝土中水泥的用量，或掺入适量的活性混合材料（如粉煤灰、矿渣粉等），或采用中热水泥等。

总的来说，我国生产的硅酸盐水泥、普通硅酸盐水泥、矿渣硅酸盐水泥等，均可配制高流态混凝土。

（2）骨料。塑性混凝土，即使骨料的粒径、级配和粒形稍有不好，对混凝土的工作度、分层离析等也不会有太大的影响。然而经过流化以后，骨料特性对高流态混凝土的影响却非常明显。例如，粗骨料的级配不良，在级配曲线的中间部分颗粒和细颗粒太少时，流化后的混凝土会出现黏性不足、泌水离析等现象。在这种情况下，在混凝土中掺入一定量的粉煤灰，提高混凝土中 0.3mm 以下的颗粒含量，高流态混凝土拌和物的性能将得到很好的改善。

（3）外加剂。在普通混凝土中所用的化学外加剂，一般为普通减水剂和其他性能的外加剂，而在高流态混凝土中，作为硫化剂使用的减水剂，多为以 NL（多环芳基聚合磺酸盐类）、NN（高缩合三聚氰氨盐类）和 MT（萘磺酸盐缩合物）为主要成分的表面活性剂，也称之为超塑化剂。

（4）粉煤灰。在高流态混凝土中掺入一定量的粉煤灰，不仅能改善混凝土的工作性，而且能降低混凝土的水化热。特别是混凝土中水泥用量较少、骨料微粒不足的情况下，掺加粉煤灰是较好的技术措施。掺加粉煤灰配制高流态混凝土，硫化剂的用量将稍有增加。

为保证高流态混凝土的质量，充分发挥粉煤灰的作用，掺入的粉煤灰应符合相关规程的品质要求，并最好采用Ⅰ级和Ⅱ级粉煤灰。

2. 配合比设计

高流态混凝土是指在基体混凝土中掺加适量的硫化剂，再进行二次搅拌而形成的坍落度增大的混凝土。基体混凝土是配制高流态混凝土的基础，因此，高流态混凝土的配合比设计，首先是基体混凝土的配合比设计。此外，要正确选择基体混凝土的外加剂和流态混凝土的硫化剂，基体混凝土与高流态混凝土坍落度之间要有合理的匹配。

（1）配合比设计的原则

1）具有良好的工作性，在此工作性下，不产生离析，能密实浇捣成型。

2）满足设计要求的强度和耐久性。

3）符合特殊性能要求。

根据以上三条原则确定基体混凝土的配合比和硫化剂的添加量。

高流态混凝土的配合比可以由基体混凝土的配合比和硫化剂的添加量表示。在实际施工中，高流态混凝土一般采用泵送施工，因此在配合比设计时，必须考虑泵送混凝土施工的技术参数，以保证良好的可泵性。高流态混凝土硬化以后的物理性能与基体混凝土相近。因此，高流态混凝土的配合比设计，在基体混凝土配合比设计时，要考虑流化后混凝土的可泵性。

（2）配合比设计参数

1）扩展度：550mm±75mm。

2）水胶比：泵送混凝土时，水胶比值为 0.40。

3）砂率：泵送混凝土时，砂率宜为 45%～50%（中砂）。

4）混凝土含气量：引用外加剂的泵送混凝土的含气量控制在 2% 以内。

5）水泥用量：泵送混凝土时，最小水泥用量宜为 300kg/m³。

3. 施工

（1）运输与供应

1）高流态混凝土运至浇筑地点，经时损失 2h，扩展度损失不大于 75mm。

2）混凝土的供应，必须保证输送混凝土的泵能连续工作。

3）输送的管线宜直，转弯宜缓慢，接头严密，如管道向下倾斜，应防止混入空气，产生阻塞。

4）泵送前应先用适量的与混凝土成分相同的水泥砂浆或水泥砂浆润滑输送管内壁。当混凝土泵送间隙时间超过 45min 或出现离析现象时，应立即用压力水或其他方法冲洗管内残存混凝土。

5）混凝土浇筑前，上道工序必须经监理验收合格后，才可进行。

6）在泵送过程中，受料斗内应具备足够的混凝土，以防止吸入空气产生阻塞。

（2）浇筑

1）应根据工程结构的特点、平面形状和几何尺寸，混凝土供应和泵送设备能力，劳动力和管理能力，以及周围场地大小等条件，预先划分好混凝土浇筑区域。

2）混凝土宜采用泵车输送，并有解决突发故障的备用设备。

3）在浇捣前须清理模板内的垃圾，排除积水。施工缝处应做好接浆工作，接浆材料应采用同强度等级砂浆，铺垫厚度控制在 30～50mm。

4）在浇捣顶面，应有标高控制标志。一般可在柱、墙的插筋、梁面上焊接双向短钢筋，作为控制点，控制点的间距为 1500～2000mm。

5）柱、墙、梁的浇筑量在浇筑前应该进行计算。振动器的选择应适合构件截面大小、形状、高度、数量应满足浇筑速度的要求。

6）混凝土必须垂直下料，将串筒等伸入柱中。入模可利用串筒布料、直接用硬管加弯头布料、用布料机软管插入布料等，控制混凝土的自由落差高度小于 2m。

7）在浇筑柱时随串筒的提升而进行分层，分层厚度不大于 2m，而浇筑梁、墙板时则无需分层，一次性浇筑至顶，再进行振捣。

8）对于有预留洞、预埋件和钢筋太密的部位，应预先制订技术措施，确保顺利布料和振捣密实。

（3）振捣

1）高流态混凝土振捣是为了尽可能减少或减小混凝土浇筑时在表面形成的水泡，且使其分布均匀。

2）混凝土振捣采用内插式振动器。振动棒与模板的距离应不大于其作用半径的 0.5 倍，并应避免碰撞钢筋、模板、芯管、吊环、预埋件和空心胶囊等。

3）柱的振捣点仅沿柱周边均匀布置在主筋的内侧，距离柱边约 200mm。振点之间的间距控制在 400～500mm。柱的中间部位不设振捣点。梁和墙板的振捣点宜布置在浇筑部位端头或中间的钢筋稀疏处，浇捣时能使高流态混凝土自然顺边流淌。

4）操作时每点只振捣一次，严格控制每一点的振捣时间。振动棒在插入前开启，振捣棒快速插入到底后，即可将振动棒上拔，拔出速度控制在 10～15s/m，防止过振引起的石子下降。

5）振捣顺序要遵循"交错有序、对称均衡"的原则。

（4）养护

1）高流态混凝土应在浇捣结束 12h 后开始养护。

2）拆模前一般进行浇水养护，冬季时应进行保温养护。

3）拆模后应马上进行养护，拆模 2h 并经过表面处理后，用百洁布擦洗混凝土表面，确保表面清洁无浮灰，待自然风干 30min 后，开始喷涂混凝土养护液。其中对清水混凝土结构直接喷洒保护液二度，竣工时再喷洒一度；而对普通混凝土构件则喷洒养生液二度。

4）高耸的市政桥梁塔柱结构以及在冬期施工不能洒水养护的，可采用涂刷养护液并结合包裹薄膜的方法养护。

5）高流态混凝土的养护的时间一般不少于 7d，冬季养护时间不少于 14d。

3.1.3 工程实例

2005 年 3 月开始至 10 月，上海环球金融中心从地下三层开始到六层，从地下室的梁板柱到地上的核心筒和巨型柱，共计浇捣自密实混凝土 30 000 多 m³。现场混凝土和易性良好，柔软，非常易于泵送。2005 年 7 月 3 日，环球金融中心在浇捣一层核心筒时，本市气温高达 39℃，混凝土出厂扩展度在 600mm×610mm，2h 后扩展度还保持在 540mm×550mm，保证了工地现场的正常施工。现场结构拆模后，表面光洁，无肉眼可见裂缝，表面极少有气泡，如图 3-1 所示。

(a)   (b)

图 3-1 高流态清水混凝土

3.2 清水混凝土及模板技术

3.2.1 概述

1. 属性和特点

清水混凝土属于混凝土结构工程的范畴，是特殊的混凝土结构工程。它具有一般普通混凝土的工程特征，同时还具有其特殊性。它的特点是不抹灰，成型后的表面平整度已经达到抹灰标准，可省去抹灰湿作业、装修材料等施工投入，可缩短施工周期，可消除抹灰脱落、饰面脱落等质量安全隐患。

以清水混凝土自然表面作为建筑装饰，是建筑艺术的新时尚、新风格。它体现了现代人追求自然、回归自然的一种理念。由于它的耐久性、安全性和经济性，近年来在我国公共建筑、高层建筑、多层建筑、城市桥梁、市政工程、港口码头、高耸构筑构及标志性建筑中得到广泛应用。清水混凝土工程技术作为一种高级的混凝土自然装饰技术，在原材料的选用、混凝土的配制、模板的设计与制作及工艺技术方面应有特殊的要求。在清水混凝土质量控制与检验方面应有技术工法和控制检验标准。

2. 定义和常术语

（1）清水混凝土的定义：是指混凝土成型后，表面质量达到抹灰标准，直接以混凝土自然表面为饰面或在表面上直接做涂层处理的饰面的混凝土。根据清水混凝土的定义，清水混凝土应包含预制装配清水混凝土结构和现浇清水混凝土结构。本章要阐述的施工技术主要是针对现浇清水混凝土结构。

（2）清水混凝土的常用术语

1）清水混凝土结构：以混凝土为主制成的现浇结构和预制结构，包括素混凝土结构、钢筋混凝土结构和预应力混凝土结构等。

2）现浇结构：是现浇混凝土结构的简称，是在现场支模并整体浇筑而成的混凝土结构。

3）施工缝：在混凝土浇筑过程中因设计要求或施工需要分段浇筑，而在先后浇筑的混凝土之间所形成的接缝。

4）明缝：凹入混凝土表面的分格线条或装饰线条。

5）蝉缝：模板拼缝或面板拼缝在混凝土表面留下的隐约可见，犹如蝉衣一样的印迹。

3. 类别和等级划分

根据不同建筑物对饰面混凝土的功能要求的不同，应该对清水混凝土的表面质量类型进行等级分类。不同类别和等级的清水混凝土对原材料的选用、模板的设计与制作及工艺技术方面的要求是不同的，它有利于施工成本控制与产品的质量控制。

根据不同建筑物装饰功能的要求，把清水混凝土表面等级分为四级，用英文字母"$Q_{1\sim4}$"为等级代表。分类的标准参见表 3-1。清水混凝土的类别和等级划分标准参照《建筑装饰装修工程工程质量验收规范》（GB 50210—2001）的有关条文。

表 3-1 清水混凝土表面等级分类

清水混凝土表面等级类别	清水混凝土表面做法及应用工程范围和质量要求	混凝土表面质量相当于抹灰等级标准
Q_1	以混凝土自然平滑表面为饰面。蝉缝、明缝清晰、孔眼整齐、分格尺寸标准	高级抹灰
Q_2	以混凝土表面预埋饰物为饰面。蝉缝、明缝清晰、孔眼整齐、分格尺寸标准	装饰抹灰
Q_3	将混凝土表面砂磨平整为饰面，孔眼按需设置或在混凝土表面上做涂料、裱糊等饰面	普通抹灰
Q_4	以混凝土拆模后的木纹或线条或其他特殊图纹形状为饰面（也可称为装饰混凝土）。蝉缝、明缝、孔眼按需设置，可修饰	普通抹灰

3.2.2 技术简介

1. 质量控制和验收标准

（1）质量控制

1）清水混凝土结构施工项目应有施工组织设计和专项施工技术方案。施工现场质量管理应制订相应的施工技术标准，健全的质量管理体系、施工质量控制和质量检验制度。

清水混凝土结构作为一种高等级混凝土自然的装饰技术，目前国内尚无一本专项的、统一的国家颁发的清水混凝土质量检验标准和工艺技术规程。在工程实践中一般参照下列国家标准制订相应的专项施工技术标准：《混凝土结构工程施工质量验收规范》（GB 50204—2002）、《建筑装饰装修工程质量验收规范》（GB 50210—2001）、《建筑工程施工质量验收统一标准》（GB 50300—2001）、《粉煤灰混凝土应用技术规范》（GBJ 146—1990）、《普通混凝土配合比设计规程》（JGJ 55—2000）。

清水混凝土结构工程制订相应的专项施工技术标准和工程技术文件中对施工质量的要求不得低于上述标准的规定。

2）清水混凝土结构工程可划分为模板、钢筋、混凝土材料等分项工程。各分项工程可根据与施工方式相一致且便于控制施工质量的原则，按楼层、结构缝或施工段划分为若干检验批。

3）清水混凝土结构分部工程的质量验收，应在钢筋、混凝土、现浇结构等相关分项工程验收合格的基础上，进行质量控制资料检查及观感质量验收。

4）清水混凝土结构分部工程的质量验收应包括以下内容：

① 实物检查：对原材料、构配件等产品的进场复验，应按进场的批次和产品的抽样检验方案执行；应按抽查总点数的合格点率进行检查。

② 资料检查：包括原材料、构配件等的产品合格证（产品质量合格证明文件、规格、型号及性能检测报告等）及进场复验报告、施工过程中重要工序的自检和交接检记录、抽样检验报告、见证检测报告、隐蔽工程验收记录等。

5）检验批、分项工程、混凝土结构分部工程的质量验收程序和组织应符合国家标准《建筑工程施工质量验收统一标准》（GB 50300—2001）的规定。

（2）验收标准

1）清水混凝土结构的误差验收标准。清水混凝土是指结构混凝土成形后，其表面质量达到抹灰标准或高于抹灰标准，故清水混凝土结构的质量验收标准可参照普通混凝土和抹灰工程的质量标准并高于它们的标准来确定。

清水混凝土结构的成品的误差，按不同的等级取值，具体数值见表 3-2。

表 3-2　　　　　　　　　　　　清水混凝土结构的误差标准

检查项目		清水混凝土结构				备注
		Q_1	Q_2	Q_3	Q_4	
垂直度	层高≤5m	3	4	4	5	用 2m 垂直检测尺检查
	层高＞5m	3	4	4	5	
	全高	$H/1500$ $H/1500$ 且小于 15				用经纬仪、钢尺检查
表面平整度		3	3	4	4	用 2m 靠尺和宽尺检查
阴阳角平整度		3	3	4	4	用直角检测尺检查
分格条、线（缝）直线度		3	3	4	3	拉 5m 线，不足 5m 的拉通线，用钢尺检查
轴线位置	墙（剪力墙）	5	5	5	5	钢尺检查
	柱	5	5	5	5	
	梁	5	5	5	5	
截面尺寸		+3 −2	+3 −2	+5 −3	+5 −3	钢尺检查
标高	层高	±8				水准仪或拉线，钢尺检查
	全高	+20				

注：表中数值单位为 mm。

2）清水混凝土的外观质量标准（见表 3-3）。

表 3-3　　　　　　　　　　　　清水混凝土外观质量标准

检查项目	外观质量要求
视觉效果	混凝土表面平整光洁，棱角线条顺直，色泽基本均匀，无大面积抹灰修补
表面质量	无蜂窝麻面，无明显裂缝和气孔，无露筋，楼板错台不超差
污染情况	无漏浆、流淌及冲刷痕迹，无油迹、墨迹及锈斑，无粉化物
模板拼缝	模板蝉缝及明缝位置规律整齐，上下层模板接缝设在分格线内
穿墙螺栓	孔眼排列整齐，孔洞封堵密实，颜色同墙面基本一致，凹孔棱角清晰圆滑

3) 普通混凝土结构表面和抹灰工程的相关质量标准。为反映清水混凝土与普通混凝土和抹灰工程的质量标准差异，从《混凝土结构工程施工质量验收规范》（GB 50204—2002）和《建筑装饰装修工程质量验收规范》（GB 50210—2001）中摘录相关数据，其数值见表 3-4。

表 3-4　　　　　　　　普通混凝土结构表面和抹灰工程的质量标准

检查项目		普通混凝土 /mm	抹灰/mm			备注
			高级	普通	装饰	
垂直度	层高≤5m	8	3	4	5	用2m垂直检测尺检查
	层高＞5m	10				
标高	层高	±10				水准仪、拉线、钢尺检查
截面尺寸		+8，−5				钢尺检查
表面平整度		8	3	4	4	用2m靠尺和塞尺检查
阴阳角方正		—	3	4	4	用直角检测尺检查
分格条（缝）直线度		—	3	4	4	拉5m线，不足5m拉通线，用钢尺检查

4) 影响清水混凝土质量的工艺技术因素。清水混凝土与普通混凝土比较，关键在于其表面质量要求高。它最终的质量取决于以下几个方面的因素：

① 清水混凝土的原材料和清水混凝土的配制。

② 结构建筑物的模板设计、加工、安装、拆模，明缝、蝉缝节点的细部处理。

③ 结构物建筑物的现场施工，包括测量放线，钢筋绑扎，混凝土的浇筑、振捣、养护等。

④ 结构物产品保护及施工过程管理。

5) 清水混凝土结构质量验收的方法。清水混凝土结构质量的检验方法参照《混凝土结构工程施工质量验收规范》（GB 50204—2002）中相关的条文执行。

2. 原材料和配制

（1）原材料

1) 清水混凝土工程的原材料应满足一般普通混凝土工程的各项指标要求。可以参照GB 50204—2002 规范执行。

2) 清水混凝土工程的原材料采购原则。

① 水泥：采用强度等级 P32.5 以上硅酸盐水泥或普通硅酸盐水泥，同一工程要求选用同一厂商、同一品种、同一强度等级的产品，并应使用低氯和低碱水泥。

② 粗骨料（碎石）：选用强度高、5～25mm 粒径、连续级配好、含泥量不大于 1% 和不带杂物的碎石，同一工程要求定产地、定规格、定颜色。

③ 细骨料（砂子）：选用中粗砂，细度模数 2.5 以上，含泥量小于 2%，不得含有杂物，同一工程要求定产地、定砂子细度模数、定颜色。

④ 粉煤灰：宜选用细度按《粉煤灰混凝土应用技术规程》（GBJ 146—1990）规定的 Ⅱ 级粉煤灰及以上的产品，要求定厂商、定品牌、定掺量。

⑤ 外加剂：要求定厂商、定品牌、定掺量。

3）对首批进场的原材料经监理见证取样复试合格后，应立即进行"封样"，以便对后批材料进行对比，发现有明显色差的不得使用。

4）清水混凝土原材料应有足够存储量，至少保证同层或同一视觉空间的混凝土颜色基本一致。

（2）配制

1）清水混凝土应按现行标准《普通混凝土配合比设计规程》（JGJ 55—2000）的有关规定进行配合比设计。清水混凝土的配合比设计须同时满足强度和外观要求。

2）配合比设计应通过多次试验后确定最佳的配合比。试验包含初步试验、可行性试验、混凝土的泵送试验、耐振性试验等，配合比数值宜小幅调整，以免造成产品明显的色差。

3）满足清水混凝土施工配合比主要参数要求。

① 坍落度：商品混凝土运至指定卸料地点后，试验人员应进行坍落度测试。实测的混凝土坍落度与要求坍落度之间的允许偏差应符合表 3-5 的要求。

表 3-5　　　　　　　　　混凝土坍落度与要求坍落度之间的允许偏差

部位	要求坍落度/mm	允许偏差/mm
柱	120～160	±20
墙、梁、板	140～180	±20

② 水灰比：泵送混凝土时，水灰比值为 0.43～0.45。

③ 砂率：泵送混凝土时，砂率宜为 40%～45%（中砂）。

④ 混凝土含气量：控制在 3% 以内。

3. 模板技术

（1）模板设计和工序流程

1）熟悉结构及建筑施工图，按照设计要求，确定清水混凝土表面类型及其施工范围。当设计有明缝和蝉缝时，检查各部位的明缝有否交圈，与阳台、窗台、柱、梁及突出线条相交处的处理等。市政桥梁工程应注意柱梁交接的线条分割和合理施工段的划分。

2）根据施工流水段的划分、模板周转使用次数、清水混凝土表面做法要求，合理选择相应的模板类型、穿墙螺栓类型。

3）清水混凝土工程的平面配模设计、竖向剖面设计、面板分割设计、穿墙螺栓排列设计、节点大样设计。

4）模板系统加工图设计、模板的强度和刚度验算的力学计算、模板及配件数量汇总统计等。

（2）模板的材料选择和选型

1）清水混凝土的模板面板材料选择。根据清水混凝土表面等级的不同选择不同的模板面板材料。

① 优质胶合板面板：胶合板应质地坚硬，表面平整光滑，色泽一致，厚薄一致，覆模质量不小于 120g/m²，厚度误差小于 0.5mm。

② 优质钢板面板：各类清水混凝土的钢大模面板，宜选择 6mm 厚的冷轧原平板。表面

平整光洁，无凹凸，无伤痕锈斑，无修补痕迹。

③ 不锈钢或 PVC 板贴面面板。可用于清水镜面混凝土。

④ 圆柱结构的模板可以采用纸筒模，纸筒模表面应无明显的叠缝，表面应做避水处理。

⑤ 装饰混凝土模板可以采用钢、铸铁花饰、木胶合板等装饰模板，也可采用聚氨酯衬模，粘贴于普通大模板上形成装饰混凝土模板。

2）清水混凝土模板类型的选择。根据清水混凝土工程设计要求、工程的特点、工况流水段的划分和周转使用次数等因素，选择模板的类型。一般可选择下述类型的模板：①钢框或半框胶合板大模；②工字木梁、木方的木胶合板大模（包括空腹和实腹钢框）；③优质钢板大模与特殊形状的钢模板，较多应用于市政工程。

（3）模板面板设计

1）清水混凝土模板分块原则。

① 在机械设备起重力矩允许范围内，模板的分块力求定型化、整体化、模数化、通用化，按大模板工艺进行配模设计。

② 外墙模板分块以轴线或窗口中线为对称中心线，做到对称、均匀布置。

③ 内墙模板分块以墙中线为对称中心线，做到对称、均匀布置。内墙面刮腻子、做涂料饰面的，不受限制。

④ 外墙模板上下接缝位置宜设于楼层标高位置，当明缝设在楼层标高位置时利用明缝作施工缝。

⑤ 明缝还可设在窗台标高、窗过梁底标高、框架梁底标高、窗间墙边线及其他分格线位置。

⑥ 市政桥梁工程的梁柱模板以柱轴线为中心线对称布置，分缝起始宜布置在梁柱的交点处。施工段、施工缝的划分应均匀。

2）清水混凝土模板的分缝原则。

蝉缝：整齐均匀的蝉缝是混凝土表面的一种装饰。当建筑设计的施工图中有明确的尺寸时，按建筑图配模施工。如建筑图没有图示要求，则按设缝合理、均匀对称、宽窄长度比例协调的原则，同时兼顾模板面板材料的门幅模数尺寸，进行模板分块、分缝设计。面板拼缝间隙和不平度均应控制在 ±0.2mm 以内。

明缝：明缝是清水混凝土表面质量的主控项目之一，也是清水混凝土表面的一种装饰分割，一般其设置须经建筑师设计或确认。在清水混凝土工程中，明缝位置可以作为模板上下连接和分段分块连接的施工缝。一般可在模板的周边布置。明缝要求顺直、清晰，缝口棱角整齐。

一个建筑物的明缝和蝉缝必须水平交圈，竖缝垂直。

① 以双面覆膜胶合板为面板的模板，其面板分割缝尺寸宜为 1800mm×900mm、2400mm×1200mm，面板宜竖向布置，也可横向布置，但不得双向布置。当整块排列后尺寸不足时，宜采用大于 600mm 宽的胶合板置于中心模板位置或对称位置。当整张排列后出现较小余数时，应调整胶合板规格或分割尺寸。

② 以钢板为面板的模板，其面板分割缝宜竖向布置，一般不设横缝。当钢板须竖向接高时，其模板横缝应在同一高度。在一块大模板上的面板分割缝应均匀对称布置。

③ 方柱或矩形柱模板一般不设竖缝，当柱宽较大时，其竖缝宜设于柱宽中心位置，做涂料

装修的柱面不受此限制。柱模板横缝应从楼面标高至梁节点位置作均匀布置，余数宜放在柱顶。

④ 圆柱模板的两道竖缝应设于轴线位置，竖缝方向群柱一致。

⑤ 水平结构模板通常采用木胶合板作面板，应按均匀、对称、横平竖直的原则作排列设计；对于弧形平面宜沿径向辐射布置。

⑥ 在非标准层，当标准层模板高度不足时，应拼接同标准层模板等排列的接高模板，不得错缝排列。

3）清水混凝土阴阳角模板的处理原则。

① 胶合板模板的处理。胶合板模板在阴角部位宜设置特殊角模。角模与平模的面板接缝处为蝉缝，边框之间可留有一定间隙，以利于脱模。角模的边长可选 300mm 或 600mm，具体以内墙模板排列图为准。胶合板模板在阴角部位也可不设阴角模，平模之间可直接互相搭接。这种做法仅适用于周转应用次数少的场所。在工程结构阳角部位可不设阳角模，采取一边平模包住另一边平模厚度的做法，连接处加海绵条防止漏浆。

② 钢板模板的处理。清水混凝土工程采用全钢大模板或钢框木胶合板模板时，应设置阴角模，宽度宜为 300mm。在阴角模与大模板之间为蝉缝，不留设调节缝。角模与大模板连接的拉钩螺栓宜采用双根，以确保角模的两个直角边与大模板能连接紧密，不错台。

阳角部位可根据蝉缝、明缝和穿墙孔眼的布置情况，选择以下两种做法：① 采用阳角模。阳角模可用单根角钢或 300～600mm 宽的角模；② 采用一块平模包另一垂直方向平模的厚度，连接处加海绵条堵漏。

4）清水混凝土模板面板横竖缝的处理。胶合板面板竖缝设在竖肋位置，面板边口刨平后，先固定一块，在接缝处涂透明胶，后一块紧贴前一块连接。胶合板面板水平缝位置一般无横肋，为防止面板拼缝位置漏浆，在拼缝处加方木短肋。钢框胶合板模板可在制作钢骨架时，在胶合板水平缝位置增加横向钢肋，面板边口之间涂胶黏结。全钢大模板在面板水平缝位置，应加焊拼缝横肋（例如小角钢、扁钢等），并做防渗水处理，然后在背面涂漆。

5）单元模板之间的连接处理。木梁胶合板模板之间的连接面板采用加木方、企口的方式连接，两木方间留有 10～20mm 拆模间隙。木梁采用背楞加芯带的做法连接。铝梁胶合板模板及钢木空腹框胶合板模板，采用空腹边框型材、专用卡具连接。实腹钢框胶合板模板、半框胶合板模板及全钢大模板，可采用螺栓进行模板之间的连接。

6）模板施工缝处上下之间的连接处理。混凝土施工缝的留设宜与建筑装饰的明缝相结合，即将施工缝设在明缝的凹槽内。清水混凝土模板接缝设计时，应将明缝装饰条同模板结合在一起。当模板上口的装饰线形成 N_i 墙体上口的凹槽，它即可作为 $N+1$ 层模板下口装饰线的卡槽，并起防漏浆作用。木胶合板面板上的装饰条宜选用铝合金、塑料或硬木制作，宽 20～30mm 为宜，特殊结构物可放大线条宽度，其装饰效果由建筑师认可。

钢模板面板上的装饰线条用钢板制作，用螺栓或塞焊连接，宽为 30～60mm，厚为 6～10mm，内边口刨成 45°。

7）面板上螺钉、拉铆钉孔眼的处理。面板采用胶合板的各类模板，连接方法可采用木螺钉或抽芯拉铆钉。对于 A、B 等级清水进胶合板的固定应采用反吊螺钉固定，面板上不得有孔眼和锤印。对于 C 等级以下的面板，螺、铆钉的沉头可在面板正面，沉头凹进板面 2～3mm，用腻子刮平，腻子里还可掺入一些深棕色漆，使模板外观更好看。

（4）模板结构设计

1）清水混凝土模板结构和支架应根据工程结构形式、荷载大小、地基土类别、施工设备和材料供应等条件进行设计。模板及支架应具有足够的承载能力、刚度和稳定性，能可靠地承受浇筑混凝土的重量、侧压力以及施工荷载。

2）清水混凝土模板的设计荷载。设计荷载应考虑模板及支架的自重、混凝土自重、混凝土侧压力、施工荷载、振动荷载等，侧压力按普通混凝土相关规范和参数取值。一个施工分段以一次成型到顶的侧压力计算。

3）清水混凝土模板的挠度控制。清水混凝土模板的挠度值按下列数据控制：模板面板局部变形挠度值小于或等于 1.5mm；模板肋跨间的变形挠度值小于或等于 1.5mm；回檩固定拉结跨间挠度值大于 1/500，且不大于 3mm；柱箍变形挠度小于 $B/500$；桁架挠度小于 1/1000。对于平面变形要求特别严格的清水混凝土结构，其挠度计算，应采取叠加和组合刚度的方法分别验算。

（5）模板的穿墙螺栓设计

1）穿墙螺栓的排列。清水混凝土模板的穿墙螺栓除固定模板、承受混凝土侧压力外，还具有重要的装饰作用。整齐、匀称、横平竖直的螺栓孔能起到画龙点睛的良好装饰效果。

对于设计有明确规定蝉缝、明缝和孔眼位置的工程，模板的穿墙螺栓孔位置均以工程图纸为准。

木胶合板模板采用 900mm×1800mm 或 1200mm×2400mm 规格，孔眼间距一般为450、600、900mm，边孔至板边间距一般为 150、225、300mm，孔眼的密度应比其他模板大。

外墙装饰性孔眼排列位置遇丁字墙、阴角模等部位不能设穿墙螺栓时，可设半杆锥形接头，用螺栓紧固在面板上，以达到装饰的效果。

2）螺栓选型及孔眼封堵。穿墙螺栓宜采用由两个锥接的三节式螺栓，螺栓规格应根据受力和装饰效果确定。两端的锥形螺母拆除后，可用专用塑料装饰螺母封堵，也可用同标号水泥砂浆封堵，并用专用的封孔模具修饰。

穿墙螺栓也可采用可周转的对拉螺栓，在截面范围内螺栓采用塑料套管，两端加锥形堵头。拆模后孔眼用砂浆封堵，并用专用模具封堵修饰。

（6）模板的制作加工和产品验收

1）清水混凝土模板宜选定有加工模板经验的专业工厂加工。

2）清水混凝土施工单位应在相应工程的施工组织设计中明确各类清水混凝土模板验收标准。模板的验收标准应略高于清水混凝土成品质量的标准。不同的模板类型应制订相应的模板验收标准。

3）加工厂应根据清水混凝土模板的设计要求和验收标准，编制加工过程中的质量控制工艺线路和关键工段质量控制卡。

4）模板的成品应进行 100% 的产品验收，逐块记录其误差及外观表面质量。不合格的产品不得降级用于清水混凝土工程。

5）模板成品验收由委托方和加工方共同参加，必要时可邀监理方见证参加。

（7）模板的就位安装

1) 模板安装前的准备工作。模板在安装前要进行清水混凝土钢筋工程质量的验收，验收合格才可进行模板的安装。按清水混凝土结构施工要求，进行测量放线，弹出模板安装基准线。在确保放线通顺垂直、尺寸准确的基础上，投放墙、柱、梁截面边线，模板边线，洞口位置线等；进行水准测量抄平，确保梁板标高、模板标高的准确。检查已浇施工段原支托架等附件承担待浇层的结构自重、施工荷载、模板自重等荷载的可靠性。

2) 清水混凝土模板的安装精度，应高于 GB 50204—2002 规范的标准。其安装标准应按表 3-6 中的数据进行控制。

表 3-6　　　　　　　　　现浇结构模板安装的允许偏差及检验方法

项目		允许偏差/mm		检验方法
		国标值	控制值	
轴线位置		5	2	钢尺检查
底模上表面标高		±5	±3	水准仪或拉线、钢尺检查
截面内部尺寸	基础	±10	±10	钢尺检查
	柱、墙、梁	+4，−5	+2，−3	钢尺检查
层高垂直度	不大于 5m	6	3	经纬仪或吊线、钢尺检查
	大于 5m	8	5	经纬仪或吊线、钢尺检查
相邻两板表面高低差		2	1	钢尺检查
表面平整度		5	3	2m 靠尺和塞尺检查

注：检查轴线位置时，应沿纵、横两个方向测量，并取其中的较大值。

3) 模板的就位安装。模板的安装一般由起重机吊运就位，按先内后外的顺序进行。

(8) 模板拆除

1) 底模及其支架拆除时的清水混凝土强度应符合设计要求；当设计无具体要求时，混凝土强度应符合表 3-7 的规定。

表 3-7　　　　　　　　　底摸拆除时的混凝土强度要求

构件类型	构件跨度/m	达到设计的混凝土立方体抗压强度标准值的百分率（%）
板	≤2	≥50
	>2，≤8	≥75
	>8	≥100
梁、拱、壳	≤8	≥75
	>8	≥100
悬臂构件	—	≥100

2) 对于非承重的侧面模板一般应在混凝土浇筑结束后的 48～60h 后进行拆模，同一立面要求同时拆模，否则影响色泽。拆卸应严格按安装顺序的反流程进行。

3) 侧模拆除时的混凝土强度应能保证其表面及棱角不受损伤。相同养护条件下，试块强度达到 3MPa，冬期施工时拆模应为 4MPa。

4) 模板拆除时，不应对楼层形成冲击荷载。拆除的模板和支架宜分散堆放并及时清运。

4. 清水混凝土的施工

(1) 钢筋工程

1) 钢筋加工：由加工厂定型加工，其钢筋品种、规格、形状、尺寸、数量必须符合设计要求和规范规定，而现场钢筋允许偏差值必须符合表 3-8 的规定。

表 3-8　　　　　　　　　　　　　　现场钢筋允许偏差值　　　　　　　　　　　（单位：mm）

分项名称	钢筋骨架		受力筋		箍筋、构造		受力筋
	高宽度	长度	间距	排筋	筋间距	梁、柱	墙板
允许偏差值	5	10	10	5	20	5	5

2）钢筋连接：大于 22mm 的主筋采用冷轧套筒连接或螺纹套筒连接；不小于 22mm 的柱主筋连接宜采用溶渣压力焊；φ16 以下采用绑接。

3）保护层处理：柱、梁、墙的主筋必须间隔 1.0～1.2m 布置塑料保护层卡块，卡块的规格和保护层厚度根据结构件设计保护层要求确定。清水混凝土一般不宜采用砂浆垫块作保护层。封模前，必须进行扎钢丝的清理工作，钢丝头必须全部向内折，并要求边绑扎、边清理。

4）钢筋的固定：为防止在浇捣混凝土时由于混凝土自重冲击力及振动而产生钢筋位移，模板上口的钢筋宜采取附加设施进行定位固定。

5）钢筋的保护：对柱顶以上部位的外露抽筋、铁件均采用水泥浆进行刷涂，以防生锈而污染已施工完的清水混凝土的饰面。

（2）浇筑和振捣

1）清水混凝土应采取集中搅拌，用泵车输送。运输设备和泵送设备应有解决特发故障的备用设备。

2）柱、梁、墙等混凝土的浇筑，在每个施工段内要求一次性连续浇筑完成，施工缝应留置隐蔽处。

3）在浇筑清水混凝土前，应做专项技术交底工作，落实好操作人员岗位职责（关键是振捣人员），落实作业班组的交接班时间和交接班制度，做好气象情况收集工作，避免雨天施工，必要时准备好防雨遮盖及防晒材料。

4）在浇筑前须清理模板内的垃圾，并做排水工作。柱底及间隔时间长久的施工缝要做好接浆工作。接浆材料应采用同标号砂浆，铺垫厚度控制在 30～50mm。

5）在清水混凝土的浇筑顶面，要有可靠的标高控制标志。一般可在柱、墙的插筋和梁面上焊接双向短钢筋，作为控制点，然后拉线控制。控制点的间距在 1500～2000mm。

6）为减少混凝土表面的气泡，清水混凝土施工时应采用二次振捣工艺。第一次在混凝土布料后振捣；第二次在该层混凝土静置一段时间后再振捣。静置时间根据混凝土标号、坍落度不同而取定，一般控制在 8～15min 内。

7）清水混凝土应实行分层布料、分层浇筑。控制混凝土的自由落差高度小于 2m。布料应直接进入模板的腔体内，可采用多种方式布料，如：利用串料筒布料、直接用硬管加弯头布料、用布料机软管插入布料等。每次布料的厚度应控制在 300～500mm 以内。柱、墙、梁的浇筑量在浇筑前应该进行计算，避免浪费。

8）应根据构件截面大小、形状、高度选定插入式振动器的规格配置相应数量的振动器。振捣点应布置在主筋的内侧，不得直接抵碰模板。振点间距应控制在 400～500mm；振动棒的移动间距为 250～350mm，呈梅花状移动；要严防漏振。对于大截面构件应按周边向中间的顺序进行振捣。

9）振捣应采用快插慢拔的振捣工艺。振捣棒插入下层混凝土的深度宜在 50～100mm，每次振捣时间为 15s 左右，在振动过程中，要观察混凝土的翻浆，当混凝土表面不再下沉及混凝土表面不再有气泡泛起时，即可将振动棒缓慢上拔。要防止过振。

10）要严格控制两层混凝土间的布料时间，间隔时间必须控制在 2h 以内。

11）一层混凝土浇筑结束后，在施工接缝层收头时截面中部应比周边落低 20～30cm，以便混凝土终凝后的灌水养护。

5. 养护和产品保护管理

（1）模板产品的保护

1）成品模板运到现场后，应认真检查模板及配件的规格、数量、产品质量，做到管理有序、对号入座。

2）成品模板表面不得弹放墨线、油漆、写字、编号，防止污染混凝土表面。

3）成品模板上除设计预留的穿墙螺栓孔眼外，不得随意打孔、开洞、刻划、敲打。

4）脱模剂应选用不对混凝土表面质量和颜色产生影响的优质水性脱模剂。当选用油性脱模剂时，必须涂抹均匀，用回丝擦除多余挂淌的油剂。

5）拆下的模板应有平整面堆放场地，保证其面板不受损坏。模板拼缝处的混凝土浆水用铲刀清除，面板用干净棉丝擦抹后，再涂刷脱模剂或清油，供周转应用。对面板有污浆的模板，胶合板用清洗剂擦洗干净，钢板面板用 0 号砂纸通磨清理。对于产生锈渍的模板应经过处理后才能应用。较长时间存放钢模应有防雨措施，以免产生锈斑。

（2）产品修补

1）清水混凝土产品的修补应在模板拆模后马上进行。修补前应清除缺陷部位的浮浆和松动的石子。

2）修补砂浆应配制同品种、同批号水泥及等强度的砂浆。修补的砂浆宜由提供混凝土的搅拌站提供。配制时可加入少量界面剂和胶水（原则上色泽必须基本一致），进行批嵌、修复缺陷部位。

3）待修补砂浆硬化后，用细砂纸将修补处打磨光洁，并用清水冲洗干净，确保表面无明显的接痕和色差。当修补处的质感与旁边原浇筑的混凝土明显不同时，可采用精细抛光的工具进行修饰，使其两者的质感基本一致。

4）对于一般的色泽观感性缺陷，可以不进行修补，随着时间推移，同批号水泥的色泽会趋于一致的。

（3）产品的养护和保护

1）清水混凝土产品应在浇筑施工结束 12h 后或者终凝后就开始养护。

2）拆模前一般进行浇水养护，冬季时应进行保温养护。

3）清水混凝土拆模应马上进行养护。清水混凝土养护宜采用喷洒养护液的方法。对于高耸市政、桥梁塔柱结构以及在冬期施工不能洒水养护时，可以采用涂刷养护液并结合包裹薄膜的方法养护。

4）清水混凝土的养护时间一般不少于 7d，冬季养护时间不少于 14d。

5）在结构工程交工前，应对清水混凝土饰面进行保护，防止外力的意外损坏和人为的涂划而污染饰面。保护的方法视工程现场实际情况而定。

3.2.3　工程实例

1. 浦东机场二期工程清水混凝土概况

浦东国际机场二期航站区登机长廊以及连接廊室内部分立柱、长廊外侧立柱及外侧梁均为清水混凝土。

长廊两侧 X、P、W、Q、A'、D' 轴线断面形式见表 3-9。

表 3-9 长廊两侧 X、P、W、Q、A'、D' 轴线断面形式

规格/mm×mm	形状	数量	规格	形状	数量
2000×1000		4	1500×1500 双柱		2
3000×1000		102	−0.35（−2.08）～4.12/−2.08～5.92		
1000×800		98	4.12～13.52		
1000×1000		46	3000×1000		88
1200×1200		2	1000×800		3
1500×1500		13	1000×1000		1
1000×800/2100×1000		29	1000×800/2100×1000		28
1500×1500/800×1000		1			

长廊内部清水方柱断面形式见表 3-10。

表 3-10 长廊内部清水方柱断面形式

规格/mm×mm	形状	数量	规格	形状	数量
1500×500		22	1300×1300 双柱		2
1300×1300		6	D1000		134
1200×1200		41	D1200		508
1000×1000		217	D1500		100
700×900		7	D1600		50
600×600		502	D1200 连柱		16
500×500		16	D1500 连柱		11
1200×1200/700×900		1	D1600 连柱		3
1200×1200/1000×1000		1	D1200 双柱		38
1300×1300/1200×1200		1	D1000 双柱		44
800×1000/1500×1500		5	D1200/D1000		4
1000×1000 双柱		23	D1600/D1200		4
1200×1200 双柱		15	D1200/700×900		2
1500×1500 双柱		6			

2. 清水混凝土的等级分类、施工段划分和线条分割

（1）部件的等级分类。清水混凝土部件分为 Q1 类和 Q2 类两种，具体要求和范围分区由设计统一明确，原则上所有外围柱、梁及室内的圆柱为 Q1 类清水混凝土，其余确定做清水混凝土的部位均为 Q2 类。其混凝土表面质量要求：Q1 类清水混凝土相当于高级抹灰标准，Q2 类清水混凝土相当于一般抹灰标准；表面自然平滑，蝉缝、明缝清晰，孔眼整齐，分格尺寸规准。并以此等级标准进行清水混凝土的模板设计、加工和清水混凝土的施工控制。最终质量也以此等级标准进行验收。

（2）施工段的划分。根据以下原则进行清水混凝土水平向施工段的划分：

1）上部结构总体的施工顺序、进度要求。

2）各类模板投入量的经济分析。清水混凝土垂直向共分四个阶段施工，具体施工段的划分如下：

① 第一施工段划分至第一层结构大梁的底部以下柱子，并在此设清水混凝土分割线条。

② 第二施工段为第一层结构的大梁部位。

③ 第三施工段为第二层结构大梁的底部以下柱子。

④ 第四施工段为第二层结构的大梁。

（3）分割装饰线条设置。分割装饰线条的设置类别共分为两类，即明缝和蝉缝。

明缝的设置位置水平缝同施工段的划分。即在柱的顶部和根部。垂直线一般梁根部和玻璃幕墙的分隔线条同以垂直分割线的位置。具体线条的形式如图 3-2 所示。线条呈梯形：上底 35mm，下底 45mm，高 20mm。线条拟采用高级木料制作并做避水性处理。

蝉缝的布置：蝉缝的布置根据胶合板的模数和钢板的宽度模数来排列。柱模高度向的水平蝉缝以 2400mm 为模数，从柱的下端起开始布置，另数布置在柱的上方。柱模垂直向蝉缝在 1000mm×3000mm 结构柱的分隔缝间隔 1000mm 布置一条拼缝。结构梁采用间距为 1000mm 的垂直拼缝。采用全钢板制作模板的结构柱，蝉缝按间距为 1200mm 的水平拼缝布置，不设垂直蝉缝。

图 3-2 线条形式

3. 模板类型的选择和方案确定

根据浦东机场二期工程特点和结构柱的类型，在正式施工前对近十种清水混凝土柱进行了多种类型模板的试验。结合其试验结果同时考虑柱、梁一体的综合效果。确定模板类型选择方案如下：

（1）椭圆柱：面板的钢板厚度不小于 6mm，板材宜选用优质冷轧或宝钢原平板。板缝拼接处应进行精加工刨边处理，模板结构为全钢。

（2）圆柱：直径小于 1.3m。直接采用纸筒模板。纸筒模板的质量标准见后章节要求。大于 1.5m 直径的纸筒模板外部应附加特殊加强措施。

（3）方柱、矩形柱：采用钢框胶合板类型的模板，模板拼角拟采用交叉直角的方法处

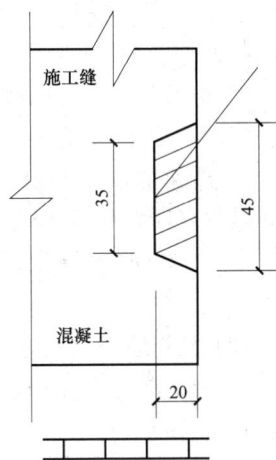

理。面板固定螺栓宜反吊固定。面板采用 18mm 厚涂塑优质胶合板，Q1 类清水混凝土采用进口芬兰板，Q2 类清水混凝土采用国产鲁班漆板，板厚不均误差应小于 0.20mm。

（4）框架结构梁拟采用半框胶合板模板。清水框架梁外侧模板采用半框模板，面板采用 18mm 厚涂塑胶合板，底模面板也采用 18mm 胶合板。梁底模支撑采用排架形式。梁侧模采用竖向肋，横向回檩。上中下设置对拉螺栓固定。其中第一层结构梁高 1400mm，中间设一道对拉螺杆；第二层结构梁高 2200mm，中间布置两道对拉螺杆。为确保清水混凝土的表面美观和达到装饰效果，拟采用精轧粗螺纹高强度螺杆和铸铁锥形螺母。

4. 原材料选择和混凝土配制

（1）原材料选择。原材料选用是保证清水混凝土质量的关键因素，除满足 GB50204—2002 规范要求之外，清水混凝土的原材料须同产地、同品种、同厂商、同规格、同颜色，以保证清水混凝土表面色泽均匀。

1）水泥：确定清水 C40 混凝土采用嘉新（南京）京阳水泥有限公司的 P.O42.5 水泥，清水 C60 混凝土采用海螺明珠 P.Ⅱ52.5 水泥。

2）粗骨料（碎石）：选用强度高，5～25mm 粒径，连续级配好，含泥量小于或等于 1%，泥块含量不大于 0.5% 且都不含杂质，针片状含量不大于 10% 的，同产地、同规格、同颜色的石料。确定选用青黑色，湖州新纪元矿的碎石。

3）细骨料（黄砂）：选用中粗砂，细度模数 2.5 以上，含泥量小于或等于 2.0%，且不含杂物的同产地、同颜色的黄色庐江金砂。

4）粉煤灰：宜选用细度按《粉煤灰混凝土应用技术规程》（GBJ 146—1990）规定的 Ⅱ级粉煤灰及以上的产品，要求定厂商、定品牌、定掺量。

5）外加剂：要求定厂商、定品牌、定掺量。选定 C40 采用麦斯特普通泵送剂 P621，C60 采用麦斯特高效泵送剂 RH1100。

以上定出的清水混凝土原材料应有足够存储量，圈出特定的砂、石料堆场并标识清楚。

（2）配制原则确定

1）清水混凝土应按现行标准《普通混凝土配合比设计规程》（JGJ 55—2000）的有关规定进行配合比设计。

2）清水混凝土的配合比设计须同时满足强度和外观要求。

3）满足清水混凝土施工配合比主要参数的要求。

① 坍落度：商品混凝土运至指定卸料地点后，试验人员应进行坍落度测试。实测的混凝土坍落度与要求坍落度之间的误差在允许范围之内。

② 水灰比：泵送混凝土时，水灰比宜为 0.43～0.45。

③ 砂率：砂率控制在 40%～45% 以内。

④ 混凝土含气量：在 3% 以内。

5. 清水混凝土的质量保证措施

（1）质量保证措施。为保证清水混凝土达到质量标准，掌握了混凝土正确配合比，并进行反复试验，测出最佳的混凝土数值和坍落度配合比，并针对高流态清水混凝土的特殊性能，从混凝土浇筑手段、形式和步骤、振捣点位的布置和振捣时间，混凝土扩展度的取定到混凝土的测温、保温等一系列环节制订了相应的技术措施和方案，从而保证了清水混凝土的内实外光、色泽均匀。

（2）外观质量保证措施。针对工程有大量清水柱和梁的设计要求，在样板清水混凝土浇筑前，组织实施了样板清水柱施工全过程的分解，分别编制了"清水混凝土结构构件允许偏差"、"钢模板加工要求和验收标准"、"钢筋绑扎质量验收标准"、"清水混凝土操作工艺卡"等标准，立足事先策划、精心施工、坚持标准、严格验收。

结构梁按结构施工图所示的幕墙分缝位置处设置凹槽，柱在梁底和梁面上下各设置一道凹槽，梁顶面仅在外侧设置凹槽，梁底面除内立面外，其余三面均设置凹槽。其余仅为模板拼装留下的蝉缝。通过上述线条和蝉缝的设置，保证了建筑设计外立面的效果。

（3）施工管理控制措施。制订了人员组织、施工组织、机械组织、材料组织、弹线和标高引测、找平、钢筋绑扎和埋件安装、排架搭设、结构清理、模板加工、模板拼装和安装、安装和预应力穿插、混凝土浇筑、混凝土收头、混凝土测温、拆模整理复测、养护、产品保护等 18 个环节的清水混凝土施工管理控制措施。

操作班组人员层层落实，建立清水混凝土操作班组责任制，形成了找平、钢筋、模板、混凝土浇筑、拆模、清理、产品养护保护等七个专业操作班组的操作层落实环节。

（4）施工控制要点

1）清水混凝土模板工程的控制要点。本工程结构柱模板采用钢框木模和全钢模，施工前对模板体系进行施工策划，对柱梁节点进行放样，保证放射形轴线的平面位置、弧形梁的弧度圆顺性及平台标高的准确。木模采用进口芬兰板，模板由专业模板加工厂加工，并根据加工要求和验收标准在出厂前由专业人员进行验收。

2）清水混凝土钢筋工程的控制要点。保护层处理：梁的主筋必须间隔 1.0～1.2m 布置塑料保护层卡块，如图 3-3 所示。柱保护层控制采用拔管的方法：在四周保护层内共设 8 根 ϕ2.5cm 管，在浇捣前拔出 1m，混凝土布料 1m 后再拔出 1m，使拔管始终距离混凝土面 1m，边浇筑边向上拔。保护层厚度根据设计要求确定。

(a)

(b)

图 3-3　钢筋保护层支架

封模前，必须进行扎钢丝的清理工作，钢丝头必须全部向内折。

钢筋的固定：为防止在浇捣混凝土时由于混凝土自重冲击力及振动而产生钢筋位移，模板上口用钢管抱箍固定钢筋并增加斜撑与排架牵牢。

钢筋的保护：对柱顶以上部位的外露插筋、铁件均采用水泥浆进行刷涂，以防生锈而污染已施工完的清水混凝土的饰面。

3）清水混凝土浇捣管理的控制要点。混凝土采用高流态混凝土，在浇捣前进行扩展度和坍落度实测。混凝土用软管一次布料到顶，浇捣时采用 Φ70 型振动机在柱中心一点振捣，快插慢拔，每次振动时间为 60～80s，采用专业监护工监控，并用秒表、哨声控制和提示。浇捣后由专业人员验收柱顶标高，并在柱顶中部设盆式集水槽，并及时清理积水。收头后在柱顶表面覆盖一层薄膜，并固定好，防止雨水入侵。

（5）特殊节点的施工控制

1）平台多梁节点施工。本工程平台梁板交叉多，形成多梁节点，要求内实外光，线条

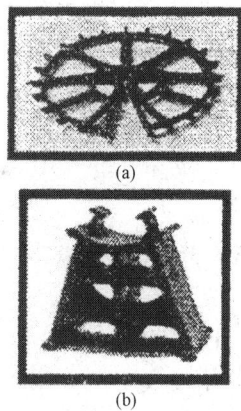

顺直，拼缝严密无漏浆。

施工控制要点：采用优质涂塑七夹板作为平台梁模板，拼缝采用双面胶覆没，相邻板高差要小于1mm，柱阴阳角采用八字拼角。

柱养护采用"永凝"养护液代替浇水养护，平台覆盖土工布，既达到养护目的又减少混凝土表面污染。

2）大截面圆柱施工。本工程室内有大量圆柱和双胞胎柱，圆柱为φ1600，双胞胎柱直径达3100mm×3100mm。混凝土垂直度和平整度实测合格率要达到清水混凝土内控标准的95％以上。

施工控制要点：圆柱为全钢模，加强模板刚度，混凝土采用二次振捣，振捣密实不漏振，脱模剂采用精制油涂刷。

拆模严格按先装先拆、后装后拆的原则，撬棒等工具不与混凝土表面接触，保证表面不破损。

3）外墙清水混凝土墙板施工。混凝土外墙板表面色泽一致，线条清晰，对拉螺栓、拼缝符合设计规律，阳角顺直，垂直度实测小于2mm，平整度小于3mm。

4）四胞胎混凝土柱施工。四胞胎柱为四根柱拼接，采用全钢模，钢模板宽度、长度允许偏差为±0.5mm，对角线允许偏差为±1mm，圆度为±1mm，错台为±0.5mm。四胞胎柱同时浇捣，伸缩缝采用钢板调节螺栓控制宽度和平整度，整柱水平围檩相通，模板根部采用调节螺栓控制轴线，8.2m高柱垂直度实测小于5mm。

5）清水混凝土细部控制。

① 高品质柱线条控制措施：在梁柱节点设置线条，线条布置与幕墙分块相对应，增强立体感，线条采用高级木料制作，表面采用封闭漆避水，保持顺直。

② 大型埋件安装控制措施：大型埋件安装采用在柱顶设置固定支架，用调节螺栓控制埋件水平和进出，并在表面设置专用橡胶帽紧贴模板，保证进出一致。

3.3 超高泵送混凝土技术

3.3.1 概述

1. 定义

高泵程送混凝土，是指将预先搅拌好的混凝土，利用混凝土输送泵泵压的作用，沿管道实行垂直及水平方向输送且泵送高度超过300m的混凝土。

2. 特点

采用混凝土泵输送混凝土拌和物，可一次连续完成垂直和水平运输，而且可以进行浇筑，因而生产效率高，节约劳动力，特别适用于工地狭窄和有障碍物的施工现场以及大体积、超高层建筑物。

3.3.2 技术简介

1. 原材料

（1）水泥。在选择水泥时主要考虑水泥品种和水泥用量两个方面。

1）水泥品种。水泥品种对混凝土拌和物的可泵性有一定影响。为了保证混凝土拌和物具有可泵性，必须使混凝土拌和物具有一定的保水性，而不同品种的水泥对混凝土保水性的影响是不相同的。一般情况下，保水性好、泌水性小的水泥，都宜用于配制高泵程混凝土。根据大量工程实践经验，一般采用硅酸盐水泥、普通硅酸盐水泥、矿渣硅酸盐水泥均可，但必须符合相应标准的规定。

矿渣硅酸盐水泥由于保水性较差、泌水性较大，国外一般不采用。但我国大量的工程实践证明，对矿渣硅酸盐水泥，采取适当提高砂率、降低坍落度、掺加粉煤灰、提高保水性等技术，也可以用于高泵程混凝土。

2) 水泥用量。高泵程混凝土中，水泥砂浆在输送管道里起到润滑和传递压力的作用，适宜的水泥用量对混凝土的可泵性起着重要作用。水泥用量过少，混凝土拌和物的和易性则差，泵送阻力增大，泵和输送管的磨损加剧，容易引起堵塞；水泥用量过多，不仅工程造价和水化热提高，而且使混凝土拌和物黏性增大，也会使泵送阻力增大而引起堵塞。适宜的水泥用量，就是在保证混凝土设计强度的前提下，能使混凝土顺利泵送的最小水泥用量。

为保证混凝土的可泵性，有一最小水泥用量的限制。国外对最小水泥用量的规定一般为 $250 \sim 300 \mathrm{kg/m^3}$。我国《普通混凝土配合比设计规程》（JGJ 55—2000）规定泵送混凝土的水泥和矿物掺和料的总量不宜小于 $300 \mathrm{kg/m^3}$。最佳水泥用量应根据混凝土的设计强度等级、泵压、输送距离、泵送高度等通过试配、试泵确定。

(2) 细骨料。泵送混凝土拌和物之所以能在管道中顺利移动，是由于水泥砂浆体润滑管壁，并且整个泵送过程中骨料颗粒能够不离析地悬浮在水泥砂浆体之中的缘故。因此，细骨料对混凝土拌和物可泵性的影响要比粗骨料大得多。

我国多数工程实践证明，高泵程混凝土宜采用中砂，砂中通过 0.315mm 筛孔的数量对混凝土可泵性的影响很大。日本建筑学会制定的《泵送混凝土施工规程》中规定，用于配制泵送混凝土的细骨料，通过 0.3mm 筛孔颗粒的含量为 $10\% \sim 30\%$；美国混凝土协会（ACI）推荐的细骨料级配曲线建议为 20%。国内工程实践也证明，此值过低，输送管道容易堵塞。上海、北京、广州、深圳等地泵送混凝土施工经验表明，通过 0.315mm 筛孔的颗粒含量应不小于 15%，最好能达到 20%。

(3) 粗骨料。粗骨料的级配、粒径大小和颗粒形状对混凝土拌和物的可泵性都有较大的影响。

级配良好的粗骨料，其空隙率较小，对节约水泥砂浆和增加混凝土的密实度起很大作用。配制高泵程混凝土的粗骨料最大粒径与输送管径之比，宜控制在 $1 : 4 \sim 1 : 5$。

粗骨料中的针、片状颗粒的含量，对混凝土可泵性的影响很大，它不仅降低混凝土的稳定性，而且容易卡在泵管中造成堵塞。因此，粗骨料中的针、片状颗粒的含量不宜大于 10%。

(4) 矿物掺和料。从流变学观点分析，混凝土拌和物的流动性由屈服剪切力和黏性分散这两参数来决定的。试验结果表明：掺入粉煤灰等硅质矿物掺和料，可显著降低混凝土拌和物的屈服剪切应力，提高混凝土拌和物的坍落度，从而提高混凝土拌和物的流动性和稳定性，粉煤灰颗粒在泵送过程中起着"滚珠"的作用，减少了混凝土拌和物与管壁的摩擦阻力。

粉煤灰是一种表面圆滑的微细颗粒，掺入混凝土拌和物后，不仅能使混凝土拌和物的流动性增加，而且能减少混凝土拌和物的泌水和干缩程度。当泵送混凝土中水泥用量较少或细骨料中粒径小于 0.315mm 者含量较少时,掺加粉煤灰是最适宜的。

泵送混凝土中掺加粉煤灰的优越性不仅如此,它还能与水泥水化析出的 $Ca(OH)_2$ 相互作用,生成较稳定的胶结物质,对提高混凝土的强度极为有利;同时也能减少混凝土拌和物的泌水和干缩程度。对于大体积混凝土结构,掺加一定量的粉煤灰,还可以降低水泥的水化热,有利于裂缝的控制。

(5)外加剂。目前,国内外所用的泵送混凝土,一般都掺加各类外加剂。用于泵送混凝土的外加剂,主要有泵送剂、减水剂和引气剂三大类。

在选用外加剂时,宜优先使用混凝土泵送剂,它具有减水、增塑、保塑和提高混凝土拌和物稳定性等技术性能,对泵送混凝土施工较为有利。

在泵送混凝土施工中,也可选用各类减水剂。减水剂都是表面活性剂,其主要作用在于降低水的表面张力以及水和其他液体与固体之间的界面张力,使水泥水化产物形成的絮凝结构分散开来,使包裹着的游离水释出,使混凝土拌和物的流动性显著改善。

引气剂是一种表面活性剂,掺入后能在此混凝土中引进直径约为 0.05mm 的微细气泡。这些细小、封闭、均匀分布的气泡,在砂粒周围附着时,起到"滚珠"作用,使混凝土拌和物的流动性显著增加,而且也能降低混凝土拌和物的泌水性及水泥浆离析现象,这对泵送混凝土是非常有利的。工程实践表明,一般普通混凝土引进的空气量为 3%~6%,空气量每增加 1%,坍落度则增加 25mm,但混凝土的抗压强度下降 5%,这是应当引起重视的问题。

2. 配合比设计

与普通混凝土一样,高泵程混凝土的配合比除要满足设计强度和经济性之外,还要具有良好的流动性和黏聚性。由于泵送混凝土通过管道输送,所以泵送混凝土除要具有常规施工方法所要求的质量外,还必须具有良好的可泵性。

(1)配合比设计的原则。根据泵送混凝土的工艺特点,确定泵送混凝土配合比设计的基本原则如下:

1)要保证压送后的混凝土能满足所规定的和易性、匀质性、强度及耐久性等质量要求。

2)根据所用原材料的质量、泵的种类、输送管的直径、压送距离、气候条件、浇筑部位及浇筑方法等,经过试验确定配合比。试验包括混凝土的试配和试送。

(2)主要参数

1)水胶比。混凝土拌和物在输送管中流动时,必须克服管壁的摩阻力,而摩阻力的大小与混凝土的水胶比有关。随着水灰比的减小,摩阻力逐渐增大。当水胶比小于 0.40 后,摩阻力急剧增大。所以,确定泵送混凝土的配合比时,其水胶比不宜小于 0.40。但是,水胶比过大,对摩阻力的减小并没有明显效果,反而会引起硬化后的混凝土收缩量增加,有产生裂缝的危险。因此,泵送混凝土的水胶比一般不宜超过 0.60。

选择泵送混凝土的水胶比时,除考虑可泵性要求外,还必须考虑结构物对混凝土的耐久性要求。

2)砂率。泵送混凝土的砂率应比一般施工方法所用混凝土的砂率高 2%~5%。这主要是因为输送泵送混凝土的输送管,除直管外,尚有锥形管、弯管、软管等。当混凝土拌和物通过上述锥形管和弯管时,混凝土颗粒间的相对位置会发生变化,此时如砂浆量不足,便会产生堵塞。而适当提高混凝土的砂率,对改善混凝土的可泵性是必要的,但过高的砂率不仅会引起水泥用量和用水量的增加，而且会使混凝土质量变差。因此，确定泵送混凝土配合比时，在能满足可泵性要求的前提下，应尽量以减少单位用水量为原则来选择砂率，而不能随意增加砂率。

　　确定泵送混凝土的砂率时，还要考虑粗骨料的颗粒形状和级配，对以碎石为骨料的泵送混凝土，建议按表 3-11 中所列的范围选取。我国规定泵送混凝土的砂率宜控制在 35%～45%，也要视具体条件而定，不得过大，否则会增加水泥用量，同时降低混凝土强度，故应在保证可泵性的情况下，尽量降低砂率。

表 3-11　　　　　　　　　　　　　　泵送混凝土适宜砂率范围

粗骨料最大粒径/mm	适宜砂率范围（%）
25	41～45
40	39～43

　　3）坍落度。泵送混凝土，试配时要求的坍落度值应按下式计算：

$$T_t = T_p + \Delta T$$

式中　T_t——试配时要求的坍落度值；

　　　　T_p——入泵时要求的坍落度值；

　　　　ΔT——试验测得在预计时间内的坍落度经时损失值。

　　泵送混凝土的坍落度视具体情况而定。如水泥用量较少，坍落度应相应减少。用布料杆进行浇筑，或管路转弯较多时，由于弯管接头多，压力损失大，宜适当加大坍落度。向上泵送时，为避免过大的倒流压力，坍落度也不宜过大。

　　我国规定泵送混凝土的坍落度宜为 80～18mm，高层建筑施工时，泵送混凝土的坍落度宜为 150～200mm。

　　3. 施工

　　(1) 混凝土的泵送。为防止初泵送时混凝土配合比的改变，在正式泵送前应用水、水泥浆、水泥砂浆进行预泵送，以润滑泵和输送管内壁。开始泵送混凝土时，混凝土泵应处于低速、匀速并随时可反泵的状态，并应时刻观察泵的输送压力，当确认各方面均正常后，才能提高到正常运转速度。混凝土泵送要连续进行，尽量避免出现泵送中断。如果出现不正常情况，宁可降低泵送速度，也要保证泵送连续进行，但从搅拌出机到浇筑的时间不宜超过 1.5h。在迫不得已停泵时，每隔 4～5min 开泵一次，使泵正转和反转各两个冲程，同时开动料斗中的搅拌器，使之搅拌 3～4 转，以防止混凝土离析。混凝土泵送即将结束时，应正确计算尚需要的混凝土数量，协调供需关系，避免出现停工待料或混凝土多余浪费。

　　(2) 混凝土的浇筑。混凝土的浇筑，应预先根据工程结构特点、平面形状和几何尺寸，混凝土制备设备和运输设备的供应能力，泵送设备的泵送能力，劳动力和管理水平，以及施工场地大小、运输道路情况等条件，划分混凝土浇筑区域，明确设备和人员分工，以保证浇筑结构的整体性和按计划浇筑。

　　根据泵送混凝土的浇筑实践经验，在混凝土浇筑中应注意下列事项：

　　1）当混凝土入模时，输送管或布料杆的软管出口应向下，并应尽量接近浇筑面，必要时可以借用溜槽、串筒或挡板，以免混凝土直接冲击模板和钢筋。

2）为便于集中浇筑，保证混凝土结构的整体性和施工质量，浇筑中要配备足够的振捣机具和操作人员。

3）混凝土浇筑完毕后，输送管道应及时用压力水清洗，清洗时应设置排水设施，不得将清水流到混凝土或模板里。

3.3.3 工程实例

上海环球金融中心位于上海浦东陆家嘴金融贸易开发区，主楼设计总高度为 492m，位居世界第三高楼。6 层以下为商店和美术馆、6～78 层为办公区域、79～89 层为超五星级酒店、90～101 层为观光区，如图 3-4、图 3-5 所示。

图 3-4 上海环球金融中心模型图

图 3-5 上海环球金融中心施工图

上海环球金融中心主楼设计采用了周边剪力墙、交叉剪力墙和翼墙组成传力体系，为了抵抗来自风和地震的侧向荷载，采用了巨型柱、巨型斜撑等构成的巨型结构，此外巨型柱截面及空间位置变化较复杂，采用了多种强度等级的混凝土，主楼结构混凝土强度等级及泵送高度分布见表 3-12、表 3-13。

表 3-12 　　　　　　　　　　　　　　工程混凝土强度等级

序号	部　　位		混凝土强度等级
1	塔楼墙体	F79 以上	C40
		F60～F79	C50
		F60 以下	C60
2	巨型柱外包混凝土	F80 以上	C40
		F68～F80	C50
		F68 以下	C60
3	主楼楼板		C30

表 3 - 13　　　　　　　　　　　　　　　　超高层混凝土分布情况

序号	混凝土强度等级	部位	最大高度/m
1	C60	核心筒 F60 以下	260.15
2		巨型柱 F68 以下	293.75
3	C50	核心筒 F60～F79	340.15
4		巨型柱 F68～F80	344.30
5	C40	核心筒 F79～F91	404.18
6		巨型柱 F80 以上	492.00
7	C30	楼板	492.00

　　施工中，须解决超高程泵送混凝土的四项关键技术，即：其一必须解决聚羧酸盐外加剂配制的混凝土拌和物的大流动性与抗离析稳定性之间的矛盾，处理好屈服应力与塑性黏度之间的流变关系；其二是为了实现混凝土的超高程泵送，所配制的混凝土必须具有大流动性且不离析的特点，而且混凝土必须克服超高程泵送所带来的各种影响因素，使混凝土性能基本保持不变，在满足工程设计要求的同时满足工程的施工要求；其三是超高程泵送机械的选用布置、泵管的布设和混凝土浇筑等泵送混凝土施工技术，这也是混凝土能否顺利"一泵到顶"的关键；其四是超高程混凝土泵送施工中采用水洗施工技术，最大限度地利用泵管中的混凝土，以减少混凝土浪费和对施工环境的污染。最后，成功地将 C60 混凝土泵送到 67 层，高度为299m；C50 混凝土泵送到 80 层，高度为 344m；C40 混凝土泵送到 101 层，高度为 492m。

3.4　大体积混凝土施工技术

3.4.1　概述

1. 定义

　　大体积混凝土，是指混凝土结构物中实体最小尺寸不小于 1m 的部位所用的混凝土。大体积混凝土结构即指水利工程的混凝土大坝、高层建筑的深基础底板和其他重力底座结构物等。这些结构物都是依靠其结构形状、质量和强度来承受荷载的。因此，为了保证混凝土构筑物能够满足设计条件和稳定性要求，混凝土必须具备以下条件：耐久性好，密实性好，有足够的强度等。大体积混凝土所选用的材料、配合比和施工方法等，应与大体积构筑物的规模相适应，并且应是最经济的。

2. 特点

　　大体积混凝土的最主要特点，是以大区段为单位进行连续施工，施工体量大、时间长。由此带来的问题是，水泥的水化热引起温度升高，冷却时产生裂缝。为了防止裂缝的产生，必须采取切实的措施。比如，使用水化热低的水泥和粉煤灰的同时，采用单位水泥量少的配合比，控制一次浇捣厚度和浇捣速率，以及人工冷却控制温度等。

3.4.2　技术简介

1. 原材料

　　(1) 水泥。大体积混凝土工程宜采用低热水泥。低热水泥是一种水化热较低的硅酸盐水泥。水泥的水化热与其矿物成分及细度有关，要降低水泥的水化热，主要是选择适宜的矿物组成，再掺加混合材料。实验表明，要减小水泥的水化热和放热速度，必须降低熟料中 C_3A和 C_3S 含量，相应提高 C_2A 和 C_4AF 的含量。但也要考虑，C_3S 的早期强度很低，不宜增加太多，也就是，C_3S 的含量不能过少，否则，会使水泥的强度发展太慢。

此外，水泥的细度虽然对水化放热量的影响不大，但却能显著影响其放热速度。但也不能片面地放宽水泥的细度，否则，强度下降过多，就不得不提高单位体积混凝土中的水泥用量，以致水泥的水化放热速率虽然较小，但混凝土的放热量反而增加。因此，低热水泥的细度，一般与普通水泥相差不大，只在确有需要时，才作适当调整。

（2）活性掺和料。大量工程实践表明，在混凝土中掺入一定量的粉煤灰、矿渣粉等矿物掺和料后，粉煤灰、矿渣粉本身的火山灰活性作用而生成硅酸盐凝胶，作为胶凝材料的一部分起增强作用，尤其是粉煤灰在混凝土用水量不变的条件下，由于其颗粒呈球状并具有"滚珠效应"，可以起到显著改善混凝土和易性的效能。若保持混凝土拌和物原有的流动性不变，则可减少单位用水量，从而可提高混凝土的密实性和强度。由此可见，在混凝土中掺入适量的粉煤灰，不仅可满足混凝土的可泵性，而且还可以降低混凝土的水化热。

（3）粗骨料。结构工程的大体积混凝土，宜优先选择连续级配的粗骨料。这种连续级配粗骨料配制的混凝土，具有良好的和易性、较少的用水量、节约水泥用量、较高的抗压强度等优点。在选择粗骨料粒径时，可根据施工条件，尽可能选用粒径较大、级配良好的石子。根据有关试验结果表明，采用 5～40mm 石子比采用 5～20mm 石子，每立方米混凝土可减少用水量 15kg 左右，在相同水灰比的情况下，水泥用量可节约 20kg 左右，混凝土温升可降低 2℃。

选用较大粒径粗骨料，确实有很大优越性。但是，骨料粒径增大后，容易引起混凝土的离析，影响混凝土质量。为了达到预定的要求，同时又要发挥水泥最有效的作用，粗骨料有一个最佳的最大粒径。对于结构工程的大体积混凝土，粗骨料的最大粒径不仅与施工条件和工艺有关，而且与结构物的配筋间距、模板形状等有关。因此，进行混凝土配合比设计时，不要盲目选用大粒径粗骨料，必须进行优化级配设计，施工时要加强搅拌，细心浇筑和认真振捣。

（4）细骨料。大体积混凝土中的细骨料，以采用优质的中、粗砂为宜。根据有关试验结果表明，当采用细度模数为 2.8、平均粒径为 0.381mm 的中、粗砂时，比采用细度模数为 2.2、平均粒径为 0.336mm 的细砂，每立方米混凝土可减少水泥用量 28～35kg，减少用水量 20～25kg，这样就降低了混凝土的温升和减小了混凝土的收缩。

细骨料的质量如何，直接关系到混凝土的质量。所以，细骨料的质量指标应符合国家标准的有关规定。混凝土试验表明，细骨料中的含泥量多少是影响混凝土质量的主要因素。若细骨料中含泥量过大，它对混凝土的强度、干缩、徐变、抗渗、抗冻融及和易性等性能指标都产生不利的影响，尤其会增加混凝土的收缩，引起混凝土抗拉强度的降低，对混凝土的抗裂更是不利。因此，在大体积混凝土施工中，砂的含泥量不得大于 2%。

（5）外加剂。大体积混凝土施工时，掺入缓凝剂，可以防止施工裂缝的生成，并能延长可振捣的时间。在大体积混凝土中，水化放热不易消散，容易造成较大的内外温差，引起混凝土开裂。掺入缓凝剂，可使水泥水化放热速率减慢，有利于热量消散，使混凝土内部温升降低，这对避免产生温度裂缝是有利的。

2. 配合比设计

大体积混凝土配合比，受结构形式的要求以及强度、耐久性和温度性质的限制。因此配合比设计时，主要应考虑以下几点：

（1）水泥应选用水化热低和凝结时间长的水泥，如低热矿渣硅酸盐水泥、中热硅酸盐水泥、矿渣硅酸盐水泥等；当采用硅酸盐水泥或普通硅酸盐水泥时，应采取相应措施延缓水化热的释放。

（2）粗骨料宜采用连续级配，细骨料宜采用中砂。

（3）大体积混凝土应掺用缓凝剂、减水剂和可减少水泥水化热的掺和料。

（4）大体积混凝土在保证混凝土强度和坍落度要求的前提下，应提高掺和料及骨料的含量，以降低每立方混凝土的水泥用量。

（5）大体积混凝土配合比确定后应进行水化热的验算或测定。

3. 施工

大体积混凝土和钢筋混凝土结构，如高层建筑箱形或板式基础、大型设备底座基础等，体积大、整体性要求较高。在施工时，一般要求混凝土连续浇筑，不留施工缝。如必须留施工缝时，应征得设计单位同意，并应符合《混凝土结构工程施工质量验收规范》（GB 50204—2002）的规定。在施工时，应分层浇筑，并应考虑水化热对混凝土施工质量的影响，特别是在炎热气候条件下，应采取降温措施。

（1）施工要点。大体积混凝土在浇筑施工时，应分段分层浇筑。为保证混凝土在浇筑时不发生离析，便于浇筑振捣密实和保证施工的连续性，施工时，应注意满足以下要求：

1）混凝土自由下落高度超过 2m 时，应采用串筒、溜槽或振动管下落工艺，以保证混凝土拌和物不发生离析。

2）采用分层浇筑时，每层的厚度符合相应规定，以保证能够振捣密实。

3）分段分层浇筑时，在下层混凝土凝结之前，应保证将上层混凝土浇筑并振捣完毕。

4）分级分层浇筑时，尽量使混凝土浇筑速度保持一致，供料均衡，以保证施工的连续性。

（2）施工工艺

1）控制浇筑层厚度和进度，以利于散热。

2）控制浇筑温度。

3）预埋冷却水管。用循环水降低混凝土温度，进行人工导热。

4）表面绝热。表面绝热的目的，不是限制温度上升，而是调节温度下降的速率，使混凝土由于表面与内部之间的温度梯度引起的应力差得以减小。因为，在混凝土已经硬化且获得相当的弹性后，环境温度降低与内部温度升高，两者共同作用，会增加温度梯度与应力差。尤其在冷天，必须减慢表面的热量损失，因此，常用绝热材料覆盖。

3.4.3　工程实例

上海环球金融中心工程主楼区域基坑呈 100m 内径的圆形，基坑面积约 7850m²；主楼基础底板厚度为 4.5m，主楼基础挖深 18.35m，如图 3-6 所示。电梯井深坑位于基坑中部，面积约 2116m²，开挖深度约 25.89m。主楼中部的电梯井深坑处底板最大厚度为 12.04m，落深部分的基坑混凝土方量约为 10 000m³。主楼基础底板混凝土总方量约 38 900m³，混凝土强度等级为 C40，抗渗等级为 P8，R60。基础底板混凝土浇筑如图 3-7 所示。

本工程通过解决超大体积混凝土以下四大关键技术，成功地仅用 42h 就一次将 28 900m³ 超大体积混凝土浇捣完成，创造了国内房建领域单次浇捣混凝土的新记录。即：其一系统地分析和研究了聚羧酸系外加剂在混凝土中的抗裂机理，摸索出聚羧酸系外加剂与水泥的适应性规律，掌握聚羧酸系外加剂配制低水热大体积混凝土技术；其二大体积混凝土配制技术走通过水泥与活性矿物外掺料的合理匹配，利用聚羧酸系高效外加剂的复合效果，以低水胶比、少用水量、大流动的技术路线；其三混凝土中掺入矿粉、粉煤灰等活性掺和料，取代部

图 3-6 上海环球金融中心施工现场

分水泥和部分细骨料，可以显著改善混凝土性能，特别是改善混凝土抗渗透性能；其四试配方案中充分利用活性掺和料的后期强度，采用低水泥用量主要是为了降低大体积混凝土所产生的较高的内部温度，更好地控制混凝土内部和表面的温差，有利于控制温差裂缝。

图 3-7 上海环球金融中心基础底板混凝土浇捣现场

3.5 预制装配式（PC）住宅设计技术

3.5.1 概述

1. 内外混凝土预制构件的应用情况

国外住宅建筑工业化主要是二战后开始发展的。20 世纪 50 年代，欧洲一些国家为解决房荒问题，掀起住宅建筑工业化高潮，到 60 年代，遍及欧洲各国，并扩展到美国、加拿大、日本等经济发达国家，之后，住宅工业化从数量的发展向质量提高方向过渡。1989 年，在国际建筑研究与文献委员会（CIB）第 11 届大会上，建筑工业化的发展被列为世界建筑技术的八大发展趋势之一。其原因：一方面由于住宅需求巨大，劳动力短缺；另一方面各国的经济发展与技术进步的推动，所有这些为住宅产业化奠定了基础。住宅产业化的特点是采用标准化、系列化的预制构件，在现场进行机械化施工。其结果是功能满意、质量好、效率高，正是由于其有现浇构件不可比拟的优点，住宅产业化在国外得到了蓬勃发展。

在我国 80 年代受当时标准化、工厂化生产的要求，预制混凝土产品应用较为广泛，主要有预制梁柱、预制楼板、预制叠合楼板及预制混凝土墙板等。在 80 年代中达到鼎盛时期。

进入 90 年代由于预制构件技术自身原因及现浇混凝土技术的突飞猛进，预制梁、柱、墙板逐步被取代。90 年代开始衰退，到 90 年代中急转直下持续滑坡。究其原因，预制混凝土构件之所以衰退主要还是技术上的原因，首先是设计原因，构件跨度太小，形式陈旧，不能发挥预制混凝土的优势；缺乏对预制拼装房屋结构的认知。例如大板多层和高层公寓建筑，就由于开间太小，承重墙过多，加之预制构件间连接困难，用钢量大等原因，缺乏经济竞争力；其次是加工制作和装配技术的原因，当时预制构件加工精度和生产工艺的落后影响建筑质量。

当今预制混凝土技术有了很大的发展，特别是高精度预制技术在盾构隧道管片、桥梁等结构中得到了广泛应用。可见我国预制混凝土结构难以持续发展并不意味着预制建筑的"山穷水尽"，只要进行技术革新，采用新技术就大有发展前途。

2. 预制混凝土（PC）设计的社会效益

预制装配式结构（Prefabricated Concrete，简称 PC 结构）是以预制构件为主要构件，经装配、连接、部分现浇而成的混凝土结构。与传统的全部在施工现场完成的工艺相比具有如下特点：

（1）以钢筋混凝土外墙板代替传统的砌体围护增加了构件的韧性和结构的整体性，随着经济的发展和人民生活质量的提高，结构安全已由单纯满足强度到考虑综合性能，震害和事故表明：构件的韧性和结构的整体性是不亚于承载力（强度）的重要性能。断裂、倒塌类型的脆性破坏应尽量避免。

（2）施工进度快，可在短期内交付使用。

（3）施工现场劳动力减少，交叉作业方便有序。

（4）每道工序都可以像设备安装那样检查精度，保证质量。

（5）结构施工占地少，现场用料少，湿作业少，明显减少了运输车辆和施工机械的噪声。现场文明，对周围居民生活干扰较小。有利于环境保护。

（6）节省了大量的模板工程。

（7）外饰面与外墙板可同时在工厂完成，现场可以一步达到粗装修水平。

（8）可以节省水电消耗从而达到节能减排的效果。以万科新里程的两栋试点楼（分别为 14 层檐口高度 41.33m 与 11 层檐口高度 32.57m 的 20 号、21 号楼）为例，建筑面积约 1.44 万 m²，两栋大楼的预制率达到 37%（以混凝土方量计算），施工工期更是缩短 20%，而且，构件制作及现场施工过程中可节水 36%，节电 31%。

3.5.2　设计关键技术

在设计中经过调研和研究，同时通过对 80～90 年代的预制构件的成功经验和失败教训的分析，我们认为预制装配式住宅工程的设计成功与否关键在于以下几方面的处理。

（1）预制墙板功能设计：包括墙板的围护和防雨功能、隔声功能及保温隔热功能等是否能达到相关要求。

（2）连接采用的形式：采用柔性连接还是刚性连接。

（3）节点防水：包括材料密封防水、空腔构造防水、空腔内排水、空心橡胶密封防水等。

（4）预制墙板在各种工况的受力分析及配筋设计。

（5）预制叠合楼板和阳台板的设计。

3.5.3　工程实例

1. 工程概况

"万科新里程"的 20 号楼为 14 层，地下 1 层，标准层层高 2.920m，框架-剪力墙结构，柱、梁、剪力墙采用现浇，楼板、悬挑阳台采用预制叠合板，外墙及女儿墙采用预制墙板，楼梯梯段板为预制效果图、实景图及平面图如图3-8所示。

(a)

(b)

图3-8　万科新里程20号楼（一）

（a）万科新里程PC项目20号楼南侧效果图；（b）万科新里程PC项目20号楼北侧实景图

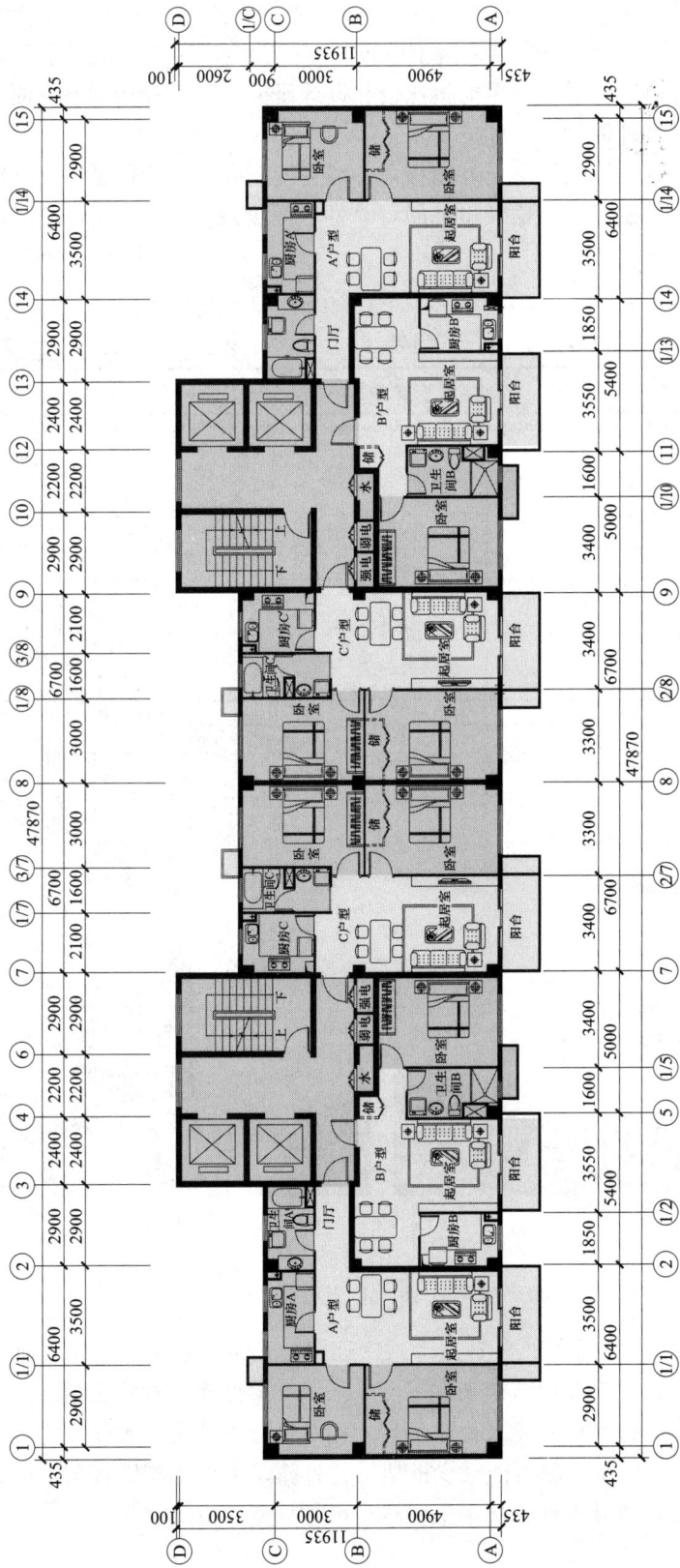

图 3-8　万科新里程 20 号楼（二）

2. 关键部位处理

（1）预制墙板功能设计：对预制混凝土墙板的围护功能、防护功能、隔声功能和保温隔热功能等进行了设计研究，通过多重方案比较和设计研究认为，采用预制混凝土外挂墙板加内保温，完全可以达到外墙使用功能的要求。

在工程中采用了预制钢筋混凝土外墙板，外墙厚度的确定除要保证以上功能外，还考虑了外墙的热惰性和构件制作、运输及吊装的可靠性，厚度取为 160mm 外墙设计图及现场吊装如图 3-9 所示。

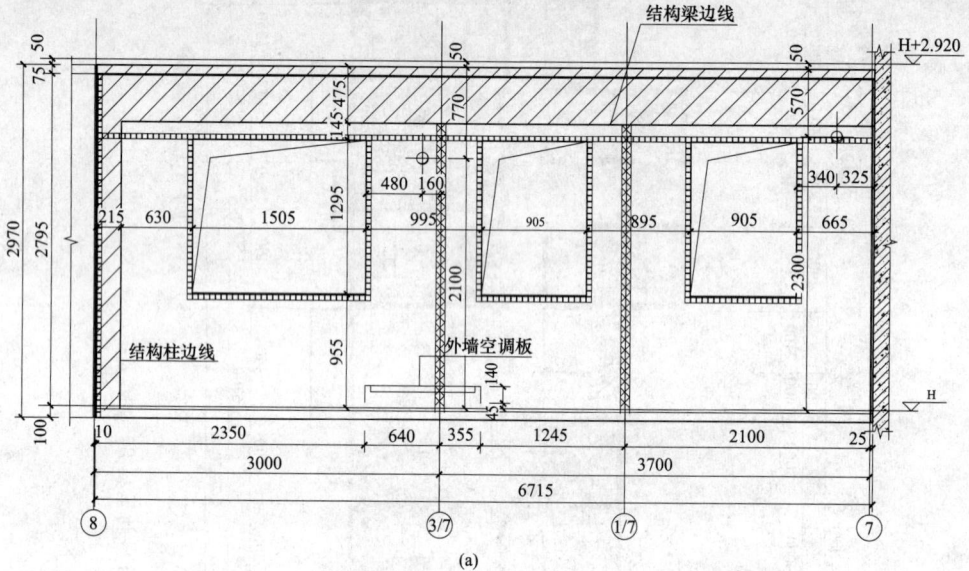

(a)

(b)

图 3-9　外墙板现场

（a）外墙板设计图；（b）外墙板现场吊装

（2）预制外墙墙板与主体结构的连接形式：连接形式主要有柔性连接与刚性连接两种形式，研究发现两种形式对于围护结构来讲都可以采用。柔性连接对施工精度、施工水平有较高的要求；刚性连接对施工水平要求相对不高，相对柔性连接可节省使用空间。本工程采用刚性连接，如图 3-10 所示为尽可能减少框架梁柱外露，采用预制墙板与框架梁柱连接部位预制墙体减薄的方法，通过这种方法本工程减少梁柱外露 50mm。

（3）节点防水

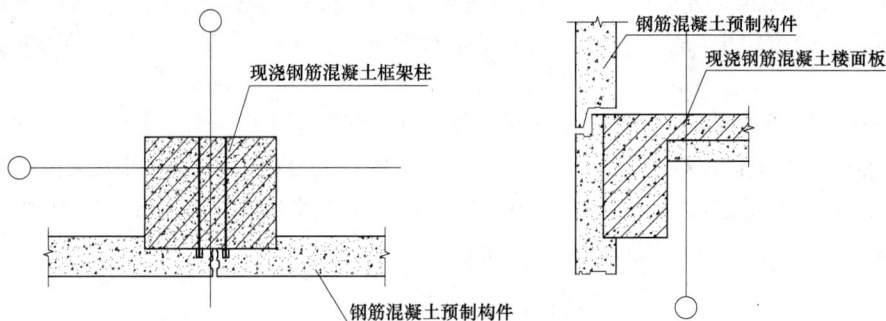

图 3-10　预制墙板与框架梁柱连接形式

1）水平拼缝防水：在本工程设计中为彻底解决预制外墙的渗漏通病，确保构件拼接处不漏水，在水平拼缝处采用了三种防水措施，即材料密封防水、空腔构造防水排水、空心橡胶密封条防水。

水平拼缝最外侧为材料密封防水层，采用耐候硅胶将拼缝最外侧密封。拼缝中部为构造形成的空腔，在上下两块预制混凝土墙板相对应处分别设置凹槽，当两块板拼接时形成内高外低的空腔，并在下块板的顶部即空腔下部设置排水槽，在排水槽的尽端垂直拼缝底部设置排水管。在预制墙板的拼接内侧设置空心橡胶止水条，如图 3-11 所示。

空腔防水机理：万一材料密封防水失效，雨水进入空腔，由于空腔内侧高于外侧，水会顺空腔内设置的排水槽流至拼缝垂直空腔内，由垂直空腔流至垂直空腔底部的排水管排出，从而达到防水的目的。垂直空腔底部设置排水管不但可以将流入空腔内的水排出，还可在风压作用下保证空腔内外气压相同，防止水汽在风压作用下渗入空腔。为确保防水万无一失，在两块板拼接处设空心橡胶密封条。

2）垂直拼缝防水：除采用了水平拼缝的措施外，还另加了后浇混凝土自防水。本节点竖向空腔不但可以防止水流向内侧，还可以将流入水平空腔的水通过下部设置的排水管排出。设置在空心橡胶止水条后部的现浇混凝土结构可以有效地阻挡渗入的水汽，从而使防水更加安全有效垂直拼缝防水如图 3-12 所示。

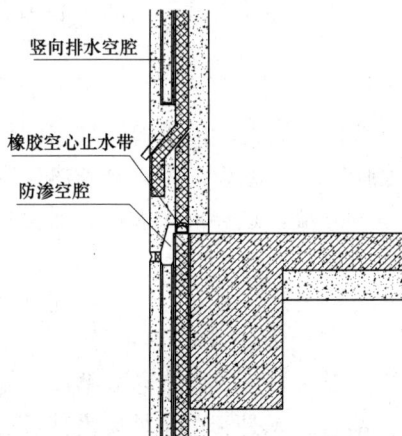

图 3-11　水平拼缝防水　　　　　　　　　　图 3-12　垂直拼缝防水

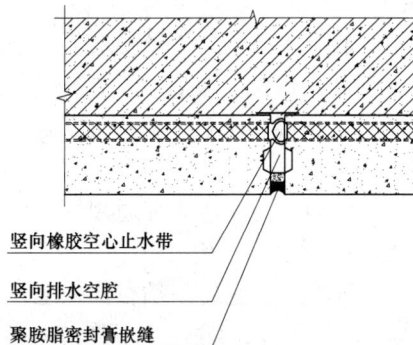

3）预制墙板窗框处防水：采用铝合金窗框与预制混凝土墙板整浇的方法，一次将铝合金窗框与混凝土墙体制作成一个整体，可以有效地减少施工现场工程量并可以大大提高防水性能。

（4）桁架式配筋预制叠合楼板。预制叠合楼板设计采用了国外流行的桁架式配筋，采用这种配筋形式不但可以保证上部现浇混凝土内钢筋位置的准确，而且还可大大提高预制与现浇部分结合面的强度和楼板刚度。本工程设计楼板总厚度为 180mm，其中预制部分为 80mm，现浇部分为 100mm，如图 3-13 所示。

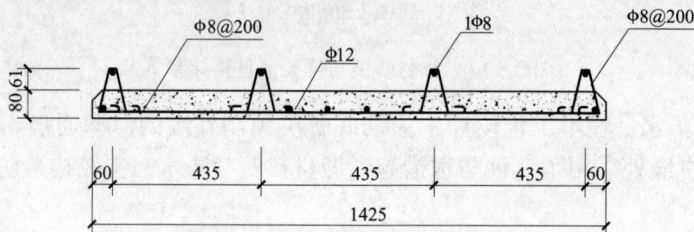

图 3-13　桁架式配筋预制叠合楼板设计图

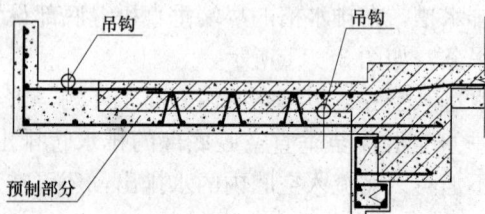

图 3-14　桁架式配筋预制叠合阳台板设计图

（5）桁架式配筋预制叠合阳台板，如图 3-14 所示。设计思路同预制叠合楼板，采用桁架式配筋，可以保证悬挑阳台的上部钢筋的有效高度，提高结构的施工质量。

3. 小结

本工程的设计采用了大量的新技术、新方法，预制外墙墙板与主体结构的连接形式、水平拼缝内排水方式、垂直拼缝防水排水、桁架式配筋叠合楼板、桁架式配筋预制叠合阳台板等技术均为国内首次采用，较国内已建成的类似工程，设计技术上有很大提高，设计观念上有较大的创新。在主体结构封顶后经历台风"韦帕"和"罗莎"均没有发现窗、墙渗漏，彻底解决了外墙的渗漏问题，提高了住宅的品质。预制构件的设计和构造较过去在技术水平上有很大提高，实现了预期目标，同时在工程设计施工中得到相关管理部门的关心和支持，特别是主体封顶后受到国内媒体的广泛关注和好评。

4. 设计建议

（1）在"节能减排"的背景要求下，建筑节能要求日渐提高，目前国内采用的保温形式主要有外保温和内保温。今后 PC 结构应充分发挥预制外墙的优势，将保温隔热层预制在构件内，形成具有保温、阻热、隔声、防渗功能为一体的外墙，这样可大大提高保温材料的耐久性，并可进一步减少施工现场的工作量，加快施工进度。

（2）应考虑构件的模数化和通用性，增加模具的周转次数，部分构件应做到可互换可通用，从而大大降低工程造价。

（3）本工程将外墙瓷砖粘贴在模板上，通过浇筑混凝土与预制外墙形成整体，瓷砖的抗拔试验力提高了 9 倍，彻底解决了瓷砖脱落的问题。笔者考虑是否可将外墙设计成具有装饰艺术效果的图案，在预制外墙时同时完成，既可充分发挥高精度预制构件的优势又可减少瓷砖用量，响应政府"节能减排"的号召。

3.6　装配式多功能保温预制墙板制作技术

3.6.1　概述

随着科学发展观的不断深入，基于可持续发展的要求，开发节能与绿色建筑已刻不容缓。我国从 1992 年开始大力推行墙体材料革新工作以来，各级政府部门对此一直给予高度的重视，国务院还特别下发了《关于进一步推进墙体材料革新和推广节能建筑的通知》，十几年的墙材革新工作取得了丰硕的成果。在国民经济努力实现又好又快发展、住宅产业化进程不断大力推进的今天，发展新型墙体材料已显得越发迫切。在我国加紧建设节约型社会的大背景下，住宅建设怎样做到以人为本，怎样实现资源的节约与再利用，怎样促进建筑与生态环境的和谐发展等议题已得到整个建筑领域的广泛关注。特别是一些房地产公司也一直致力于优质、环保、节能型建筑产品的研究与开发。例如瑞安房地产发展有限公司是香港第一个预制建筑的承建商，在多年来对国外及香港预制组装技术进行的大量调研中，积累了相当丰富的经验，今年在上海杨浦知识创新区项目中首次尝试了预制夹心保温外墙系统。万科房地产集团也在 2000 年就成立了研究中心，在实践中初步形成了一条住宅产业化道路，今年在上海浦东新里程项目中也对装配式结构的 PC 楼进行了尝试。在瑞安和万科等装配式住宅项目的实施过程中，我公司作为专业从事预制构件的生产企业，在技术与工艺上的不断研究与探索，加上多年来在预制构件方面积累起来的大量经验，与这两家房地产公司共同合作开发了多功能保温节能预制墙板，并在生产操作过程中得到不断完善。随着节能建筑进程的不断加快，使用装配式多功能保温节能预制墙板将成为住宅建设的一种必然趋势。

预制组装建筑技术，是国际建筑的一种潮流，亦是国际公认的可持续发展建筑技术。它在提高建筑产品的质量、推动建筑产业化进程等方面发挥着越来越重要的作用，其优势也越来越多的显现出来。

传统的住宅建造技术和粗放型的生产方式存在着很多问题，如建筑质量缺陷率高、循环利用率低、环境污染大等，这些都严重制约了整个行业的发展。采用预制组装建筑技术，由于预制结构在预制厂完成，减少了施工现场的湿作业，降低了噪声和粉尘的污染，显著改善了施工环境与工人的施工条件，同时也大大缩短了工期，提高了建筑施工的效率。预制组装技术在为客户提供防水性、耐久性优良的建筑产品的同时，也为企业实现规模化、产业化生产提供了方便，在节约资源、保护环境等方面也产生了良好的社会效益。

预制墙板是预制组装技术中一个十分重要的组成部分，而带有外饰面砖和门窗框且具有保温性能的预制墙板更是今后节能绿色建筑的发展方向。在预制墙板中，外饰面砖与构件的混凝土整体成型，改变了在建筑砌体外贴面砖的传统做法，使面砖与混凝土更牢固的黏结，避免了面砖脱落引发安全事故的可能。同时，窗框直接预埋于预制墙板中，使外门窗渗漏的问题从工艺制作上得到根本解决。此外，预制墙板中还可以夹带聚苯乙烯保温板，如图 3-15 所示，从而达到良好的保温隔热效

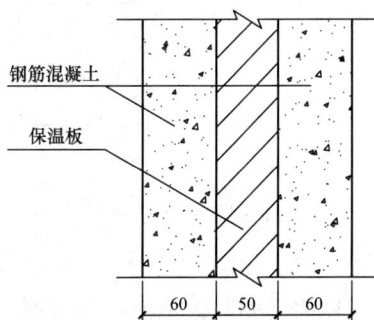

图 3-15　夹心保温墙板示意图

果，其传热系数为 $0.52W/m^2 \cdot K$，远低于国家规范 $\leqslant 1.0W/m^2 \cdot K$ 的要求。夹心保温预制外墙技术比目前施工中常用的外保温与内保温做法更具优势，其经济效益与社会效益也更为明显。

预制墙板主要作为围护结构，可承担自重和由自重引起的地震、风载等作用。预制墙板安装采用先挂式，和主体结构的连接通过墙板两侧伸出的锚筋与柱子进行整体现浇来实现。墙板的接缝采用遇水膨胀止水条，和现浇结构整体密贴浇捣，接缝的外部进行密封胶处理。这种安装连接方式整体性能好，同时外墙的抗渗性能也得到很好的保障。

3.6.2　技术简介

1. 预制墙板生产工艺

装配式多功能保温节能预制墙板的生产，主要是利用预先设计生产好的模板，先粘贴面砖后，再将分块绑扎好的钢筋吊到模板内进行整体安装，然后将保温板、窗框和预埋件等安装固定，再进行混凝土的施工及蒸汽养护，最后拆模吊运的过程。每个工序均采用工厂流水式作业，每个工种均由相对少数固定的技术娴熟工人操作实施。

(1) 生产工艺流程图。生产工艺流程如图 3-16 所示。

以上工序可根据实际设计需要相应增加或减少，或者根据生产需要相应调整顺序。

(2) 模具设计与组装

1) 模具设计。预制墙板外观质量和外形尺寸要求都很高，墙板外表应光洁平整，不得有疏松、蜂窝等缺陷。这些都给模具设计增加了难度，要求模板在保证一定刚度和强度的基础上，既要有较强的整体稳定性，又要有较高的表面平整度。我们经过认真分析研究，结合墙板的实际情况，最终确定墙板模板的配置采用平躺结构，整个结构由底模、外侧模和内侧模组成。此方案能够使墙板正面和侧面全部与模板密贴成型，使墙板外露面能够做到平整光滑，对墙板外观质量起到一定的保证作用。

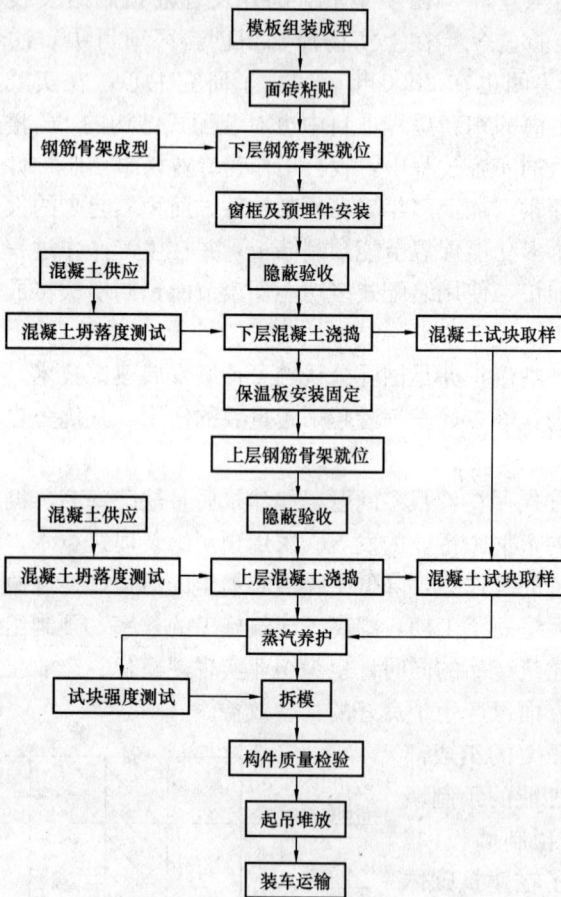

图 3-16　生产工艺流程图

2) 模具组装

① 底模安装就位。在生产模位区，根据墙板生产的操作空间进行钢模的布置排列。底模就位后，必须对其进行水平测试，以防墙板因底模不平而产生翘曲。底模校准后，底模四

周采用膨胀螺栓固定于混凝土地坪上，这样可以防止底模在生产过程中移位走动而影响产品质量。模具实物如图 3-17 所示。

图 3-17　模具实物图

② 模板组装要求。钢模组装前，模板必须清理干净，不留水泥浆和混凝土薄片。模板隔离剂不得有漏涂或流淌现象，模板的安装与固定，要求平直、紧密、不倾斜、尺寸准确。此外，由于端模固定正确与否直接关系到墙板的长度尺寸，所以端模固定采用螺栓定位销的方法。

③ 模板几何尺寸允许偏差和检验方法，见表 3-14。

表 3-14　　　　　　　　　　　　模板几何尺寸允许偏差及检验方法

项次	项目		允许偏差/mm	检验方法
1	高度		+0，−4	用尺量平行构件高度方向
2	宽度		+0，−4	用尺量平行构件宽度方向
3	厚度		+0，−2	用尺测量两端或中部
4	表面平整		3	用 2m 直尺和楔形塞尺测量
5	侧向弯曲		$L/1500$	用尺测量
6	预埋件中心线位置		5	用尺量纵、横两个方向中心线
7	对角线差	构件	5	用尺量纵、横两个方向中心线
		窗框口	3	用尺量
8	窗框口	高度	±5	用尺量
		宽度		
		位移	3	用尺量
		倾斜		

（3）面砖铺贴。平面面砖每片大小为 300mm×600mm，如图 3-18 所示角砖每条长度为 600mm，如图 3-19 所示。平面面砖每片的连接是采用内镶泡沫塑料网格嵌条，外贴塑料薄

膜粘纸的方式将小块瓷砖连成片。角砖以同样的方式连成条。

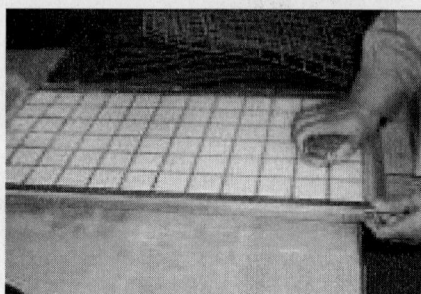

图3-18　平面面砖

图3-19　角砖

面砖粘贴前必须将模具清理干净，不得留有混凝土碎片和水泥浆等杂物。面砖粘贴如图3-20所示。然后在底模面板上按照每张面砖的大小划线，先进行试贴，检查面砖缝横平竖直后再正式粘贴。先将专用双面胶布从底部开始向上粘贴，再将面砖粘贴在底模上。要注意必须保证每张面砖的空隙均匀，线条平直顺畅。

（4）窗框与保温板的安装

1）窗框的安装。在模板体系上安装一个与窗框内径同大的限位框，防止铝窗框在混凝土成型振动过程中受力变形，如图3-21所示。窗框安装时可直接固定在限位框上，固定点间距不大于40cm。窗框与模板接触面采用双面胶密封保护。窗框和混凝土的连接主要依靠专用金属拉片固定，专用金属拉片由铝窗制作单位提供，金属拉片设置间距在40cm以内为宜。同时按图纸要求安装接地保护装置。窗框用塑料布做好遮盖，防止污染，在系统生产、吊装完成之前，禁止撕除窗框的保护贴纸。

图3-20　面砖粘贴

图3-21　窗框固定

2）保温板的安装

① 平面保温板的安装。平面保温板放置后，难以浇捣保温板下面的混凝土，所以混凝土应分层成型。根据预制墙板的结构情况，先浇捣保温板下面的混凝土，再安装保温板，然后浇捣保温板上面的混凝土。为了确保保温板位置的准确，底层混凝土的浇捣应严格控制厚度，高度一致后方可铺设保温板。保温板的上下高度控制形式为：下面依靠底层混凝土厚度来保证，上面主要依靠固定在上层钢筋骨架上的定位架来控制。平面保温板固定如图3-22

所示。

②竖向保温板的安装。竖向设置的保温板由于不影响混凝土的浇捣成型,可直接安装固定在钢筋骨架中。保温板的位置固定主要采用在两侧安装塑料三角固定架的方式。

(5)钢筋成型与混凝土施工

1)钢筋成型。由于预制墙板属于板类构件,钢筋的主筋保护层厚度相对较小,因此钢筋骨架的尺寸必须准确。实际操作中,首先是按钢筋配筋单进行半成品钢筋的加工,然后模外成型钢筋骨架,再吊到模内整体拼装连接。钢筋骨架成型采用分段拼装的方法,即操作人员预先在模外绑扎小梁骨架,然后在模内整体拼装连接,钢筋入模如图 3-23 所示。钢筋保护层采用专用塑料支架,以确保保护层厚度的准确。

图 3-22　平面保温板固定

图 3-23　钢筋入模

2)混凝土浇捣。混凝土浇捣前,应对模板和支架、模内钢筋及预埋件等进行检查,逐项检查合格后,才可浇捣混凝土。检查时应重点注意钢筋有无油污现象,预埋件位置是否正确等。混凝土浇捣应连续进行,浇捣时应采用振动器振捣混凝土,直至混凝土停止下沉,无显著气泡上升,表面平坦一致,呈现薄层水泥浆为止。振捣时,应注意振动器不要碰到面砖、保温板、预埋件、模板和钢筋。

3)蒸汽养护。混凝土浇捣完毕后需采用低温蒸汽养护。蒸汽养护分为静停、升温、恒温和降温四个阶段。静停一般可从板体混凝土全部浇捣完毕开始计算,升温速度不得大于 15℃/h,恒温时段温度控制在(55±2)℃范围内,降温速度不宜大于 10℃/h。蒸养制度为:

$$\text{静停}\xrightarrow{2h}\text{升温}\xrightarrow{2h}\text{恒温}\xrightarrow{7h}\text{降温}\xrightarrow{3h}\text{结束}$$

(6)构件脱模

1)脱模前先试压混凝土强度,当混凝土强度大于设计强度的 50% 时,方可拆除模板,移动构件。

2)侧模和底模采用整体脱模的方法,内模为整体式,不能整体脱模,故采用分散拆除的方法。拆模时要仔细认真,不能使用蛮力,要注意保护好铝窗框。

3)吊运构件时,钢丝绳与水平方向角度不得小于 45°。

4)脱模后,应对墙板与现浇混凝土连接部位按要求进行凿毛处理。

（7）构件脱模堆、运输、出厂

1）墙板主要采用靠放，用槽钢制作了三角支架，采用了竖直堆放。墙板搁支点应设在墙板底部两端处，堆放场地须平整、结实，搁支点可采用柔性材料，堆放好以后要采取临时固定措施，墙板堆放如图3-24所示。

2）墙板装车运输时，以立运为主。运输车上配备了专用的运输架，装车时外饰面朝外并用紧绳装置进行固定，如图3-25所示。

图3-24　墙板堆放

图3-25　墙板装车运输

运输墙板时，车启动应慢，车速应匀，转弯变道时要减速，以防墙板倾覆。

2. 预制墙板质量要求及检验方法

（1）墙板检验包括外观质量和几何尺寸两方面，均要求逐块检查。

（2）外观质量要求墙板上表面光洁平整，无蜂窝、塌落、露筋、空鼓等缺陷。

（3）墙板的外观质量要求和检验方法见表3-15。

表3-15　　　　　　　　　　预制墙板外观质量要求及检验方法

项次	项目		质量要求	检验方法
1	露筋		不允许	目测
2	蜂窝		表面上不允许	
3	麻面		表面上不允许	目测
4	硬伤、掉角		不允许，碰伤后要及时修补	
5	裂缝	横向	允许有裂缝，但裂缝延伸至相邻侧面长度应不大于侧面高度的1/5，且裂缝宽度不得大于0.2mm	目测，发现裂缝用尺量其长度，用读数显微镜测量裂缝宽度
		纵向	总长不大于$L/10$	

（4）墙板及铝窗几何尺寸允许偏差和检验方法见表3-16。

表3-16　　　　　　　　　　墙板及铝窗几何尺寸允许偏差及检验方法

项次	项目	允许偏差/mm	检验方法
1	高度	±5	用尺量平行构件长度方向
2	宽度	±5	用尺测量两端
3	厚度	±5	用尺测量两端或中部

续表

项次	项目		允许偏差/mm	检验方法
4	窗框的位置		±5	用尺测量
5	扭曲		$L/1000$	用丝线测量两对角线中部的间距
6	表面平整		5	用 2m 直尺和楔形塞尺测量
7	侧向弯曲		$L/1000$	用尺测量
8	主筋保护层厚度		+15，−5	用尺测量
9	预埋件	中心线位置	10	用尺量纵、横两个方向中心线
		与混凝土面平整	5	用尺量
10	对角线差	构件	8	用尺量纵、横两个方向中心线
		窗框口	5	用尺量
11	吊钩外露		±10	用尺量

3.6.3 工程实例

1. 万科新里程施工现场

万科新里程施工现场如图 3-26～图 3-29 所示。

图 3-26 一层外墙挂板安装

图 3-27 外墙挂板支撑及连接

图 3-28 外墙挂板安装效果

图 3-29 安装外立面图

2. 瑞安杨浦 7-9 号地块

瑞安杨浦 7-9 号地块施工现场如图 3-30～图 3-33 所示。

图 3-30　外墙挂板现场起吊

图 3-31　外墙挂板安装

图 3-32　外墙挂板现场测量

图 3-33　外墙挂板支撑

3. 小结

从整体来看，装配式多功能保温节能预制墙板的主要优势如下：

（1）提升房屋质量，改善建筑物性能。

预制墙板在工厂内采用流水式作业，按标准化制作完成，其尺寸精度可以控制在毫米级。而且由于采用依靠钢模制作的工艺，成品外观光洁平整，几乎无缺陷，从而保证了建筑的外观质量，施工精度也显著提高，其优势是传统手工操作所无法比拟的。

预制墙板与柱梁现浇整体连接，接缝内部镶嵌止水条，外部进行密封胶处理，具有良好的防水抗渗性能。预制墙板内预埋夹心保温板来达到保温隔热性能要求的方式，从根本上改变了传统外保温与内保温的做法，免除了使用期内相关的维护费用，为建筑节能开辟了一条全新的道路。

带外饰面砖的预制墙板，面砖与墙板混凝土整体成型，避免了以往的面砖脱落问题。而且与现贴方法相比，面砖缝更直，缝宽、缝深一致，从而形成了良好的立体美观效果。此外，将外门窗框直接预埋于预制墙板中，从工艺上解决了外门窗的渗漏问题，提高了客户的居住质量。

（2）提高施工效率，推动产业化进程。

大量采用预制墙板及其他预制构件后，现场施工更为简便。预制构件采用吊装就位，施工中甚至可以不用再搭建脚手架，施工机械化程度明显提高。外门窗框与外饰面砖等在预制过程中即已完成，因而施工周期大大缩短，施工效率显著提高。通过工厂化的生产方式，改变传统现场手工操作的方式，促使住宅产业由粗放型向集约型转变，基本实现了标准化、工厂化、装配化和一体化，对建筑产业化进程起到了巨大的推动作用，也奠定了良好的基础。

（3）社会效益显著，可持续发展性强。

生产预制墙板的成型模具一次投入后可在多幢建筑中重复使用，与传统现浇墙体施工方法相比，减少了材料的浪费，提高了利用率，节约了资源，同时也降低了成本。

预制墙板中使用夹心保温板，其保温隔热性能更为优越，可以减少日后用能设备设施的使用频率，从而可以在一定程度上缓解用电紧张与能源危机。

施工中采用预制墙板现场吊装操作，使得常规的模板制作、钢筋绑扎和混凝土浇捣量大大减少，从而减少了现场湿作业的材料与水资源等的浪费。同时也明显减少了施工中产生的粉尘，改善了施工现场的环境，降低了环境污染的程度。

基于以上优势的分析与总结，结合长期的研究与生产实践的检验，我们认为：发展装配式多功能保温节能预制墙板，能够真正实现效率与质量并进、节能与环保共行，是今后建筑行业向资源节约型与环境友好型方向发展的一种很好的选择，也是企业走向产业化，走可持续发展道路的一种必然趋势。

3.7　产业化住宅建筑节能施工技术与应用

3.7.1　概述

住宅产业化是采用社会化大生产的方式进行住宅生产和经营的组织形式，设计标准化、产品定型化、构件预制工厂化、现场装配化的住宅生产方式，是由开发商策划投资，经设计院进行标准化构件设计，再由预制厂进行工厂化的构件制作，并通过施工单位在现场进行规范化的装配施工，最终形成产业化住宅链的整合。上海万科新里程首批产业化住宅楼的交付使用，宝山四季花城、地杰国际城以及三林镇 W6-3、W6-5 地块装配整体式住宅等一批又一批产业化楼相继推出，标志着住宅产业化进入了一个新的时期。

产业化住宅是用现代科学技术对传统住宅产业进行全面、系统的改造，作为新型绿色环保节能建筑，工业化程度高，整个工程建造过程环保节能特点显著。通过优化资源配置，降低资源消耗，节约资源，减少操作人员劳动强度和现场作业人员，对周围建筑影响小。通过工厂化生产和现场装配施工，可大幅减少建筑垃圾和建筑污水，降低建筑噪声，降低有害气体及粉尘的排放，提高住宅的工程质量、功能质量和环境质量，提高住宅建设劳动生产率水平，实现住宅建设可持续发展。

产业化住宅预制装配式这一绿色环保节能型建筑，为工程建筑拓展新领域、开发新产品和新工艺提供了一个平台和契机，这也是中国商品住宅建造方法上的一次突破性尝试。目前，在上海地区已有 6 个项目，总建筑面积为 50 万平方米的预制装配式节能环保型住宅小区工程已经竣工或正在抓紧施工中，从实践效果来看，建筑节能降耗和减少环境污染显著，成为节能降耗的优势品牌工艺，体现了绿色施工理念。产业化住宅建造节能施工技术与工程示范应用，有利于提升产业品质、住宅性能和环保功能，有其广阔的推广应用科学技术价值，符合当今住宅产业化的发展趋势，具有新颖性和应用价值。

3.7.2 技术简介

1. 装配体系与连接工法

预制装配整体式节能环保型产业化住宅，目前在上海地区已经竣工或正在抓紧施工的工程中，已形成三种装配体系与连接工法。

（1）构件与结构同步装配体系与连接工法。预制构件与现浇结构同步施工，是工厂预制构件和现浇结构在施工过程中同步安装施工，采用预制外墙板与框架柱、梁或剪力墙外挂叠合连接，预制外墙板在内侧预留锚固钢筋，待构件安装就位后，通过浇筑梁、板柱或墙的混凝土，将外墙板构件与现浇结构连为一个整体的一种施工方法。

叠合板施工时，采用两端预留钢筋插入结构墙或梁柱内，板端进入 25mm。阳台板和外墙空调板，留设连接锚固筋与结构梁、柱浇捣在一起。

预制楼梯为成型产品，工厂化生产后，一种做法是搁置，与楼层梁焊接连接；另一种做法是预制楼梯留设连接锚固筋，与现浇梁板浇捣成整体。

（2）"先柱梁结构，后外墙构件"装配体系与连接工法。在建筑主体结构施工中，先现浇主体结构的柱、梁、板，待达到设计强度后，再将工厂中预制完成的构件安装到位，从而完成整个结构的施工。

构件后安装连接，是框架或剪力墙结构主体楼层完成后，外墙采用预埋螺栓外挂预制墙板。预制墙板的连接系统由上下两组螺栓组成，螺栓与事先预埋在现浇梁内的预埋铁件连接。

（3）预制构件外墙模组合体系装配施工与连接工法。构件加工厂制作而成的外模板预制构件形式，通过与外墙内衬现浇混凝土结构连接，形成建筑外墙的外表面围护体系。

预制构件外墙模采用与现浇混凝土剪力墙、梁连接形式，构件安装完毕后进行现浇剪力墙、梁、板结构的施工。预制外墙板与现浇剪力墙连接采用预留接驳器形式，与内衬现浇混凝土结构模板体系拉接、固定。

2. 构件制作与运输

（1）构件建造模块技术。模具采用平躺结构，如图 3-34 所示，整个结构由底模、外侧模和内侧模组成。此方案能够使外墙板正面和侧面全部与模板密贴成型，使墙板外露面能够做到平整光滑，对墙板外观质量起到一定的保证作用。成片的面砖和成条的角砖，是在专用的面砖模具中放入面砖，嵌入分格条，压平后粘贴保护贴纸，并用专用工具压粘牢固而制成。

图 3-34　工厂化构件制作模具

预制外墙板使用阶段与混凝土一次成型，如图 3-35 所示。建筑预制构件产品采用工厂高集成、高精度的方式施工。完全考虑到门窗、洞口配合因素，预制构件工厂一次加工完成，现场一次装配成形，不再进行重复性制作。

混凝土浇捣与养护，采用低温蒸汽养护，达到强度要求后，外墙板的翻身主要利用夹具定型架转 90°即可正位。现场条件限制状况下，可采用吊环翻转或葫芦提升竖起，如图 3-36 所示。

(a)　　　　　　　　　　　　　　(b)

图 3-35　构件一次成型

(a) 瓷砖与构件一次成型；(b) 门窗与预制构件一次完成

构件堆放，按照不同类型，采用专用搁置堆放架。预制构件外墙模选用插放架形式，各种预制墙板按类型区别，分别做成杆件连接支撑型堆放架、对称型堆放架、夹杆加强型堆放架，凸窗加工成固定放置架。

(2) 构件运输方法和组合。预制构件体形高大异形、重心不一，一般运输车辆不适宜装载，因此需要进行改装，即降低车辆装载重心高度、设置车辆运输稳定专用固定支架。如图 3-37 所示，各种构件形式有体型差异，为充分利用运输效能和节约资源，构件运输采用组合技术和拼装方法。

图 3-36　构件低温蒸气养护

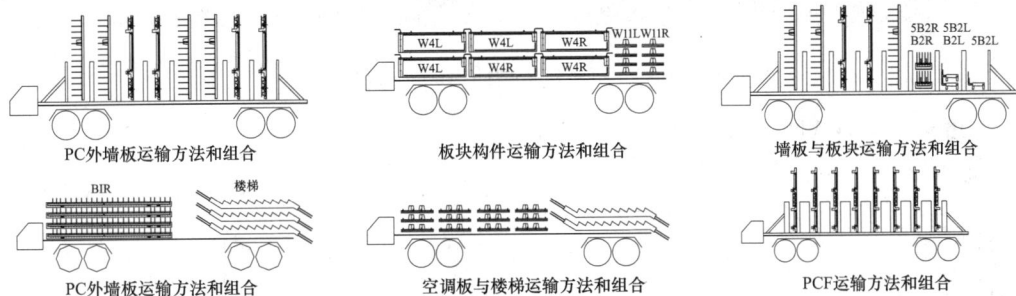

PC外墙板运输方法和组合　　　　板块构件运输方法和组合　　　　墙板与板块运输方法和组合

PC外墙板运输方法和组合　　　　空调板与楼梯运输方法和组合　　　　PCF运输方法和组合

图 3-37　构件运输

3. 预制构件现场施工

在产业化住宅各种构件的施工技术应用中，针对不同类型的装配整体式体系的组合，按照合理性、可行性、优化性以及适用性的原则，集成单件和组合件综合装配整体式施工技术，确定为最适用的施工技术。

(1) 预制构件的吊装技术与节点控制，解决了单件和组合件装配状态下复杂构件的机械选择、配备与吊索选用以及多种工况体系下各种类型的构件起吊、翻转、就位技术与节点固定控制。

机械选择时，按照预制构件一般控制在 6t，选用 TC7027、H3/36B 等型号的桥式起重机；预制构件外墙模体系，构件定型在 2～3t，选用 ST60/15、132 HC 等型号的桥式起重机。

预制构件外墙板临时固定，选用螺栓接驳器连接方式，预制构件外墙模一般选用抓扣式连接方式，如图 3-38 所示。

(a)　　　　　　　　　　　　　　　　　　　　(b)

图 3-38　预制构件外墙板连接方式

(a) 预制外墙板选用螺栓接驳器连接方式；(b) 预制构件外墙模选用抓扣式连接方式

（2）构件装配安全施工与防护。制作了适合于构件装配体系下的安全施工技术，形成了定型化新型插销式可变动围挡和可移动工具式防护架，提出了安全施工与防护标准。

1）同步装配整体式构件，采用定型化新型插销式可变动围挡，如图 3-39 所示。后挂预制墙板采用工具式防护架。

(a)　　　　　　　　　　　　　　　　　　　　(b)

图 3-39　定型化新型插销式可变动围挡

2）可移动工具式防护架作业顺序和交替吊装方法。

可移动工具式防护架作业顺序如图 3-40 所示。

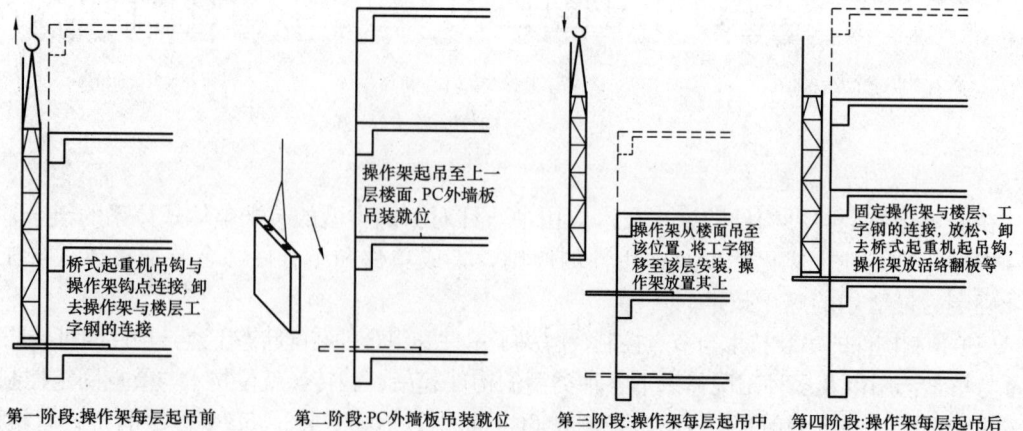

桥式起重机吊钩与操作架钩点连接，卸去操作架与楼层工字钢的连接

操作架起吊至上一层楼面，PC外墙板吊装就位

操作架从楼面吊至该位置，将工字钢移至该层安装，操作架放置其上

固定操作架与楼层、工字钢的连接，放松、卸去桥式起重机起吊钩，操作架放活络翻板等

第一阶段：操作架每层起吊前　　　第二阶段：PC外墙板吊装就位　　　第三阶段：操作架每层起吊中　　　第四阶段：操作架每层起吊后

图 3-40　可移动工具式防护架

（3）为达到构件吊装结构面就是装饰面的精度标准，校正控制是关键。针对新型构件板块，研究和采用了吊索变距、支撑变幅、顶升变位的三维校正方法，研制形成了专用的新型校正工具。

预制墙板同步装配，采用千斤顶调整垂直高度和靠斜拉杆调整垂直度，如图 3-41 所示。"先结构，后 PC 墙板"装配，采用调节螺栓校正、固定，如图 3-42 所示。预制构件外墙板，采用构件就位后微调措施，即采用底部预先放置好的螺栓进行，使得施工操作简单易行且精度较高。

| (a) | (b) |

图 3-41　校正方法（一）

（a）采用千斤顶调整垂直高度；（b）靠斜拉杆调整垂直度

（4）预制件产品保护。为解决预制件产品保护，产品采用各种形状的靠放、堆放保护体系。构件高低口采用垫放技术，饰面用外防护方法。预埋门窗、叠合板、阳台板、楼梯装配后，用覆盖保护。

3.7.3　工程实例

1. 工程概况

上海第一批产业化住宅，万科新里程商品住宅楼于 2007 年 2 月 2 日正式启动，当年 12 月竣工验收备案。该工程位于上海市浦东新区高青路 2878 号，20 号楼建筑面积

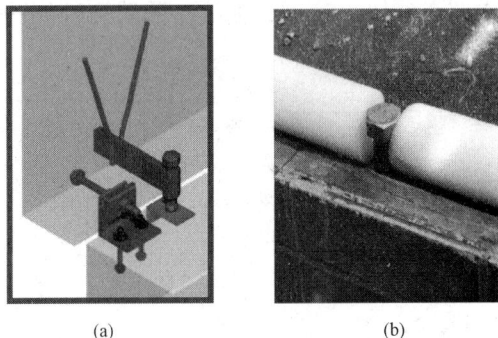

| (a) | (b) |

图 3-42　校正方法（二）

（a）采用调节螺栓校正、固定；（b）采用预埋螺栓调节

$7531.94m^2$，共 14 层，21 号楼建筑面积 $6483.4m^2$，共 11 层，均为两个单元，一楼三户，按照"套型建筑面积 $90m^2$ 以下住宅面积占开发建筑总面积 70％ 以上"的标准设计，为 90/70 户型，如图 3-43 所示。

宝山万科四季花城二期（四区）项目位于上海市宝山区杨行地区，总建筑面积 9.88 万 m^2，10 幢 11 层和 1 幢 10 层产业化装配整体式住宅。

地杰国际城项目位于上海市浦东新区，总建筑面积 $140\,805.67m^2$，5 幢 18 层产业化装配整体式住宅。

三林镇 W6-3、W6-5 地块项目位于上海市浦东新区三林镇，总建筑面积为 $97\,532m^2$，其中 8 幢 11 层和 5 幢 10 层产业化装配整体式住宅。

新里城 B04 地块住宅项目位于上海市浦东新区的高清路，总建筑面积为 $135\,782.52m^2$，

图 3-43　新里城 20 号楼、21 号楼

其中 7 幢 18 层产业化装配整体式住宅。

2. 结构体系与建筑特点

产业化装配整体式住宅结构体系，第一批采用框架结构形式，目前已大量运用剪力墙结构体系，装配整体式混凝土构件形式包括：预制外墙板、楼板叠合板、预制楼梯、预制阳台、预制外空调板以及预制构件外墙模等，外墙断热型系列铝合金门窗和饰面砖，在工厂化预制加工时一并完成。外墙板防水方法采用节点自防水，如图 3-44 所示，内侧、中间和外侧设置三道防水体系，分别是止水条防水、空腔构造防水和密封材料防水。预制构件外墙模防水节点，如图 3-45 所示，采用构件周边留设凹口，内塞 PE 填充棒，外侧用防水硅胶封闭。

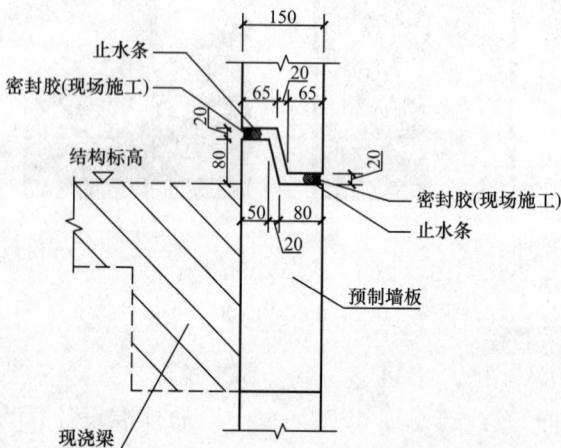

图 3-44　预制外墙板防水节点

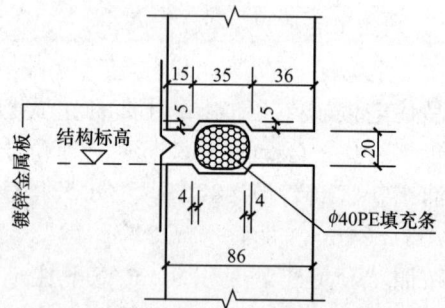

图 3-45　预制构件外墙模防水节点

3. 预制装配式施工与传统建筑对比分析

从实践对比分析与测算，产业化住宅楼较传统的建筑模式，在节能减排降耗上拥有优势，节约用电 30.75%，节约用水 36.44%，模板消耗降低 53.5%，脚手架节约更是达到 82.78%，建筑废弃物和各种污染物排放也得到大幅减少。

传统住宅与产业化住宅楼具体的节能减排降耗情况对比参见表 3-17。

表 3-17　　　　　　　　　　传统住宅与产业化住宅节能减排降耗对比表

	传统建筑项目	产业化住宅楼项目	节能情况	节能降耗率	备注
电	17.1kW·h/m²	11.814kW·h/m²	5.259kW·h/m²	30.75%	设备节电包含混凝土浇捣的振动棒、焊接所需的电焊机及垂直运输的桥式起重机使用频率减少等。照明节电量由室外和室内两部分组成
水	0.686t/m²	0.436t/m²	0.25t/m²	36.44%	节水包括生活用水量、现场施工用水量
模板	0.0123t/m²	0.0058t/m²	0.0065t/m²	53.5%	工业化预制混凝土建筑构件吊装装配施工，模板、人、材、物需求量很小
脚手架	0.0226t/m²	0.0039t/m²	0.0187t/m²	82.78%	采用安全围挡情况
废弃物	0.0144m³/m²	0.0091m³/m²	0.0053m³/m²	36.92%	不采用湿作业和现场混凝土浇捣，避免了垃圾源的产生，搅拌车、固定泵以及湿作业的操作工具清洗，大量废水和废浆污染源得到抑制

注：1. 电节约：（工地节约用电总量－工厂消耗电量）/建筑总面积＝(977 70.06－240 63.6)/14 015.34kW·h/m²＝
5.259kW·h/m²。

2. 水节约：（工地节约用水总量－工厂消耗水量）/建筑总面积＝(4234.96－729.2)/14 015.34t/m²＝0.25t/m²。

3. 模板节约：模板节约资金/建筑总面积＝91.512/14 015.34t/m²＝0.0065t/m²，模板消耗按钢模板消耗钢材量估算。

4. 脚手架节约：脚手架节约资金/建筑总面积＝54.588/14 015.34t/m²＝0.0187t/m²，脚手架消耗按消耗钢材量估算。

5. 废弃物：废弃物节约资金/建筑总面积＝40.442/14 015.34m³/m²＝0.0053m³/m²。

4. 实施效果与结论

住宅产业化是现代科学技术工艺对传统的住宅产业进行的一次全面、系统的突破性尝试，是对新型绿色环保节能建筑施工工艺的一次全新创新和探索，具有工厂化程度高、工程质量好、物耗低等特点，能充分体现住宅建筑标准化、生产经营一体化和协作服务社会化。上海已经率先展开产业化住宅的建设和销售，目前，开发、建造的产业化住宅，以保护生态环境和节约资源为目标，具有可持续发展思维模式和运用技术，其核心理念包括：生态低耗、节能环保的绿色施工，精确智能、节材降耗的精益施工和组合装配、高效快捷的装配集成施工，注重住宅的高质量，零缺陷，减少浪费，快速度及环境保护等。产业化住宅建筑节能施工技术与应用，为推进新一轮的住宅产业化和探索绿色建筑产业化施工新途径、现场施工新模式提供了范例。

产业化住宅以提升产品的品质性能、生产效能和客户的价值为目标，其综合经济和社会效果意义深远。随着城市住宅建设的不断推进，产业化住宅建筑不仅对企业发展有很大帮助与推动，也对能源消耗、城市发展、广大人民的生活有着越来越明显的意义。上海产业化住宅的生产和建设经验，对于我国产业化住宅设计、生产、安装、销售等的推广、运用和标准的制定具有重要的示范意义，为下一阶段产业化住宅在我国的全面推行奠定了坚实的基础。

3.8　单元组合式液压自动爬模技术及其应用

3.8.1　概述

1. 液压爬模技术发展概况

液压爬升模板工程技术，作为一项混凝土结构施工中模板工程的前沿技术，20 世纪 70

年代在国外初步形成，1971 年首套 DOKA 爬模在德国的 LUNEDURG 一个工程上应用。20 世纪 70 年代中后期～80 年代开始在高耸结构与超高层建筑结构施工得到广泛应用。在国外，掌握该项液压爬升模板技术且具有代表性的大型模板企业有奥地利的 DOKA、德国的 PERI、Meva、美国的 SYMONS、西班牙的奥尔玛等。

在我国，模板工程技术尽管经过了 50 多年特别是改革开放 30 多年的大力发展，并在高耸结构和超高层建筑的模板工程技术有了很大进步，但我国建筑施工企业到 21 世纪初还未完全掌握模板工程的前沿技术——液压自动爬升模板工程技术。该技术长期被国外公司垄断，长此以往将制约我国建筑施工技术的发展，我国建筑施工企业难免受制于人。有鉴于此，自 2001 年始北京建工（集团）科研院和上海建工（集团）总公司的专业研究人员几乎同时提出研制具有我国自主技术的液压自动爬模技术，并于 2002 年得到上海市科学技术委员会和上海建工（集团）总公司领导和专家的肯定。2002 年奥地利的 DOKA 模板公司在我国上海设立办事处，后发展为分公司；2004 年、2005 年中交二航局和北京卓良模板公司等企业也相继研发了液压爬模技术；2006 年后江苏省江都也开发了液压爬模技术。

2. 国内外各类液压爬模技术的特点

（1）国内外各类液压爬模技术的爬升工艺原理基本都相似。爬模的操作平台构架与爬升导轨之间通过液压动力机构作交替相对运动，通过附墙支座与建筑物的墙体之间交替固定来实现爬模系统整体爬升。

（2）国外的液压爬模技术和国内的部分爬模技术，均采用模板及支架在操作平台面之间设置水平移动机构来实现模板的合模与拆模工序。浇筑混凝土的操作小平台与绑扎钢筋的操作平台固定在模板上。

（3）国外的液压爬模技术和国内的部分爬模技术采用的施工总体工艺流程如下：即四个步骤，八个工序。其八个工序依次为：①浇捣混凝土；②等待混凝土达到强度约 36～48h；③拆除模板并后移模板；④安装附墙支座和导向装置；⑤力系转换，爬升导轨；⑥整体爬升模架系统到位，为绑扎钢筋提供作业场所；⑦绑扎钢筋，按设定位置预埋爬升附墙固定件装置；⑧前移安装模板，进入下一个作业循环——混凝土浇捣。总体工艺流程示意如图 3 - 46 所示。

在上述工艺流程中，混凝土养护和模板拆除占绝对工期；钢筋绑扎需待混凝土养护达到爬升强度及模架系统完成爬升后才能进行；施工流水段时间比较长，施工节奏缓慢。

（4）国外的液压爬模技术由于开发时间较早，其多机位同步爬升控制较为传统，一般都采用机械、液压同步输出技术控制，分离单元间的同步爬升很难实现，故它难以满足目前各类超高层建筑施工的需求。可就的是现代液压工程技术、自动控制技术与传统爬升模板工艺相结合的产物。

3. YAZJ—15 单元组合式液压自动爬模系统的形成和特点

将液压自动爬升模板系统的研制作为一项新技术、上海建工（集团）总公司该课题组全体成员发扬锲而不舍的精神，历尽艰辛，经过近 8 年的努力，完成了课题的研究目标，形成了具有自主知识产权的单元组合式液压自动爬模系统技术，在工程示范上也取得了突破。

课题组在充分消化吸收国外同类技术的基础上，结合我国超高层建筑施工的工艺特点，进行了以下自主创新。

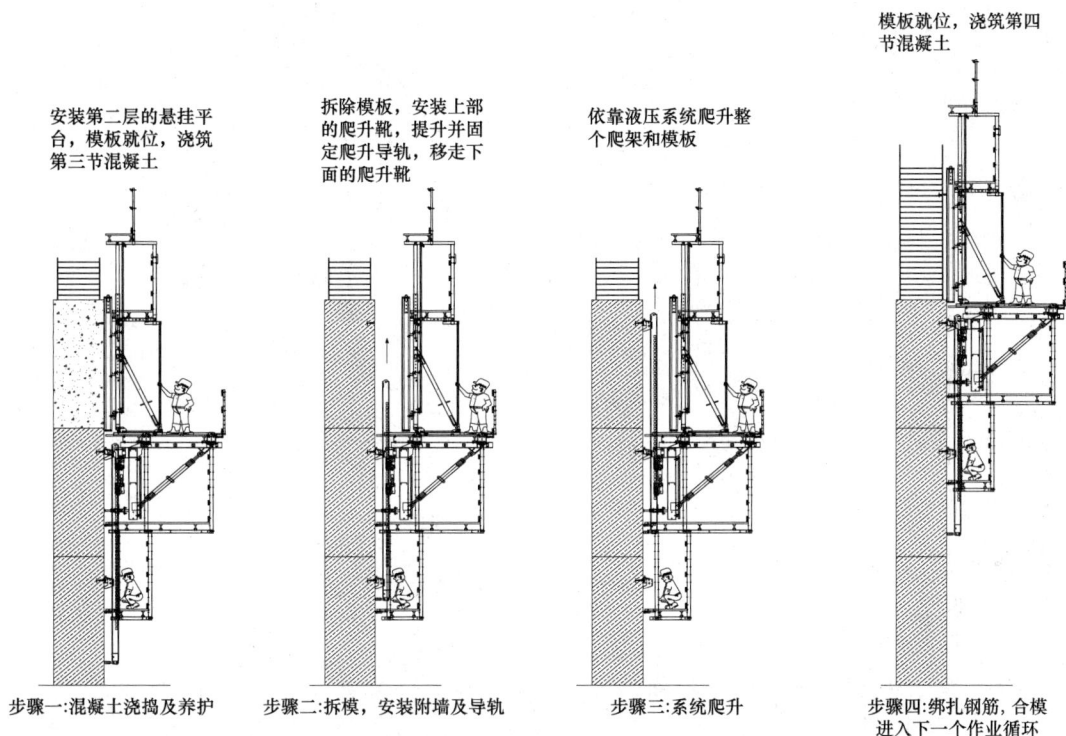

图 3-46　传统液压自动爬升模板施工总体工艺流程

（1）对模架操作平台系统和模板移动机构革新，实现了四步法施工工艺流程，有效地缩短了每个流水段施工时间。创造了两天一层的施工速度纪录。其四步法施工工艺流程如下：

1）浇捣混凝土。

2）绑扎钢筋，按照设定位置预埋下一层爬升附墙固定件，同时待混凝土养护达到强度要求后，拆除模板，安装附墙支座及导向装置、爬升导轨。

3）等待绑扎钢筋完成后，在自动控制系统操作下，模架板系统整体自动爬升到位。

4）安装模板，进入下一个作业循环——→混凝土浇捣。

四步法施工工艺流程示意如图 3-47 所示。

（2）应用现代的电子信息技术，对自动控制系统与同步爬升技术实现创新。自动控制系统分别由强电、弱电两个部分组成。强电部分用于动力控制，弱电系统用于自动和同步有线和无线操作（即无线遥控操作），实现了爬模多单元多机位的同步爬升，大大提高了施工效率，减少了劳务投入。

（3）跨越钢架爬升方法及装置。针对目前超高层建筑结构劲性化的新趋势，发明了爬升系统架体交替拆装方法及装置，解决了劲性超高层建筑结构中系统架体需跨越外伸钢梁和桁架爬升的一大难题。

工程示范表明，YAZJ-15 单元组合式液压自动爬模系统能够适应我国超高层建筑施工实际，具有较高的技术先进性和经济合理性。

3.8.2　技术简介

1. 系统组成

液压自动爬升模板系统是一个复杂的系统，集机械、液压、自动控制等技术于一体，主

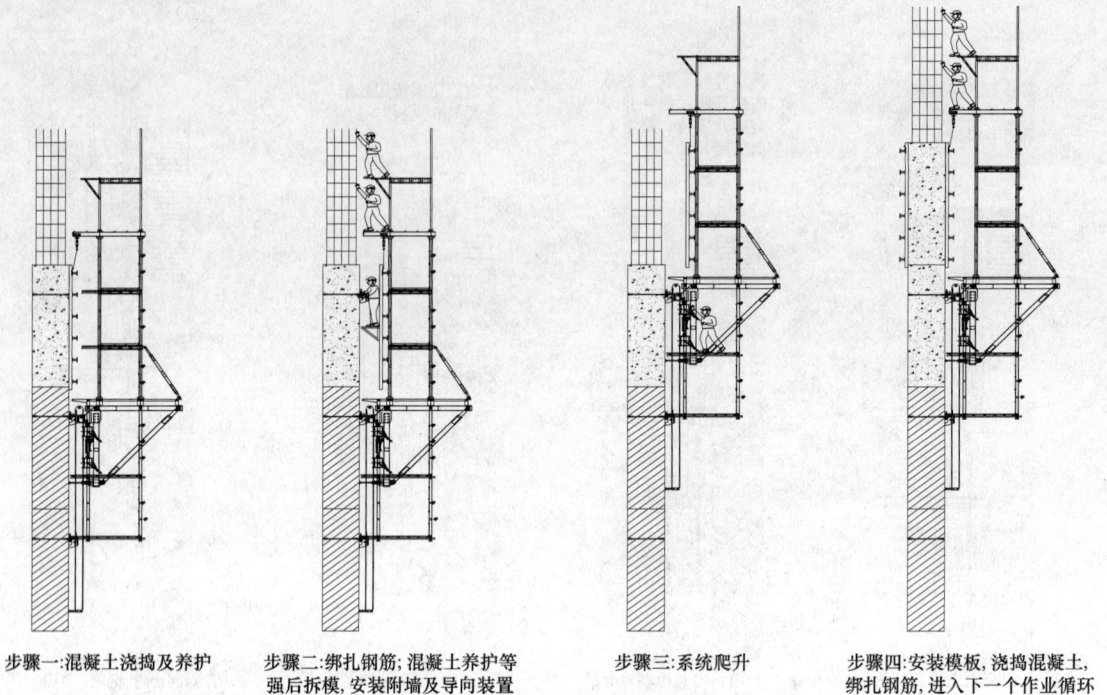

步骤一:混凝土浇捣及养护 　步骤二:绑扎钢筋;混凝土养护等　步骤三:系统爬升　步骤四:安装模板,浇捣混凝土,
　　　　　　　　　　　　　　　强后拆模,安装附墙及导向装置　　　　　　　　　　　绑扎钢筋,进入下一个作业循环

图 3-47　单元组合式液压自动爬模施工总体工艺流程

要由以下五大部分构成:

　　(1) 模板系统。模板系统由模板和模板移动装置组成。模板采用钢大模板,主要是因为钢模板经久耐用,回收价值高。模板移动装置如图 3-48 所示,在混凝土工程作业平台下部设置导轨,模板通过滑轮悬挂在导轨上,装、拆时模板可以沿轨道自由移动。该装置机械化程度相对较低,但是结构比较简单,模板安装就位、纠偏方便,所需操作空间小。

图 3-48　模板移动装置

　　(2) 操作平台系统。根据施工工艺需要,为加快施工速度,液压自动爬升模板系统采用如图 3-49 所示的四平台结构形式,将钢筋工程与模板工程作业平台相互独立,以便钢筋工程与模板拆除及爬升准备同时进行。

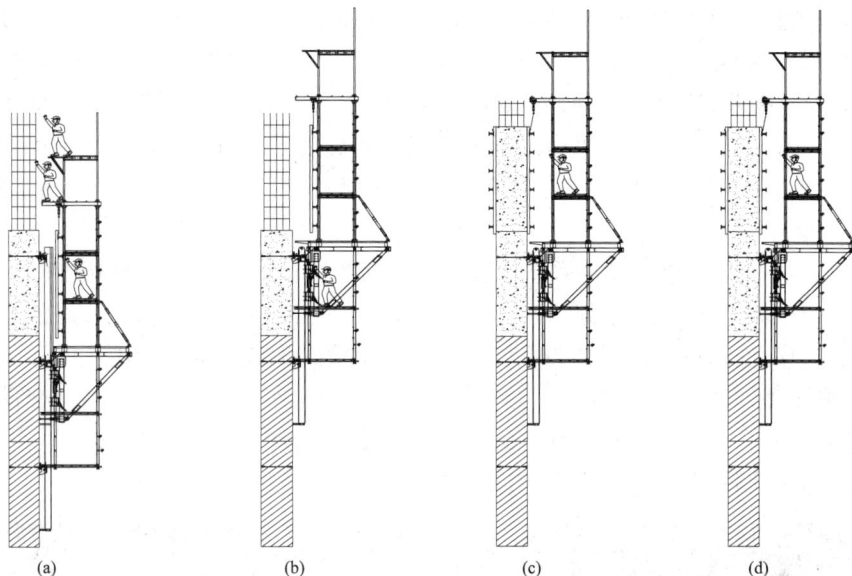

图 3-49　操作平台系统布置

（a）钢筋工程作业平台；（b）混凝土工程作业平台；（c）模板工程作业平台；（d）系统爬升作业平台

（3）爬升机械系统。爬升机械系统是整个液压自动爬升模板系统的核心子系统之一，由附墙系机构、爬升机构及承重架三部分组成，如图 3-50 所示。

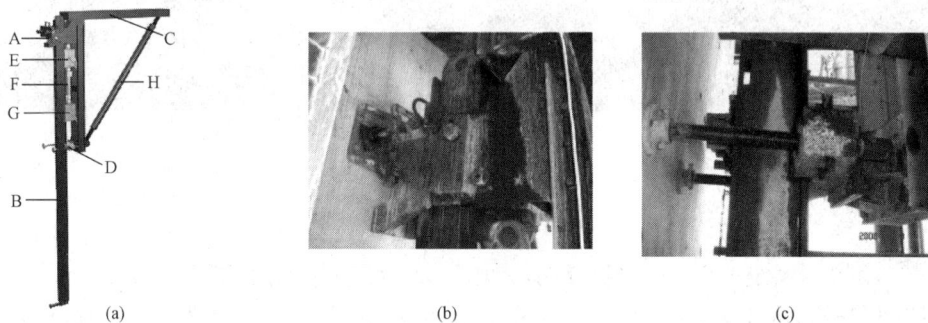

图 3-50　液压自动爬升模板系统的爬升机械系统

A—附墙装置；B—爬升导轨；C—承重架；D—可伸缩支撑腿；E—上顶升防坠装置；
F—液压千斤顶；G—下顶升防坠装置；H—可调支撑杆

　　1）附墙机构。附墙机构的主要功能是将爬模荷载传递给结构，使爬模始终附着在结构上，实现持久安全。附墙机构主要由承力螺栓及预埋件、附墙支座和附墙靴三部分组成，如图 3-51 所示。

　　2）爬升机构。爬升机构由轨道和步进装置组成。轨道为焊接箱形截面构件，上面开有矩形定位孔，作为系统爬升时的承力点。轨道下设撑

图 3-51　附墙机构

脚，系统沿轨道爬升时支撑在结构墙体上，以改善轨道受力。步进装置由上、下提升机构及液压系统组成。在控制系统作用下，以液压为动力，上、下提升机构带动爬架或轨道上升。

3）承重架。承重架为系统的承力构件。其是由上部支撑模板、模板支架及外上爬架等构成的工作平台，下部悬挂作业平台。承重架斜撑的长度可调节，以保持承重梁始终处于水平状态，方便施工作业。承重架下设支撑，爬架爬升到位后，将撑脚伸出撑在已浇段混凝土结构上，作为承重架的承力部件。

（4）液压动力系统。液压动力系统主要功能是实现电能→液压能→机械能的转换，驱动爬模上升。一般由电动泵站、液压千斤顶、磁控阀、液控单向阀、节流阀、溢流阀、油管及快速接头及其他配件构成。液压动力系统一般采用模块式配置，即两个液压千斤顶、一台电动泵站及相关配件（油管、电磁阀等）有机联系形成一个液压动力模块，为一个模块单元的爬模提供动力，如图 3-52 所示。在该液压系统模块中，两个液压缸并联设置。液压系统模块之间通过自动控制系统联系，形成协同作业的整体。

(a)　　　　　　　　　　　　(b)

图 3-52　液压动力系统
(a) 液压千斤顶；(b) 液压动力泵

（5）自动控制系统。自动控制系统具有以下功能：①控制液压千斤顶进行同步爬升作业；②控制爬升过程中各爬升点与基准点的高度偏差不超过设计值；③供操作人员对爬升作业进行监视，包括信号显示和图形显示；④供操作人员设定或调整控制参数。

自动控制系统能够实现连续爬升、单周（行程）爬升、定距爬升等多种爬升作业：①连续爬升：操作人员按下启动按钮后，爬升系统连续作业，直至全程爬完，或停止按钮或暂停按钮被按下；②单周爬升：操作人员按下启动按钮后，爬升系统爬升一个行程就自动停止；③定距爬升：操作人员按下启动按钮后，爬升系统爬升规定距离（规定的行程个数）后自动停止。

自动控制系统由传感检测、运算控制、液压驱动三部分组成核心回路，以操作台控制进行人机交互，以安全连锁提供安全保障，从而形成一个完整的控制闭环。自动控制系统如图 3-53 所示。

2. 适用范围和功能参数与特点

（1）适用范围

1）高层、超高层、高耸构筑物的垂直或倾斜墙体以及特殊构筑物等的结构施工。

2）爬升状态下抵抗 6 级风作用，施工状态下抵抗 8 级风作用。

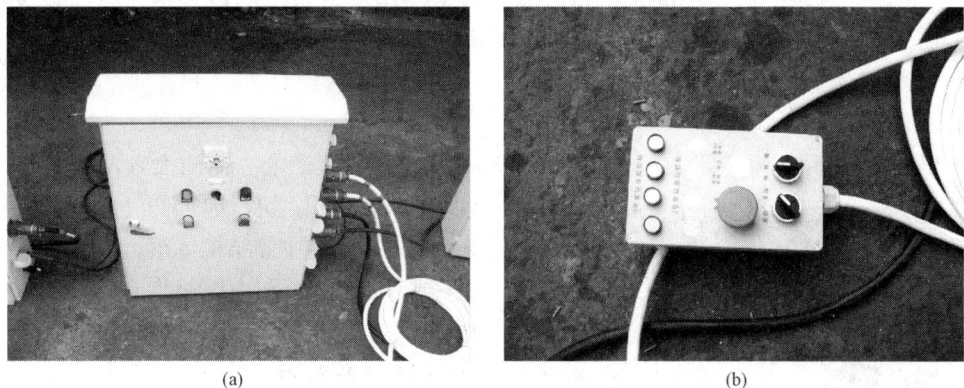

图 3-53　自动控制系统
(a) 同步控制传感器；(b) 同步控制操作手柄

3）单元液压爬模的两机位间距控制在 6m 以内，外侧悬挑长度应小于 3m。两机位可控范围≤12m。

4）液压整体式四机位顶升平台其自重小于 32t 时，可提供最大堆载 15t。

5）一次爬升高度最大可达到 5m。

（2）功能和参数

1）爬模正常爬升速度设定为≤150mm/min，爬升最大速度≤200mm/min。

2）导轨正常爬升速度设定为≤150mm/min，爬升最大速度≤200mm/min。

3）单只油缸最大行程 250mm，工作行程 150mm，设计承载能力为 100kN，极限顶升能力为 150kN，油泵系统设定工作压力为 210bar，系统额定极限压力可设定达 320bar。

4）爬升控制可采用操控盒人工操作爬升和采用电脑控制自动爬升。

5）可进行单组两机位与单组四机位同步爬升，也可实现多组爬模遥控同步爬升。

6）其操作平台在混凝土养护同时可进行上层结构钢筋绑扎。

3. 系统特点

液压自动爬升模板系统是传统爬升模板系统的重大发展，工作效率和施工安全性都显著提高。与其他模板工程技术相比，液压自动爬升模板工程技术具有以下显著优点：

（1）自动化程度高。在自动控制系统作用下，以液压为动力不但可以实现整个系统同步自动爬升，而且可以自动提升爬升导轨。平台式液压自动爬升模板系统还具有较高的承载力，可以作为建筑材料和施工机械的堆放场地。钢筋混凝土施工中桥式起重机配合时间大大减少，提高了工效，降低了设备投入。

（2）安全性好。液压自动爬升模板系统始终附着在结构墙体上，在 6 级风作用下可以安全爬升，8 级风作用下可以正常施工。经过适当加固液压自动爬升模板系统能够抵御 12 级风作用。提升和附墙点始终在系统重心以上，倾覆问题得以避免。爬升作业完全自动化，作业面上施工人员很少，安全风险大大降低。

（3）施工组织简单。与液压滑升模板施工工艺相比，液压自动爬升模板施工工艺的工序关系清晰，衔接要求比较低，因此施工组织相对简单。特别是采用单元模块化设计，可以任意组合，以利于小流水施工，有利于材料、人员均衡组织。

（4）标准化程度高。液压自动爬升模板系统的许多组成部分，如爬升机械系统、液压动力系统、自动控制系统都是标准化定型产品，甚至操作平台系统的许多构件都可以标准化，通用性强，周转利用率高，因此具有良好的经济性。

3.8.3 工程实例

1. 上海外滩中信城

坐落在四川北路与海宁路交汇处的外滩中信城，设计独具匠心、简洁大方，如图 3-54 所示。主塔楼共 47 层，地面以上建筑总高度为 199.6m，采用筒中筒结构体系。核心筒为钢筋混凝土剪力墙结构，剪力墙厚度为 1000～700mm。主楼的标准层层高有 4.2、4.5m 两种。

图 3-54　外滩中信城

（1）工程难点

1）核心筒剪力墙转角处有外伸钢桁架挑梁牛腿，因此转角的模板和爬模操作架的布置，是液压爬模工艺设计的一个重大难点。

2）核心筒剪力墙厚度变化，外墙厚度由 1000mm 收至 800mm，内部剪力墙由 800mm 收至 700mm，给核心筒墙体液压爬模的竖向施工带来一定的难度。

3）在本工程中，外框柱与核心筒钢柱通过结构钢梁连接，水平钢梁先于竖向混凝土结构吊装，液压爬模必须穿越钢结构梁爬升，实是一个重大难题。

4）钢结构与混凝土结构交叉施工相互影响，液压爬模工艺如何协调钢结构与混凝土结构施工的合理搭接，是保证核心筒结构施工有序进行的关键。

（2）实施方案。根据外滩中信城核心筒的结构特点和施工要求，核心筒外墙布置八个单元两机位的片架式液压爬模系统；核心筒内部布置四组四机位的液压顶升平台系统，如图 3-55 所示。其中 MD440 塔机所在区域平台，为保证塔机作业，采用特殊设计的悬挑架顶升平台，满足了施工的要求。

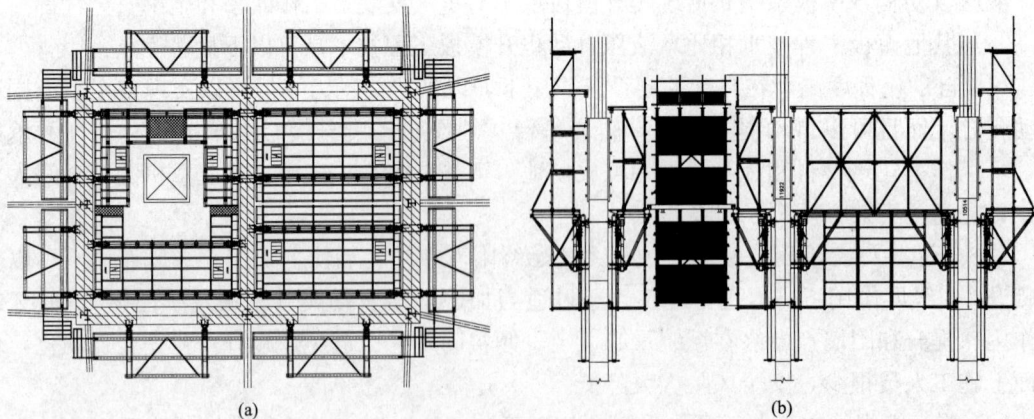

(a)　　　　　　　　　　　　　　　　　(b)

图 3-55　外滩中信城核心筒液压爬模施工平面布置和剖面图

（3）解决工程难点的技术

1）跨越钢梁的爬升技术。由于核心筒四转角有钢结构的钢梁先与外框柱连接，故液压爬模单元平台无法直接外伸至转角处，也就无法进行转角处的剪力墙施工。实践中该区域采用一项发明专利技术解决该难题。其处理的方法为在转角处设置一组焊接的操作架，由斜拉调节杆和水平撑杆与钢梁内侧的液压爬模工作架相接。

　　在爬模架体上升时，交替固定斜拉调节杆和水平撑杆让外操作架越过钢梁。相应的该区域的围栏等安全保护措施要重复拆装。操作时必须特别注意该区域的安全施工。如图 3 - 56 所示为工程实物照片。

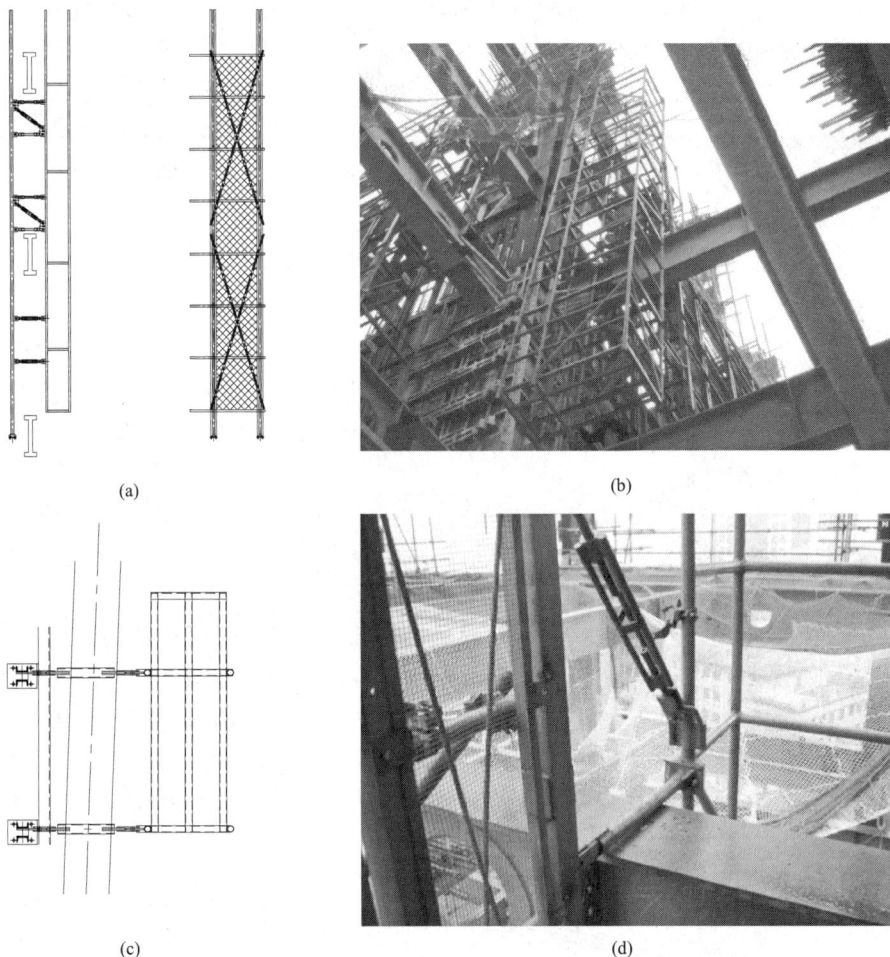

(a)　　　　　　　　　　　　　　　　(b)

(c)　　　　　　　　　　　　　　　　(d)

图 3 - 56　跨越钢梁爬升

　　2）外墙剪力墙变截面液压爬模收分处理。外滩中信城核心筒剪力外墙（Q_1、Q_3）的厚度有两次收分变化，其收缩值为 100mm。液压爬模的收分要通过两个施工段的爬升施工来完成，具体收分的步骤和方法如下：

　　① 第一施工段先把导轨斜向爬升一个施工段向内收 100mm，斜向爬升通过底部调节支座外顶来实现；

　　② 液压爬架沿着导轨斜向爬升了一个高度，并进行下一施工段的施工；

　　③ 待第二段剪力墙体施工完毕后，在导轨向上爬升过程中，使导轨恢复垂直状态；

　　④ 在架体斜向爬升第二个施工段时，三脚架下部的调节支撑座收进 60mm，使外爬架

恢复垂直状态。

3）内剪力墙收缩后液压顶升平台收分处理。核心筒内部的液压顶升平台的承重支点分别设置 Q2、Q3 剪力墙上，而 Q2 剪力墙在 118.500 标高以上，墙体厚度减少了 100mm，为此桁架梁的挂钩必须外伸 50mm。

解决的方法是将连接承重挂钩处的桁架梁节点设置成腰形伸缩孔铰接固定。其导轨斜向爬升的工艺过程同外架。

（4）爬模应用情况。外滩中信城核心筒液压系统架体及设备 2008 年底运抵现场，经过一个多月的时间完成从地面组装直至安装调试完毕，2 月底开始正常爬升施工作业，核心筒结构的施工工期达到 3～4d/层，在整个使用过程中，高效快捷的液压爬模系统得到了项目部的一致认可。与此同时总结爬模系统在围护设计和操作规程方面的不足，为进一步的改进提供了宝贵的经验。

2. 广州珠江城

（1）工程概况。广州珠江城项目是中国烟草总公司广东省公司独家投资建设的低能耗超甲级写字楼项目立面效果如图 3-57 所示。该项目位于广州 21 世纪中央商务区的核心区域珠江新城 B1-8 地块，占地面积 10 636m²。本项目由裙楼和主塔楼两部分组成，主塔楼高 309m，71 层；裙楼高 27m，三层；地下室五层。总建筑面积达 21 万 m²。其中地下室 4 万多 m²，地上约 17 万 m²。

主塔楼的上部结构采用钢结构＋钢筋混凝土的复合结构体系，平面图如图 3-58 所示，中心为大型钢筋混凝土核心筒，四角巨型组合钢柱与其他型钢柱、型钢梁（外伸桁架、带状桁架）组成钢结构，楼面为压型钢板浇筑钢筋混凝土组合楼板。

图 3-57　广州珠江城

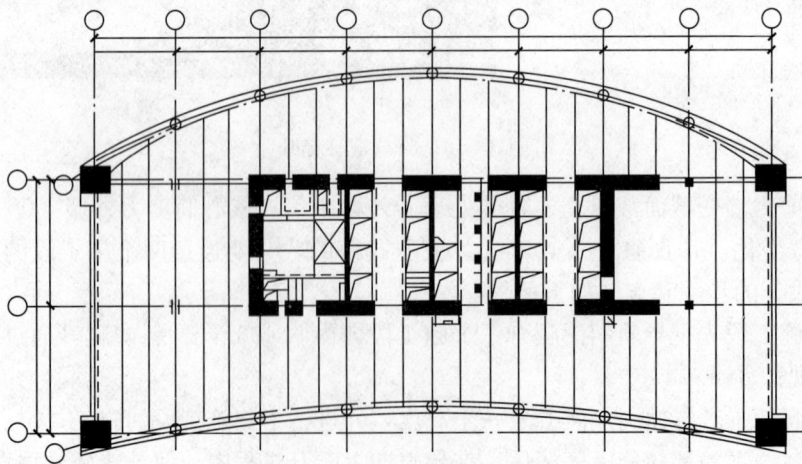

图 3-58　塔楼结构平面图

核心筒几何形状为 43m×14.35m 的长方形，剪力墙 TC、TD、T3、T7 墙厚在整个高度范围内变化五次，见表 3-18。

表 3-18　　　　　　　　　　核心筒剪力墙厚度变化情况表

标高/m	剪力墙厚度/mm						
	T3	T4	T5	T6	T7	TC	TD
−26.700～68.500	1500	700	700	700	1500	1500	1500
68.500～100.600	1300	600	600	600	1300	1300	1300
100.600～130.900	1300	500	500	500	1300	1300	1300
130.900～142.600	1100	500	500	500	1100	1100	1100
142.600～181.600	900	500	500	500	900	900	900
181.600～228.400	700	400	400	400	700	700	700
228.400～289.150	500	300	300	300	500	—	500

外框架结构中共有四根复合巨型柱，复合巨柱使用范围为 LB5～L60。复合巨柱内部为钢结构劲性柱，外包混凝土为高强高性能混凝土，强度为 C70 和 C60，见表 3-19。

表 3-19　　　　　　　　　　复合巨柱截面尺寸及混凝土强度

楼层	混凝土强度等级	混凝土外包尺寸	
		宽/mm	高/mm
L56～L63	C60	2500	2500
L29～L56	C70	2500	2500
LB5～L29	C70	3000	2700

（2）工程施工难点。本工程结构分为钢结构和混凝土结构两大部分，钢结构施工的难点不在此文介绍。其中混凝土结构施工难点主要表现在以下几个方面：

1）主塔楼的层高变化多，有 7.8、6.0、5.2、4.4、3.8 和 3.4m 等六种。墙体收分次数多。截面厚度在 1500～500mm 内变化。这些变化给核心筒剪力墙模板的配置和垂直爬升工艺的设计带来相当大的难度。

2）该结构塔楼在 L23～L27 层和 L49～L53 层之间分别设有外伸桁架和带状桁架，核心筒混凝土结构施工和钢结构吊装相互交叉和影响，对模架的设计和施工都有较大的难度。

3）核心筒结构平面电梯井洞口多，相对作业面少，为此模架体系必须解决施工堆载问题和提供足够作业场所。

4）钢筋混凝土复合体系的超高层，其施工步骤必须满足前后交叉施工，施工过程中的交叉工艺和施工人员的垂直交通也是模架技术设计的难点。

5）相对独立的巨型柱，对模板操作架和围护脚手架的布置有一定难度。

（3）实施方案的确定

1）施工总体工艺简述。本工程钢筋混凝土结构高度高，工期紧张，必须针对结构特点合理安排施工流程，充分利用流水作业，在垂直方向上实现多工种流水作业，加快施工速度。

根据主体结构为钢框架-核心筒组合结构体系的特点，充分考虑各工种工程量的大小、设备配置等因素，施工总体流程如图 3-59 所示，核心筒混凝土竖向结构先行施工，水平结构滞后施工，大致上与外围楼面同步；核心筒结构领先钢结构吊装六层；钢结构又领先压型钢板铺设约四层；压型钢板领先柱外包混凝土 2～3 层；巨型柱外包混凝土领先楼层混凝土两层。

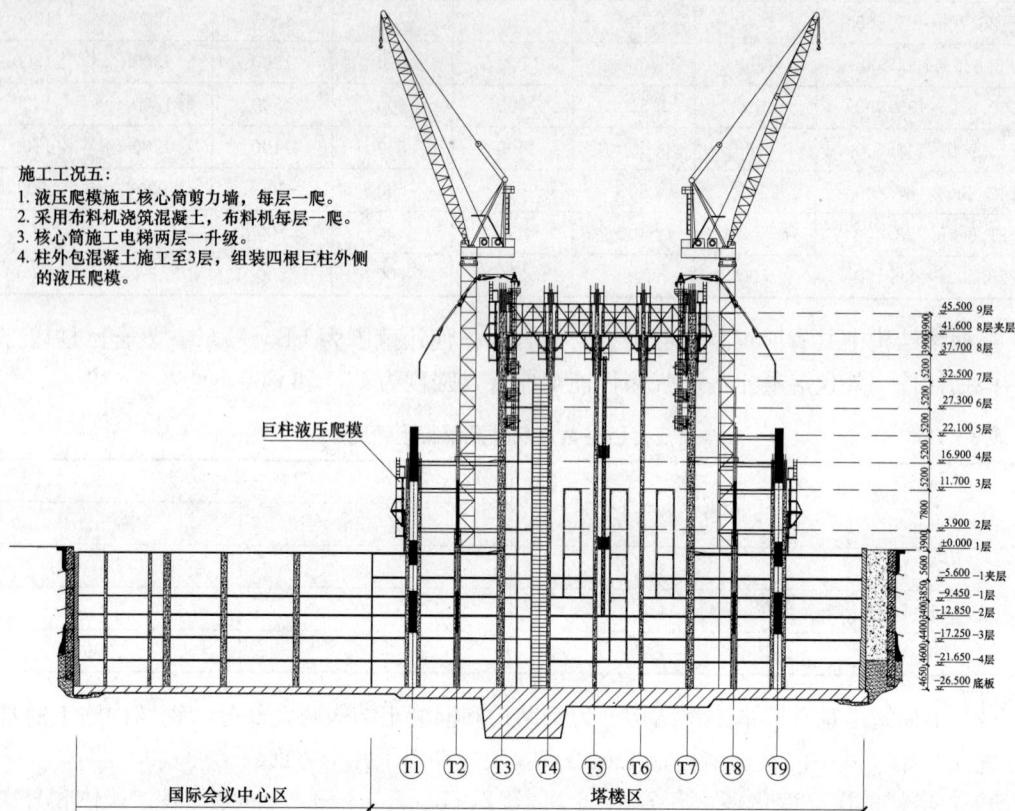

施工工况五：
1. 液压爬模施工核心筒剪力墙，每层一爬。
2. 采用布料机浇筑混凝土，布料机每层一爬。
3. 核心筒施工电梯两层一升级。
4. 柱外包混凝土施工至3层，组装四根巨柱外侧的液压爬模。

巨柱液压爬模

国际会议中心区　　塔楼区

图 3-59　施工总体流程示意图

2）方案的确定。经过对目前国内建筑市场高层建筑核心筒混凝土结构常用模板技术的综合分析比较，本工程选择了技术安全性好、经济成本投入适中、性价比较高的 YAZJ-15 单元组合式液压自动爬升模架技术。

（4）单元组合式液压模架系统的工艺设计

1）模架单元的平面布置。根据珠江城核心筒和巨柱的结构特点与施工难点，在模架的单元划分、机位的布置上，首先要满足外伸桁架吊装后，仍能保证液压爬架正常连续施工，故在平面布置上充分考虑了主塔楼核心筒和剪力墙轴线 T3～T7 位置有固结钢牛腿伸出，把核心筒外墙液压爬模划分为 15 个爬升模架单元，每个单元布置两组液压顶升动力。相邻爬模间采用搁置可翻转走道板的形式连通，形成封闭施工环境。

在核心筒内部，确定电梯井前室混凝土楼层后浇，根据施工要求有大量钢筋堆载，故确定划分为八个顶升平台单元，每组平台配置四组液压动力，在内平台五单元处又设置了施工人员垂直交通的挂架作为施工电梯和液压平台间的联系。爬模平面布置如图 3-60 所示。

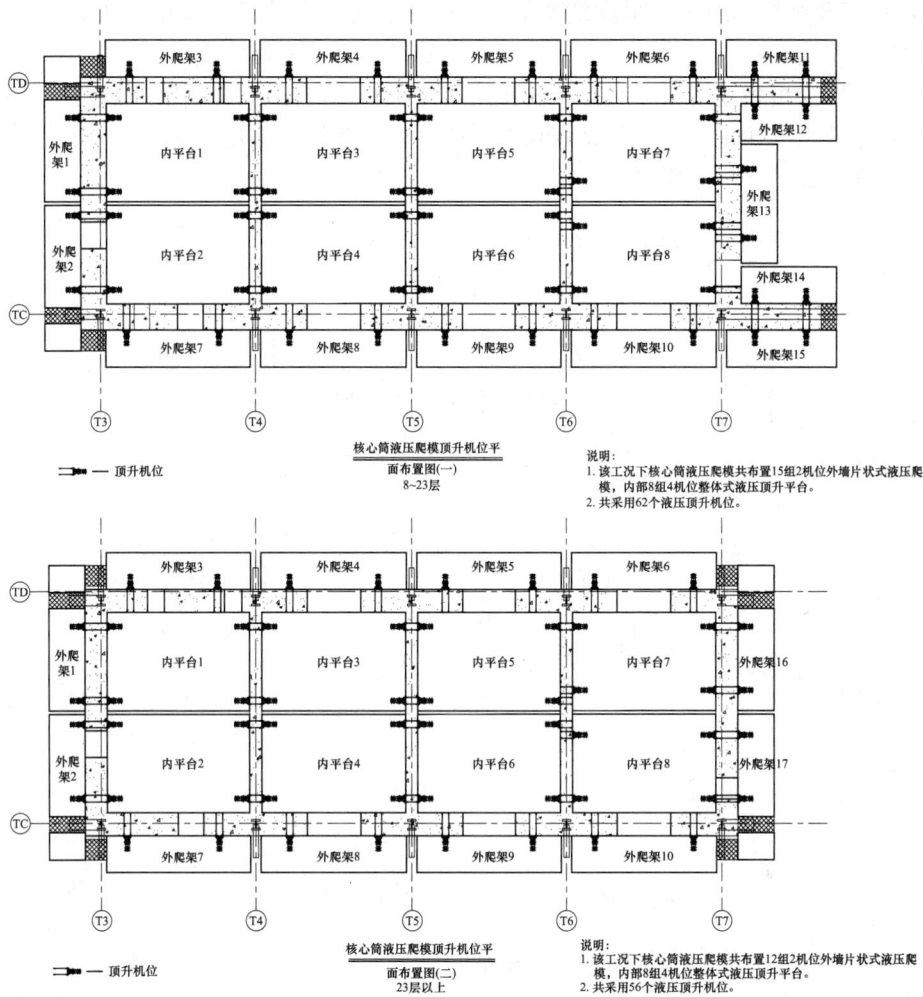

核心筒液压爬模顶升机位平
面布置图(一)
8~23层

■=■—顶升机位

说明：
1. 该工况下核心筒液压爬模共布置15组2机位外墙片状式液压爬模，内部8组4机位整体式液压顶升平台。
2. 共采用62个液压顶升机位。

核心筒液压爬模顶升机位平
面布置图(二)
23层以上

■=■—顶升机位

说明：
1. 该工况下核心筒液压爬模共布置12组2机位外墙片状式液压爬模，内部8组4机位整体式液压顶升平台。
2. 共采用56个液压顶升机位。

图 3-60　液压爬模平面布置图

(a) 23层以下液压爬模平面布置图；(b) 23层以上液压爬模平面布置图

　　根据复合巨柱的结构特点和施工要求，TD轴位置处的巨柱仅在一侧布置两机位的液压爬模系统，在TB轴位置处布置两组两机位的液压爬模系统，其平面布置图如图 3-61 所示。

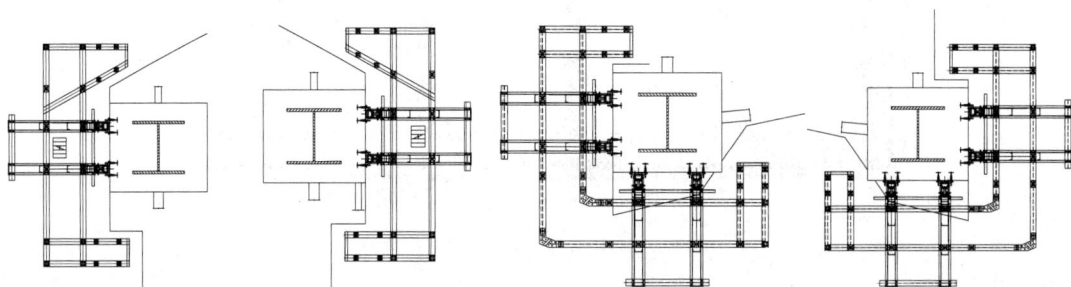

图 3-61　四个复合巨柱液压爬模平面布置图

2）液压爬模结构的组成。根据结构层高和施工工艺，设计了总高度为 15.3m 的外爬升模架和内顶升平台。

液压自动爬升模板系统是一个复杂的系统，集机械、液压、自动控制等技术于一体，其中模架结构主要由操作平台系统、模板系统、爬升机械系统、液压动力系统和自动控制系统五大部分构成，如图 3-62 所示。

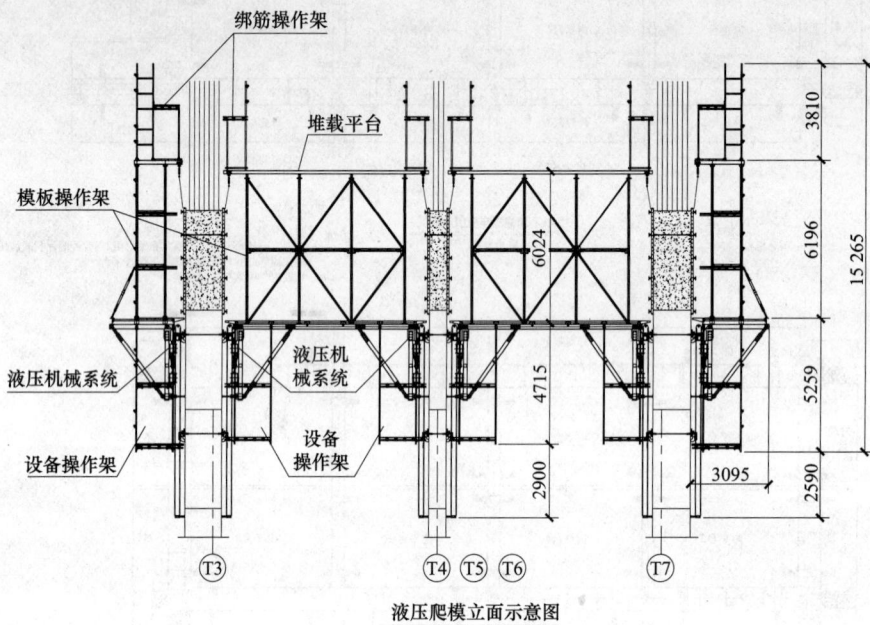

液压爬模立面示意图

图 3-62　液压自动爬升模板系统构成图

模板系统由平钢大模和模板移动机构组成，模板通过模板移动机构悬挂于操作架，能方便地进行水平移动和垂直方向的微调。

本工程的模板平面布置和单元划分，充分考虑了剪力墙截面收分的特点，其平面布置如图 3-63 所示。

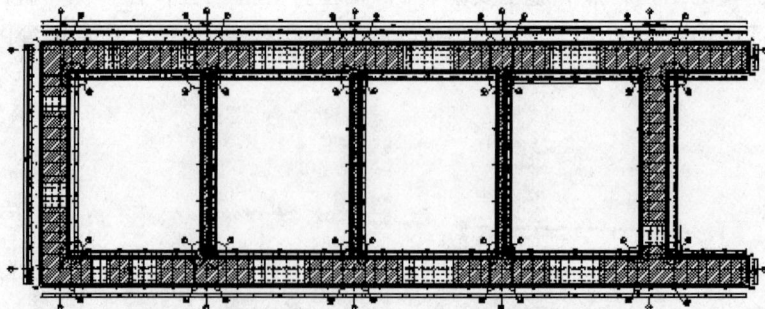

图 3-63　珠江城核心筒模板平面布置图

普通钢大模共划分为 148 种规格，电梯井内模由内角模和平面模组成。门洞口模板、侧模采用钢模，考虑墙厚的变化进行组合设计，洞口底模采用木模，便于劳务人员的翻转施工。

　　自动控制系统分别由强电、弱电两个部分组成。强电部分用于动力控制；弱电系统用于自动和同步有线和无线操作（即无线遥控操作），实现爬模多单元多机位的同步爬升，以提高施工效率，减少劳务投入。其设备如图 3-64 所示。

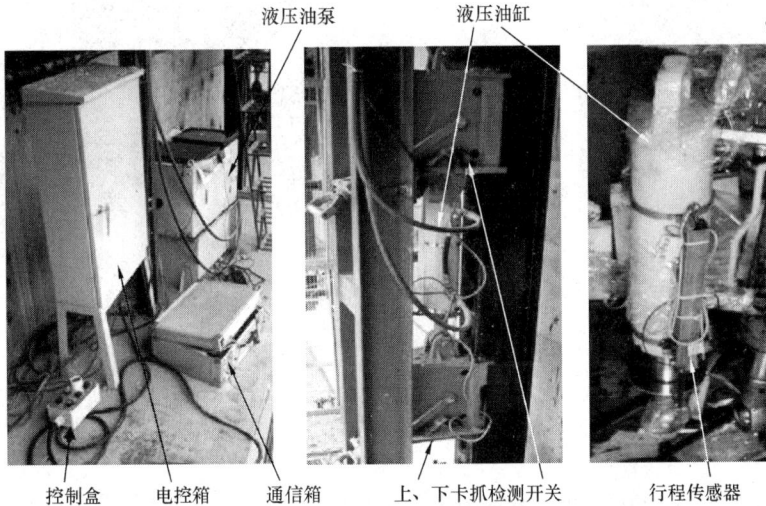

图 3-64　自动控制系统各部件

　　3）同步爬升控制的设计。通过对整套设备系统的研究和分析，采用三重模式的同步控制系统：

　　① 通过爬升导轨上标准化步距，消除系统爬升行程误差。

　　② 通过液压动力系统中的同步控制阀达到同步爬升的目的。

　　③ 通过电气控制系统采集爬模工作信息，反馈给计算机，对控制进行修正和调节，确保爬升作业的安全同步。

　　通过三重模式的同步控制系统，可以使整个液压爬模系统实现同步整体爬升、片状爬升和单独爬升三种爬升方式，使施工组织安排更加灵活，各工种有效搭接，大大缩短了施工工期。

　　（5）液压爬模的施工

　　1）液压爬模的组装。根据项目部的要求，液压爬模提前在非标层开始组装。液压爬模的组装在施工第四层时，开始埋置液压爬模的固定螺栓，在核心筒剪力墙完成第五层后，模板停留在第五层，在第四层上开始安装附墙承重支座。爬模架体高度方向分成三段拼装架体，一般在地面组拼，利用塔机以单元为吊装段，然后依次进行三脚架的挂装、模板操作层、绑筋操作层和液压动力系统的安装以及周边安全围护的搭设等。液压爬模现场组装如图 3-65 所示。

　　2）标准层爬升工艺。根据超高层建筑施工总体工艺流程的特点，液压自动爬升模板系统实现了以下四步法施工工艺：

　　① 绑扎钢筋工序：在混凝土浇捣完成后，即开始绑扎钢筋，不需另行搭设绑筋操作架（在绑扎钢筋过程中同步开展拆除模板、安装导轨附墙装置、爬升导轨等工作）。

(a)　　　　　　　　　　　(b)

图 3 - 65　广州珠江城液压爬模系统现场组装情况

② 系统爬升工序：在液压自动控制系统作用下，爬模系统爬升到下一施工段高度。

③ 模板安装工序：外推模板，并安装固定就位。

④ 混凝土浇捣工序：经监理等部门质量验收之后，进入混凝土浇捣，即进入下一个施工流程。

通过施工工序流程优化，将传统液压自动爬升模板工艺的混凝土养护、模板拆除、爬升准备、导轨爬升、系统爬升、钢筋绑扎、模板安装与混凝土浇捣八道工序依次进行改变为混凝土养护、模板拆除、爬升准备与钢筋绑扎同步进行，关键工序简化为钢筋绑扎、模架系统爬升、模板安装和混凝土浇捣等四道工序，实现了四步法施工，施工工效大大提高，在项目合理的施工组织安排下，可安全顺利地实现两天施工一层结构。

3）应用效果。2008 年 12 月开始组装，使用初期达到 4～5d/层的施工速度。由于各工种配合流畅熟练，从施工至 39 层开始，核心筒液压爬模施工工期达到了 2d/层，2010 年 1 月底结构封顶。施工流程如图 3 - 66 所示。

珠江城核心筒剪力墙标准层快速施工流程进度横道图(2d/层)考虑前后搭接

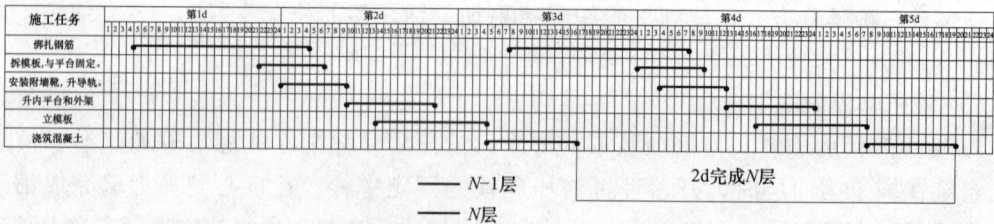

施工任务	第1d	第2d	第3d	第4d	第5d
绑扎钢筋					
拆模板，与平台固定					
安装附墙靴，升导轨					
升内平台和外架					
立模板					
浇筑混凝土					

—— N-1层

—— N层

2d完成N层

图 3 - 66　珠江城施工进度流程横道图

从图中可以看出，钢筋绑扎工序可以与拆模板、平台固定、安装附墙装置、升导轨充分搭接完成，实际占用绝对工期 1d 5h；第二步工序系统爬升与第三道工序模板安装组合分片完成，占用 19h 绝对工期；第四步混凝土浇捣可以与部分核心筒区段下一流程的第一步钢筋绑扎同步进行。这样核心筒爬模施工工期实际达到了 2d/层的快速高效的施工速度。

复合巨柱的片架式液压爬模系统在 2009 年 5 月初安装就位，现亦进入正常流水施工作业阶段，完全能满足巨型外包混凝土工艺、堆载、工序搭接和工期的要求。

（6）解决结构施工难点的关键技术

1）截面收分处理技术。截面收分斜爬技术主要解决的是遇到剪力墙截面收分时架体的爬升问题。使用本技术，外架可以实现每次 200mm 以内的收分，内平台可以实现每次 50mm 以内的双侧剪力墙同时收分。当遇到墙面收分时，外架通过 8 个收分施工流程实现继续爬升，如图 3 - 67 所示。

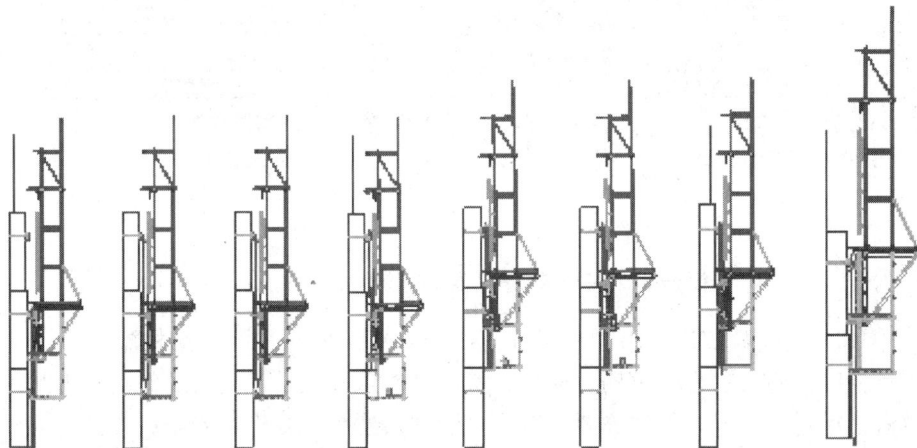

图 3 - 67　变截面爬升工艺流程

由于剪力墙内墙截面的变化，其墙体在两侧分别收分 50mm 时，内平台的机位间距将增大 100mm。为了满足这样的变化，在承重主梁上同支撑立柱和支撑斜杆连接节点处，设置可滑移腰形槽，这样在剪力墙收分 50mm 后，机位同大梁的连接处可相应滑移 50mm，解决了内墙收分给整体平台带来的不同侧机位滑移问题。平台滑移构造如图 3 - 68 所示。

2）穿越桁架层施工技术。由于珠江城塔楼在 L23～L27 层和 L49～L53 层之间分别设有外伸桁架和带状桁架，核心筒传统的模板施工工艺和钢结构吊装相互交叉和影响，施工难度大。故在液压自动爬升模板系统设计时，在外伸桁架区域设置翻板和转门围护在设备层可打开，收起相邻两组爬架之间的翻板，分别独立爬升穿越桁架设备层，克服了其他爬架体系要先拆

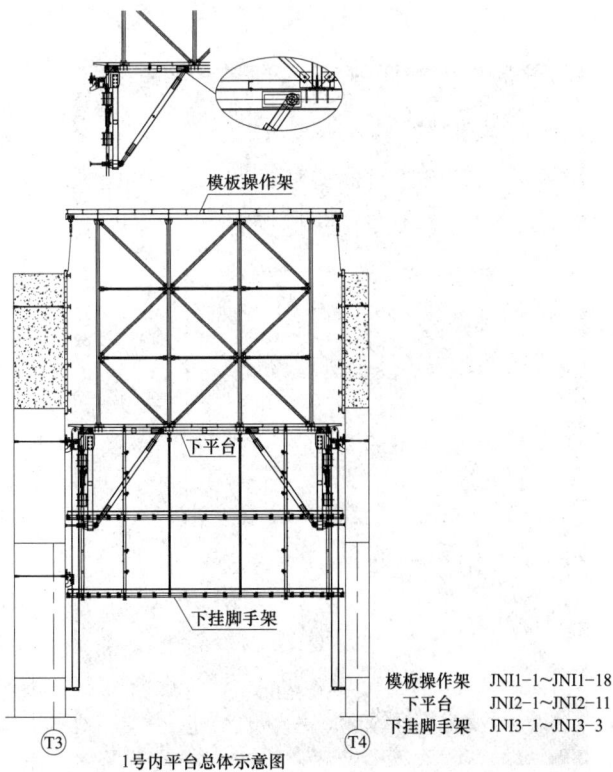

模板操作架

下平台

下挂脚手架

模板操作架　JNI1-1～JNI1-18
下平台　　　JNI2-1～JNI2-11
下挂脚手架　JNI3-1～JNI3-3

1 号内平台总体示意图

T3　　　　T4

图 3 - 68　内顶升平台滑移构造

除，待施工过桁架层后再进行组装的繁杂过程，简化了施工流程，提高了施工效率。施工工艺流程如图3-69所示。

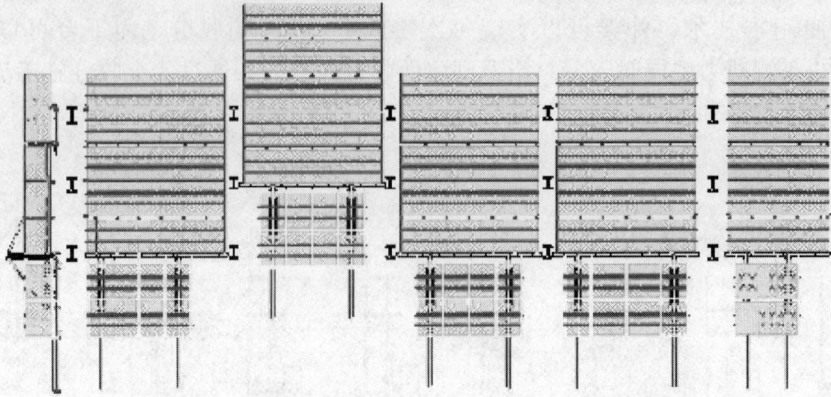

图3-69 爬模悬挑操作架跨越钢梁施工工艺流程

3) 架体和平台荷载控制。由于本工程混凝土垂直结构领先水平结构施工，故爬架和内平台必须承担结构施工过程中钢筋、模板、施工设备以及人员等荷载的作用。为此在模架设计时充分考虑了这一工况，同时亦要进行严格管理来控制堆载确保安全。

① 堆载控制：每个外爬升模架的作业层为两层，每层3kN/m²，集中堆载小于3t；每个内顶升平台可提供堆载10t。

② 风荷载控制：液压爬模在爬升状态时，控制风荷载在6级（包括6级）风范围内；在施工工作状态中，控制风荷载在8级（包括8级）风范围内；如遇到大于10级风状况时，应采用临时拉杆将爬模同建筑物结构进行拉结。

4) 混凝土浇筑的配合技术。整个核心筒以及巨柱混凝土浇筑依靠布置在液压爬升平台上的两台布料机完成。如图3-70所示。

309m高的结构，其混凝土的垂直运输依靠泵送来完成。混凝土的浇筑只能在液压提升平台上进行，然而混凝土泵送时强大的循环冲击力对顶升平台结构承重安全是致命的，其冲击力对平台承重螺栓有重复疲劳破坏作用。

在施工实践中，选用液压变幅达20多米回转半径的中型布料机。其布料机有四个支腿，通过在平台上安装弹簧避振消能支座，巧妙地解决了这一难题。

5) 结构施工的垂直交通措施。由于

图3-70 布料机布置在液压爬模平台

施工工艺的原因，核心筒混凝土竖向结构领先水平钢结构施工约 5～6 层，超前混凝土水平结构 10 多层。所以结构施工人员的垂直交通成为一个难点，而且液压爬升平台又是动态的。

最后通过多种方案比较，采用了在高区电梯井筒中布置人货两用升降电梯，在相应位置的液压爬升平台下挂约 24m 的厂登高挂笼与人货电梯相啮接，液压平台爬升三层，人货梯加升一次导架。其平立面布置图如图 3-71 所示。

人员垂直交通挂架是通过内平台大梁上搁置的挑梁和内平台连接的架体。为了防止特定时段人员密集时造成架体承载过大，分别在内平台 5 下挂人员等候挂架、内平台 6 下挂人员行走挂架，起到了分流作用。

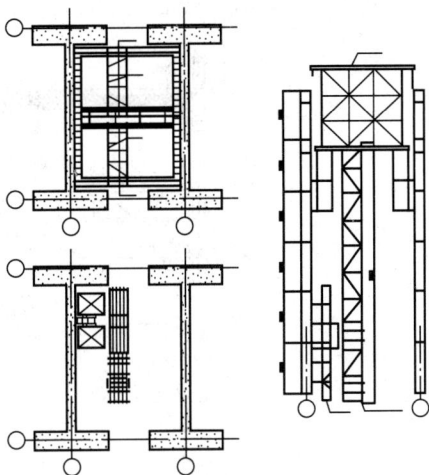

图 3-71 人员垂直交通挂架示意图

6) 结构封顶施工。根据传统的施工工序，液压内平台施工至结构封顶层后，应先行拆除。但本工程要求提早竣工时间，施工方先行提交封顶层的水平结构一层以满足 2010 年春节前结构顶层大型安装设备进场（注：竖向结构封顶时，水平结构滞后近 20 层）。故项目部要求利用液压内爬升平台作为顶层水平结构混凝土施工的支模承载体。为了满足厚达 500mm 混凝土楼层（注：该层为水箱层）的施工要求，通过分析计算决定爬升平台采用增加斜向拉杆的方法加固平台结构，成功解决了这一难题。结构封顶施工示意如图 3-72 所示，在主平台上方的剪力墙体设置预埋件，在埋件与主平台之间的每根主梁的两端增加两根斜拉杆，以传递和分担上部混凝土的荷载。

3. 小结

通过对广州珠江城结构全过程的液压爬架技术的设计和实践应用，得出以下几点认识和体会。针对钢结构和混凝土核心筒组合机构的超高层体系，应用液压爬升模架技术具有良好的综合性价比，在技术上较其他模架技术有较明显的优势。

(1) 该模架技术大大释放了塔机的垂直运输能力，为钢结构的吊装制造了有利条件，加快了总体施工进度。

(2) 液压爬升模架能有效解决堆载问题，并且围护安全到位，自身结构牢固、安全可靠。

(3) 液压爬升模架单元组合灵活，适应性强，自动化程度高，操作简便，大大优化了操作环境，降低了劳动强度。

(4) 该模架技术占用绝对工期少，每个流水段仅为 0.5d，从而可使每层的平均工期达到了 3～4d/层，最快达到 2d/层。

(5) 该模架技术设备可重复周转使用，并且若采用租赁服务的形式，可有效降低模架施工成本。

总之，液压自动爬升模架技术必将成为各类超高层建筑和高耸结构施工优先考虑的模架技术之一。

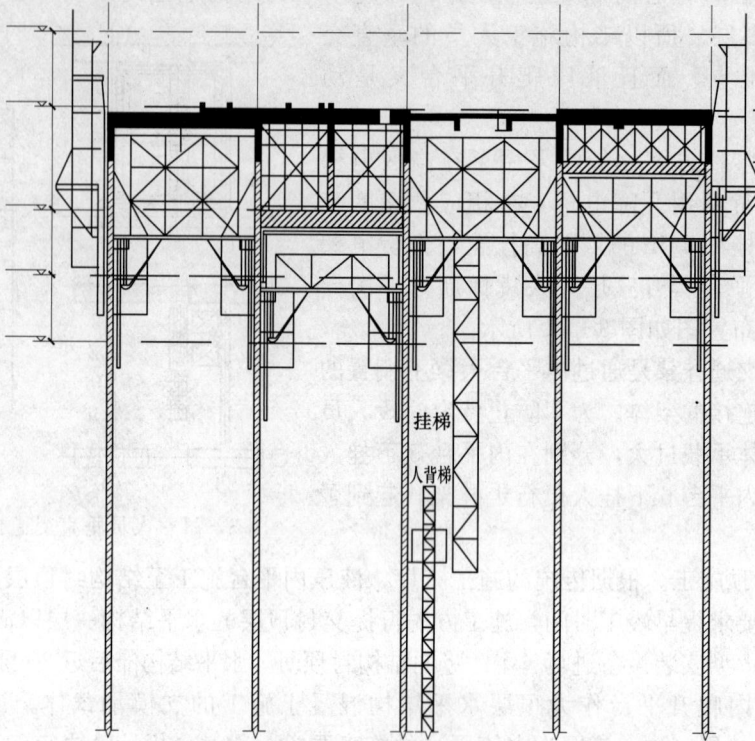

流程四说明：
1. 69夹层-T0层施工，70层水平结构与剪力墙同步浇筑；
2. T3-T4和T5-T6钻内平台不再爬升，加固内平台，在顶部支撑；
3. T4-T5轴岗堂脚手木模施工；
4. T6-T7轴柱69夹层楼面上搭潢堂脚手木模施工。

图 3-72　结构封顶施工示意图

3.9　预应力混凝土施工技术

3.9.1　概述

与钢筋混凝土比较，预应力混凝土具有截面尺寸小、自重轻、刚度大、抗裂度高、耐久性好、材料省等优点。在大跨度、大开间与重荷载结构中，采用预应力技术，可减少材料用量，降低楼层高度，扩大使用功能，而且经济、节能，近年来在桥梁结构、房屋结构及特种结构中得到了广泛应用。在国家"九五计划"至"十一五规划"期间，预应力技术一直被建设部列为重点推广技术，也是目前土木工程领域符合国家倡导的"节能减排"的重要技术。

预应力技术按施加预应力的方法不同可分为先张法和后张法。先张法是在混凝土浇筑之前张拉预应力筋，预应力靠混凝土与预应力筋之间的黏结力传递给混凝土；后张法是在混凝土达到一定强度后张拉预应力筋，预应力靠锚具传递给混凝土。在后张法中，按预应力筋与混凝土之间的黏结状态又可分为有黏结预应力混凝土和无黏结预应力混凝土。本节主要介绍后张预应力混凝土施工技术。

预应力混凝土施工专业性强、技术含量高、涉及面广，不仅需要专业的施工队伍来完成，而且还需要专门的机具和材料以及特殊的施工工艺。预应力混凝土施工与设计联系紧密，要求施工技术人员不仅要掌握预应力施工技术和方法，而且还要了解和掌握必要的预应力混凝土结构设计知识。在国外，预应力工程的施工是由专门从事预应力技术的研究、设备的开发和制造的大型专业公司来完成。

为了保证工程的质量和安全，我国现行规范规定：后张预应力工程的施工应由相应资质等级的预应力专业施工单位承担。目前我国预应力施工专业承包资质分为二级和三级两种，具有专业承包二级资质企业可承担各类预应力工程的施工；三级企业可承担单项合同额不超过企业注册资本金 5 倍且跨度在 30m 以内、连续跨度总长度 100m 以内的预应力工程的施工。

3.9.2　技术简介

1. 有黏结预应力混凝土施工

后张有黏结预应力施工技术是通过在结构或构件中预留孔道，允许孔道内预应力筋在张拉时可自由滑动，张拉完成后在孔道内灌注水泥浆或其他灌浆材料，使预应力筋与混凝土永久黏结不产生滑动的施工技术。

后张有黏结预应力施工过程包括预应力材料进场检验、预应力筋制作与安装、混凝土浇筑、张拉与锚固、灌浆和封锚保护等工序。后张有黏结预应力施工工艺流程如图 3 - 73 所示。

(1) 预应力材料进场检验。预应力材料包括预应力筋、锚具（包括锚垫板和配套螺旋筋）、成孔材料和灌浆材料等，施工中所有预应力材料必须经检验合格后才可进场使用。

1) 预应力筋进场验收。预应力筋进场时，每一合同批应附有产品有质量证明书，每盘应挂有标牌。产品质量证明书应具有可追溯性。钢绞线进场验收时，应按下列规定进行检验：

① 钢绞线的外观质量应逐盘检查，表面不得有油污、锈斑和机械损伤，允许有轻微浮锈；钢绞线的捻距应均匀，切断后不松散；

② 钢绞线的力学性能应按批抽样检验，每一检验批重量不应大于 60t；从同一批中任取 3 盘，在每盘中任意一端截取 1 根试件进行拉伸试验；拉伸试件每 3 根为一组，当有一项试验结果不符合现行国家标准《预应力混凝土用钢绞线》（GB/T 5224—2003）的规定时，则该盘钢绞线为不合格品；再从同一批未经试验的钢绞线盘中取双倍数量的试件重做试验，如仍有一项试验结果不合格，则该批钢绞线判为不合格品，或逐盘检验取用合格品。

对设计文件中指定要求的钢绞线应力松弛性能、疲劳性能和偏斜拉伸性能等，应在订货合同中注明交货条件和验收要求。

2) 锚具进场验收。锚具进场时，每一合同批应附有产品质量证明书，并提供锚固区传力性能检验报告，产品质量证明书应具有可追溯性。锚具进场验收时，应按下列规定进行检验：

① 外观检查：应从每批产品中抽取 2% 且不应少于 10 套样品，其外形尺寸应符合产品质量证明书所示的尺寸范围，且表面不得有裂纹和锈蚀；当有 1 个零件不符合产品质量证明书所示的外形尺寸或 1 个零件表面有裂纹或夹片、锚孔锥面有锈蚀时，应对本批产品的外观

```
┌─────────────────┐                    ┌─────────────────┐
│ *支撑排架搭设    │                    │ 钢绞线加工制作、编号 │
└────────┬────────┘                    └────────┬────────┘
         │                                      │
┌────────┴────────┐                    ┌────────┴────────┐
│ *梁、板底模铺设  │                    │ 支架钢筋加工制作 │
└────────┬────────┘                    │ 固定端P型锚制作  │
         │                             └────────┬────────┘
┌────────┴────────┐                    ┌────────┴────────┐
│ *普通钢筋绑扎    │                    │ 材料分类、送至现场 │
└────────┬────────┘                    └────────┬────────┘
```

后张有黏结预应力施工工艺流程（带 * 工序由土建总承包单位完成）

- *支撑排架搭设
- *梁、板底模铺设
- *普通钢筋绑扎
- 钢绞线加工制作、编号
- 支架钢筋加工制作 固定端P型锚制作
- 材料分类、送至现场
- *绑扎梁主筋、箍筋、腰筋等普通钢筋
- 焊接支架钢筋
- 铺放预应力筋
- 安装锚垫板、螺旋筋
- 预应力筋绑扎固定
- 预应力筋矢高、数量检查
- *绑扎板钢筋及其他普通钢筋
- *张拉端模板封闭
- 隐蔽工程验收
- *浇捣混凝土
- *混凝土养护 张拉端拆模、清理
- *混凝土试块试压
- 安装预应力锚具
- 预应力筋张拉
- 预应力孔道灌浆
- 拆除底模
- 外露多余预应力筋切割
- *张拉端混凝土封锚

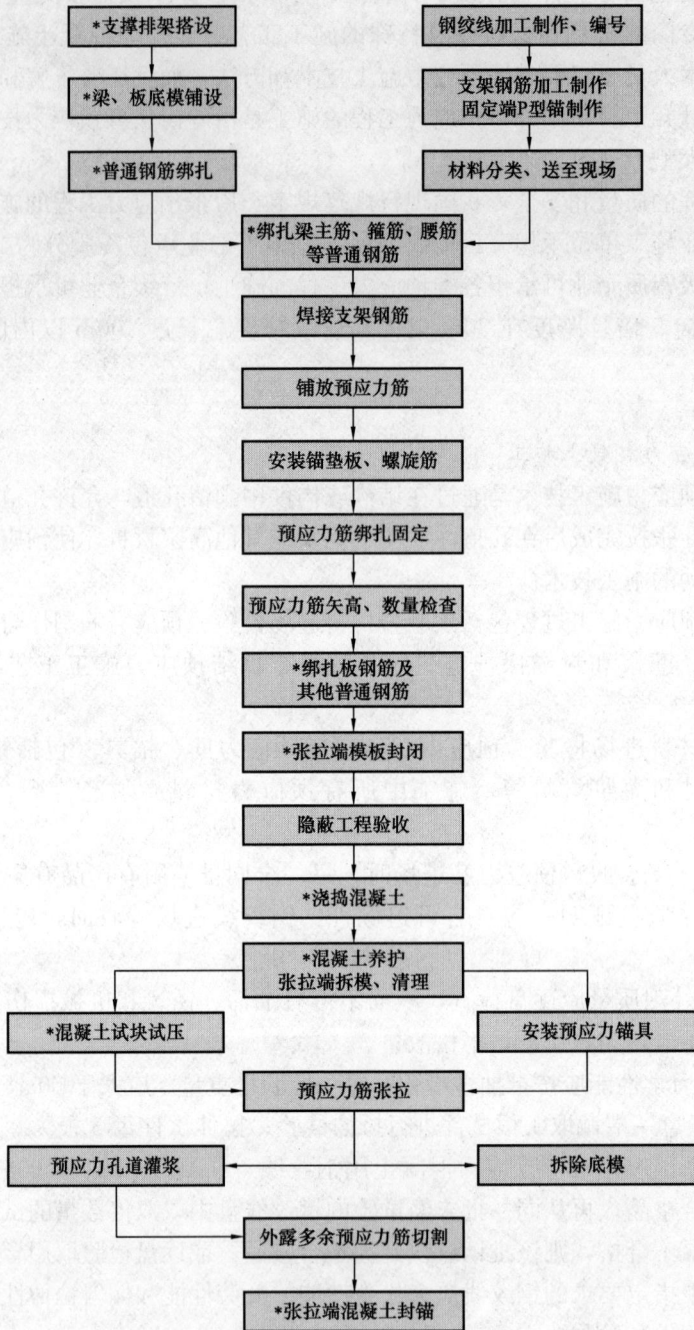

图 3-73　后张有黏结预应力施工工艺流程（带 * 工序由土建总承包单位完成）

逐套检查，合格者才可进入后续检验。

② 硬度检查：对有硬度要求的锚具零件，应从每批产品中抽取 3% 且不少于 5 套样品（多孔夹片式锚具的夹片，每套应抽取 6 片）进行检验，硬度值应符合产品质量证明书的规定；当有 1 个零件硬度不符合时，应另取双倍数量的零件重做检验，如仍有 1 个零件不合

格，则应对该批产品逐个检验，符合者方可进入后续检验。

③ 静载锚固性能试验：应从外观检查和硬度检验均合格的锚具中抽取样品，与符合试验要求的预应力筋组装成 3 束预应力筋—锚具组装件，每束组装件试验结果应符合现行国家标准《预应力筋用锚具、夹具和连接器》（GB/T 14370—2007）的规定。当有一束组装件不符合要求时，应取双倍数量的锚具重做试验，如仍有一束组装件不符合要求，则该批锚具判为不合格品。

对于锚具用量较少的一般工程，如由生产厂提供有效的锚具静载锚固性能试验合格的证明文件，可仅进行外观检查和硬度检验。

进场验收时，每个检验批的锚具不宜超过 2000 套，每个检验批的连接器和夹具不宜超过 500 套，获得第三方独立认证的产品，其检验批的批量可扩大 1 倍。

在承受静、动荷载结构中使用的锚具，预应力筋—锚具组装件还应满足循环次数为 200 万次的疲劳性能试验要求；在有抗震要求的结构中使用的锚具，预应力筋—锚具组装件还应满足循环次数为 50 次的周期荷载试验。

（2）制作与安装。预应力筋下料长度应由计算确定。计算时应考虑：构件孔道长度、锚具厚度、千斤顶工作长度、镦头预留量、预应力筋外露长度等。预应力筋下料时，应采用砂轮切割机，不得采用电弧切割。

预应力孔道形状有直线、曲线和折线三种类型，其曲线坐标应符合设计图纸要求。曲线和折线预应力孔道可采用金属波纹管（螺旋管）或塑料波纹管成形，其中梁类构件宜采用圆形波纹管，板类构件宜采用扁形波纹管，施工周期较长时应选用镀锌金属波纹管。塑料波纹管宜用于曲率半径小、密封性能好以及抗疲劳要求高的孔道。钢管宜用于竖向分段施工的孔道。直线预应力孔道可采用抽芯制孔方法，抽芯制孔可采用钢管、塑料棒、压力气囊或夹布胶管等。

预应力筋的安装可按下列步骤进行：

1）在构件普通钢筋就位之后，可根据设计要求的矢高焊接预应力筋定位支架。支架用 $\phi 12$ 以上直径的钢筋制作，间距约为 1000mm。

2）预应力筋穿束。根据穿束与浇筑混凝土之间的先后关系，可分为先穿束和后穿束两种方法。先穿束法即在浇筑混凝土之前穿束。对埋入式固定端或采用连接器施工，必须采用先穿束法。此法穿束方便、省力，但穿束占用工期，束的自重引起的波纹管摆动会增大摩擦损失，束端保护不当易生锈。后穿束法即在混凝土浇筑后、预应力张拉前进行穿束，此法不占用工期，并可防止预应力筋锈蚀，但穿束较为困难。

3）设置灌浆泌水孔。设置原则：两端张拉的预应力筋，一般以每跨大梁每一束预应力曲线的最高点设置一个泌水孔，水平间距不超过 30m。一端张拉的预应力筋在固定端处必须设置泌水孔。具体方法：在泌水孔处的波纹管上覆盖一层海绵垫片和带嘴的塑料弧形压板，并用铁丝与波纹管绑扎，再用 $\phi 25$ 增强软管插在嘴上，并将其引出梁顶面，高于梁顶约 400mm，并加以固定，如图 3-74 所示。

4）张拉端锚垫板的安装。波纹管位置固定好后，可安装锚垫板及螺旋筋。端部锚垫板、螺旋筋由于处于支

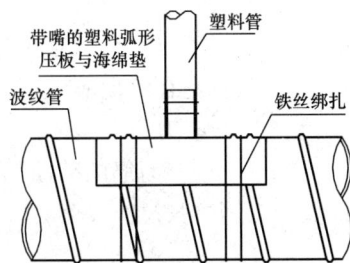

图 3-74　泌水孔设置

座钢筋较密处，安装比较困难，应保证其位置的准确。同时还必须保证垫板与孔道切线相垂直。

5）当穿束在浇捣混凝土前进行时，在锚垫板安装完成后，应对垫板外工作长度内的外露钢绞线进行保护，同时应对预应力孔道和锚垫板上的灌浆孔以及喇叭口等重要部位进行封闭，防止孔道堵塞。

预应力安装完成后，技术人员应认真核对预应力孔道的高度，全面检查波纹管有无破损，填写"自检记录"和"隐蔽工程验收记录"。

（3）混凝土浇筑。混凝土浇筑是一道关键工序，禁止将振捣棒直接触碰预埋波纹管和锚垫板等，防止损坏波纹管而导致浆体进入预应力孔道。混凝土入模时，严禁将下料口对准孔道下灰。张拉端和固定端等配筋密集部位应仔细振捣，确保混凝土浇筑密实。混凝土材料中不应含带氯离子的外加剂或其他侵蚀性离子。

混凝土浇筑完成后，对抽拔管成孔应及时组织人员进行抽拔，并检查孔道及灌浆孔等是否通畅。对预埋波纹管成孔，应在混凝土终凝能上人后，用通孔器清理孔道，或抽动孔道内的预应力筋，以确保孔道及灌浆孔畅通。

混凝土浇筑完成并达到初凝后，应立即开始养护，养护可采用浇水、蓄热、喷涂养护剂等方式。混凝土达到设计要求强度以后，及时拆除预应力结构张拉端的侧模板，为张拉操作做好准备。

（4）张拉与锚固

1）张拉准备工作。张拉是预应力工程施工的关键工序，张拉质量直接关系到结构的安全。张拉前应精心组织、策划，做好各项施工准备工作，以保证张拉施工顺利进行。

① 混凝土强度检验。预应力张拉前，应提供构件混凝土的强度试验报告。当混凝土的立方体抗压强度满足设计要求后，才可进行预应力张拉。若设计无具体规定时，张拉时混凝土强度等级不应低于设计值的 75%。

② 张拉设备的选用和标定。应根据预应力筋张拉力大小，选用配套的张拉设备和仪表。张拉设备应经过配套标定，并在有效使用期内。

③ 张拉操作平台搭设。高空张拉预应力筋时，应搭设可靠的操作平台。张拉操作平台应能承受操作人员和张拉设备的重量，并装有防护栏杆。利用结构施工脚手架进行张拉时，应对脚手架进行检查验收；在悬挑部位作业时，施工人员应佩带安全带；雨天张拉时，应架设防雨棚。

④ 张拉力和伸长值计算。预应力筋的张拉力 P_j 应按下列公式计算：

$$P_j = \sigma_{con} A_p$$

式中 σ_{con}——预应力筋的张拉控制应力，一般在设计图纸上标明；若设计图纸上标明的是有效预应力值，则须计算相关的预应力损失值，两者相加即为张拉控制应力；

A_p——预应力筋的截面面积。

预应力筋的张拉伸长值 ΔL_p^c，可按下列公式计算：

$$\Delta L_p^c = \frac{P_m L_p}{A_p E_p}$$

$$P_{\mathrm{m}} = P_{\mathrm{j}} \left(\frac{1 + \mathrm{e}^{-(kx + \mu\theta)}}{2} \right)$$

式中　P_{m}——预应力筋的平均张拉力，取张拉端拉力 P_{j} 与计算截面扣除孔道摩擦损失后的
　　　　　　拉力的平均值；

　　　　L_{p}——预应力筋的实际长度；

　　　　A_{p}——预应力筋的截面面积；

　　　　E_{p}——预应力筋的弹性模量。

对多曲线段或直线段与曲线段组成的曲线预应力筋，张拉伸长值应分段计算后叠加。

2) 张拉操作

① 张拉方式。根据预应力混凝土结构特点、预应力筋形状与长度以及施工方法的不同，预应力筋张拉方式有：一端张拉方式、两端张拉方式、分批张拉方式和分段张拉方式等。

② 张拉顺序。预应力筋的张拉顺序，应使结构及构件受力均匀、同步，不产生扭转和侧弯，不应使混凝土产生超应力，不应使其他构件产生过大的内力及变形等。因此，同步、对称张拉是一项重要原则。同时，还应考虑到尽量减少张拉设备的移动次数。

③ 张拉操作。锚具安装前，应清理锚垫板端面的混凝土残渣和喇叭口内的杂物，同时去除预应力筋表面的浮锈和灰浆，并检查锚垫板后混凝土的密实性。如该处混凝土有空鼓现象，应在张拉前修补且张拉时其强度达到设计要求。

锚具安装时锚板应对中，夹片应均匀打紧且外露一致；工具锚安装孔位与工作锚孔位排列一致，防止钢绞线在千斤顶内交叉。张拉设备安装时，对直线预应力筋，应使张拉力的作用线与预应力筋中心线重合；对曲线预应力筋，应使张拉力的作用线与预应力筋中心线末端的切线重合。

预应力筋的张拉操作程序应按设计要求，当设计无专门规定时，应按下列程序张拉：

A. 当不需超张拉时，预应力筋的张拉程序为：

0→初拉力→2 倍初拉力→张拉力→持荷 2min 锚固

B. 当采用超张拉方法减少预应力损失时，预应力筋的张拉程序为：

对于可调式锚具：0→初拉力→2 倍初拉力→1.05 张拉力→持荷 2min→张拉力锚固

对于不可调式锚具：0→初拉力→2 倍初拉力→1.03 张拉力→持荷 2min 锚固

预应力筋的初拉力与预应力筋的线形及长度有关，直线预应力筋的初拉力可取为 10%～15% 张拉控制力，曲线预应力筋和超长预应力筋的初拉力可取为 10%～20% 张拉控制力。预应力筋张拉时，可按张拉程序量测各级张拉力对应的伸长值，其中 2 倍初拉力和初拉力对应的伸长值之差，可作为 0→初拉力间的伸长值，然后将量测的各级伸长量叠加即为实测总伸长值。

当预应力筋伸长量较大，千斤顶张拉行程不够时，应采用分级张拉、分级锚固方式，下一级张拉初始压力表读数应为上一级最终的压力表读数。

张拉时发现以下情况应停止张拉，且在查明原因并采取措施后方可继续张拉：

A. 预应力筋断丝、滑丝或锚具碎裂。

B. 混凝土出现裂缝或破碎，锚垫板陷入混凝土。

C. 孔道中有异常声响。

D. 达到张拉力后，伸长值明显不足；或张拉力不足，预应力筋已被拉动并继续伸长。

④ 伸长值校核。预应力张拉采用应力控制方法时，应校核预应力筋的张拉伸长值。实测伸长值与计算伸长值的偏差应不超过±6%。如超过允许偏差，应查明原因并采取措施后方可继续张拉。

张拉伸长值可以综合反映预应力孔道的成孔质量、张拉力是否达到以及预应力筋是否有异常现象等。因此，对伸长值的异常要引起足够的重视。

（5）灌浆与封锚保护。预应力孔道灌浆一方面是保护预应力筋，防止锈蚀；另一方面使预应力筋与混凝土有效地黏结，以控制超载时裂缝的开展并减轻端部锚具的负荷状况。因此，对孔道灌浆的质量必须足够重视。

预应力张拉完成并经检验合格后，应尽早进行孔道灌浆。

1）灌浆材料

① 孔道灌浆应采用不低于 32.5 的普通硅酸盐水泥配置的浆体，水泥的质量应符合现行国家标准《通用硅酸盐水泥》（GB 175—2007）的规定。

② 水泥浆的水灰比应不大于 0.45，搅拌 3h 后的泌水率不宜大于 2%，且应不大于 3%。泌水应能在 24h 内全部被浆体吸收。为降低浆体的泌水率，提高灌浆的密实度，可在浆体中掺入适量的减水剂，将水灰比减小至 0.32～0.38。但严禁掺入各种含氯化物等对预应力筋有腐蚀作用的外加剂。

③ 浆体应有足够的流动度，并应以流动度控制。采用流锥法测定时，浆体的流出时间应为 12～18s；采用流淌法测试时，其流淌直径应不小于 150mm。

④ 边长为 70.7mm 的立方体浆体试块 28d 标准养护的抗压强度应符合设计要求，当设计无规定时应不低于 30MPa。

⑤ 浆体应采用高速机械搅拌机搅拌，搅拌均匀的浆体，应经过不大于 1.2mm×1.2mm 的筛网过筛置于储浆桶内，浆体拌和后至灌入孔道的时间不宜超过 10min。浆体留置时间过长发生沉淀离析时，应采取二次搅拌措施；浆体留置时间过长导致流动度降低时，不得通过加水的方式增加浆体流动度。

2）灌浆设备。灌浆设备包括砂浆搅拌机、灌浆泵、储浆桶、过滤网、橡胶管和喷浆嘴等。目前常用的电动灌浆泵有柱塞式、挤压式和螺旋式。

灌浆泵应根据灌浆高度、长度、孔道形态等选用，并配备计量校验合格的压力表。高速搅拌机转速应不低于 1200rpm，并具备 5min 内将水泥浆搅拌均匀的能力。

3）灌浆工艺

① 灌浆前应全面检查构件孔道及灌浆孔、泌水孔、排气孔是否通畅。对抽拔管成孔，可采用压力水冲洗孔道；对预埋管成孔，必要时采用压缩空气清孔。

② 灌浆前应对锚具夹片空隙和其他可能产生漏浆处，采用高标号水泥或结构胶进行封堵，封堵材料的抗压强度大于 10MPa 时才可灌浆。

③ 灌浆顺序宜先灌下层孔道，后灌上层孔道。

④ 灌浆应缓慢、连续进行，直至排气孔排出与灌浆孔相同稠度的浆体后，将排气孔按浆体流动方向依次封闭，当孔道灌满并全部封闭后，应再继续加压至 0.5～0.7MPa，稳压 1～2min 后封闭灌浆孔。待水泥浆初凝后才可拆除端部进浆孔和出浆孔阀门。

⑤ 同一孔道灌浆作业应一次完成，不得中断，并应保持排气通顺。发生孔道阻塞、串孔或因故障中断灌浆时，应及时用压力水冲洗孔道或采取其他措施重新灌浆。

⑥ 浆体在搅拌和灌注期间的环境温度不应高于 35℃，也不应低于 5℃。当温度低于 5℃时，孔道灌浆应采取抗冻保温措施，防止浆体冻胀使混凝土沿孔道产生裂缝；当温度高于35℃时，宜在夜间进行灌浆。

⑦ 灌浆时，每一工作班组应至少留取 3 组边长为 70.7mm 的立方体试块，标准养护 28d 后的抗压强度应满足设计要求。

⑧ 孔道灌浆后，应检查孔道上凸部位灌浆的密实性；如有空隙应采取人工补浆措施。补浆应采用与灌浆相同的浆体，补浆高度应不小于 400mm；补浆应连续进行，直至浆体表面稳定为止。

4) 真空辅助灌浆。真空辅助灌浆时预应力孔道的一端采用真空泵抽吸孔道中的空气，使孔道内形成 -0.1MPa 左右的真空度，然后在孔道的另一端采用灌浆泵进行灌浆。真空辅助灌浆技术的优点包括：

① 在真空状态下，孔道内的空气、水分以及混在水泥浆中的气泡被消除，增强了浆体的密实度。

② 孔道在真空状态下，减少了由于孔道高低弯曲而使浆体自身形成的压头差，便于浆体充满整个孔道。

真空辅助灌浆的孔道应具有良好的密封性，宜采用塑料波纹管成孔。且浆体应优化配置，才能充分发挥真空辅助灌浆的作用。对于超长孔道、大曲率孔道、扁管孔道、腐蚀环境的孔道，宜采用真空辅助灌浆方法。

2. 无黏结预应力混凝土施工

无黏结预应力施工是预先在楼板或梁中铺设无黏结预应力筋，然后浇筑混凝土并进行养护；待混凝土达到设计要求的强度后，张拉预应力筋并进行锚固；最后进行封锚保护。这种施工方法不需要留孔和灌浆，施工方便，预应力靠锚具传递给混凝土。后张无黏结预应力施工工艺流程如图 3-75 所示。

(1) 无黏结预应力筋的铺设

1) 铺设顺序。在单向板中，无黏结预应力筋按线形图进行铺设，并加以固定。在双向板中，无黏结筋相互交叉，施工操作较为复杂，需事先编制出无黏结预应力筋的铺设顺序，并绘制预应力筋平面铺放图。其方法是首先规定某一方向（下排）的预应力筋先铺，然后计算交叉点处双向预应力筋的上下关系，在交点处用"●"表示后铺方向的预应力筋在该点处的竖向坐标低于先铺方向的预应力筋，铺放时后铺方向预应力筋在该点处从先铺方向预应力筋下方穿过。这种方法是在完成一个方向预应力筋铺放后再进行另一方向预应力筋的铺放，虽然在一些交点处存在穿束，但条理清晰、易为操作工人掌握，且铺放速度快。

无黏结筋的铺设通常是在底部钢筋铺设后进行。水电管线一般宜在无黏结筋铺设后进行安装，且不得将无黏结筋的竖向位置抬高或压低。

2) 固定就位。无黏结预应力筋应严格按照设计要求的线形就位并固定牢靠。无黏结筋的水平位置应保持顺直，垂直位置宜用支撑钢筋或钢筋马凳控制，马凳间距为 1~2m。在支座部位，无黏结筋可直接绑扎在梁或墙的顶部钢筋上；在跨中部位，无黏结筋可直接绑扎在

```
                                              ┌─────────────────┐
                                              │ 钢绞线加工制作、编号 │
                                              └────────┬────────┘
                                                       │
        ┌─────────────┐                      ┌────────┴────────┐
        │ *支撑排架搭设 │                      │  马凳钢筋加工制作  │
        └──────┬──────┘                      │ 固定端P型锚制作   │
               │                              └────────┬────────┘
        ┌──────┴──────┐                      ┌────────┴────────┐
        │ *普通钢筋绑扎 │                      │  材料分类、送至现场 │
        └──────┬──────┘                      └────────┬────────┘
               │      ┌──────────────────┐           │
               └──────┤ *绑扎梁板普通钢筋  ├───────────┘
                      └────────┬─────────┘
                      ┌────────┴─────────┐
                      │  马凳钢筋安装      │
                      └────────┬─────────┘
                      ┌────────┴─────────┐
                      │  铺放预应力筋      │
                      └────────┬─────────┘
                      ┌────────┴─────────┐
                      │  安装锚垫板、螺旋筋 │
                      └────────┬─────────┘
                      ┌────────┴─────────┐
                      │  预应力筋绑扎固定   │
                      └────────┬─────────┘
                      ┌────────┴─────────┐
                      │ 预应力筋矢高、数量检查 │
                      └────────┬─────────┘
                      ┌────────┴─────────┐
                      │  *模板封闭        │
                      └────────┬─────────┘
                      ┌────────┴─────────┐
                      │  隐蔽工程验收      │
                      └────────┬─────────┘
                      ┌────────┴─────────┐
                      │  *浇捣混凝土       │
                      └────────┬─────────┘
                      ┌────────┴─────────┐
                      │  *混凝土养护       │
                      │ 张拉端拆模、清理    │
                      └─┬──────┬──────┬──┘
        ┌──────────┐   │      │      │   ┌──────────────┐
        │*混凝土试块试压│───┤      │      ├───│ 安装预应力锚具 │
        └──────────┘   │      │      │   └──────────────┘
                      ┌─┴──────┴──────┴─┐
                      │  预应力筋张拉      │
                      └────────┬─────────┘
                      ┌────────┴─────────┐
                      │  外露多余预应力筋   │
                      │  切割            │
                      └────────┬─────────┘
                      ┌────────┴─────────┐
                      │ *张拉端混凝土封锚  │
                      └──────────────────┘
```

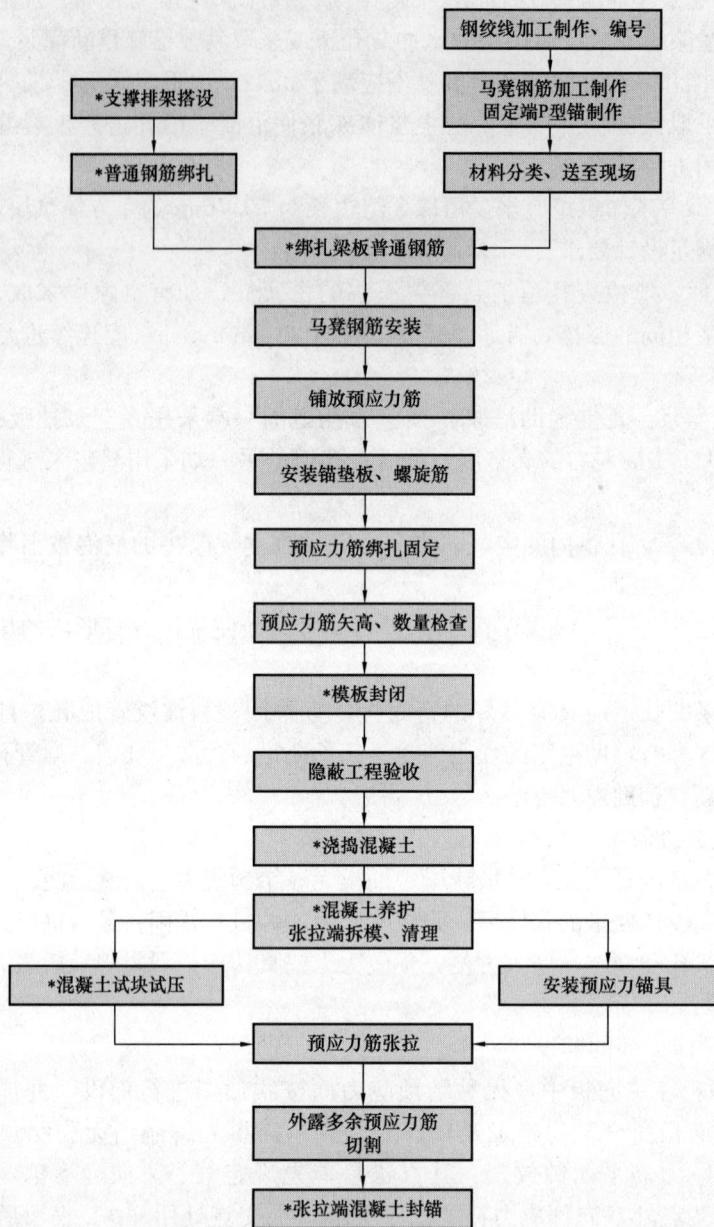

图 3-75　后张无黏结预应力施工工艺流程（带 * 工序由土建总承包单位完成）

板的底部钢筋上。

　　张拉端模板应按施工图中规定的无黏结预应力筋的位置钻孔。张拉端的承压板应采用钉子固定在端模板上或用点焊固定在钢筋上。无黏结预应力曲线筋或折线筋末端的切线应与承压板垂直，曲线段的起始点至张拉锚固点应有不小于 300mm 的直线段。

　　当张拉端采用内置式做法时，可采用塑料穴模或泡沫塑料、木模等形成凹口，如图 3-76 所示。无黏结预应力筋铺设完毕后，应进行隐蔽工程验收，当确认合格后，才可浇筑混凝土。

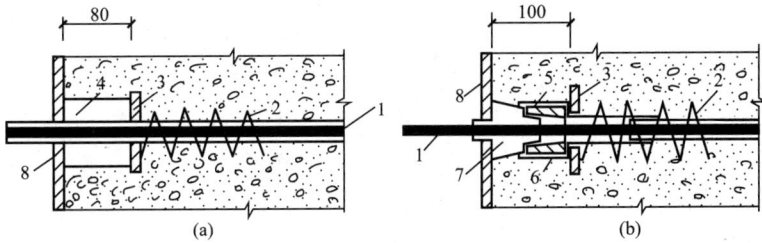

图 3-76　无黏结筋张拉端内置式做法

(a) 泡沫穴模；(b) 塑料穴模

1—无黏结筋；2—螺旋筋；3—承压钢板；4—泡沫穴模；5—锚环；

6—带杯口的塑料套管；7—塑料穴模；8—模板

(2) 无黏结预应力筋张拉。无黏结预应力筋张拉前，应清理锚垫板表面，并检查锚垫板后面的混凝土质量。如有空鼓现象，应在预应力张拉前修补。

无黏结预应力混凝土楼盖的张拉顺序，宜先张拉楼板，后张拉楼面梁，且遵循对称张拉的原则。无黏结预应力筋长度超过 35m 时，宜采取两端张拉方式；当无黏结筋长度超过 70m 时，宜采取分段张拉方式。在梁板顶面或墙壁侧面的斜槽内张拉时，宜采用变角张拉方式。无黏结预应力筋也采用张拉力控制为主，伸长值校核的方法。实测伸长值与计算伸长值相比不超过 $\pm 6\%$，超过时应停止张拉，查明原因并采取措施后再进行张拉。

(3) 封锚保护。无黏结预应力筋的锚固区必须有严格的密封防护措施，严防水汽进入，锈蚀预应力筋。无黏结预应力筋锚固后的外露长度不小 30mm，多余部分宜用手提砂轮锯切割，但不得采用电弧切割。

为使无黏结预应力筋端头全封闭，在锚具端头涂防腐润滑油脂后，罩上封端塑料盖帽，如图 3-77 所示。对内置式锚固区，锚具表面经上述处理后，再用微膨胀细石混凝土或低收缩防水砂浆封闭。对外置式锚固区，可采用外包钢筋混凝土圈梁封闭。对留有后浇带的锚固区，可采取二次浇筑混凝土的方法封锚。

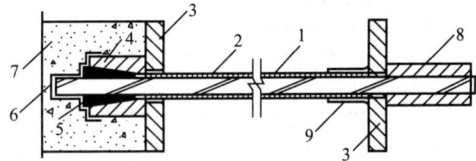

图 3-77　无黏结筋全密封构造

1—护套；2—钢绞线；3—承压钢板；4—锚环；

5—夹片；6—塑料帽；7—封头混凝土；

8—挤压锚具；9—塑料套管或粘胶带

3.9.3　工程实例

1. 现浇预应力混凝土空心楼板施工

(1) 工程概况。现浇预应力空心楼板是一种新型的楼盖形式，它不仅自重轻，而且整体性好，通过施加预应力，能有效地控制楼板的挠度及裂缝开展，增加楼板的刚度，使楼盖具有良好的使用性能。

上海香榭丽商务办公楼位于浦东陆家嘴地区，总高度为 23m，建筑面积约为 18 000m²，地下一层，地上六层，平面尺寸 71.4m×27.2m，如图 3-78 所示，中间有 10.7m×16m 内天井两座。采用框架—短肢剪力墙结构，框架抗震等级为三级。

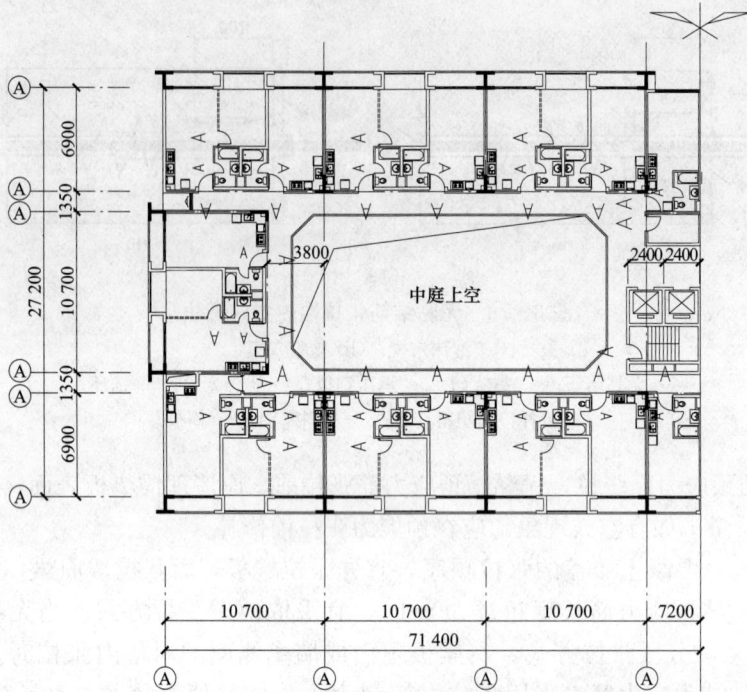

图 3-78 建筑平面图

为了减少结构自重，在二～六层楼面采用预应力空心板，空心板平面尺寸为 10.7m×6.9m，板厚为 200mm。空心板断面图如图 3-79 所示。

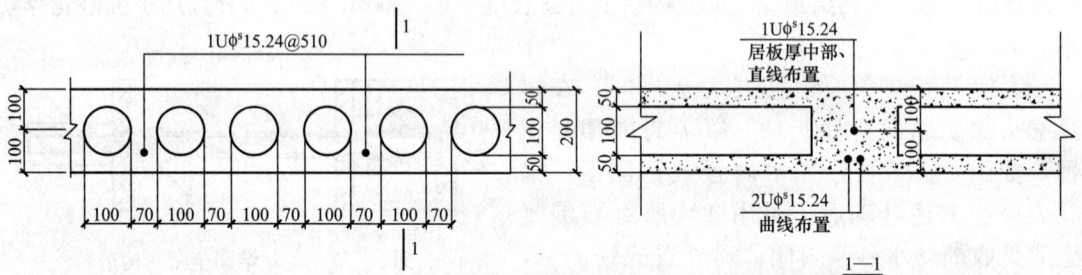

图 3-79 空心板断面图

楼板短跨向预应力配筋为 $1U\phi^s15@510$；长跨向为 $2U\phi^s15@1175/1375$。非预应力筋为 $\phi10@150$（双向）。混凝土保护层厚度 15mm。

空心管间净距 70mm，空心管长度分 1.0m 和 1.2m 两种规格，为与双向板受力方向相一致，空心管沿短跨向布置，管段间设置 150mm 的纵肋，并布置预应力筋。

楼板混凝土强度等级为 C40，无黏结预应力筋采用 270 级（美标 ASTM A416）高强低松弛钢绞线，抗拉强度标准值 $f_{ptk}=1860$MPa，弹性模量 $E_p=1.95\times105$MPa。预应力张拉端和固定端分别采用夹片式锚具和挤压式锚具。空心管材料采用高强度复合型薄壁纸管。

（2）预应力空心板施工。与普通混凝土楼板相比，现浇预应力空心板施工过程中增加了预应力钢筋和空心管铺放工序。且各工种相互交叉，在施工前应进行细致的技术准备和施工组织工作。

1) 技术准备

① 绘制预应力筋铺放图和端部节点构造详图。

② 计算空心管的长度和根数,绘制楼板空心管排管图。

③ 编制详细的预应力施工方案及空心纸管铺放方案。

2) 空心管铺放。当楼板底排普通钢筋绑扎完成并垫上水泥垫块后,即可以穿插进行预应力筋和空心管的铺放,同时进行的还有管线等其他工种。

空心管铺放一般采取现场单根放置,整体固定的方法。该方法的最大优点是灵活性较强,可以根据实际情况进行长度或间距方面的调整。比较适合异形结构平面或洞口较多的区域。但该方法存在着施工工期长,制作固定比较麻烦,占用施工场地大的缺点。根据本工程平面尺寸相对规整的特点,经过比较,采用若干空心管组合成型进场,施工现场就位绑扎固定的施工工艺。即将平面内布置的空心管,按照双向预应力筋组成的网格状,事先部分组装固定在一起,这样施工现场无需再进行单根空心管铺放,而是将整组空心管一起铺放和固定。如图 3-80 所示。

采用该施工方法,可以大大加快现场施工进度。并且施工操作快捷、方便。本工程每层5000 多米的空心管铺放的施工工期仅需要 1~2d 时间就可以全部完成。而如果采用现场拼装的施工方法,至少则需要 5d 以上。

3) 空心管固定。上排钢筋绑扎完毕后,应再次调整空心管位置并可靠固定,防止其水平移动和上浮。固定空心管水平位置采取铁丝绑扎的方法,将空心管牢牢绑扎在底排钢筋上如图 3-81 所示。由于空心管自重很轻,浇捣混凝土时上浮力很大。预防办法是:在楼板模板上钻眼,用 16 号铁丝穿过模板,将模板上部钢筋网与模板支撑间隔 1m 呈梅花形绑扎。

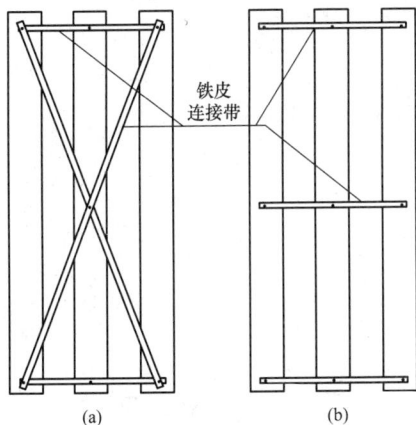

图 3-80　纸管组连接示意图

(a) 纸管组上部连接;(b) 纸管组下部连接

图 3-81　空心管现场铺放

4) 混凝土浇筑。在无黏结预应力筋铺放和空心管铺放固定全部完成后,进行班组质量自查,而后会同监理单位进行隐蔽工程的验收,确认合格后才能浇捣混凝土。浇捣混凝土时既要振捣密实,防止空洞,同时又要防止振动棒直接撞击无黏结筋,以免发生破损和移位现象,也要保证不损坏空心管。同时应多做 1~2 组混凝土试块,按同条件进行养护,作为确定张拉时间的依据。

(3) 经济指标比较。采用预应力空心板的优点是:

① 楼板混凝土折算厚度减小 110mm，结构自重减小 2.75kN/m²，按每层 1800m² 计算，可以减轻结构重量 4950kN/层。

② 钢筋用量减小约 8kg/m²，每层减小用量约 15t。

从材料直接费上进行对比分析，采用预应力空心楼盖，结构每平方米造价降低 36.8 元，每层造价降低约 6.62 万元，总造价降低约 33.4 万元。同时由于结构自重减轻，还会降低基础等相关构件的造价。分析表明：预应力空心板与普通钢筋混凝土楼板相比，在经济指标上具有明显的优势。

另外，由于采用了合理的穿插施工方法，预应力空心板施工不另外占用施工总工期。

2. 浦东国际机场二期航站楼预应力施工

（1）工程概况。浦东国际机场二期航站楼工程建筑面积 30 余万 m²，由登机廊和主楼组成，平面布置分为 X、Y 和 Z 三个区域，其中 X、Y 区为主楼，Z 区为登机廊，通过伸缩缝将 X 区、Y 区和 Z 区沿纵向分开。登机廊横向长度约为 55m，纵向总长度为 1400m，分为 11 区段，各区之间用伸缩缝分开，并沿中轴对称布置；主楼分为 X、Y 两大区域，纵向长度超过 400m，横向长度为 160m，其中每个大区用横向伸缩缝又分为 5 个区段，并沿中轴对称布置。本工程建筑平面如图 3-82 所示，建筑剖面如图 3-83 所示。

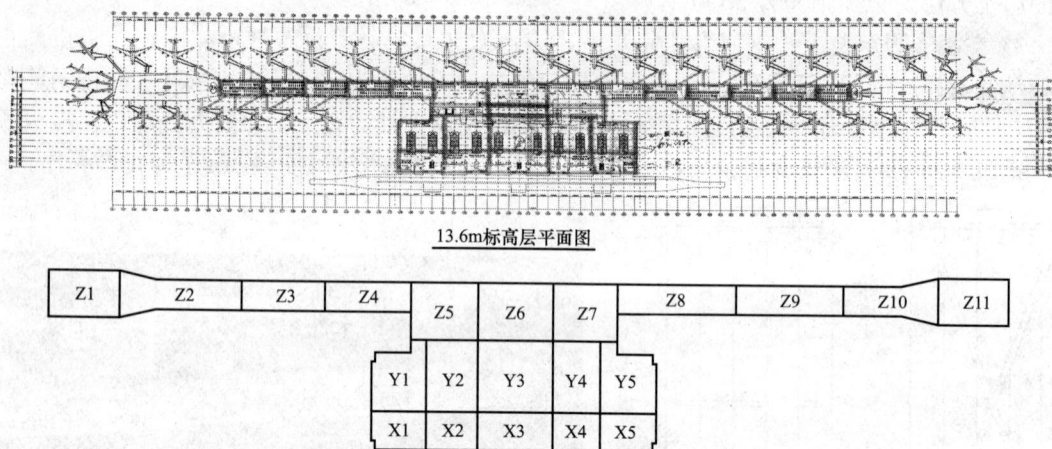

13.6m标高层平面图

Z1	Z2	Z3	Z4		Z5	Z6	Z7		Z8	Z9	Z10	Z11
					Y1	Y2	Y3	Y4	Y5			
					X1	X2	X3	X4	X5			

图 3-82　航站楼平面布置

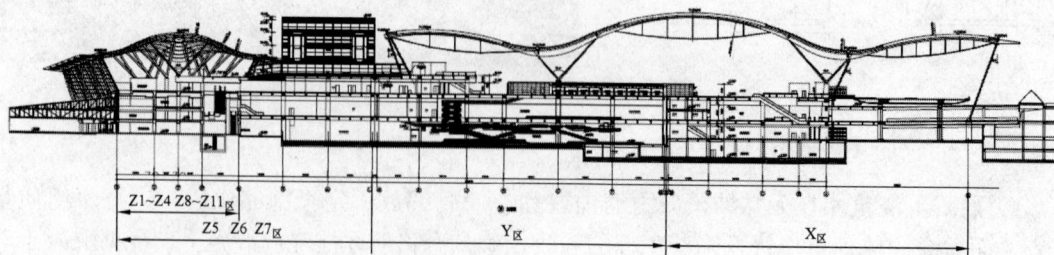

图 3-83　航站楼剖面图

本工程主体采用钢筋混凝土框架结构，其中上部结构跨度较大的区域采用后张有黏结预应力技术，预应力框架梁基本跨度为 18m，截面尺寸为 600mm×1200mm～1000mm×

1500mm，预应力配筋为 2—7 ϕ^s15.20～4—9 ϕ^s15.20，均为单排放置。预应力框架梁在 Z 区沿纵向单向布置，在 X 区和 Y 区沿纵横双向布置。预应力筋采用 270 级高强低松弛钢绞线，直径 ϕ^s15.20mm，强度标准值 1860MPa。预应力张拉端采用夹片式锚具，固定端采用挤压式锚具。预留孔道采用 PE 塑料波纹管，混凝土强度等级为 C40。

（2）张拉节点构造。由于本工程每一区段之间均设置结构伸缩缝，缝宽为 100mm，而相邻区域施工又是同步进行。因此，大部分预应力张拉端将布置在结构体内，而无法按一般常规的方式在结构端部进行张拉施工，张拉节点设计是本工程预应力施工的技术难点之一。

预应力张拉端设置常见有以下几种：①梁面或梁底面张拉；②梁体侧面张拉；③梁柱间加腋张拉。方案①和②对于预应力张拉端设置比较方便，但由于本工程预应力梁截面宽度较小、配筋较密，而锚垫板截面较大，采用方案①和②势必对普通钢筋排列、模板配置带来很大困难，影响施工进度和工程质量。

经分析比较，最终采取在梁柱间加腋、对称设置张拉端的方法，在板底进行预应力张拉施工。考虑到张拉空间要求，采用空间斜面形式，水平方向与框架梁呈 20°角左右，垂直方向与框架梁正截面呈 15°角左右。为保证预应力施工质量以及满足建筑要求，张拉端采用内置式，在预应力施工完成后，采用微膨胀细石混凝土封闭。张拉端高度考虑到框架钢筋、水平管道等其他因素的影响，一般设置在框架梁截面的中上部。由于本工程结构复杂，预应力张拉端的形式达三十余种，图 3-84 是其中的两种形式。

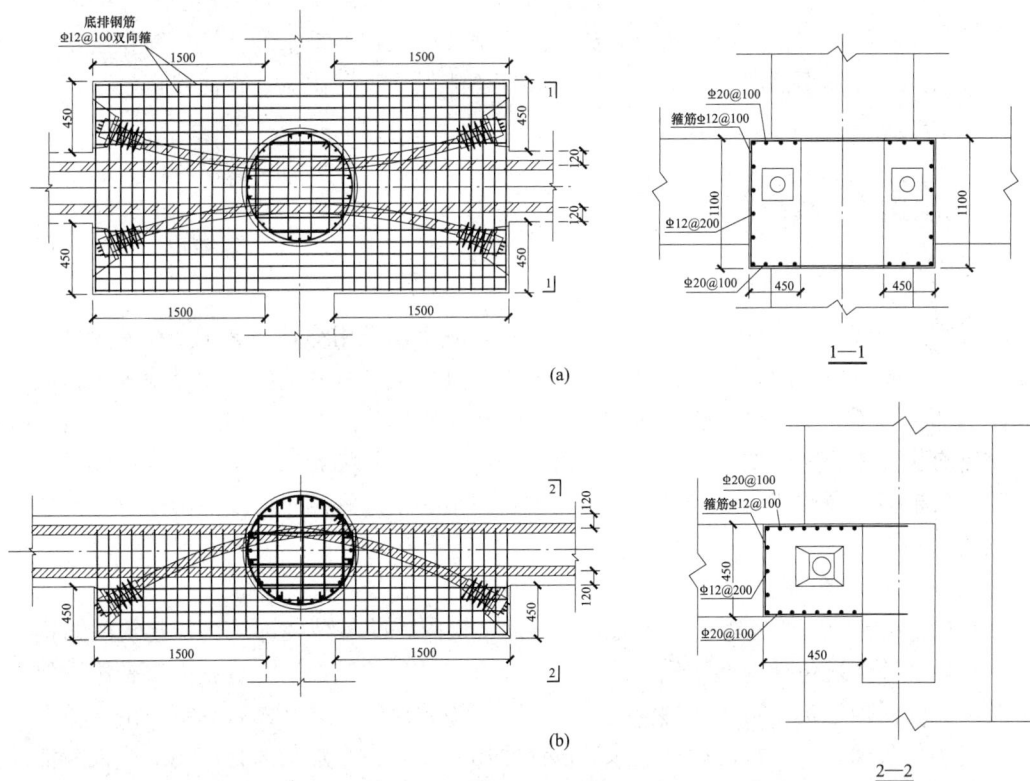

图 3-84　张拉端节点构造

（3）预应力张拉。考虑到本工程楼面梁截面及自重较大，采用的支撑体系较为密集，不利于预应力张拉设备进入板底进行张拉操作的实际情况，采用在楼面上搭设张拉操作脚手架，主要张拉设备放置在楼面上和楼面下相结合的施工方案。具体方法：结构混凝土浇捣时，在张拉端区域楼板上设置两个 $\phi100$ 临时预留孔，两个预留孔间距为 1m 左右，作为起重钢丝绳穿孔用，临时孔采用预留管留孔，如图 3-85 所示。

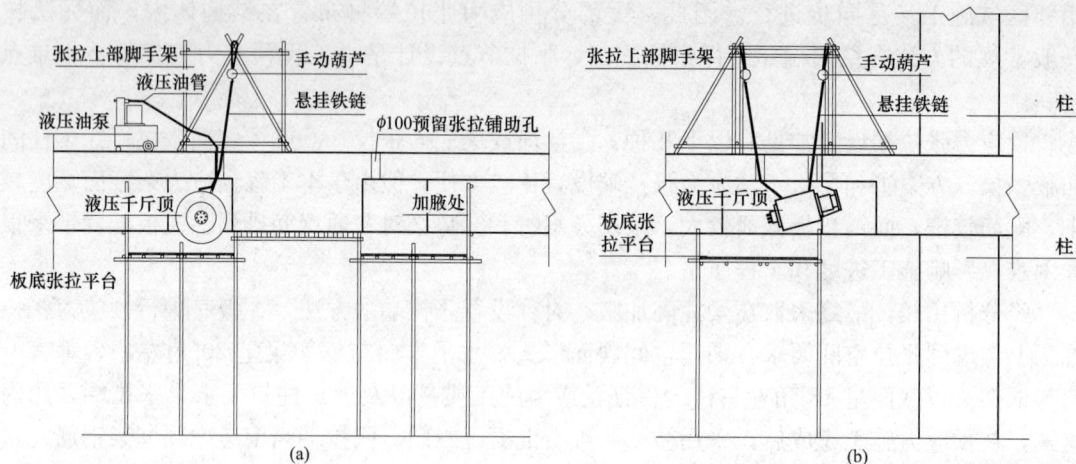

图 3-85　预应力张拉

上述张拉方案可以避免张拉端设置在梁体侧面或梁面而带来模板和钢筋制作的困难，同时也不需要在楼板预留张拉洞，从而避免了由于预应力张拉而带来的楼板大面积设置后浇洞等不利影响。该方案不仅加快了施工进度，而且还能保证工程质量，在浦东机场二期航站楼取得了良好的效果。

3.10　高层建筑结构增层改造施工

3.10.1　概述

随着国民经济的快速发展，城市化进程加快，城市建设用地日趋紧张。在一大批高层建筑拔地而起的同时，也出现了不少建筑改造工程。世界上经济发达国家的经验表明，城市建设大体上都经历了三个阶段，即大规模新建、新建与维修改造并举和重点转向旧建筑的维修改造。目前我国一些大中城市已经进入了第二阶段。因此，随着城市建设的进一步发展，将会出现越来越多的高层建筑改造工程。而且，当城市建设进入第三个发展阶段后，高层建筑将以改造工程为主。

　　1. 结构改造的目的

（1）恢复建筑的原始风貌。建筑的风貌包括建筑内外的各种装饰风格、建筑的结构形式和空间布局，甚至还包括内部的陈设等。出于此类目的的建筑改造工程，大多是历史保护建筑。对于历史保护建筑，需要文物保护单位对建筑原始风貌的含义进行界定。由于历史保护建筑建造年代久远，大多数已远远超过其设计使用寿命，在自然的风化作用下或人为活动影响下，建筑的原始风貌遭到破坏或改变，后来由于文物保护的要求，需要将其原始风貌进行恢复，因而需要对其进行改造。

（2）提升建筑使用功能。随着社会的发展和进步，有一些建筑由于建造年代久远，不能满足当前的经济、文化等发展需求，使用功能受到很大限制，尤其是位于城市中心地带的建筑，无法全部拆除重建，需要对其进行改造，以满足当前的商业、文化等功能。一般来说，需要提升的建筑使用功能包括增加使用面积（地上增层和增加地下室）、建筑内部空间重新分割，同时也包括对建筑形式和装饰风格进行重新定位，以提高建筑在当前社会条件下的使用品位。

（3）提高结构安全性。由于一些建筑建造年代久远，部分已超出其使用寿命，其结构体系的安全性已远不能满足当前对建筑的结构安全度、消防、抗震、节能降耗等方面的要求，但是出于保护或者经济等方面原因，仍需要保留这些建筑。对于此类建筑，需要根据现代建筑设计规范的要求，对其进行结构受力体系加固或转换，以满足安全、消防、抗震、降耗等方面的要求。

2. 高层建筑结构增层改造的研究现状

据有关资料显示，国外如英国、美国等国在 1985 年的建筑维修改造市场就开始进入了全盛时期，其增层改造的房屋已从低层发展为高层建筑增层。其中比较有代表性的是美国的 Julsa Oklahoma 中州大楼的增层改造工程、意大利的 Naples 市政府办公楼增层工程。英国、意大利、希腊等欧洲国家定期举行国际学术会议，出版学术刊物 Heritage of Architecture 等，对建筑结构的修缮、加固、更新等研究很活跃。总之，进入 20 世纪 90 年代以来，在国际建筑业新建市场日趋萎缩的情况下，以旧住宅为主要对象的建筑维修改造业正发展成为"朝阳产业"，其所占建筑市场的份额在不断扩大，成为传统产业中带动各国经济发展的一个新的经济增长点之一。

20 世纪 80 年代以前，我国中、小城市的住宅和其他民用房屋，大多数是低层或多层建筑，即使是北京、上海、天津等特大城市和其他大城市中也大量存在此类建筑。近十多年来我国大中城市已对不少低层或多层房屋采用了多种增层方法，在不影响或较少影响原建筑使用的情况下，仅需花费新建筑约 60% 左右的费用，即可在较短时间内扩大建筑面积，既获得了显著的社会效益和经济效益，受到了使用单位的欢迎，也积累了丰富的增层设计与施工经验。近年来，在一些大中型城市，对 20 世纪 90 年代建造的一些高层建筑也开始实施改造。工程实践表明，对既有房屋增层和改善使用功能，是提升城市功能的重要途径之一，这不仅符合我国国情，而且可以节约投资，较快解决土地资源紧张的难题，更重要的是可不再征用土地，对缓解日趋紧张的城市用地矛盾具有重要的现实意义。

随着建筑技术的不断发展，我国在建筑改造领域的施工技术水平已有了较大的提高。目前对基础、梁柱、砌体等单个构件的加固改造研究成果较多，但是，对通过结构体系转换来达到增层，提高建筑物整体使用功能，其涉及的为保证结构达到预期质量、安全等所采用的施工方法的系统研究成果尚不多见。

3.10.2　技术简介

建筑改造的主要方式为增层改造、改建改造、扩建改造。结构增层应在建筑物主体结构良好、地基基础有一定潜力或具备加固处理的前提条件下进行。

建筑物增层的方法有多种，如上部增层法、室内增层法、地下增层法。其中，上部增层法又可分为直接增层法和间接增层法。直接增层法是指在建筑物上直接增层的方法，适用于地基承载力和基础、墙体的承载力均有潜力可挖，并有允许增层的安全储备的情况，增层的层数一般为 1～3 层。间接增层法又可分为套建增层法和改变结构承重体系的增层法两种。

采用套建增层法时，由于需要在建筑物外围或内部另设基础及受力结构，因而，需占用较多的建筑空间，在用地极其有限的情况下，其增层改造的方法就显得有些不足。当原有建筑物的基础及承重结构体系不能满足增层后承载力的要求时，可选择改变结构承重体系的增层改造方法，如：为了提高结构承载力或抗变形能力，将原来的钢筋混凝土框架结构体系转换成钢筋混凝土剪力墙结构体系，或将原来的钢筋混凝土结构体系转换成钢-混凝土组合结构体系等。对于前者，由于其只需通过在局部框架梁柱间增设钢筋混凝土剪力墙，来提高结构的整体承载力和抗震性能，而不需要占用较多的空间，仅通过局部基础加固或结构加固就可以实现，因此，在增层不多的抗震改造加固工程中应用得较多；对于后者，由于其将原有自重较大的钢筋混凝土梁板结构置换成自重较轻的钢结构组合楼盖，通过钢筋混凝土柱外包钢管加固进而形成钢管混凝土组合柱，利用钢节点将钢梁与后包钢管连接形成整体，从而大幅度提高结构的整体承载力和抗震性能，在增层较多的情况下不需要对地基进行大面积加固，不仅减少投资，而且方便施工，因而，备受建设方、设计单位以及施工单位的青睐。

1. 结构增层加固涉及的主要方法

结构增层应在建筑物主体结构良好，地基基础有一定潜力或具备加固处理的前提条件下进行。结构增层一般涉及地基基础加固和主体结构加固两个部分。

(1) 地基基础的加固。当既有建筑的地基承载力或地基变形不能满足增层荷载要求时，可选用适当的地基基础加固方法进行加固。

1) 基础补强注浆加固法。本方法主要适用于基础因受不均匀沉降、冻胀或其他原因引起的基础裂损时的加固。

2) 加大基础底面积法。本方法适用于当既有建筑的地基承载力或基础底面积尺寸不满足设计要求时的加固。可采用混凝土套或钢筋混凝土套加大基础底面积。当不宜采用混凝土套或钢筋混凝土套加大基础底面积时，可将原独立基础改成条形基础，将原条形基础改成十字交叉条形基础或筏形基础，将原筏形基础改成箱形基础，如图 3-86、图 3-87 所示。

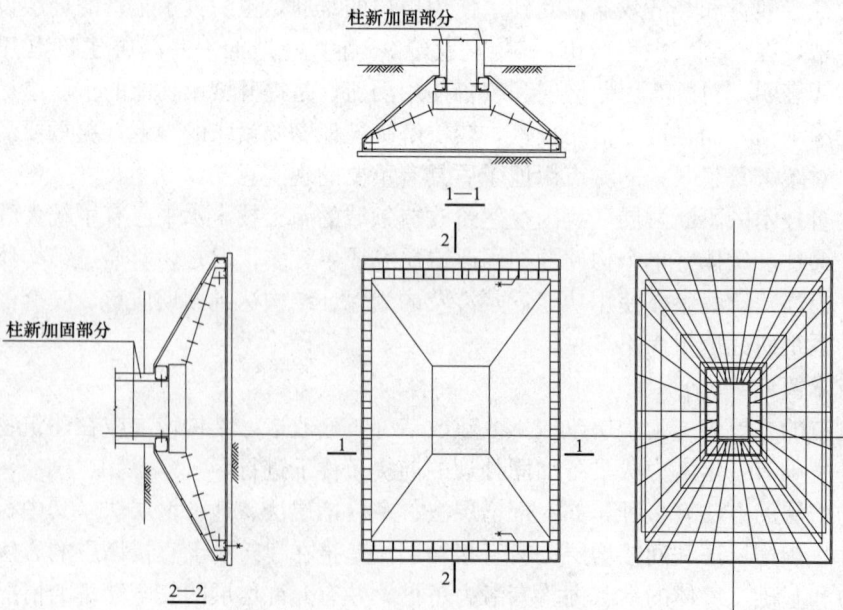

图 3-86　基础围套加大截面加固

各排原基础采用扩大截面加固、各基础间通过基础连梁、筏板形成整体

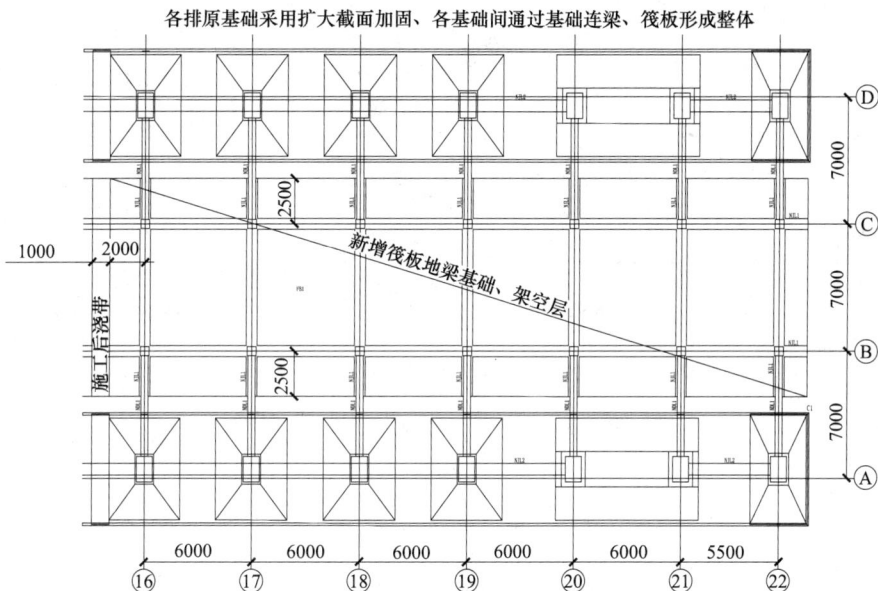

图 3 - 87　独立基础增设连系梁、筏板形成整体

3）加深基础法。本方法适用于地基浅层有较好的土层可作为持力层且地下水位较低的情况。可将原基础埋置深度加深，使基础支承在较好的持力层上，以满足设计对地基承载力和变形的要求。当地下水位较高时，应采取相应的降水或排水措施。

4）桩基补强法

a. 静压桩法。适用于淤泥、淤泥质土、黏性土、粉土和人工填土等地基土。当既有建筑基础承载力不满足压桩要求时，应对基础进行补强；也可采用新浇筑钢筋混凝土挑梁或抬梁作为压桩的承台。锚杆静压桩基础加固如图 3 - 88 所示。

b. 树根桩法。适用于淤泥、淤泥质土、黏性土、粉土、砂土、碎石土及人工填土上既有建筑的修复和增层、古建筑的整修、地下铁道穿越等加固工程。树根桩基础加固如图 3 - 89 所示。

5）地基加固法。主要包括石灰桩法、注浆加固法、高压喷射注浆法、灰土挤密桩法、深层搅拌法、硅化法或碱液法等。

（2）主体结构的加固。当既有建筑主体结构的承载力不能满足要求时，可采用适当的加固方法进行加固。结构加固方法很多，大致可以分为两大类：直接加固法和间接加固法。直接加固法是通过一些技术措施，直接提高构件截面的承载力和刚度等；间接加固法是根据原有结构体系的客观条件，通过一些技术措施，改变结构传力途径，减少被加固构件的荷载效应。加固方法的选择，应根据可靠性鉴定结果、结构功能降低及加固原因（如：完好情况下的加固及受损状态下的加固），结合结构特点、当地具体条件、新的功能要求等因素，并按照加固效果可靠、施工简便、经济合理的原则，综合分析确定。静力加固必须考虑结构二次受力问题，加固重点侧重于结构承载力的提高，抗震加固一般不必考虑结构二次受力，加固重点侧重于结构的延性和整体性。

1）直接加固法

a. 加大截面加固法。这是采用增大混凝土结构或构筑物的截面面积，以提高其承载力

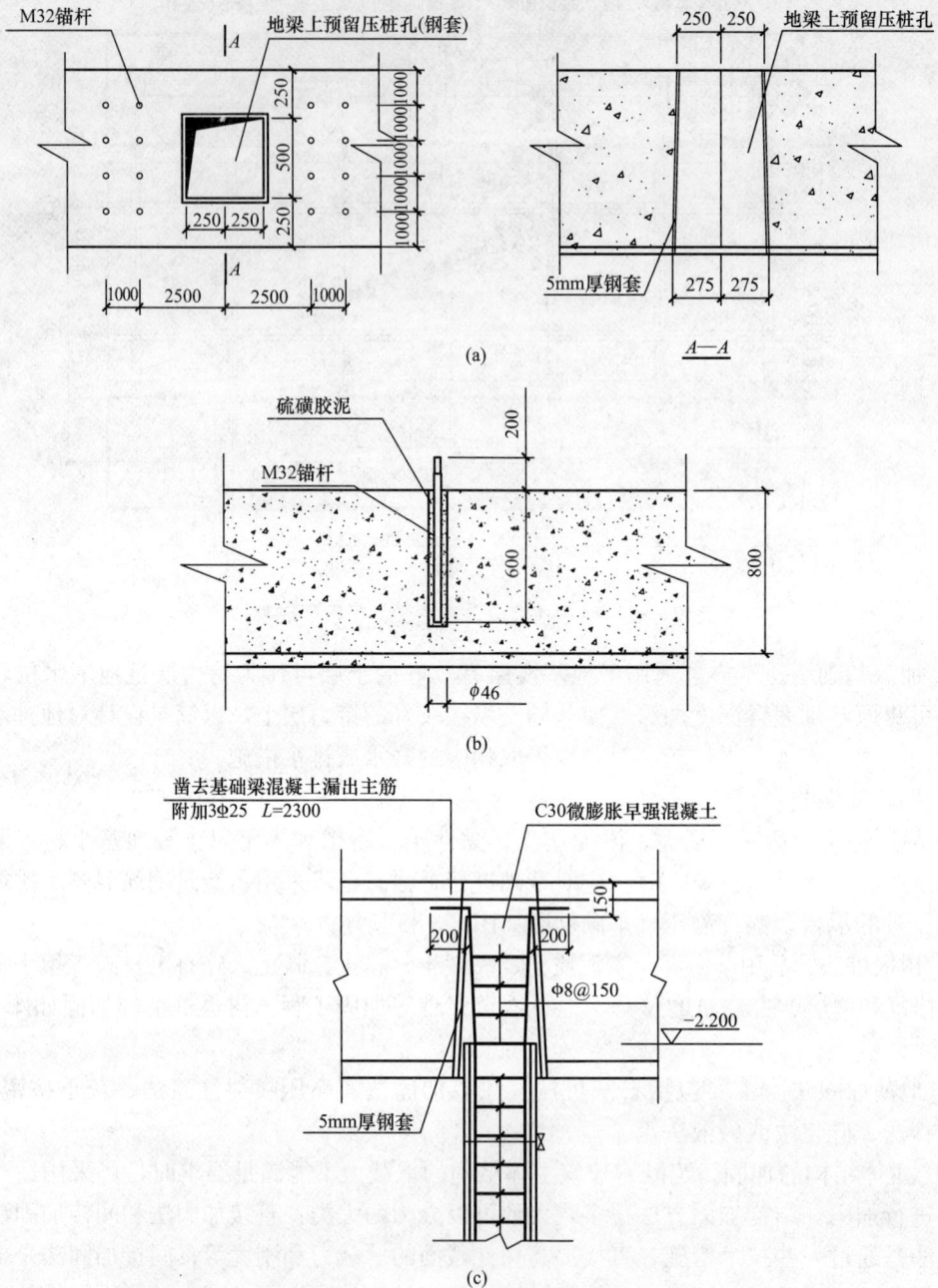

图 3-88　锚杆静压桩基础加固示意图

(a) 锚杆与压桩孔平面布置图；(b) 承台后成孔埋设锚杆示意图；(c) 锚杆静压桩锚桩示意图

和满足正常使用的一种加固方法。可广泛用于混凝土结构的梁、板、柱等构件和一般构筑物的加固。如在原有钢筋混凝土柱的周边，浇筑一层钢筋混凝土围套，通过采取一些有效技术措施保证新旧钢筋混凝土形成整体，这样就可以提高柱的承载能力和刚度，如图 3-90 所示；又如对设计承载力不足的原屋架杆件进行双拼角钢拼焊加固，形成方钢，达到对屋架

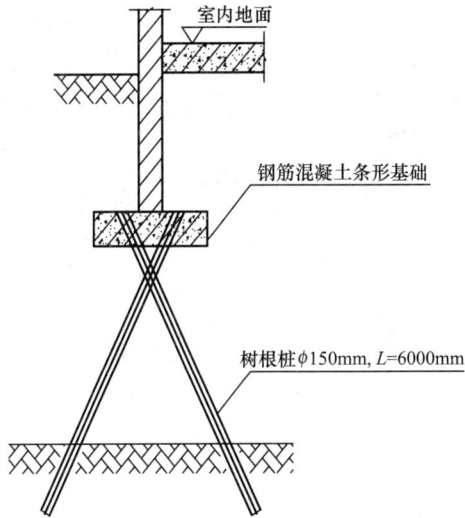

图 3-89　树根桩基础加固示意图

上、下弦以及腹杆进行加固的目的，如图 3-91 所示。加大截面加固法是一种传统的加固方法，也是一种非常有效的加固方法。该方法可以用来提高构件的抗弯、抗压、抗剪、抗拉等能力，同时也可以用来修复已经损伤的混凝土截面，提高其耐久性，可以广泛地用于各种构件的加固。但是这种加固方法一般对原有构件的截面尺寸有一定程度的增加，使原有的建筑使用空间变小。另外，由于一般采用传统的施工方法，尤其是对钢筋混凝土结构的加固，施工周期长，对在用建筑的使用环境有较严重的影响，一般在加固期间，建筑是不能正常使用的。

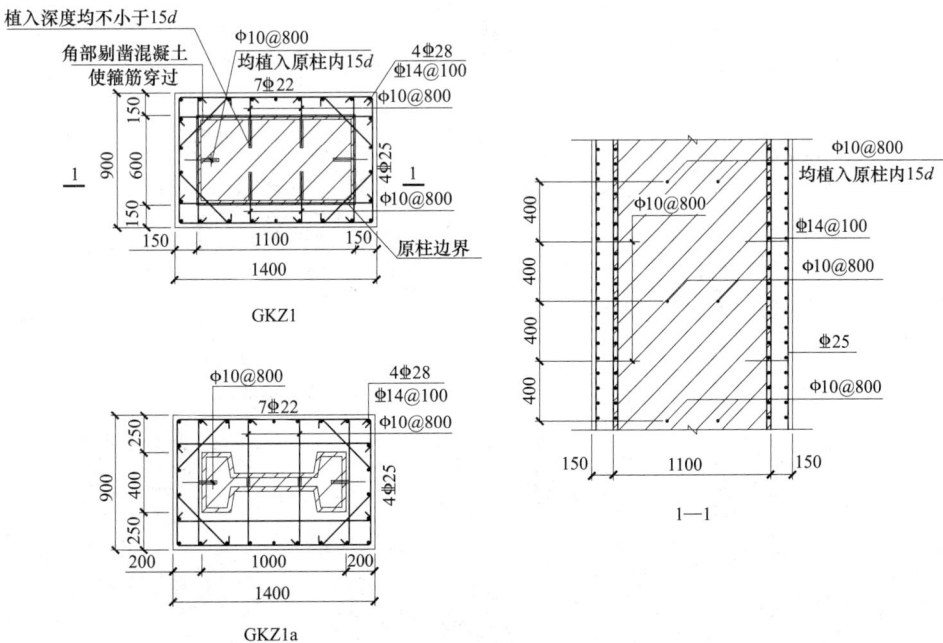

图 3-90　柱加大截面加固

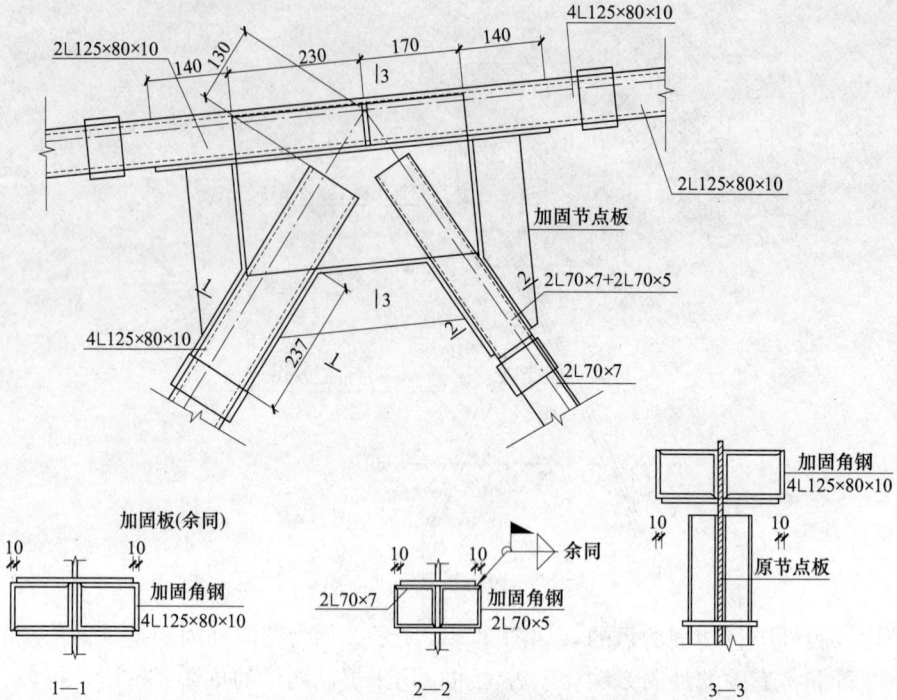

图 3-91　钢屋架杆件加大截面加固

　　b. 外包钢加固法。本方法是把型钢或钢板等材料包在被加固（钢筋混凝土）构件的外侧，通过外包钢与原有构件的共同作用，提高构件的承载能力和刚度，达到加固的目的。如在钢筋混凝土或砖柱的四角设置角钢，并用缀板将角钢连成一体，采取一些技术措施保证角钢参与工作，这样就起到了对柱子的加固作用，如图 3-92 所示。外包钢加固一般视外包钢

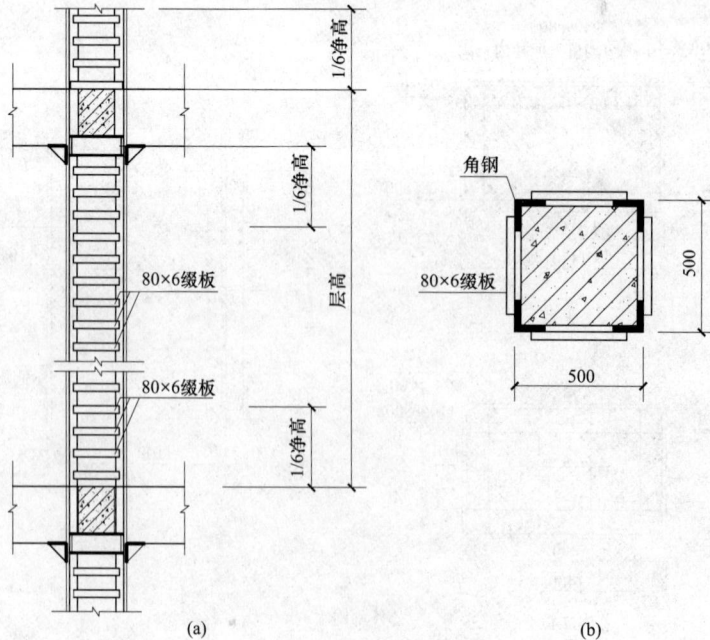

图 3-92　外包钢加固混凝土柱

与被加固构件的连接情况分为干式外包和湿式外包。对除在构件的端部处，外包钢与被加固构件之间无任何连接，或虽然塞有水泥砂浆但不能确保结合面有效传递剪力的外包钢加固构件，称为干式外包加固。此时，外包钢体系和被加固构件独立工作。当在外包钢与被加固构件之间填入胶凝材料，确保结合面有效传递剪力，使外包钢与被加固构件形成整体，共同变形时，这种外包钢加固称为湿式外包加固。

外包钢加固可以大幅度提高构件的抗压和抗弯性能，由于采用型钢材料施工，周期相对较短，占用空间也不大，比较广泛地应用于不允许增大截面尺寸，而又需要较大幅度提高承载力的轴心受压构件和小偏心受压构件。外包钢加固也可以用于受弯构件或大偏心受压构件的加固，但宜采用湿式外包钢加固。

c. 预应力加固法。本方法是采用高强度钢筋或型钢等，在被加固构件体外增设预应力拉杆或撑杆。加固时，通过施加预应力，使体外的拉杆或压杆与被加固构件共同受力，克服被加固构件的应力超前现象，改变原有截面的受力特征，提高加固后体系的承载能力和刚度，如图 3-93 所示。预应力拉杆加固广泛应用于受弯构件和受拉构件的加固，在提高构件承载力的同时，对提高截面的刚度、减少原有构件裂缝宽度和挠度、提高加固后构件截面的抗裂能力是非常有效的。预应力撑杆加固可以应用于轴心或小偏心受压构件的加固。预应力加固法占用建筑空间较小、施工周期较短，但其施工技术要求较高、预应力拉杆或压杆与被加固构件的连接（锚固）处理较复杂、难度较大，另外还存在施工时的侧向稳定等问题。

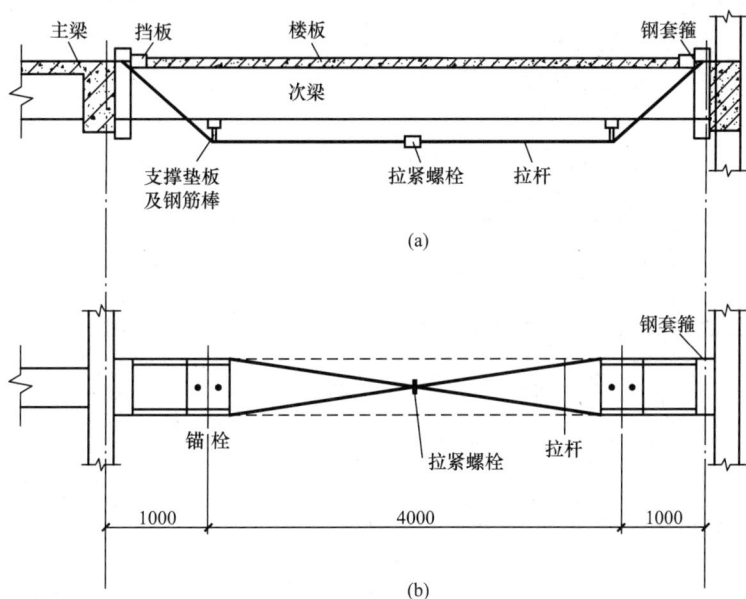

图 3-93　梁预应力下撑式拉杆加固

d. 外部粘贴加固法。这是用胶粘剂将钢板或纤维增强复合材料等粘贴到构件需要加固的部位上，以提高构件承载力和刚度的一种加固方法。如在钢筋混凝土受弯构件的受拉区粘贴钢板或纤维布，从而起到了受拉钢筋的作用，因此可以提高构件的抗弯能力和刚度。又如在混凝土柱截面周边粘贴封闭式钢板或纤维箍，在提高柱抗剪承载能力的同时，还可以约束混凝土，提高混凝土的强度和构件的延性，如图 3 - 94、图 3 - 95 所示。目前外部粘贴加固法主要有粘钢加固法和纤维加固法两种。粘钢加固法是在构件表面用特制的建筑结构胶粘贴钢板，以提高结构构件承载力的一种加固方法。该法始于 20 世纪 60 年代，这种加固方法具有施工方便、周期端、占用空间不大、对环境影响小，以及加固后不影响结构的外观等优点，因此是一种适用面广的先进加固方法，不仅建筑，而且公路桥梁也普遍采用。纤维增加复合材料是把高性能的纤维织物，如玻璃纤维、碳纤维和阿拉米得纤维等，放置在环氧树脂等基材上，经胶合凝固后形成的。这种材料，由于其强度重量比高、抗疲劳强度高、耐久能力强和可任意形成复杂形状等优点，广泛应用于各个领域。采用外贴纤维复合材料进行加固的优点是：具有很高的抗化学腐蚀能力和对被加固结构的保护能力，提高了结构的耐久性；材料强度高，外贴加固用量少（厚度小）；荷载增加少，几乎不改变原有结构的外形和尺寸；施工周期短，操作简单；加固时噪声小、灰尘少，对结构的使用环境影响较小。

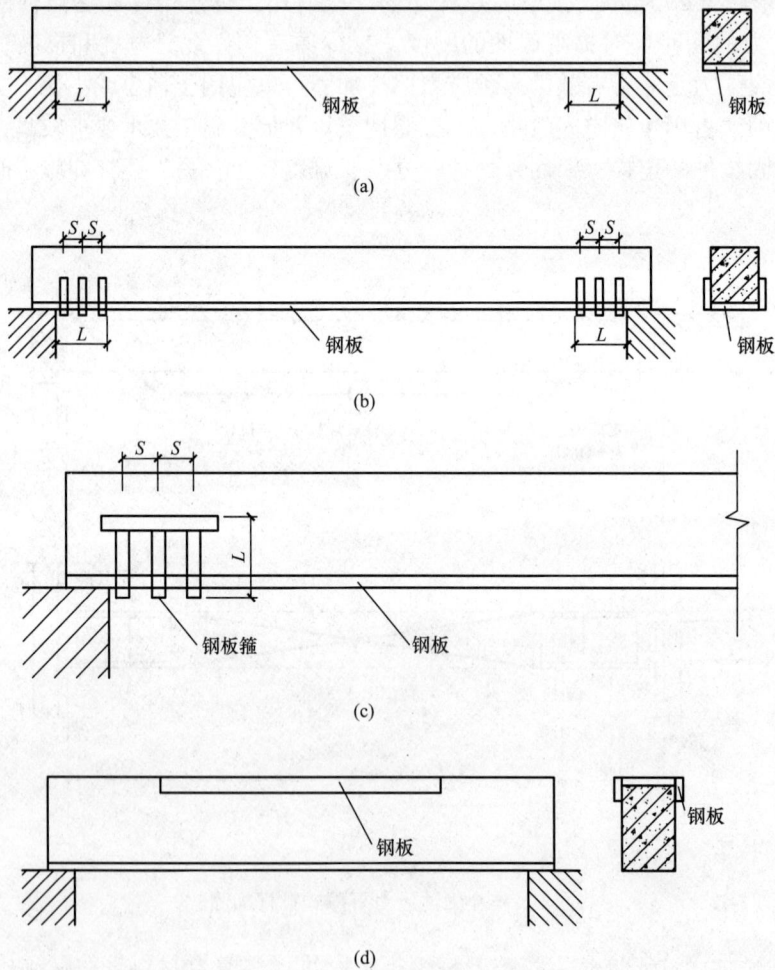

图 3 - 94　外部粘钢加固

（a）正截面受拉区粘钢加固；（b）梁端增设 U 形箍板锚固；（c）受剪箍板锚固；（d）受压区粘钢加固

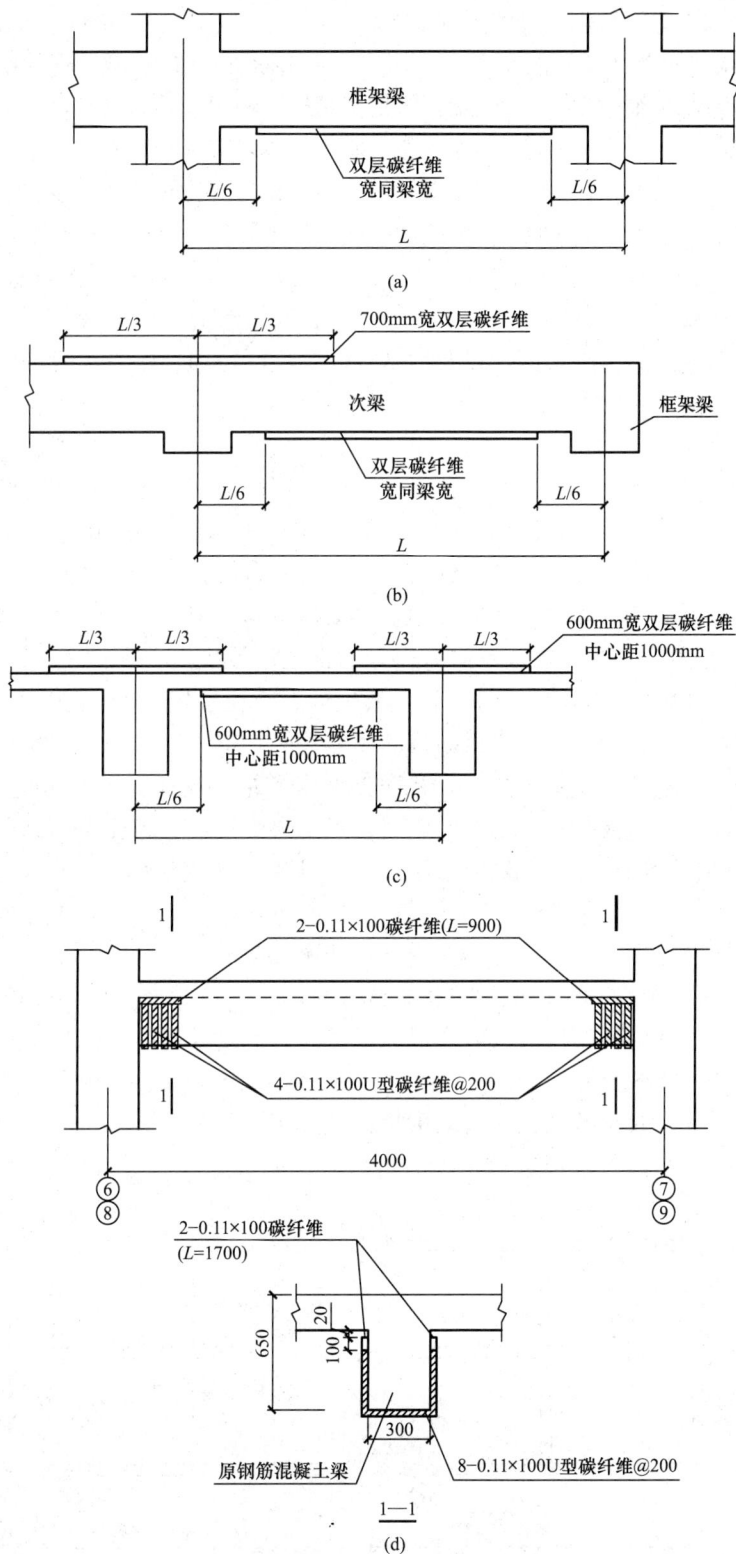

图 3 - 95　外部碳纤维加固

(a) 框架梁碳纤维加固；(b) 次梁碳纤维加固；(c) 楼板面碳纤维加固；(d) 框架梁侧碳纤维加固

e. 辅助结构加固法。这是一种体外加固方法。它是直接用设置在被加固构件位置处的型钢、钢构架或其他预制构件（如桩等）分担作用在被加固构件上的荷载。辅助结构与原构件形成组合结构，原有结构通过变形把荷载转移给辅助结构，使两者共同抗力，以达到提高结构承载力的目的。辅助结构加固法避免了拆除工作，施工简单，结构自重增加较小，能够大幅度提高结构承载能力，但是，该方法一般占用空间较大，连接构造比较复杂。该方法适用于原有构件损伤严重，又需要大幅度提高承载力和刚度的构件的加固，也可以用于地基基础的加固。

f. 注浆加固法。本方法是采用压力，把具有较好粘贴性能的材料注入被加固构件内部的空隙中，以提高被加固构件的完整性、密实性，提高材料的强度。该方法在混凝土或砌体结构的裂缝等内部缺陷的修复加固，以及地基加固中广泛应用。

2）间接加固法

a. 增设构件加固法。本方法是在原有构件之间增加新的构件，如两榀屋架间架设一榀新屋架，在两根梁之间增加一根新梁，在两根柱子之间增加一根新柱等，以减少原有构件的受力面积，减少荷载效应，达到结构加固的目的。该方法实施时不破坏原有结构，施工易于操作，但是由于增加了新构件，对原有建筑的功能可能会有影响。所以该方法一般适用于生产厂房或增加构件后不影响使用要求的民用建筑梁柱等的加固。

b. 增设支点加固法。本方法是在梁、板等构件上增设支点，在柱子、屋架之间增设支撑构件，减少结构构件的计算跨度（长度），减少荷载效应，发挥构件潜力，增加结构的稳定性，达到结构加固的目的。按照支撑结构的受力性能，增设支点法分为刚性支点加固法和弹性支点加固法。在刚性支点加固法中，新增支点变形相对被加固构件的变形而言非常小，可以近似视为不动支点，例如在一根梁的中间设置一根支撑柱，该柱通过受压把荷载传递给基础，由于支撑构件受压，所以变形非常小。在弹性支点加固法中，新增支点的变形较大，不能忽略不计。例如在一根梁的中间，沿其垂直方向设置一根梁，该新加梁通过受弯把荷载传递到梁端的支撑结构上，由于支撑构件受弯，变形较大。

c. 托梁拔柱法。这是在不拆或少拆上部结构的情况下拆除、更换、接长柱子的一种加固方法。按其施工方法的不同可分为有支撑托梁拔柱、无支撑托梁拔柱及双托梁反牛腿托梁拔柱等方案，如图3-96、图3-97所示。由于该方法可以大幅度提高空间利用率，因而在下部需要增设大空间会议室等的结构改造中被广泛采用。

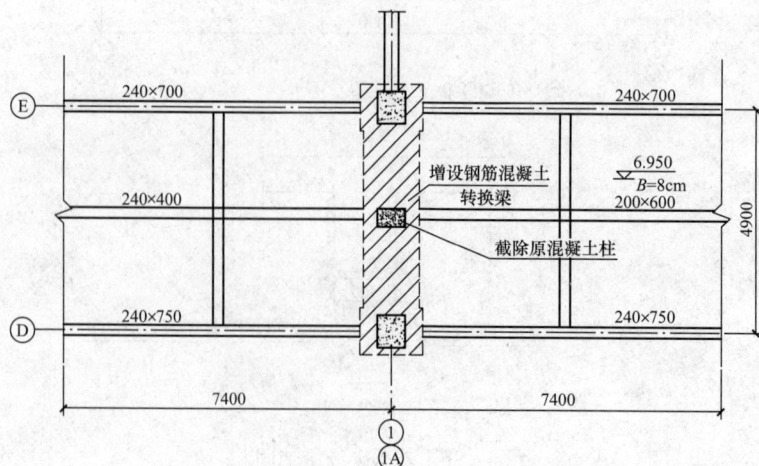

图3-96　托梁拔柱加固示意图

d. 增加结构整体性加固法。本方法是通过增设支撑等一些构造措施使多个结构构件形成整体，共同工作。由于整体结构破坏的概率明显小于单个构件，因此在不加固原有构件中任一构件的情况下，整体结构可靠度提高了，达到了结构加固的目的。

e. 改变结构刚度加固法。本方法是通过采取一些局部措施，改变原有结构的刚度比，调整结构在荷载作用下的内力分布，改善结构受力状况，达到加固的目的。如为提高房屋的整体抗震能力，在房屋的适当部位增设纵向、横向钢筋混凝土剪力墙，包括拆除砖填充墙代之以钢筋混凝土剪力墙，或加厚原混凝土剪力墙，如图 3-98 所示。该方法一般多用于提高结构抗水平作用的能力。

图 3-97　托梁拔柱加固工程实景

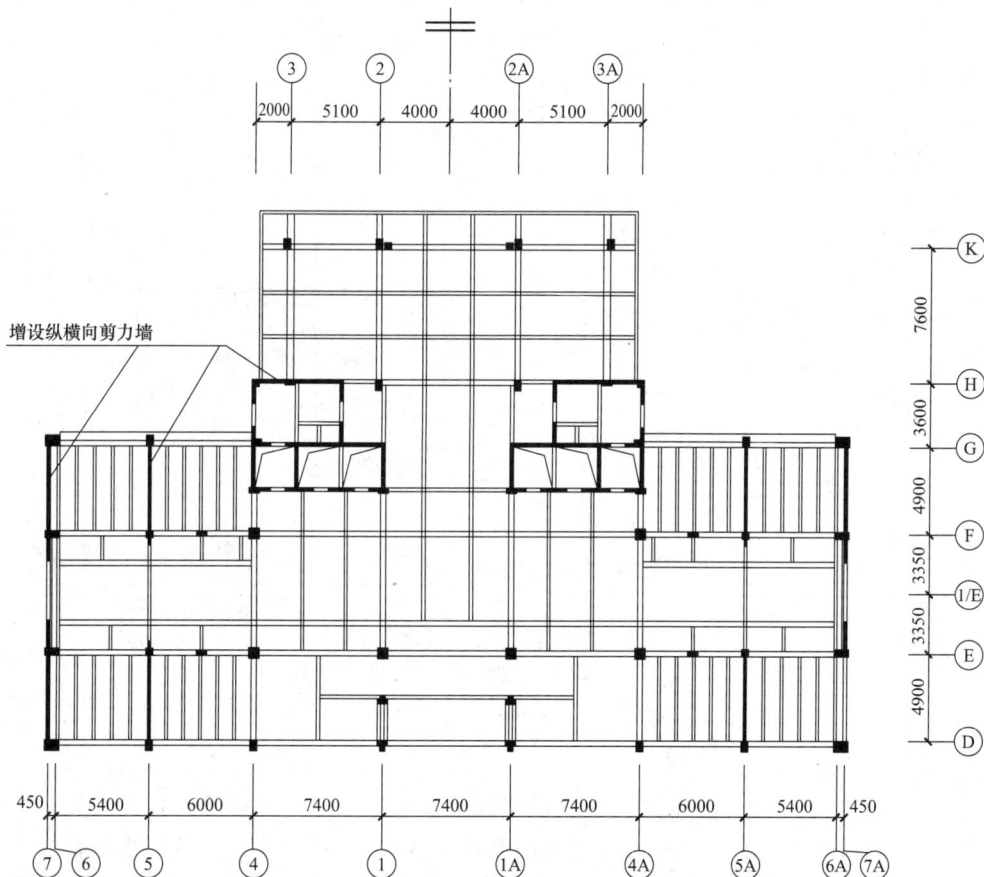

图 3-98　提高结构刚度加固

f. 卸载加固法。采用新型轻质材料置换原有建筑分隔和装饰材料，如用轻质墙板置换原有砖隔墙等。通过减少荷载提高结构的可靠性，达到结构加固的目的。

2. 结构增层加固的程序

结构加固一般应遵循：结构可靠性鉴定━━▶加固方案确定━━▶加固设计━━▶施工及验收

等程序。 ，

结构可靠性鉴定，就好比医生看病一样，主要是对病态结构的病情进行诊断。加固方案好比处方，处方有好有坏，受主客观等多方面因素制约。加固设计是按现行加固规范及相关标准对加固方案深化的过程。加固施工是对被加固结构按加固设计进行加固的实施过程；对于大型结构及复杂结构的加固改造，为确保质量和安全，施工前应编制施工组织设计。因此，结构的可靠度鉴定是结构加固与改造的第一步，鉴定结果为后续加固与改造工作提供依据与指导。

3.10.3 工程实例

1. 工程概况

中国民生银行大厦改扩建工程位于上海市浦东新区陆家嘴金融贸易区内，工程占地面积 9040m²。改建前主体形式为现浇钢筋混凝土框架-核心筒结构，主楼35层，裙房4层，地下2层，总建筑面积为66 037m²，建筑总高度为128m。改建后，全面调整了原大楼的功能，规整平面，扩大主楼标准层面积，提高主楼层数及高度，将原来35层主楼加高到45层。将原结构钢筋混凝土外框架柱改为外包钢管混凝土柱，楼面体系改为钢梁和压型钢板组合楼面体系，新增标准层主要采用钢结构，改建后总建筑面积达95 757m²，建筑总高度达188.3m。改建前后的结构平面和立面如图3-99和图3-100所示。

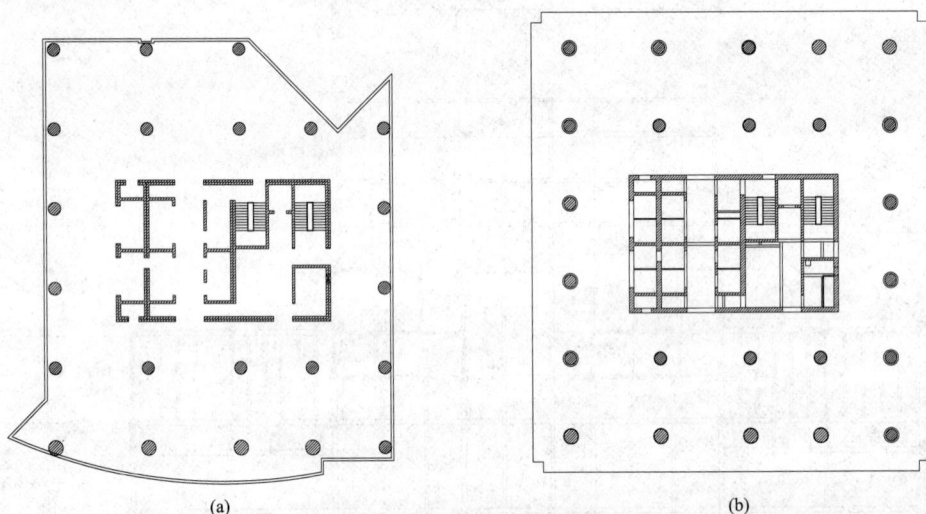

图3-99 改建前后平面示意图
(a) 改建前；(b) 改建后

2. 施工特点、难点

(1) 项目工期紧，设计要求高。本工程主体结构施工包括结构拆除、加固、置换等多个交叉复杂的工序，设计要求的施工工况为最简单的隔层拆除，即先全部拆除所有的偶数层（或奇数层），将其作为全部的第一阶段的拆除内容，待第一阶段楼层从下往上逐层置换完毕后，再紧跟流水进行第二阶段剩余楼层从下往上逐层拆除。若按照设计要求的工况进行施工无法满足工程进度要求。

(2) 拆除难度大。需要拆除的有外立面幕墙和北裙房、屋顶层结构和标准层内梁板结构以及地下室外板墙等。工作量大，施工交叉点众多，危险源控制难度高，拆除流程与置换配合要求高。

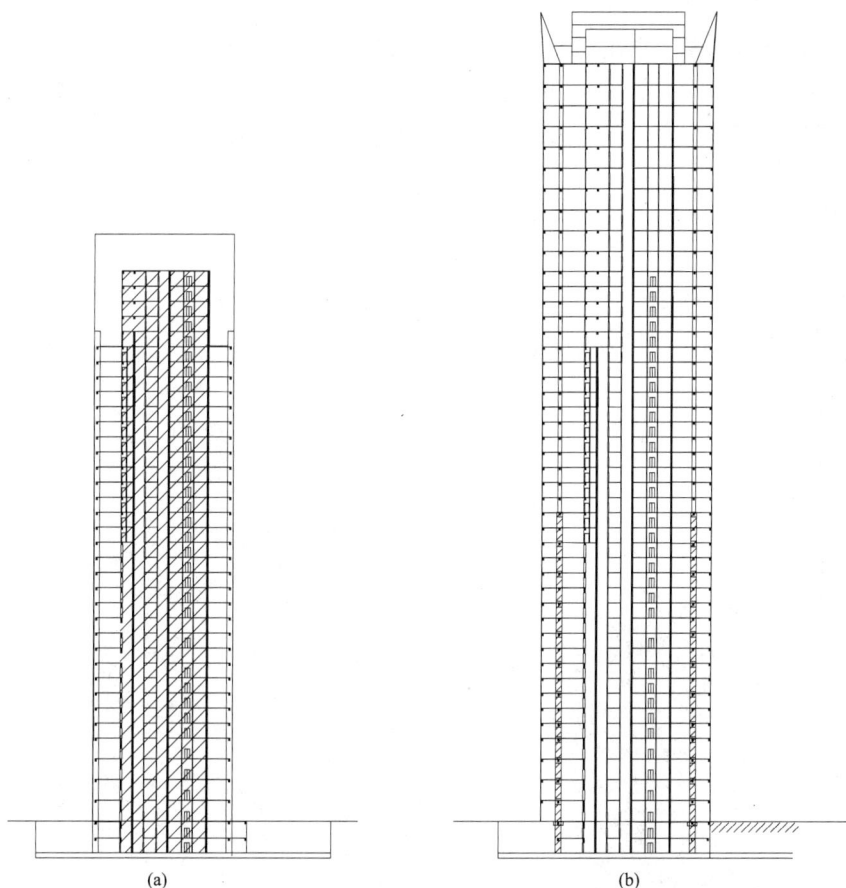

图 3 - 100　改建前后建筑立面对比

（a）改建前；（b）改建后

（3）加固质量要求高。加固内容既有地下，又有地上。加固的方式有扩大截面外包钢管、剪力墙包钢板、地下补桩加固等。各种形式的加固工作量繁多，对加固材料的选用以及加固质量控制要求也非常高。

（4）钢结构置换施工难度大。钢结构置换既包括置换前梁、柱节点施工以及梁和剪力墙节点施工等前期工作，又包括钢结构的吊运、定位和安装施工。另外，置换过程同时也在进行拆除、加固施工，存在多个操作面立体交叉施工的情况。

3. 总体施工流程的确定

本工程的改造可以分为主楼与裙房两大块，而主楼是整个工程的关键，总体流程的制定必须根据设计工况要求、业主工期要求、施工技术要求、试验测试结果等多个方面来全面、综合地进行考虑和选择。

首先根据设计要求的施工工况，先拆除原结构楼层偶数层，拆除完毕后进行该层钢结构吊装置换施工，同时钢管结构柱的灌浆加固设计工况考虑从地下室开始，遵循从下往上逐层向上灌浆。下层钢结构吊装完毕且钢管结构柱灌浆加固完毕后，才能进行上层的原结构楼层的拆除、加固、置换工作。

4. 主要关键技术

（1）计算机仿真技术。本工程为加快工程进度，在综合考虑并比较后，提出在主楼上部结构施工期间，开设多个工作面同步进行施工，为确保方案在技术上的可行性，采用大型有限元软件对提出的主楼上部结构改造流程进行全过程的仿真分析。

计算模型：将主楼结构改造作为主线施工内容，模型共有单元约 35 000 个，节点约 13 600 个，其中梁单元 19 500 个，墙单元约 9100 个，板单元近 7000 个。为真实地模拟施工工况，将现场施工划分成了 23 个施工阶段，每个施工阶段根据其施工工序的多少和工艺不同，分别赋予不同的施工时间。在整个施工仿真模型中涵盖了结构拆除、楼层置换、柱子灌浆等一系列施工工序和过程。拆除前和建成后的结构模型如图 3－101 所示。

(a)　　　　　　　　(b)

图 3－101　拆除前和建成后的结构模型对比图
(a) 拆除前；(b) 建成后

仿真分析结果及结论：在整个改造过程中，结构的最大竖向位移为 33.46mm，最大水平位移为 58.51mm。梁柱结构的最大应力为 58.3MPa。在纯拆除阶段，结构的最大应力为 12.78MPa，为压应力，产生于混凝土柱中，小于混凝土材料的容许应力。在拆除、置换和新增结构施工阶段，最大应力为 58.3MPa，产生于悬挑钢梁的根部。

结构层间位移是判定结构是否满足稳定性要求的一个重要指标。超高层建筑改造过程中，在拆除阶段，由于部分楼层结构拆除，结构抗侧刚度减小，柱子计算高度增大，则拆除阶段结构的层间位移值得关注；在结构建成阶段，由于原有结构和新增结构之间的刚度变化，可能会导致层间位移增大，该阶段的层间位移要重点关注。因此，同时对两个最不利施工阶段的结构层间位移进行了验算：

1）第 3 施工阶段，此时楼层基本上已经拆除了一半，但上部结构还没有进行任何加固和置换措施，因此此时结构的抗侧刚度最小，对于层间位移而言为较不利工况。

2）第 23 施工阶段，此时主体结构已经建成，结构达到最高，而且是新老结构共同作用，也是一个复杂的不利工况。

有限元分析计算结果表明：在整个改造过程中，结构的位移和应力均满足设计要求，同时对两种不利工况下的层间位移验算，也都能够满足规范要求，即容许层间位移比取 1/550 即 0.0018。

有限元仿真分析结果表明，在结构正式施工前所设想的主楼上部总体施工流程是可以满足规范和设计要求的，如图 3-102～图 3-105 所示。

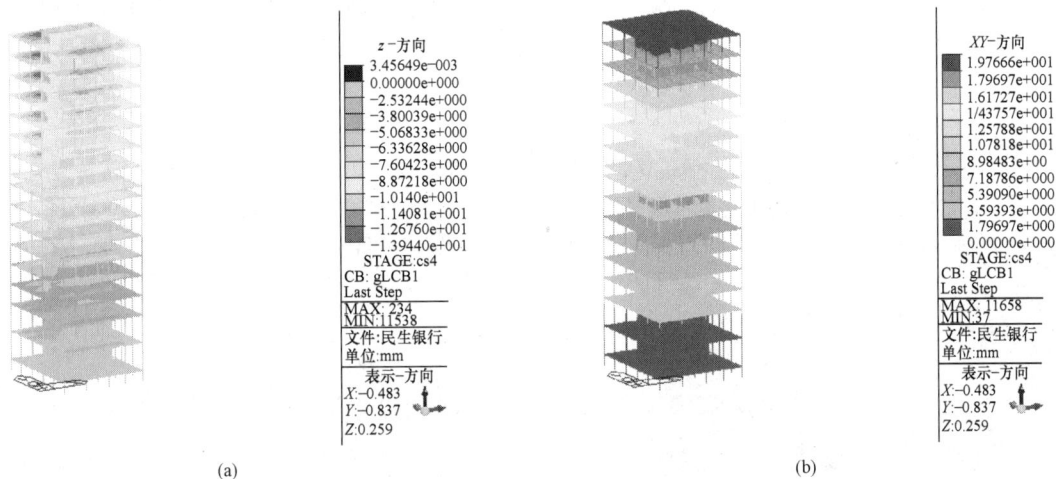

图 3-102　第 3 施工阶段 结构的位移状态图（单位：mm）

（a）竖向位移（最大竖向位移为 13.94mm）；（b）水平位移（最大水平位移为 19.77mm）

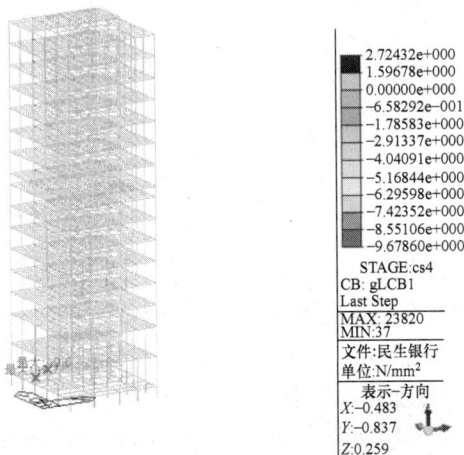

图 3-103　第 3 施工阶段 结构的应力状态图

（最大应力为 -9.68MPa，为压应力，产生在柱子中）

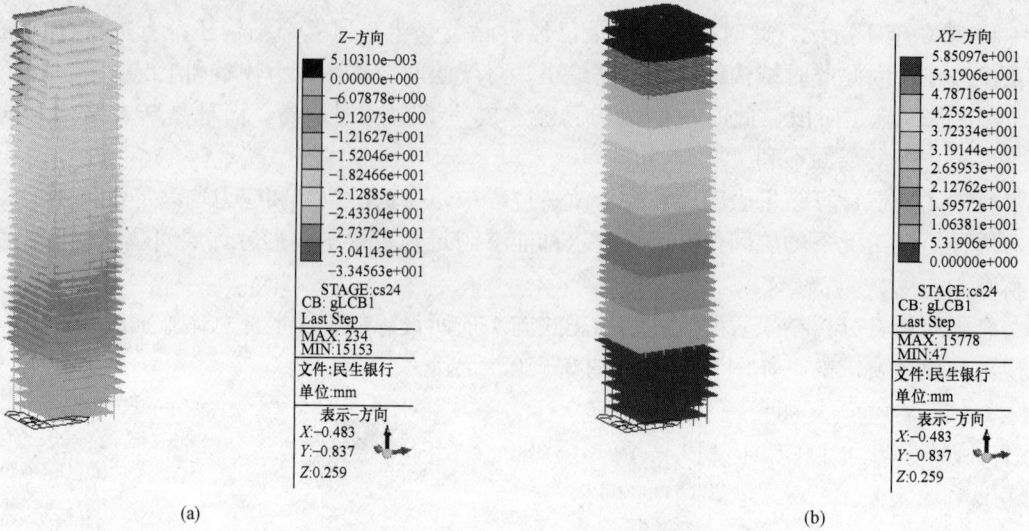

图 3-104　第 23 施工阶段 结构的位移状态图

（a）竖向位移（最大竖向位移为 33.46mm，最大水平位移为 58.51mm）；

（b）水平位移（最大竖向位移为 33.46mm，最大水平位移为 58.51mm）

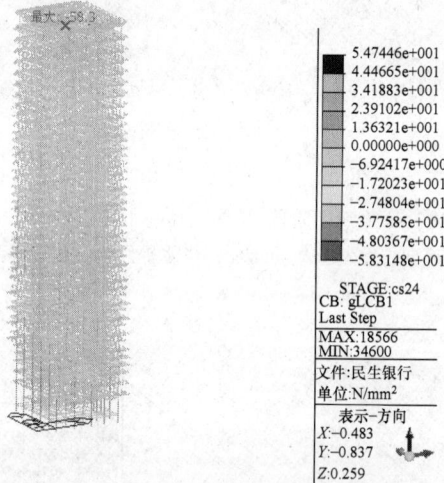

图 3-105　第 23 施工阶段 结构的应力状态图

（最大应力为 58.30MPa，产生在顶部钢梁上）

（2）拆除技术。高层建筑在结构拆除过程中，必须满足设计对拆除工况的要求，本工程根据设计要求需要进行隔层拆除。通过分析今后扩建完成后各个楼层结构的外围形状得知，在原结构 1～32 层楼层改建的基础上，1～6 层、8～16 层偶数层、17～31 层奇数层南北立面外挑 3.6m，其余楼层南北立面不外挑。而新增结构施工完成后的外挑 3.6m 楼板可作为今后该层的上一层（不外挑结构）拆除时垃圾下落的平台以及外围防护措施搭设的平台。根据这个情况，并结合脚手架、防护方式的布置等综合因素，主楼结构拆除过程主要分两个阶段进行，拆除工具采用人工空压机进行，屋顶的拆除采用水冲式切割机切割拆除的方法。

第一阶段 L1～L16 层的偶数层所有梁板结构以及奇数层（L13 层除外，用于锚固支承脚手的型钢）最外围结构柱外侧梁板结构自上往下进行拆除，与此同时 L17～L31 层奇数层（L17 层除外，该层为转换层上层，置换后钢梁外挑，要求后拆）所有梁板结构以及偶数层（L18、L24、L30 层除外，用于锚固支承脚手的型钢）最外围结构柱外侧梁板结构自上往下进行拆除。

第二阶段 L1～L31 层所有未拆除的楼层的梁板结构自下往上逐层进行拆除。第二阶段拆除与第一阶段拆除后楼层的新结构置换施工、加固灌浆施工同时交叉进行。

（3）加固技术

1）节点试验。由于本工程的特殊性，没有前例经验可借鉴，因此通过室内和现场试验为设计提供相应的设计参数，并进行分析比较后确定节点的加固形式和方式。试验主要包括现场连接节点试验、轴压抗冲切试验、轴压试验、框架节点试验以及抗震墙加固试验。通过参考上述五个与工程加固方式息息相关的试验的数据，最终设计明确了本工程结构柱包钢灌浆、梁墙节点连接、框架节点形式以及剪力墙粘钢加固的具体方式。如图 3-106、图 3-107 所示为框架节点加载程序示意图以及框架节点试验情况。

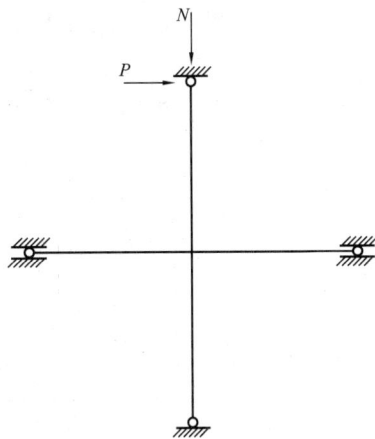

图 3-106　水平加载程序示意图

(a)

(b)

图 3-107　框架节点试验情况

2）结构柱加固

a. 地下结构柱加固。地下室结构柱的加固是先拆除一定范围与原结构柱连接的梁板节点，再对原结构柱包钢套灌浆，最后进行外扩截面混凝土结构柱加固施工。最快的工期即为地下室每层总共 22 根结构柱同时开始施工，但是，设计提出的加固工况原则：对于同一轴线上的结构柱，可以跳两跨进行同时施工；必须等第一批柱的混凝土浇捣完成后，才可以开始该轴线上第二批结构柱的施工；B2 层对应区域的结构柱加固必须待下方 B1 层加固完成三天后才能进行。根据这几点原则，结合模板配备、结构柱尺寸、加固形式等实际的情况，针对主楼区域的结构柱的施工流程，排列出地下室加固顺序，所有 22 根主楼结构柱分四批进行加固，能够满足设计和工期的要求。

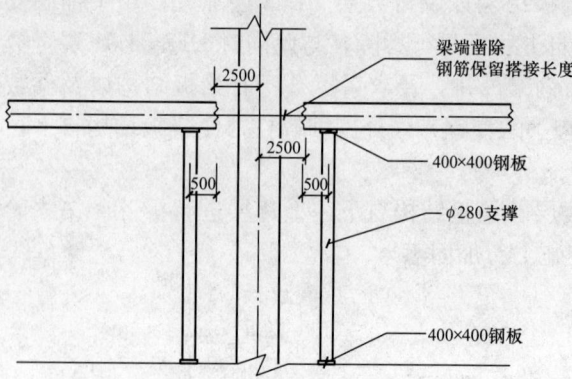

图 3-108 结构柱拆除及支撑示意图

对于单根地下室结构柱的加固过程，由于加固柱贯通地下一层和二层直至上部，必须在楼层节点范围内将梁板均凿除一定范围，以满足今后结构柱加固贯通、钢筋锚固以及钢套筒吊装要求。同时，由于拆除必然导致剩余的梁段成为悬挑结构，因此，通过采用临时支撑对结构进行托换，保证地下结构柱加固过程中原有梁板体系的受力安全，如图 3-108、图 3-109 所示。

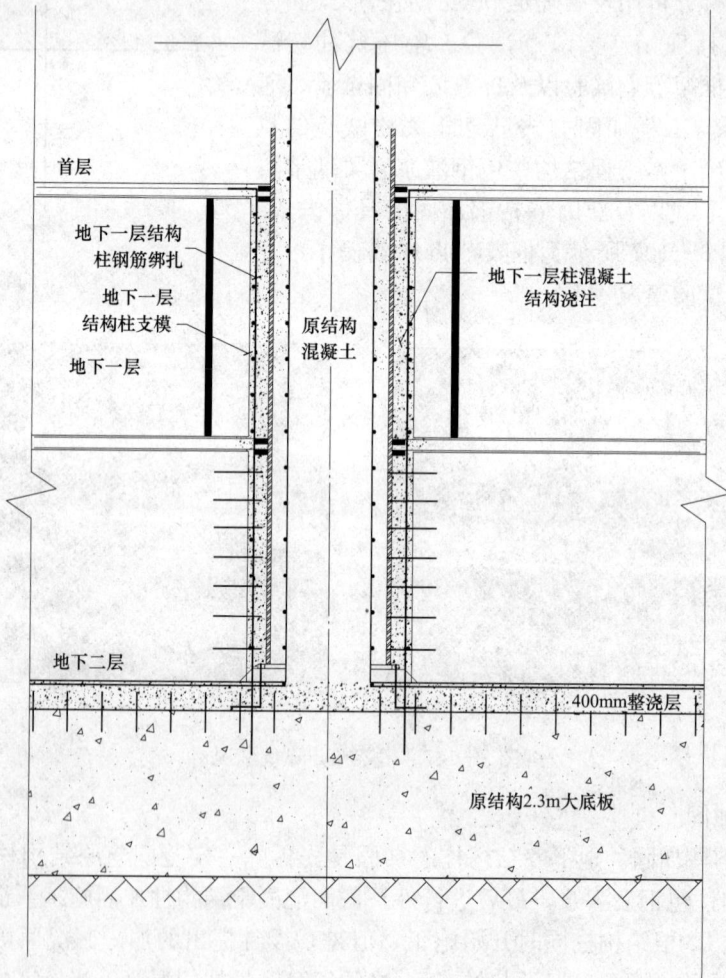

图 3-109 地下室结构柱加固典型工况图

b. 结构柱外包钢管灌浆加固。本工程主楼区域原结构柱加固采用包钢灌浆的方法进行施工。由于施工工况及施工进度的需要，前后共设立六道水平施工缝，施工缝留设在梁柱节点钢套筒上口的位置。因此现场必须确保结构柱分段灌浆过程中在施工缝处的灌浆接口密实程度。为解决这样的难题，在施工缝下部的一节钢套筒灌浆施工过程中，采用持续压力灌浆的方式，充分保证在整个施工过程直至浆料初凝这一阶段，始终对灌浆材料施加一定的压力，确保材料自身的密实程度以及与上口施工缝连接的密实程度。为验证持续压力灌浆的实施效果，现场进行了数次压力灌浆试验，通过现场试验可以查看出混凝土上下结合面无收缩、无缝隙，结合良好，因此经过设计认可后可以投入施工。

本工程结构混凝土柱的加固施工，采用的是外包钢管内灌高强灌浆料的加固方式，全过程与钢结构结构柱钢套管的吊装施工配合进行。即钢套管的吊装完成后，才能进行钢套管与原混凝土结构柱之间空隙的灌浆料的灌浆加固施工。结构混凝土柱的加固，主要分为自由灌浆和持续压力灌浆两个部分：

（a）自由灌浆。根据总体施工流程的要求，现场地上结构混凝土柱加固分七个施工段，各个施工段分别采用从下往上均逐层开始自由灌浆加固的施工模式，即从套筒上口往下口方向按照顺时针方向循环绕圈的方式进行自由灌浆。灌浆期间用榔头不间断轻触钢管外壁，促进管内浆体下落以及空气的排出。

（b）持续压力灌浆。根据施工工况要求，本工程设立了六道施工缝，在自由灌浆到施工缝位置的钢套筒时，采用持续压力灌浆工艺进行施工缝处灌浆，持续压力灌浆时使用的机械设备主要为压力灌浆机、JQ350 高效立式搅拌机及反力架式千斤顶。灌浆材料的搅拌方法与自由灌浆时相同。先在距钢套筒上部 150mm 的部位，对称开两个直径为 75mm 的孔，一个作为压力灌浆施工的灌浆口，一个作为排气口。同时，将排气孔与半 U 形钢管相接，用于后期给钢套管内的灌浆料持续的加压。然后用压浆机从灌浆孔灌浆，压力控制在 2MPa 左右。待上部排气孔排出的浮浆至与灌入的灌浆料浓度相当时，给半 U 形钢管装上单向阀门及反力架式千斤顶，并将半 U 形钢管上口封闭，同时继续用灌浆机加压，直至无法继续加压为止，关闭灌浆机停止灌浆。在灌浆料初凝之前，在另外一侧开始对钢套筒内的灌浆料进行封闭式二次加压，以提高和保证钢套筒内灌浆料的密实度，如图 3-110 所示。

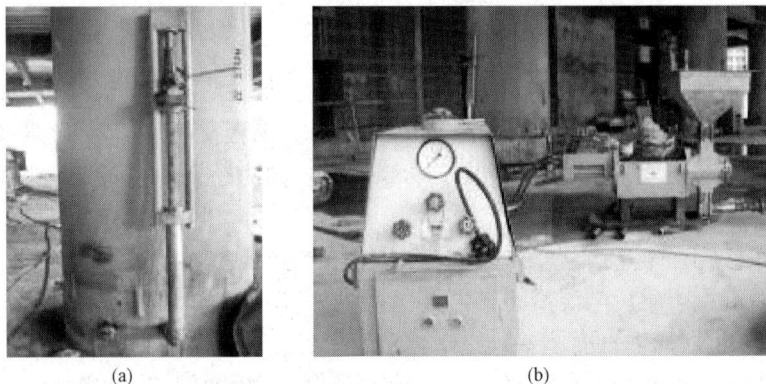

(a)　　　　　　　　　　(b)

图 3-110　持续压浆实景图

3）剪力墙粘钢加固。本工程剪力墙的加固主要为墙体上的厚钢板的粘钢加固。粘钢施工所采用的钢板为 Q345B，厚度为 2～4mm，粘钢层数有 1、2 层，粘钢施工钢板宽度为 300mm，粘贴间距为 310mm 及 600mm 两种；种植化学螺栓竖向间距 310mm/600mm，水平间距 250mm。

在施工过程中，对于钢板的开孔，首先要根据设计确定的种植化学锚栓部位，在混凝土剪力墙上钻孔，然后根据化学锚栓实际钻孔种植的位置，现场在钢板上画线并开孔。

对于粘贴方法综合采用粘贴和灌注两种方法，绝大多数部位均通过对钢板的预先成型，减少粘贴后的焊接工程量，对于不需焊接的约束构件可直接采用粘贴法施工。而对形状复杂的剪力墙角门洞、暗柱部位必须焊接的约束构件，可局部采用灌注的方法。厚钢板的粘钢技术如采用常规的钢板直接粘贴至处理过的结构表面，粘贴的效果往往不好，容易出现粘贴不牢的现象。因此，现场采用在对拉螺栓上设置临时角钢，角钢与钢板内用木锲顶紧，通过压力待粘钢胶水完全黏结牢固后拆除木锲角钢这样一种办法，在施工现场取得了很好的应用效果，粘钢的质量也得到了保证。

（4）置换技术。本工程结构体系的置换主要是将原混凝土框架-核芯筒结构体系通过一系列拆除、钢构件吊装、加固等手段，置换成为钢框架-混凝土核芯筒的结构体系，其中钢框架采用钢管混凝土柱-钢梁-压型钢板组合楼面的形式。整个置换过程必须按照隔层施工的原则进行。

1）测量控制。本工程在结构置换过程中，需要在原混凝土结构柱外围包钢管，将其转换为钢管混凝土结构柱，原结构柱垂直度的偏差直接影响到结构外包钢管断面的确定以及实际施工时的工效，为此，需要对原结构混凝土柱的垂直度进行测量。根据原大楼结构的实际情况，经反复研究、勘察，利用原大楼测量永久基准点，复制纵横轴线进行每层混凝土柱的偏移情况测量，然后将每层偏移轴线数据从上至下连起来，再判断每层混凝土柱的垂直度偏差情况。具体方法是将永久纵横轴线基准点在地面引放到大楼四根角柱上，同时在四根角柱旁层层开400mm×500mm 的洞，作为天顶仪测量的通视孔，然后用天顶仪和钢尺进行层层复制纵横轴线，如图 3-111 所示。

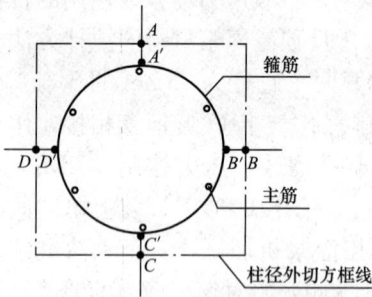

图 3-111 单柱测量示意图

2）钢结构节点设计

a. 搁置节点设计试验。置换钢管柱时，需在各夹层之间腾空搁置，而原混凝土柱无搁置处，因此需在原混凝土柱上设搁置筋板，该搁置筋板除了要承受自身的重量，还要承受上一层凿除下来混凝土楼板和混凝土梁的荷载，同时还要承受钢结构平面运输时的荷载，如图 3-112 所示。

b. 钢梁与混凝土核芯筒节点设计。本工程钢结构安装由于需保留原混凝土柱和混凝土核芯筒，凿除原混凝土梁后与混凝土核芯筒之间的距离尺寸均不一样，从地下室开始至 32 层共 22 根原混凝土柱的垂直度偏差和原核芯筒四周各层之间的垂直度偏差均不同，因此无法确定钢梁长度。在对现场进行勘察，并认真分析了每层楼面的实际情况后，制定了以下方案：先将每层楼每根柱轴线与核芯筒实际距离进行测量，然后将测量成果提交设计进行深化并绘制加工制作图，保留钢梁端部 15mm 空隙，同时将圆螺栓孔改为腰子孔，如图 3-113 所示。

c. 钢管柱变截面处节点处理。本工程置换钢结构 2～32 层，共计 30 层，从第 33 层开始是

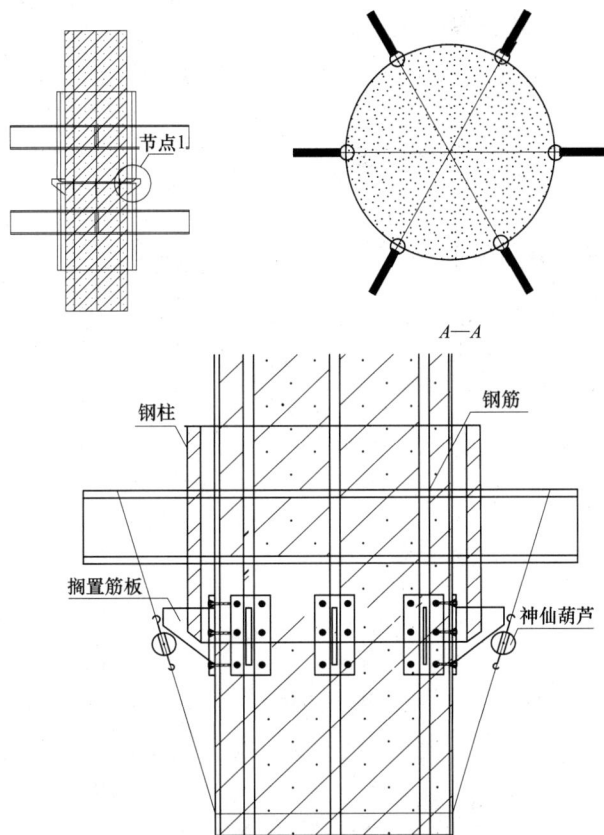

图 3 - 112　钢柱搁置节点

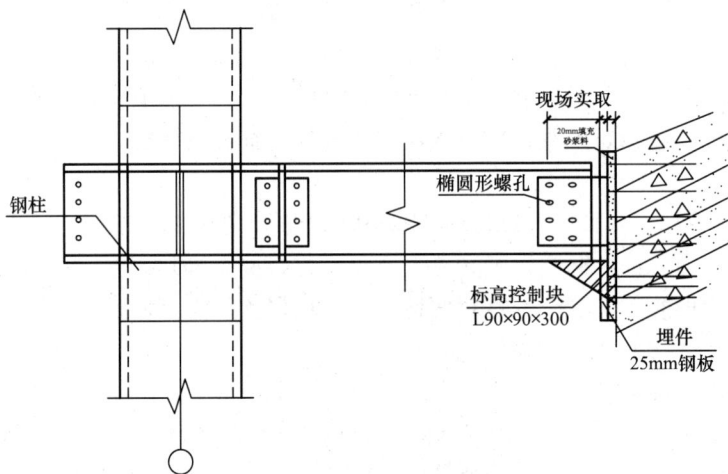

图 3 - 113　钢梁与混凝土核芯筒搁置节点

新增加的钢结构楼面，同时从地下室至 35 层是圆钢管柱，第 36 层是方钢管柱，因此在 35～36 层之间需要进行转换。如果按照常规做法，由圆形底柱加锚杆螺栓作基础，再将方钢管柱加底板安装，将大大影响美观。而如果全部用圆钢管柱，36～47 层将会浪费许多钢材，同时圆钢管柱直径大，占地面积也大，所以新增加钢结构楼面选择方钢管柱既节约资源又美观，同时又能增加楼层使用面积。经过方案的充分比较，形成节点设计方案，如图 3-114 所示。

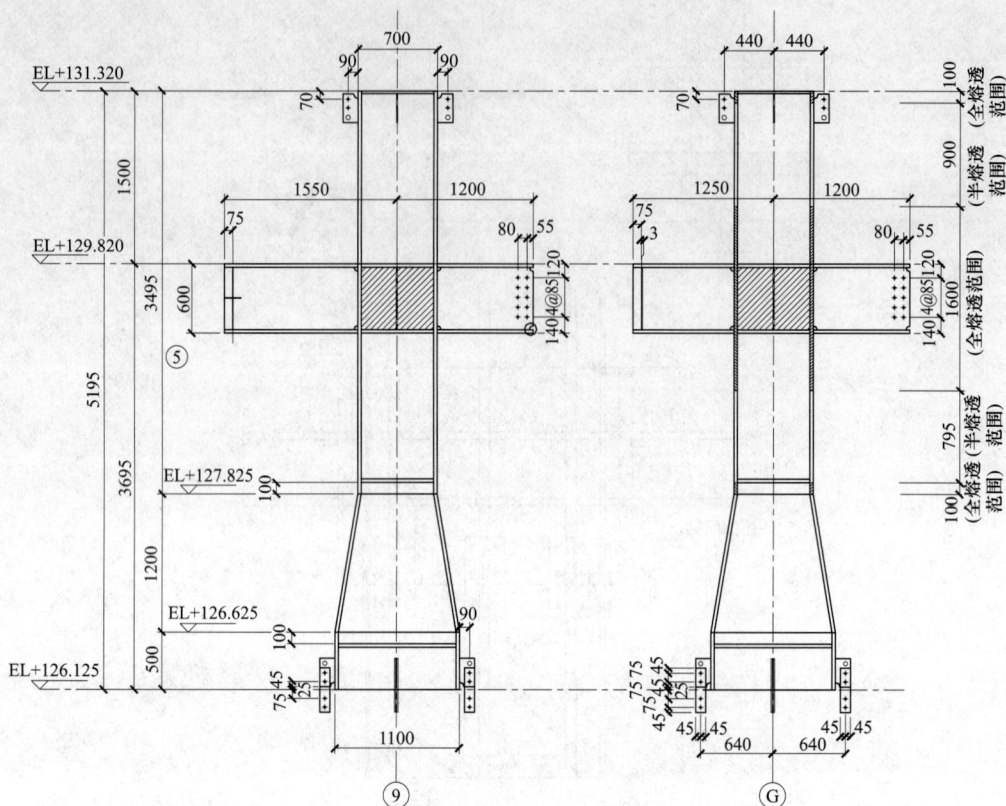

图 3-114　天方地圆节点示意图

d. 地下室钢柱基础节点设计。地下钢柱基础节为 1.2m，采用预埋螺杆，每根钢柱需 12 根。最初考虑单根埋设的方案，其施工快速方便，螺杆之间无相互影响，但在实际施工操作过程中，单根埋设固定相对困难，同时无法完全地统一标高和轴线，对今后结构柱的安装质量造成影响。

通过分析，采用上下两块钢板对单根螺杆进行固定，形成整体后在安装时分为两个半片套在原混凝土柱外围，进行标高、轴线测量调整后再将两个半片焊接起来，并固定在原混凝土柱凿开保护层的钢筋上。这一节点较好地解决了单根预埋螺杆固定和标高控制的问题，如图 3-115～图 3-117 所示。

3) 钢结构制作、运输及安装工艺。由于本工程钢管柱必须分两片才能进行安装，通过对三种钢板的成形工艺进行比较，最终确定先将钢板卷成整体，但留一条缝，再加工钢牛腿，以及其他零部件，最后切割另一条缝，分成两个半片进行钢管柱的加工。同时在钢柱水平分段的方式上，采取一层一段的分段方式。

其次，由于本工程采取隔层置换进行结构体系改建，钢结构安装在夹层中进行，从地面到楼层的垂直运输采用塔吊 ST7030 与 C6015 各一台进行垂直运输至钢平台，用液压台车运输至吊装指定区域，用卷扬机、神仙葫芦等施工机具垂直提升到位。

钢构件运输、安装步骤为：垂直运输→钢平台搁置→水平运输；即钢构件由塔吊吊至钢平台液压台车上，松钩后用人工推进楼层指定位置；待钢管柱运输到安装位置上方，用神仙

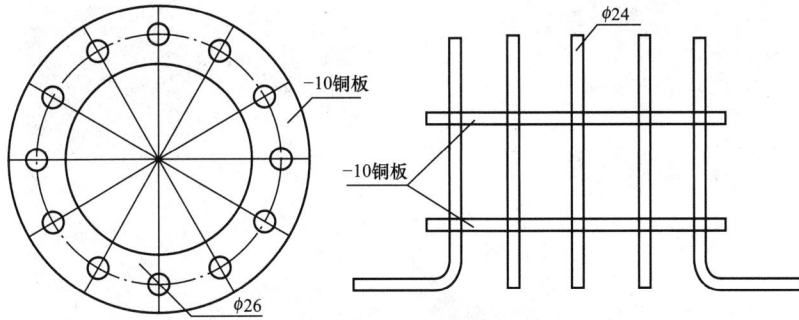

图 3-115　钢管预埋螺杆示意图

图 3-116　加工完成的钢管预埋螺杆

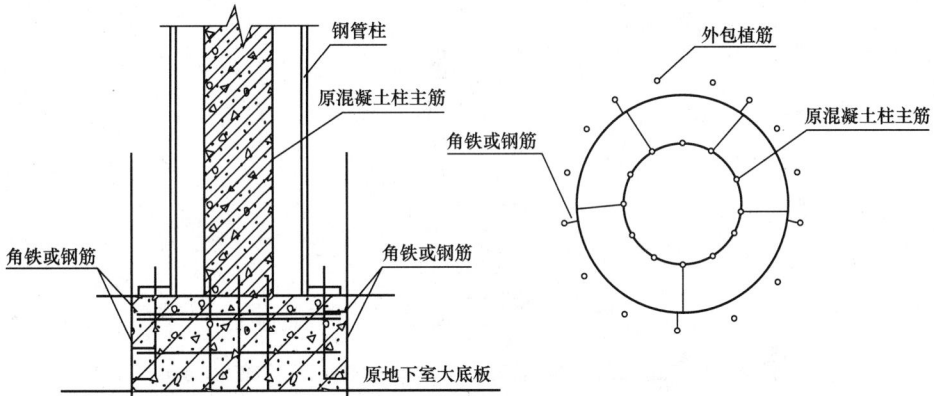

图 3-117　钢管预埋螺杆与原结构固定示意图

葫芦保险收紧受力，搁置于筋板上，如图 3-118 所示。

（5）结构增层施工技术。本工程新增结构区域为钢框架-混凝土核芯筒结构形式。结构增层的施工按照从下往上的顺序逐层进行，同时新增混凝土核芯筒施工至少要比外围钢结构吊装提前 2～3 个楼层进行，为钢结构吊装做好充分的准备。

原则上本区域的施工集中按照正常的新建结构施工工序进行，新增核芯筒脚手架采用三

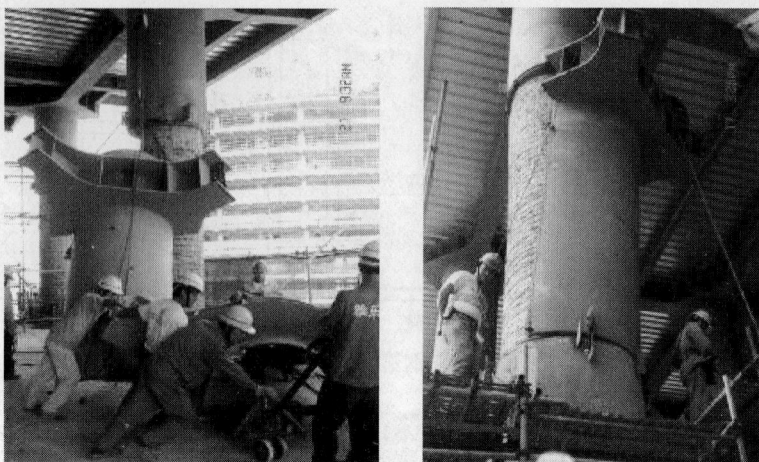

图 3-118　现场钢结构运输、安装实景

脚支架悬挑脚手架的形式进行布置。三脚架挑脚手采用在新增结构上埋设钢板埋件的方式，利用工字钢与槽钢组成的三脚架与埋件等强剖口焊连接，承受上部脚手架的施工期间的荷载，如图 3-119 所示。

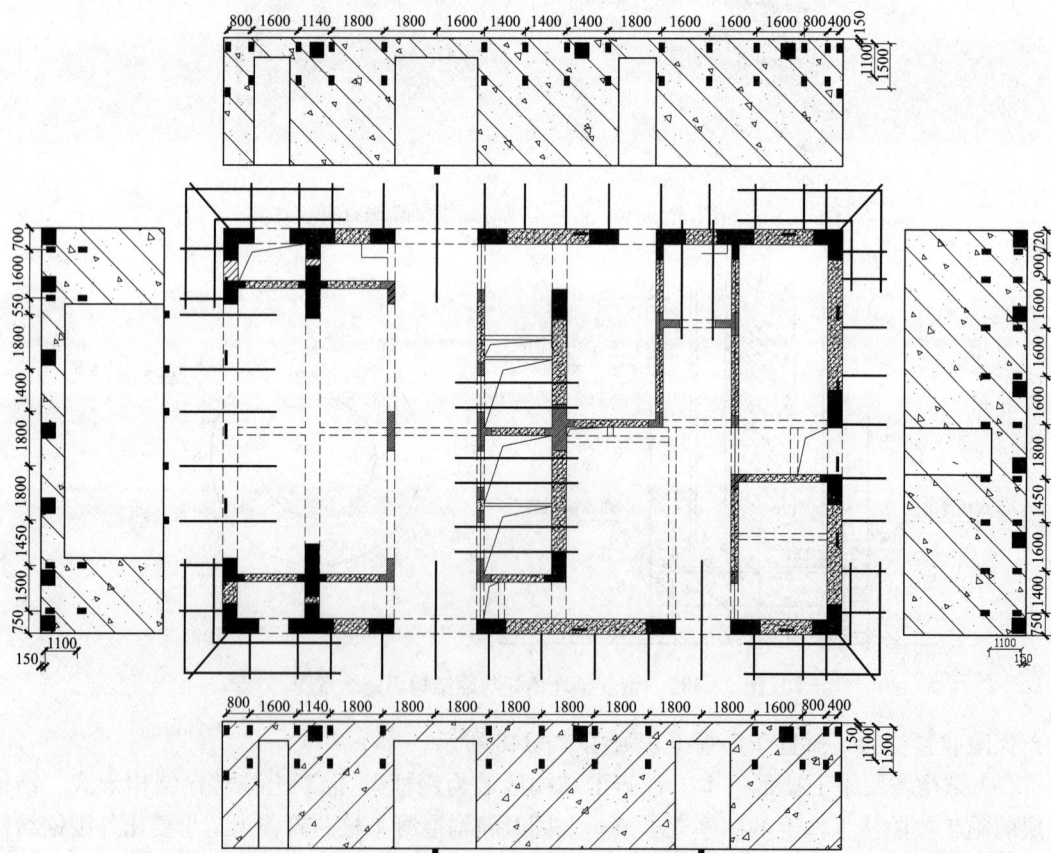

图 3-119　外围脚手及核心筒埋件布置示意图

新增钢结构安装原则上采用一层一节，构件分段重量控制在塔吊性能范围之内。每节框架吊装时，先组成整体框架，即次要构件可后安装，尽量避免单柱长时间处于悬臂状态，使框架尽早形成并增加吊装阶段的稳定性。每节框架在高强度螺栓和电焊施工时，一般按先顶层梁，其次底层梁，最后为中间层梁的操作顺序，使框架的安装质量得以控制。每节框架梁焊接时，先分析框架柱子的垂直度偏差情况，有目的地选择偏差较大的柱子部位的梁先进行焊接，以使焊接后产生收缩变形，有助于减少柱子的垂直度偏差。每节框架内的组合楼板及时地随框架吊装进展而进行安装，这样既解决了局部垂直登高和水平通道问题，又可起到安全隔离层的作用，给施工现场操作带来许多方便。

施工期间照片如图 3-120～图 3-122 所示。

(a)　　　　　　　　　　　　　　　(b)

图 3-120　结构增层施工

(a) 结构增层施工（一）；(b) 结构增层施工（二）

图 3-121　结构增层施工外立　　　　　图 3-122　结构增层加固体系转换完成实景

（6）结构变形应力跟踪实测分析。为了及时掌握本工程改造加固的实际效果，对本工程地下室底板、原钢筋混凝土柱、外包钢管等加固结构进行了现场钢筋、钢板的变形和应力，通过智能钢筋应变计、智能混凝土应变计、钢筋应变片及与之配套的采集记录仪器进行了现场跟踪监测。

跟踪监测的对象有：地下室扩建部分底板变形过程；地下室加大截面法加固后的底板的变形过程；地下室加大截面法加固的钢筋混凝土柱的内力变化过程；原结构地下室底板钢筋应力情况；包钢管加固后的钢筋混凝土柱的内力变化过程。

1）底板钢筋应力实测结果。如图 3-123～图 3-125 所示。

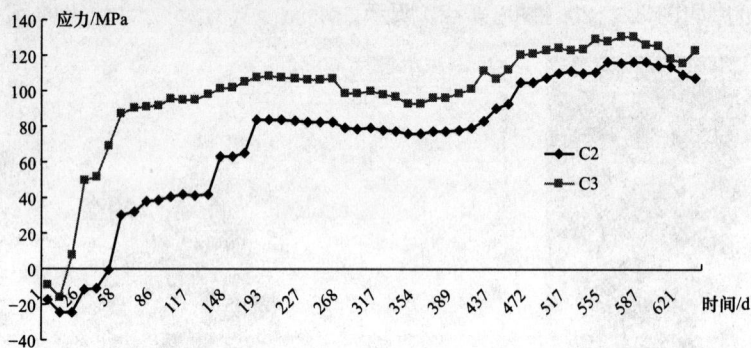

图 3-123　C 区钢筋应力

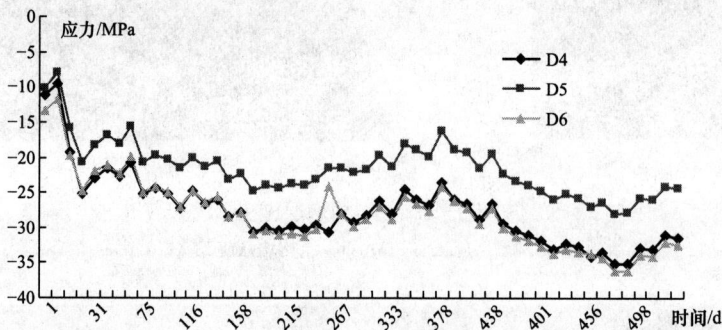

图 3-124　D 区钢筋应力

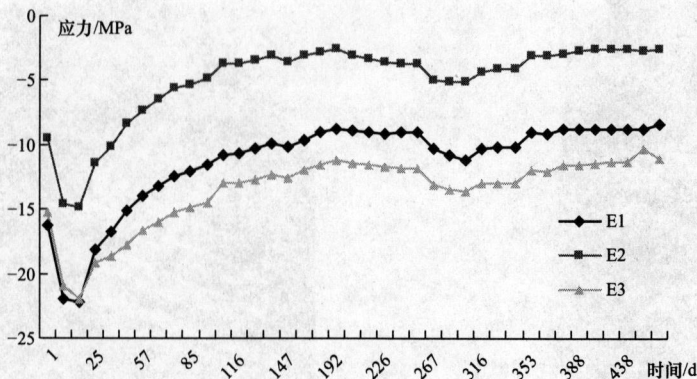

图 3-125　E 区钢筋应力

C2～C3 测点位于新建区域板底水平筋南北向处，钢筋主要处于受拉区，由图 3-123 可以看出，板底水平筋的应力在改造加固初期至将近 6 个月之间处于快速增长阶段，钢筋应力从－20MPa 左右快速增长至 80MPa 左右，之后基本趋于稳定，钢筋应力变化幅度基本维持在 80～120MPa 这个区域。该图说明板底水平筋应力增长显著，发挥了较大的承载作用。

D4～D6 位于板顶水平筋南北向处，钢筋主要处于受压区，由图 3-124 可以看出，板顶水平筋的应力在改造加固初期至将近 3 个月之间从－10MPa 左右增长至（－20～－25）MPa 左右，之后基本趋于稳定，钢筋应力变化幅度基本维持在 20～35MPa 这个区域。该图说明板顶水平筋应力增长并不明显。

E1～E3 测点位于新增区域板底水平筋东西向处，且位于内侧。从图 3-124 可以看出，在改造加固初期经过一次短暂的快速应力增加后，E1～E3 点的应力处于逐渐恢复并稳定在初始应力水平，说明该区域应力变化幅度不大。

2）新增钢管柱钢筋应力实测结果。如图 3-126、图 3-127 所示。

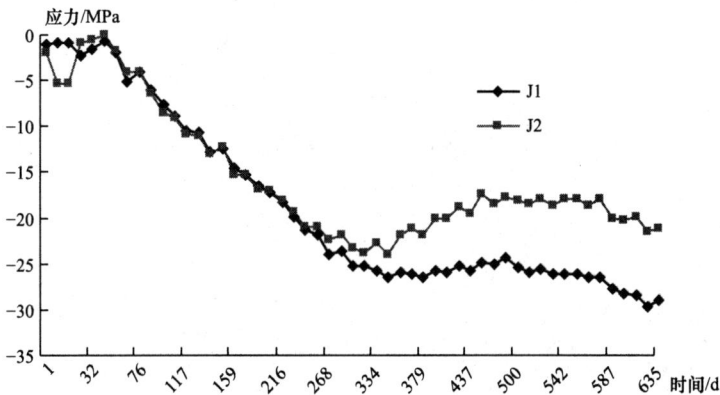

图 3-126 地下室底层 J 柱中的钢筋应力

J1～J2 测点位于地下室底层新建区域处，柱子主要承受该区域上部新增区域的竖向荷载，由上图可以看出，在结构封顶之前，柱子中的钢筋受力处于直线增长状态，这与该区域上部荷载不断直线增加相关，之后结构受力基本区域稳定，应力变化幅度在 20～30MPa 这个区域。

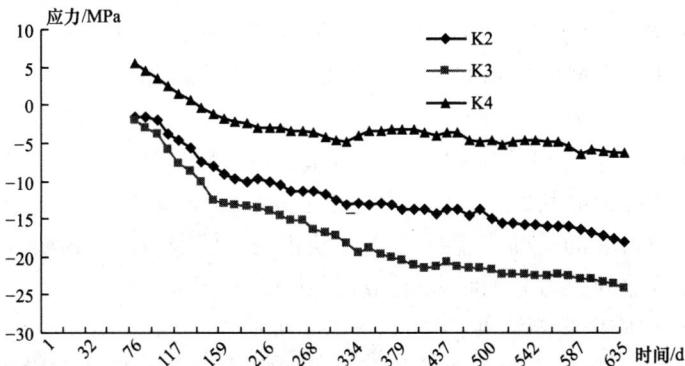

图 3-127 地下室底层 K 柱中的钢筋应力

　　K2～K4 测点位于地下室底层老结构区域处，柱子受力主要受该区域上部施工拆除和置换以及新增结构的竖向荷载影响，由上图可以看出，柱子中的钢筋受力基本处于稳定增长状态，随着二结构以及建筑装饰层的增加，钢筋受力保持增长状态，但增长趋缓。

　　3）剪力墙钢筋应力实测结果。如图 3-128、图 3-129 所示。

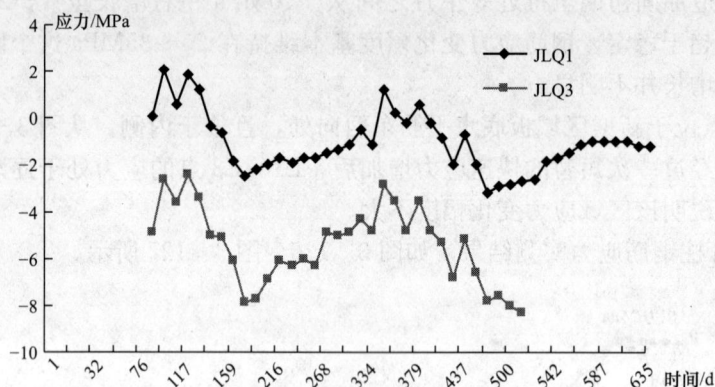

图 3-128　墙底水平钢筋 1/2 处的 JLQ1、JLQ3 应力

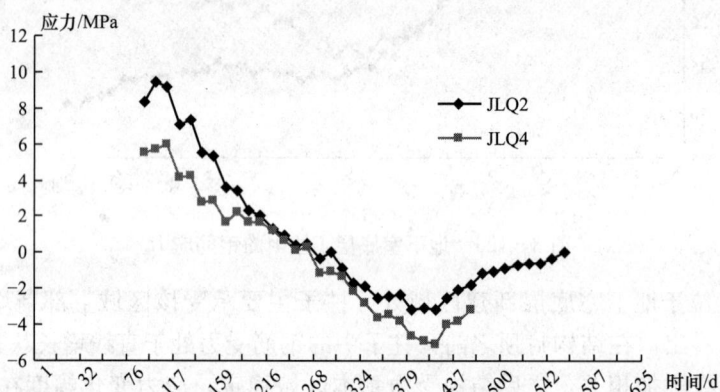

图 3-129　位于墙端竖向钢筋 1/2 处的 JLQ2、JLQ4 应力

　　JLQ1 和 JLQ3 测点位于地下室改建的剪力墙区域，距墙底水平钢筋 1/2 处。由上图可以看出，剪力墙中水平钢筋受力基本无大的变化。由于剪力墙的水平钢筋与竖向荷载变化本无太大关系，因此实测结果也说明了这一点。

　　JLQ2 和 JLQ4 测点位于地下室改建的剪力墙区域，距墙底竖向钢筋 1/2 处。由上图可以看出，剪力墙中竖向钢筋受力在结构封顶之前基本处于直线增长状态，但增长的绝对值并不大，说明新增的剪力墙的受荷与上部荷载比较相关，但剪力墙实际分担荷载绝对值并不大，也说明新老结构之间受力分配尚未达到理想状态。

　　4）钢管混凝土柱应变实测结果。如图 3-130 所示。

　　由图 3-130 可知，钢管混凝土柱外包钢管的竖向应变基本呈稳定增长趋势，说明钢管正在不断分担承受上部荷载，在结构封顶之后应变仍然处于一定的稳定增长状态，且增长开

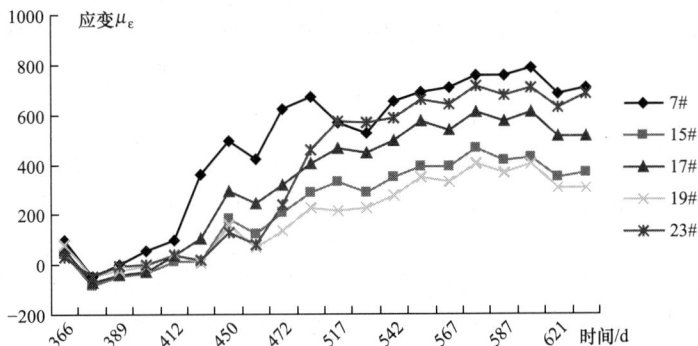

图 3-130　钢管混凝土柱外包钢管的竖向应变

始趋缓，也说明了后包的钢管正在不断地发挥承载作用并且受力开始趋于稳定。根据钢管的竖向应变可以计算该处钢管竖向应力最大约 160MPa，表明钢管和混凝土的共同作用明显，已经较好地发挥了承载能力强的特性，也说明钢管自身对提高柱子的竖向承载力起到了预期的作用。

钢管混凝土柱外包钢管的环向应变也基本呈稳定增长趋势，如图 3-131 所示说明上部荷载的不断增加，使钢管混凝土柱中的混凝土结构不断增大了对钢管的环向压力。在结构封顶之后应变仍然处于一定的稳定增长状态，且增长开始趋缓，也说明了后包的钢管正在不断地发挥对核心混凝土的环箍作用，并且受力开始趋于稳定。根据钢管的环向应变通过计算可知，截至 2007 年 9 月该处钢管环向应力最大约 120MPa，表明钢管已经较好地发挥了环箍的作用，因为钢管的套管作用使得核心混凝土形成了预期的三向受力状态。

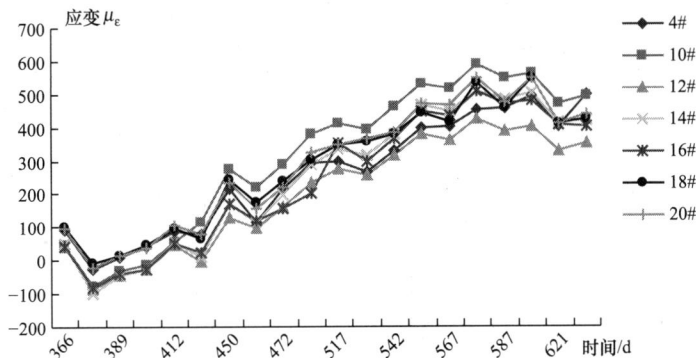

图 3-131　钢管混凝土柱外包钢管的环向应变

5）结构变形应力实测总结论。通过上述实测数据分析可以看出：无论是底板、剪力墙还是最为关注的钢管混凝土柱，基本上都达到了设计预期的目标。新建区域底板南北向水平主要受力钢筋，应力达到了 80～120MPa 左右，东西向分布钢筋应力基本维持在 20～35MPa；新建区域底层钢管柱的竖向受力钢筋应力基本和上部荷载施加呈同向直线增长状态，结构封顶后基本上维持在 20～30MPa 阶段；有应力历史的外包钢管柱内的竖向受力钢筋应力变化幅度不大，压应力基本上增加了 20MPa 左右；粘钢加固后的剪力墙水平钢筋应力变化较小且呈无序状态，可视为水平钢筋受力与上部荷载基本无关；剪力墙竖向钢筋应力与上部荷载基本呈同向增长趋势，但剪力墙竖向钢筋的应力绝对值并不大，绝对值不超过10MPa，说明剪力墙尚未开始真正发挥承载的作用；钢管混凝土柱的外包钢管竖向应变与上部荷载基本呈同向增长趋势，最大竖向应变达到了 $800\mu_\varepsilon$，计算可知钢管此时的竖向最大应力达到了160MPa；钢管混凝土柱的外包钢管环向应变与上部荷载也基本呈同向增长趋势，最大环向应变达到了 $600\mu_\varepsilon$，计算可知钢管此时的环向最大应力达到了120MPa。

新建区域底板南北向受力主筋应力较大，而底板东西向分布筋应力较小，表明新增底板的设计比较合理；剪力墙水平向钢筋应力基本无变化，竖向钢筋应力增长区域明显，但应力绝对值不大，表明剪力墙尚未开始真正发挥承载的作用；新建区域钢管混凝土柱的竖向受力钢筋应力增长趋势明显，而老结构区域的钢管混凝土柱的竖向受力钢筋应力增长趋势较缓，总体而言，两类钢管混凝土柱的竖向受力钢筋应力增长均不大，但考虑到老结构区域的钢管柱竖向受力钢筋在测试前已经承受了较大的应力，因此也表明了钢管混凝土柱的竖向承载能力中竖向钢筋并不是最主要的受力部分；外包钢管的应变数据分析表明，外包钢管较好地发挥了自身竖向承载的作用以及对核心混凝土的套管作用。

5. 实施效果

本工程作为目前国内改建难度最大、复杂程度最大、改建工作量最多的特殊改建工程之一，从 2005 年 8 月开工，至 2006 年 4 月主楼钢结构置换正式起吊，再到 2007 年 2 月 10 日新增结构正式封顶，为 2008 年 7 月底工程竣工创造了有利的条件。在尽可能满足业主工期要求的同时，实施中还经历了一系列摸索、研究、改进的过程，其间形成的工程经验如结构加固经验、拆除置换的流程方法、绿色施工技术、改建结构测量、改建构件结构节点形式的选取等将能够为今后改建范畴内的工程项目提供借鉴。

第4章 建筑施工信息化技术

4.1 大体积混凝土温控技术

4.1.1 概述

1. 大体积混凝土的定义

关于什么是大体积混凝土，目前国内外尚无统一的定义。

日本建筑学会标准（JASS5）的定义："结构断面最小尺寸在 800mm 以上，水化热引起混凝土内的最高温度与外界气温之差超过 25℃的混凝土，称为大体积混凝土。"美国混凝土学会（ACI）规定："任何就地浇筑的大体积混凝土，其尺寸之大，必须要求采取措施解决水化热即随之引起的体积变形问题，以最大的限度减少开裂。"

我国某施工单位制定的"大体积混凝土工法"中认为：凡结构断面最小尺寸大于 3000mm 的混凝土块体；或者单面散热的结构断面的最小尺寸在 750mm 以上，双面散热在 1000mm 以上，水化热引起的最高温度与外界气温之差预计超过 25℃的混凝土，均可称为大体积混凝土。王铁梦在其专著《工程结构裂缝控制》中指出："在工业与民用建筑结构中，一般现浇连续墙式结构、地下构筑物及设备基础等容易由温度收缩应力引起裂缝的结构，通称大体积混凝土结构。"

从结构尺寸大小来定义大体积混凝土，简单、容易理解，但可能会给施工带来不同损失。如：有些工程虽然厚度达到 1m，但散热很好、底面约束较弱、混凝土水化热较小，不采取措施不会出现裂缝，但如按大体积混凝土的标准施工，将造成不必要的浪费；而有些工程虽然厚度未达到 1m，但水化热较大、底面约束很强，如施工单位不按大体积混凝土技术标准施工，将引起结构物的开裂。因此，从保证混凝土质量的角度，大体积混凝土是指"其规格尺寸，要求必须采取措施，妥善处理温差的变化，正确合理地减少或消除变形变化引起的应力，且必须把裂缝开展控制到最小程度的现浇混凝土。"

2. 大体积混凝土温控的必要性

我国西部某地钢筋混凝土公路桥施工时，群桩承台大体积混凝土（约 2000 多 m³），由于组成材料选择不当，施工措施没跟上，混凝土产生了过大的裂缝，即使进行灌缝修补也不能保证混凝土结构的质量。最后只好决定将已施工好的承台炸毁，重新施工。

大体积混凝土结构中，由于结构截面大，混凝土强度较高，单方水泥用量多，水泥的水化热大。由于混凝土的导热性能差，混凝土表面和内部的散热条件不同，温度内高外低，形成了温度梯度，使混凝土内部产生压应力，表面产生拉应力，表面的拉应力超过混凝土的极限抗拉强度，产生表面裂缝；在强度发展到一定程度后，混凝土逐渐降温，这个降温差引起的变形加上混凝土失水引起的体积收缩变形，当受到地基和其他结构边界条件的约束，引起的拉应力超过混凝土极限抗拉强度时就可能产生贯通整个截面的裂缝。这两种裂缝会造成混凝土强度下降、渗漏水，影响结构的使用及安全。

分析大体积混凝土产生裂缝的原因不外乎温度及约束两个方面。

为避免产生过大的温度应力，防止温度裂缝的产生或把裂缝控制在某个界限内，必须进行温度控制。温度控制的内容一般包括：①混凝土的绝热温升；②混凝土的入模温度；③混凝土内部的最高温度；④混凝土内外温差；⑤混凝土的降温速率。

混凝土一般在浇筑 3d 后开始收缩变形，如底面和侧面边界的约束较强，将限制混凝土的收缩，在混凝土内部产生较大的拉应力，如拉应力超过混凝土极限抗拉强度就会产生裂缝，为控制这种裂缝，须减小底面及侧面边界的约束作用。

4.1.2 技术简介

1. 混凝土热学性能

要控制大体积混凝土的裂缝，关键的一点就是要在施工前预测混凝土的温度场。混凝土的温度场可根据热传导原理借助有限元理论，采用有限元软件进行分析预测。

限于篇幅的关系，热传导原理可参考有关文献，这里不作介绍。以下重点介绍混凝土热学性能参数和温度参数的选择。

（1）混凝土热学性能。大体积混凝土温度场仿真分析中，混凝土既作为发热体（水泥、掺和料与水在水化过程中放热），又作为热的传导体。混凝土的热学性能直接影响温度场仿真计算的结果。

1）水化模型。水泥用量相同但水泥品种不同的混凝土绝热温升也不同，且水泥越细，发热速率越快，但是水泥细度不影响最终发热量。水泥水化热模型是龄期的函数，常采用指数式。其计算式为

$$\theta(t) = \theta_0(1 - \exp^{-mt}) \tag{4-1}$$

式中　$\theta(t)$ ——水泥随时间变化的温度；

　　　　m——水泥品种与放热速度有关的系数，对普通硅酸盐水泥 $m = 0.43 + 0.0018W$；早强水泥 $m = 0.63 + 0.0018W$；矿渣水泥 $m = 0.55 + 0.001W$；W 为单位体积水泥用量（kg/m³）。

2）其他参数

① 材料特征。进行大体积混凝土温度场有限元计算分析中的材料特征如下：

比热容 $c = 0.96$kJ/(kg·℃)，导热系数 $\lambda = 10$kJ/(m·h·℃)，密度 $\rho = 2400$kg/m³，线膨胀系数 $\alpha = 1.0 \times 10^{-5}$。

混凝土弹性模量是龄期的函数一般采用下式：

$$E(t) = E_c(1 - \exp^{-0.09t}) \tag{4-2}$$

式中　t——龄期（d）；

　　　　E_c——混凝土最终弹性模量（N/mm²），可近似取 28d 的弹性模量。

② 放热系数。当混凝土表面附有模板或保温层时，采用放热系数 β_s 来考虑模板或保温层的影响。计算式为

$$\beta_s = \frac{1}{(1/\beta) + \sum(h_i/\lambda_i)} \tag{4-3}$$

式中　β——最外面保温层在空气中的放热系数；

　　　　h_i——保温层厚度；

　　　　λ_i——保温层的导热系数。

（2）温度参数。在大体积混凝土温度场仿真分析中，需要考虑的温度包括绝热温升、最

高温升、入模温度、环境温度。

1）绝热温升。在没有任何热损耗的情况下，水泥和水化合后产生的反应热，全部转化为温升后的最大温差，按下式计算：

$$\theta_{\max} = \frac{Q_0(W + kF)}{c\rho} \tag{4-4}$$

式中　Q_0——水泥最终水化热（kJ/kg）；

　　　　W——单位体积混凝土中水泥用量（kg/m³）；

　　　　F——单位体积混凝土中混合材料的用量（kg/m³）；

　　　　k——混合材料水化热折减系数；

　　　　c——混凝土比热容 [kJ/(kg·℃)]；

　　　　ρ——混凝土的密度（kN/m³）。

2）最高温度。大体积混凝土内部的最高温度是由入模温度、水泥水化热引起的温升和混凝土的散热温度三部分组成。对于厚度较大的混凝土，内部最高温度可以近似视为入模温度与绝热温升之和；厚度较小的混凝土，内部最高温度为入模温度与最高温升之和。最高温升与厚度有关，为绝热温升与散热温度之差。

3）入模温度。混凝土的入模温度与环境温度、混凝土运输工具类型、运输时间、运输距离等有关。对入模温度有直接影响的是浇筑当日气温，气温通过影响混凝土的组分温度而影响入模温度。一般而言，入模温度与日平均气温相当。

4）环境温度。环境温度需根据当地季节、天气情况确定，一般可取浇筑期间的平均气温。另一方面，环境温度对混凝土表面温度影响较大，对混凝土块体核心区域温度影响很小，可以忽略不计。如果十分注重环境温度对温度场的影响，可以视环境温度变化为时间的正弦（或余弦）函数。通常情况下，可以忽略环境温度变化的影响。

（3）温度场的模拟。大体积混凝土水化热温度场的模拟可以采用目前通用的大型有限元软件进行分析。

2. 温度应力分析

在大体积混凝土施工过程中，要有效地控制裂缝的开展，必须在施工前，根据混凝土的配合比设计、施工条件和施工工艺进行必要的理论计算，验算混凝土各降温阶段产生的总拉应力值。如该值小于混凝土抗拉强度，则说明降温和收缩不会引起混凝土结构的贯穿裂缝。

大体积混凝土基础贯穿性裂缝，主要是由平均降温差和收缩差引起过大的温度收缩应力而造成的。混凝土因外约束引起的温度（包括收缩）应力（二维时），一般用"王铁梦法"来计算约束应力，按以下简化公式计算：

$$\sigma = -\frac{E\alpha\Delta T}{1 - \nu_c} \times S \times \left[1 - \frac{1}{\mathrm{ch}\beta\dfrac{L}{2}}\right] \tag{4-5}$$

式中　σ——混凝土的温度（包括收缩）应力（N/mm²）；

　　　　E——混凝土的弹性模量（N/mm²），按设计规范或试验数据确定；

　　　　α——混凝土的线膨胀系数，取 1.0×10^{-5}；

　　　　ΔT——混凝土的最大综合温差（℃）；

　　　　S——考虑徐变影响的松弛系数，一般取 0.3；

ν_c——混凝土的泊松比，取 0.15；

β——约束状态影响系数，$\beta = \sqrt{\dfrac{C_x}{HE}}$；

C_x——地基水平阻力系数；

H——基础的厚度（mm）；

L——基础的长度（mm）。

混凝土的最大综合温差 ΔT 按下式计算：

$$\Delta T = T_0 + T_{max} + T_{y(30)} - T_h \tag{4-6}$$

式中　T_0——混凝土的入模温度（℃）；

T_{max}——混凝土的最高温升（℃）；

$T_{y(30)}$——30d 的混凝土收缩当量温差（℃）；

T_h——浇筑时的环境温度（℃）。

其余符号同前。

混凝土收缩当量温差是将混凝土干燥收缩与自身收缩产生的变形值，换算成相当于引起等量变形所需要的温度，以便按温差计算温度应力。混凝土的收缩变形换算成当量温差按下式计算：

$$T_{y(t)} = -\frac{\varepsilon_{y(t)}}{\alpha} \tag{4-7}$$

式中　$T_{y(t)}$——任意龄期混凝土收缩当量温差，负号表示降温；

$\varepsilon_{y(t)}$——各龄期混凝土的收缩相对变形值。

混凝土的收缩值一般采用指数函数公式计算：

$$\varepsilon_{y(t)} = \varepsilon_y^0 (1 - e^{-bt}) \times M_1 \times M_2 \times M_3 \times \cdots \times M_n \tag{4-8}$$

式中　　　　　　　$\varepsilon_{y(t)}$——非标准状态下混凝土任意龄期的收缩变形值；

ε_y^0——标准状态下混凝土最终收缩值，取 3.24×10^{-4}；

b——经验系数，取 0.01；

t——混凝土浇筑后至计算时的天数；

$M_1, M_2, M_3, \cdots, M_n$——考虑各种非标准条件，与水泥品种细度、骨料品种、水灰比等有关的修正系数。

3. 大体积混凝土温度监测技术

大体积混凝土结构在施工及养护期间将主要产生两种变形：因降温而产生的温度收缩变形及因水泥水化作用而产生的水化收缩变形。这些变形在受到约束的条件下，将在结构内部及其表面产生拉应力。当拉应力超过混凝土相应龄期的抗拉强度时，结构开裂。因此，在大体积混凝土施工过程中，为避免产生过大的温度应力，防止温度裂缝的产生或把裂缝控制在某个界限内，必须进行现场温度实测，掌握混凝土结构的温度场分布，预测混凝土结构的温度变化趋势。以下介绍几种施工中常用的测温方法。

（1）人工测温。人工测温是在结构构件具有代表性的部位设置测温孔，测温孔位于构件中部不影响结构的部位。测温孔用下端封堵的钢管制作，各孔中灌入 250mm 高水柱（机油更好）。采用普通酒精温度计测温，规格为（$-10 + 100$）℃。为测温方便和加快测温速度，每个孔内插一支温度计，每次测温时只需将温度计抽出读数，然后及时放入孔内，如图 4-1 所示。温度计必须放到孔底。读数要快速准确，每次测温后应及时将孔口用软质木塞堵严。

（2）电子测温仪测温

1）仪器的构成和功能。电子测温仪一般由主机和温度传感器两部分构成。主机上设电源开关、照明开关、温度传感器插座和液晶显示屏，可数字显示被测温度值，具有测温准确、直观快捷、操作简单、宽温使用环境等特点。温度传感器有测温探头和预埋式温度传感器两种形式。

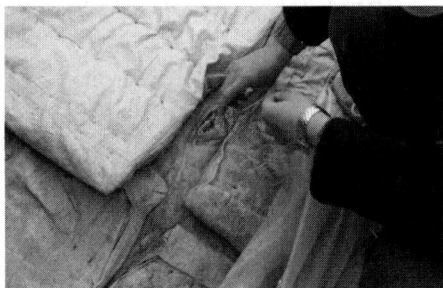

图 4-1　人工测温

① 测温探头由插头、导线、手柄和金属管制成，金属管内端封装温敏元件，与主机连接后可测材料和拌和物等的温度。

② 预埋式温度传感器测温线路由插头、导线和温敏元件制成，与主机连接后可测被测物内部温度，在施工中可任意布点、多点测温。根据不同测温点深度有各种长度规格。

2）仪器的使用方法。在大体积混凝土或冬期施工中，通常要测大气温度、材料温度、出机温度、入模温度和混凝土温度，养护期间不仅要测混凝土浅层温度，也要测不同深度的内部温度，使用电子测温仪可迅速取得各种温度数据。

（3）混凝土温度全自动记录仪

1）测温设备。长图自动平衡记录仪（或称测温仪）和铜热电阻温度传感器，加装"定时全自动扩展"装置，每个铜热电阻温度传感器必须用环氧树脂封闭后做浸水检验，以确保不渗水。

2）测温原理

① 埋在混凝土中的铜热电阻温度传感器的温度升高，电阻增大，利用普通铜芯胶线把这种温度信号转换成电信号输送到混凝土温度测定记录仪的信号输入端。

② 混凝土温度测定记录仪是以测定电阻变化来显示温度的仪器，其基本原理是电桥平衡方式：以被测的传感器作为信号源，组成电桥的一臂，电桥输出的误差信号经放大后驱动电机，从而通过一组传动系统带动指示机械及电桥中滑线电阻的滑动臂，直至电桥趋于平衡，打印系统自动将被测点温度打印在记录纸上，并可直观读数。

（4）人工组装测温装置

1）可选用由 WZGM-201 端面铜电阻（温度传感器）、XMDA-12 数字巡回显示仪、WKZ 型油浸式多点切换开关及电缆导线组成的测温装置。

2）可选用硅电阻温度传感器、A/D 转换板、电脑、电缆线等组成电脑自动测温系统。首先将温度传感器埋设在测温点处，再通过 A/D 转换板将测温的电压信号转换成计算机可以接受的数字信号，并由计算机自动记录温度数据。

3）可由光纤光栅温度传感器、调解器、计算机、光缆等组成计算机温度监测系统。首先将光纤光栅温度传感器埋设在测点处，并与解调器相接，通过计算机采集波长信号，并转换为温度值，监测系统构成如图 4-2 所示。

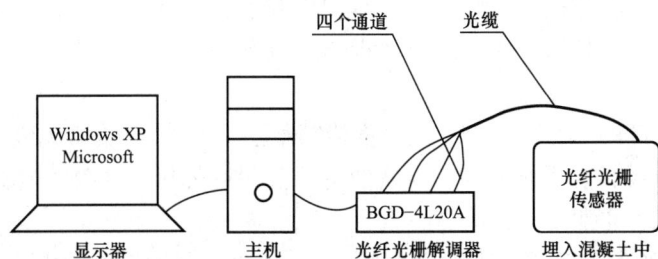

图 4-2　光纤光栅温度传感器测温系统

温度传感器还可采用热电偶、铂电阻等传感器，当然也还有其他的一些测温装置，在此不一一列举。

（5）计算机测温系统

1）测温系统简介。上海建工集团（总公司）技术中心与同济大学合作研制开发了"大体积混凝土温度监测系统"，系统操作平台如图4-3所示。该系统采用全数字式对大体积混凝土水化热过程中的温度变化状况进行监测，掌握混凝土的温差波动情况，以指导混凝土的保温措施。该系统在大体积混凝土温度、温差超限时，能够及时提供图形、声音等多媒体报警方式，以提醒工作人员及时采取相应的措施。

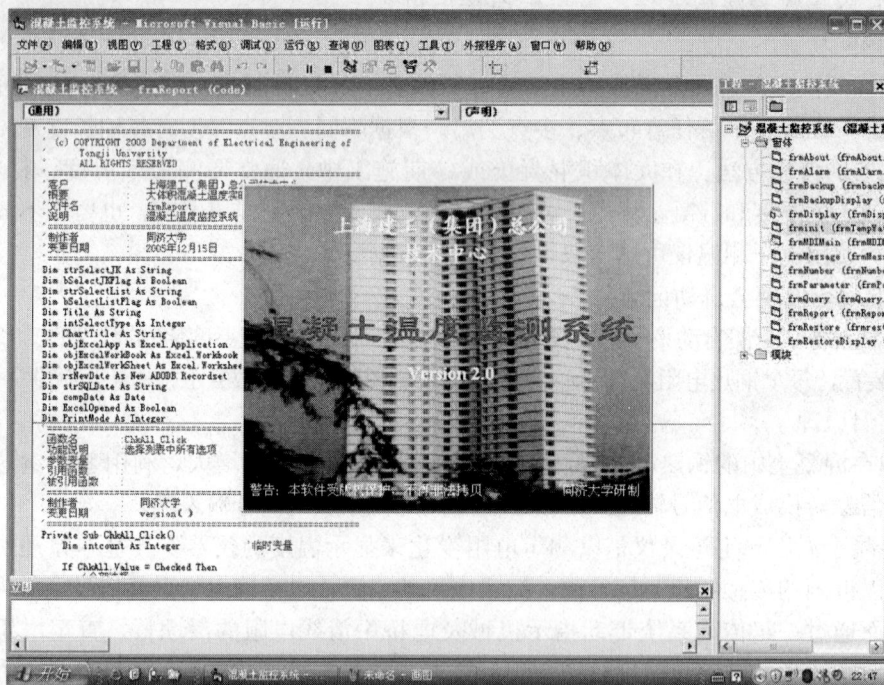

图4-3 混凝土温度监控软件界面

2）测温系统构成。本系统采用上下位机方案，下位机主要负责大体积混凝土的温度采集与汇总，而上位机则根据采集数据进行数据分析、处理、存储，以图形、声音等多媒体方式表现大体积混凝土的温度变化状况，并在温度超限时提供恰当的报警方式。

下位机采用LTM-8003智能温度采集模块，一个模块有八条测试电缆接口，每条电缆可接64个测温点。电缆为带保护套的四芯抗拉电缆。将测温原件封装在测温线缆中。测温原件并行接入在测温线缆上，因此个别测温原件的损坏不会影响该测温线缆上其他测温原件的信息。

测温原件采用美国达拉斯公司生产的DS18B20数字式温度传感器（图4-4），为避免传感器在安装及测试过程中进水、损坏，委托长沙金码高科技实业有限公司进行封装（图4-5），封装好的传感器在测温过程中，可靠性非常高。

上位机采用稳定的Windows2000操作系统，数据库采用Access2000。上位机采用Visual Basic编制监控程序，以图形、声音等多媒体形式表现系统状态。

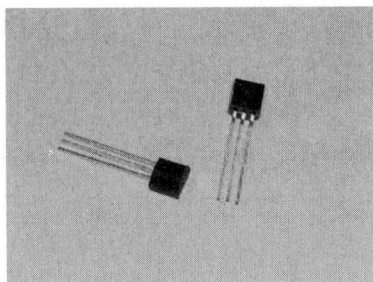

图 4-4　DS18B20 数字式温度传感器

图 4-5　封装好的温度传感器

整个体系结构如图 4-6 所示。

3）测温系统特点。本系统具有以下特点：

① -55℃～+125℃ 测量范围，0.1℃测温分辨率，-10℃～85℃范围内基本测量精度±0.5℃，具有标定修正功能。

② 多重保护、隔离设计，抗干扰能力强、可靠性高。

③ 丰富的软件功能及方便的操作界面。

④ 完善的网络通信功能，可与计算机进行高速、高效的双向数据交换。

⑤ 良好的软件平台，具备二次开发能力，以满足特殊的功能要求。

⑥ 自动识别传感器数量，自动为传感器排序，并保持顺序不变，大大方便系统维护。

4）测温系统软件的主要功能

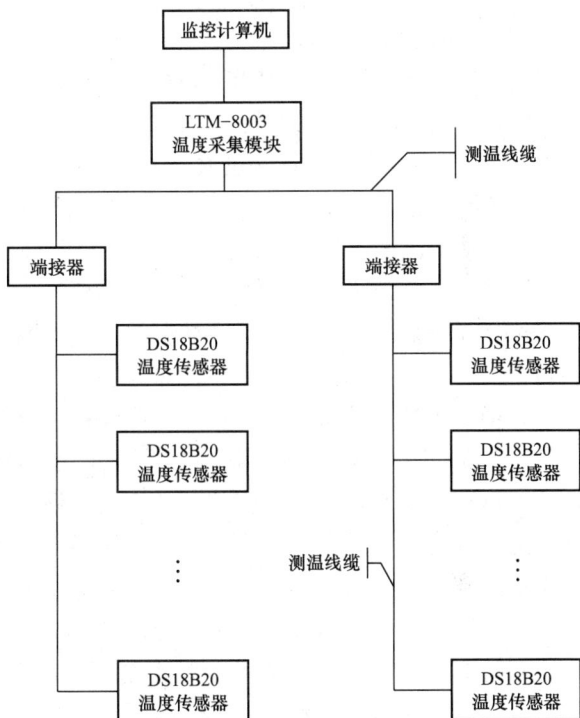

图 4-6　大体积混凝土温度监测系统结构图

① 对测温点温度、层次间的温差实时检测。

② 能对高温、温差越限进行报警。

③ 整个工程监控过程中的所有数据，可根据用户的设置进行自动存储。

④ 对测温数据和曲线能选择浏览、查询和打印。

⑤ 对所用测温点能进行编号并能根据要求选择显示。

⑥ 可选择参与控制的测温点。

⑦ 对在施工过程中损坏的传感器及时自动记录，并提示用户，参与控制的传感器及时退出控制。

（6）各种测温方法的对比

1）传统的人工测温方法较为原始，自动化程度低，操作不够方便，误差较大，同时预留的测温孔破坏了结构的整体性且需要在日后填补，费工费料。

2）电子测温仪测温须人工进行逐点测温，这种方法效率低、劳动强度高、检测周期长，而且无法掌握整体温度变化趋势，可以说，这种测温方法也不符合现代施工技术的要求。

3）混凝土温度全自动记录仪这种测温方法克服了传统方法所带来的一些弊端，但传感器精度低，模拟信号在传输过程中自身存在的缺陷造成测点布置不能满足需要，布线繁杂，抗干扰能力差，测温导线长度对精度的影响大，测温工作与施工的相互干扰大，这些都造成这种测温系统只能应用于简单和较小的工程中，而对于复杂和重要工程部位的温度监测是远不能胜任的，更无法用于需要测试温度场的工程和研究中去。可以预见，这种测试方法也将在现代工程监测技术的发展过程中逐步被淘汰。

计算机测温系统可以比较准确地掌握混凝土内部的温度场，预测整体温度的变化趋势，能满足理论计算验证，符合现代信息化施工的需要，是将来测温系统的发展方向。

4. 大体积混凝土温控技术

混凝土浇筑完毕后，通过内散外蓄法控制混凝土的内外温差、温度梯度，达到控制裂缝的效果。所谓外蓄，即在混凝土表面覆盖麻袋、薄膜、草袋等隔热性能较好的材料以保持混凝土表面的温度不致受环境温度影响过大，从而控制内外温差；所谓内散，即在混凝土内部布置冷却水管，通冷水从混凝土内部带走热量，加速内部降温来控制温差。两者机理不同，但效果相同。

（1）外蓄法。采用外蓄法保温，一般在浇筑前根据混凝土材料配合比、入模温度、环境温度等估算混凝土表面与气温的差值，计算放热系数 β，采用公式（4-3）反推保温层的厚度来采取保温措施。但由于各保温材料的导热系数取值范围较宽，计算结果误差较大。实际养护时，需根据现场实测温度来调整保温层的厚度。一般而言，在混凝土表面覆盖一层薄膜以保湿，薄膜上覆盖两层麻袋以保温，或麻袋上再覆盖一层薄膜。

（2）内散法——冷却水管。20世纪30年代，冷却水管首先在美国胡佛坝应用，效果良好，这之后在全世界得到广泛应用，成为大体积混凝土施工中的一项重要冷却措施。其具有灵活、适应及有效等优点，已成为大体积混凝土施工的主要温控措施之一。

工程经验表明，在采用冷却水管时，一般要求满足以下条件：①控制混凝土在一期冷却时的冷却幅度，我国目前的经验是不超过 6～8℃；②控制混凝土的冷却速度，美国肯务局规定不超过 0.56℃/d，我国有些工程控制不超过 1℃/d；③控制一期冷却的持续时间，我国有的工程使用制冷水时（水温 4～8℃）为 7～15d，美国使用河水为 15～21d；④控制水管温差，现在通用的标准为 20～25℃。

1）冷却水管的布置形式。冷却水管一般有梅花形和井字形两种布置形式，如图4-7所示。由图中可见，两者都会出现冷却效果较差的"死角"（图中阴影部分），但是矩形布置中

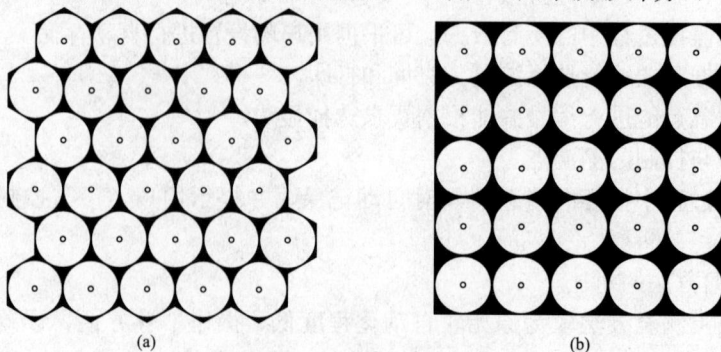

图4-7 冷却水管布置形式
（a）梅花形布置；（b）矩形布置

的阴影面积明显大于梅花形布置中的阴影面积。因而从冷却效果来说，梅花形布置优于矩形布置，但由于施工的便利性，多数工程选用矩形布置。在设计冷却水管布置时应考虑温度控制的两个基本要求：降温效果及经济性。为了获得既满足温度控制要求又经济合理的布置方案，要考虑有关因素对上述两个基本要求的影响，这些因素主要包括管径、管距、单根水管长度、管内水流量及冷却水温度等。

　　在冷却水管层与层相对位置布置上，常见有如图 4-8～图 4-10 所示的布置。一般需要根据工程实际出发，综合考虑冷却水管布置便利、供水装置、出水处理、经济效应等因素。

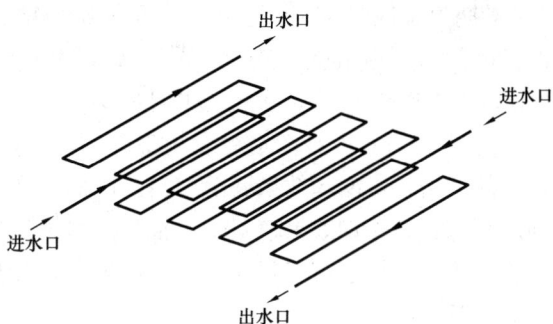

图 4-8　蛇形布置 1

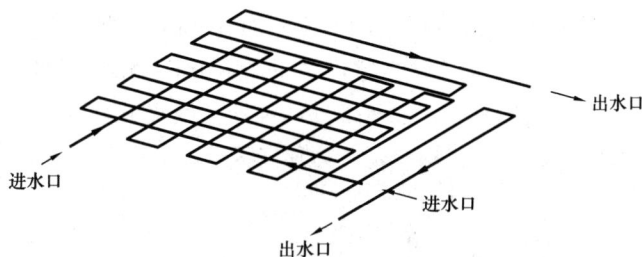

图 4-9　蛇形布置 2

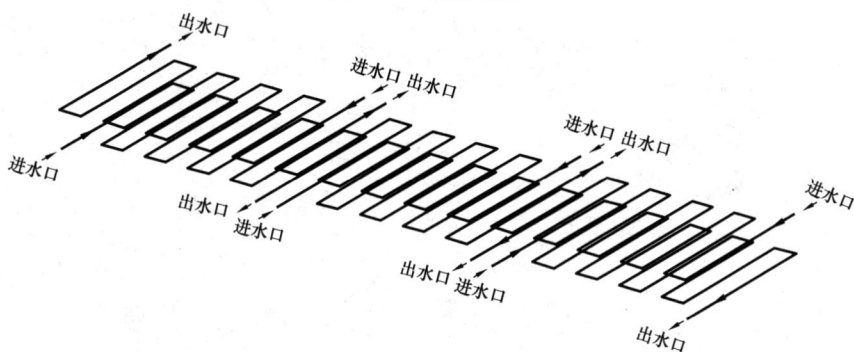

图 4-10　蛇形布置 3

　　2）管径的选择。有试验表明：在通水流量、水管间距不变的条件下，增大管径对混凝土冷却效果的影响较小，同时，增大管径对削减早期水化热温升的作用也不明显。

　　但管径的增加使管材及水泵的费用增加较多，所以通过增大管径来加快冷却速度或较多降低早期水化热温升是不经济的。因此适当地减小管径既不会显著地降低冷却效果，同时也可节约管材、降低造价。但管径减小以后，水管阻力将会增加，要保持相同的流量，管内水流速也会增加，势必增大水力损失。因此，冷却水管的管径可选用 $\phi 25.4$，也可适当增大至 $\phi 28$，再增大管径就没有必要了。

　　3）管距的选择。管距是影响冷却效果的重要因素：①冷却速度和水管间距的平方成反比，当管距减小一倍时冷却速度就加快四倍；②对早期水化热温升的降低也有显著的影响。

　　管距的减小会使管材耗量急剧增长，显然，单位长度管材所冷却的混凝土体积是和管距的平方成正比，而在管径、壁厚不变时，单位重量管材所冷却的混凝土体积也就和管距的平方成正比。因此管距减少一倍，管材耗量增加两倍，所以必须综合考虑冷却效果与管材耗量来选择水管间距。

若冷却水管采用黑铁管，则水管的垂直间距应结合施工层厚度来考虑，因为水管垂直布置应在浇筑间歇期于水平施工缝层面上进行，否则需在浇筑混凝土时埋设水管，这样会增加施工干扰，故黑铁管的垂直间距应和浇筑层厚度保持一致，为 1.5～2.0m。水管水平间距选择必须要使冷却效果有保证，并考虑节约管材，降低造价，同时尽可能使施工方便。推荐水管水平间距亦取 1.0～1.5m。

4）管长的选择。冷却水在混凝土内部流动时，其温度逐步升高。随着冷却水在水管中滞留时间的增长，冷却效果逐渐减弱。因而冷却水管蛇形布置长度需要做一定的限制。单根冷却水管过长，冷却效果较差；单根冷却水管过短，冷却水与混凝土温差过大并且会增加进出水管接头。根据已有工程经验，一般来说，冷却水管长度控制在 80～200m 为宜。

4.1.3 工程实例

1. 工程概况

珠江城主楼核心筒基础形式为筏板基础，筏板厚 3.5m，电梯井深坑处底板最大厚度为 9.45m。主楼内柱采用 3.0m 厚独立基础支撑，之间采用 1m×2m 的暗梁连接，部分基础厚度为 3.5m；巨型柱设 3.5m 厚筏板基础。除基础外，锚杆区域底板厚度为 1.2m，其他区域底板厚度为 2.0m，板面标高 −26.500m；裙房基础为独立基础，厚度为 2.0m，如图 4-11 所示。

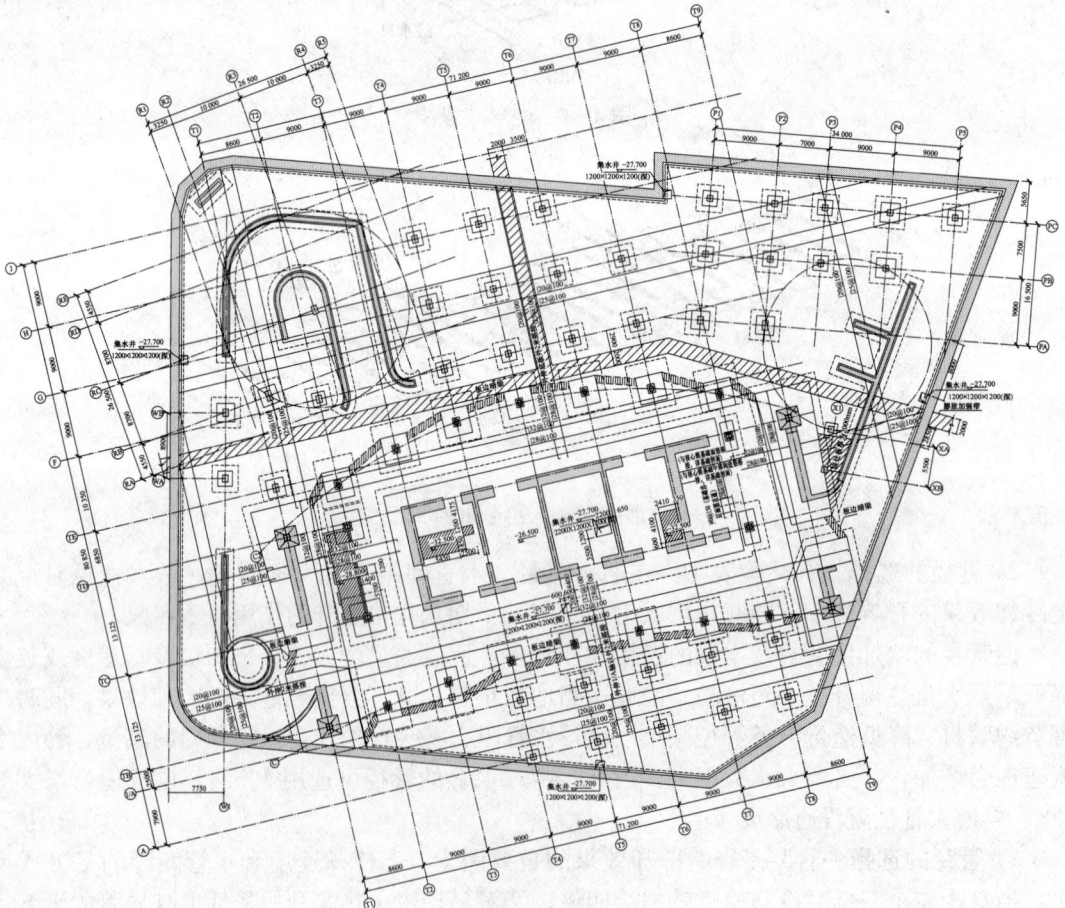

图 4-11 底板平面图（单位：mm）

　　底板最长处超过 100m，宽接近 80m，面积近 0.8 万 m²；混凝土强度等级为 C45，主楼底板浇筑的混凝土总方量超过 1.2 万 m³，属于超长、超厚、超大体积混凝土。

　　本工程平面上共设置两条膨胀加强带，两侧用钢筋支架密孔钢丝网隔离，带宽 2m。根据加强带把底板划分为三个区域，分别进行底板混凝土的浇捣。本次测温主要针对主楼核心筒底板承台区域进行。

　　2. 混凝土浇筑方案

　　核心筒底板承台区域混凝土浇筑分两阶段进行，第一阶段浇筑两电梯井处基坑混凝土，高度为 4m，第二阶段对整个核心筒区域大底板进行一次性浇筑。

　　于 2 月 24 日早上开始浇筑电梯井处基坑混凝土，至 25 日凌晨 5：30 左右混凝土浇筑结束，基坑浇筑顺序为先西后东，浇筑完毕后采用蓄水法养护。整个核心筒混凝土浇筑于 3 月 31 日 7：00 开始进行，由西向东的顺序进行浇筑，于 4 月 2 日 12：00 浇筑结束，并采用薄膜和麻袋覆盖保温养护。

　　3. 测点布置

　　测温点的布置原则为：①能反映整个大体积混凝土的温度场及温度变化规律；②温度梯度大的地方测点布置密，反之温度梯度小的地方测点布置稀。

　　测点布置根据本工程底板承台的形状、对称性及混凝土的浇筑顺序等确定如下：

　　(1) 第一阶段测温共布置八个测温轴，每个测温轴布置三个测温点，详细布置方案如下：

　　1) 每个测温轴（A～D、I～L）竖向布置三个测温点，分别为距顶面 10cm、中间均布、距底面 10cm。

　　2) 在混凝土养护期间混凝土表面（保温层下面）布置一个测点，第一阶段测温共计 25 个测温点。

　　(2) 第二阶段测温共布置 16 个测温轴，每个测温轴测温点详细布置方案如下：

　　1) 1.2m 厚的底板混凝土：每个测温轴（O、P）竖向布置三个测温点，分别为距顶面 10cm、距底面 10cm 及中部。

　　2) 2.0m 厚的底板混凝土：每个测温轴（M、N）竖向布置三个测温点，分别为距顶面 10cm、距底面 10cm 及中部。

　　3) 3.5m 厚的筏板：每个测温轴（E、F）竖向布置五个测温点，分别为距顶面 10cm、中间均布、距底面 10cm。

　　4) 6.3m 厚的筏板：每个测温轴（G、H）竖向布置五个测温点，分别为距顶面 10cm、中间均布、距底面 10cm。

　　5) 5.45m 厚的承台：每个测温轴（A～D、I～L）竖向布置四个测温点，分别为距顶面 10cm、中间均布、距底面 10cm。

　　6) 1.2m（2.0m、3.5m）厚的底板按距离边缘处 200mm、中心处等位置布置测温轴。

　　根据以上原则，第二阶段测温总共布置 16 根测温轴，64 个混凝土测温点；另外基坑外设置一个气温测点及保温层下两个测温点进行测控，以利于更准确地反应混凝土基础的温度场分布情况及大气、表面和内部的温度梯度，共计 67 个测点。底板承台混凝土测温点布置如图 4 - 12 所示。

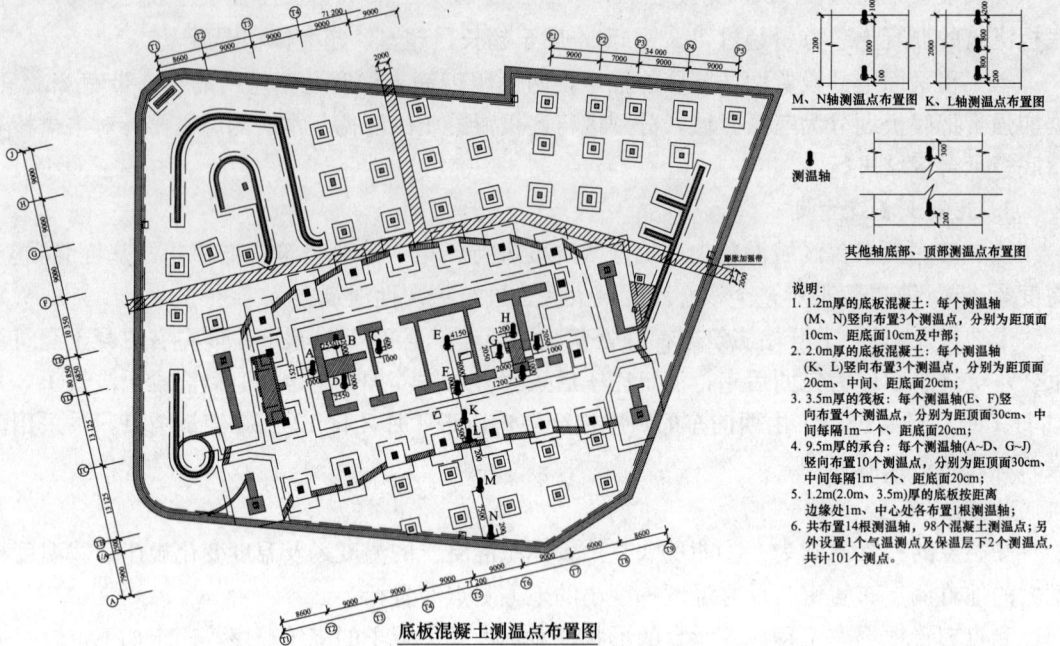

图 4-12 底板测温点布置图

4. 测温时间及频次

根据大体积混凝土早期温升较快，后期降温较慢的特点，对广州汽车工业大厦底板承台采取了先频后疏的观测原则。从混凝土浇筑开始到浇筑完毕以 10min 观测一次为主，目的是为了准确掌握混凝土的入模温度。之后至龄期 7d 以 1h 观测一次为主，后期以 2h 观测一次为主。

第一阶段测温从开始浇筑混凝土，即 2008 年 2 月 24 日早上 6：30 开始进行，至 2008 年 3 月 13 日结束，历时 19d。第一阶段测温从开始浇筑混凝土，即 2008 年 3 月 31 日早上 7：00 开始进行，至 2008 年 4 月 16 日结束，历时 17d。两个阶段测温前后持续时间共 54d。

5. 测温结果

1) 温控效果。温度监控从 3 月 31 日浇筑混凝土开始进行，至 4 月 16 日结束，历时 17 d。从监测数据来看，混凝土温度在短期内达到最高温度后开始回落，未出现回升现象。保温措施的及时采取，减小了混凝土内部最高温度与表层温度之差，有效地防止了温度裂缝的产生。

2) 温度变化规律。为有效地研究底板大体积混凝土沿厚度方向不同部位温度以及各部位之间温差的变化规律，选择两根有代表意义的测温轴 E、H，对其温度数据进行分析。

由图 4-13、图 4-14 可以看出，混凝土的温度变化有以下规律：

① 混凝土在入模后的前 1～2d 温度升高很快，平均每天升高 18.0℃左右，达到最高温度以后以平均每天 1.2℃的速度下降，降温速度缓慢，持续时间较长。

② 混凝土的最高温度为 74.1℃，出现在测温轴 H 轴中间点；最大温升为 46.6℃，出现在测温轴 D 轴中间点。靠近上下表面的点，其最高温度及最大温升一般均低于中央部分的混凝土。

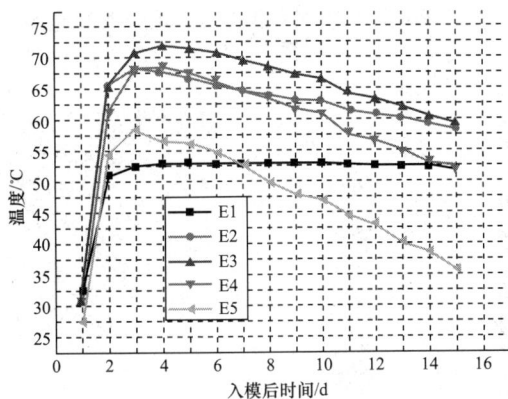

图 4-13 E 轴温度变化趋势图

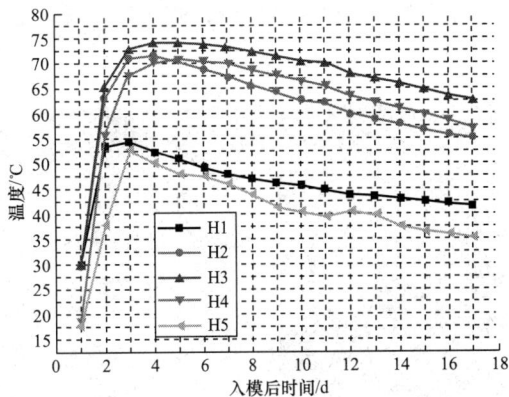

图 4-14 H 轴温度变化趋势图

③ 靠近底层的混凝土升温速率较中上层慢，降温速率较中上层也慢，整个温度曲线较平缓。

6. 测温结果分析及结论

（1）混凝土的入模温度在一定程度上受大气温度的影响，但较大气温度稳定，根据组成混凝土的材料热学参数及成分比，水温对混凝土的入模温度影响较大，而水温变化较大气温度变化稳定。本工程混凝土入模温度比气温平均高 10.6℃。

（2）本次温控结果，混凝土内外最大温差为 30.5℃。与规范规定的"内外温差不宜超过 25℃"有一定的差距，实际上是否出现有害裂缝的关键因素是温度梯度而不是温差。从现场观察来看，在温降阶段对混凝土进行的"保温、湿养"温控措施非常有效，未出现温度裂缝。

4.2 超高层（高耸）结构施工控制技术

4.2.1 概述

1. 超高层建筑的发展和面临的突出问题

超高层建筑历经 100 多年的发展历史，是人类文明进步历史的重要组成部分，也是人类不断征服自然、改造自然的重要表现。随着土地资源的稀缺和满足标志性与功能的需要，超高层建筑在最近几十年时间里得到了突飞猛进的发展。它不仅可以展现一个国家的科技发展成就，也可以极大地促进相关领域科技的发展。

我国正处于全面建设小康社会的关键时期，人的活动空间不断扩大与土地等不可再生资源的矛盾日益突出，发展超高层建筑对缓解这一矛盾具有积极意义，因此我国超高层建筑已经进入新一轮发展高潮，上海中心、武汉中心、大连中心等一大批超高层建筑正在或即将兴建。世界超底层建筑典型代表如图 4-15 所示，超高层建筑发展呈现以下显著特点：①高度不断增加。落成的建筑如中国台北国际金融中心高度突破 500m，阿联酋的 Burj Dubai 大厦高度突破 800m，沙特规划的建筑高度甚至突破千米大关；②体型奇特。为了追求强烈的建筑效果，造型更加新颖奇特，如北京中央电视台新台址工程两座塔楼相向倾斜 6℃，然后在 160m 高空通过 L 形悬臂相连，产生震撼人心的效果；广州新电视塔高 610m，斜交网格形外框筒自下而上逐渐变小并作 45°扭转，以达到"纤纤细腰"的建筑效果；③结构复杂。为了实现建筑意图，结构日趋复杂，结构体系巨型化和空间化的趋势非常明显。超高层建筑高度的不断增加、造型的多样化和结构的复杂化给工程技术人员提出了严峻挑战。由于规模宏大、造型奇特、结构复杂，施工环节多、施工周期长，施工工艺对超高层建筑施工安全性和结构可靠性都具有非常显著的影响。

图 4-15　世界超高层建筑
(a) 广州新电视塔；(b) CCTV 新台址；(c) 台北金融中心；(d) Birj Dubai 大厦

超高层建筑发展的突破，突出表现在倾斜、扭转、高空悬臂等结构特征的出现，也使得结构施工过程中面临了以下几大突出的问题：

（1）如何控制施工精度。由于结构超高和形体的特殊性，结构在施工过程中往往仅在自重作用影响下会产生较大的变形，如果控制不好，将极大影响结构的后续施工和安装质量，甚至造成安全问题。这类问题在多层建筑结构，特别是多层混凝土结构中几乎不存在，但是随着结构高度的增大，形体的复杂，这类问题变得突出和难以控制。

（2）如何控制残余应力和残余变形。残余应力和残余变形就是结构施工过程中，不断累计的非自重引起的不可恢复的应力和变形。结构设计时，通常不考虑残余应力和残余变形。普通建筑结构施工完成时，结构也存在残余应力和残余变形，但和自重以及结构使用过程中所受到的荷载造成的内应力和变形相比，可以忽略，所以设计基本不考虑。但是初步研究发现，当结构高度超高，形体复杂时，如果不考虑和控制结构施工过程所形成的残余应力和残余变形，将造成很大的结构安全隐患，影响结构的使用寿命。

（3）如何控制结构施工过程中未成形结构的安全。结构施工的过程，也是结构逐渐成形的过程，在这个过程中，结构不断变化的状态通常不是结构能够抵抗外来荷载的最佳状态，如果不加以控制，会存在未成形结构的安全问题，必须加以控制。

超高层建筑的上述新特点，给结构施工技术提出更高的要求。很显然，由于高层建筑高度和形体的量变，引起了施工过程环节的质变。工程越复杂，施工环节越多，施工对超高层建筑的影响就越强烈。那么解决上述问题的出路和方法在哪里呢？目前研究表明，利用施工控制技术是解决上述问题的有效办法。

2. 结构施工控制技术的发展

在长期的工程实践中，工程技术人员逐渐认识到施工对结构状态有着极为显著的影响，必须在准确评价施工对结构状态影响的基础上，以现代工程控制理论为指导，加强施工过程控制，通过优化施工工艺来改善结构状态，确保结构在施工期的安全性和使用功能。在工程建设中，系统应用工程控制理论来解决施工控制问题的，当属桥梁工程。这是与桥梁工程的大规模发展密不可分的，桥梁工程较建筑工程更早进入巨型工程发展阶段，桥梁工程建设对施工控制的需求更为迫切，因此，早在 20 世纪 80 年代在桥梁工程领域就掀起了施工控制理论研究高潮，并取得丰硕成果，为许多特大型桥梁工程的建设提供了科技支撑，形成了系统的研究成果——桥梁施工控制理论。在桥梁施工控制方面做出开创性工作的是前联邦德国桥梁大师弗里茨·莱昂哈特（Fritz Leonhardt）。他在 20 世纪 60 年代提出了倒退分析法（Back Ananlysis），解决了桥梁施工理想状态确定的问题。倒退分析法是从桥梁竣工后的设计理想状态出发，按照与施工顺序相反的顺序，即倒退顺序，计算出理想施工条件下各个施工阶段的结构理想状态。该方法原理清晰，简单易行，在桥梁施工控制中得到广泛应用。当然，倒退分析法仅仅是桥梁施工理想状态确定的方法，单独应用于桥梁施工控制属于开环控制，还不能考虑施工误差对成桥状态的影响，因此控制精度不高，仅适合跨度和施工误差比较小的桥梁。

倒退分析法存在的缺陷使人们意识到，传统的以开环控制理论为基础的桥梁施工控制方法难以适应大跨度桥梁工程建设的需要，必须基于闭环控制理论，考虑施工误差，运用反馈原理建立施工控制系统，从而极大地推动了桥梁施工控制理论的发展。在这方面做出杰出贡献的当属日本学者。得益于大规模的桥梁建设，日本学者在 20 世纪 80 年代对桥梁施工控制理论进行了系统研究，建立了以闭环控制理论为基础的比较完善的桥梁施工控制理论体系。20 世纪 80 年代初期，日本学者开始尝试在桥梁施工中建立以计算机为中心的监控系统，实时量测施工控制所必需的挠度、应力和环境温度等参数，并利用计算机实时处理，为桥梁施工控制提供依据。Fujisawa 和 Tomo 进一步发展了计算机辅助的斜拉桥拉索调整方法，建立了以最小二乘法原理为基础的桥梁索力调整方法，并成功应用于 Chichiby 斜拉桥的施工控制实践中，取得了较好效果。20 世纪 80 年代末，以闭环控制理论为基础的桥梁施工控制理论基本形成，并广泛应用于桥梁工程建设实践。20 世纪 90 年代开始探索自适应控制方法在桥梁施工控制中的应用，取得显著成效，形成了完整的施工控制技术体系。

长期以来，由于建筑工程规模相对比较小，或者尽管规模巨大，但形态比较规则，因而施工过程比较简单，结构状态易于控制，因此，建筑工程建设对施工控制理论的需求不甚迫切，建筑工程领域施工控制理论研究非常薄弱。在建筑工程中首先应用施工控制技术指导施工的是大跨度空间建筑工程。得益于改革开放后我国经济繁荣，大跨度空间建筑大量兴建，我国大跨度空间建筑施工控制技术研究起步比较早，与国外同行的研究工作基本同步。2000年张其林提出了索梁体系初始状态和放样状态（施工理想状态）确定的逆迭代有限元法。2003 年，胡宁和罗尧治结合河南省鸭河口电厂干煤棚柱面网壳工程，运用机构运动过程的运动学和动力学，研究了"折叠展开式"整体提升施工控制问题，为该工法的顺利实施提供了理论依据。2005 年，沈雁彬、罗尧治等人研究了半封闭柱面网壳的施工控制问题，发现施工工艺对结构最终状态有明显影响，采用累积滑移法施工，柱面网壳部分杆件的实际内力超过设计理论内力。陈建兴、赵宪忠和陈以一结合上海浦东国际机场航站楼大跨度张弦梁屋盖工程，提出了施工控制问题，明确了大跨度张弦结构施工控制研究的重点：预拉力及施工理想状态确定和施工方案优化。崔晓强等人从施工力学角度研究了大跨度钢结构施工过程结构分析方法，并依托大型结构分析软件开发了相关程序。伍小平等人以北京国家大剧院为背景，研究了钢结构屋壳卸载过程仿真问题。近年来大跨度空间结构施工控制问题逐步得到广大工程技术人员的重视，2005 年 6 月在南京召开的我国第十一届空间结构学术会议上，董石麟等作者均强调了施工控制在大跨度空间结构施工中的重要作用。

高层建筑领域对施工控制理论的研究刚刚起步，高层建筑工程施工控制理论系统研究正在进行，少量工程技术人员或企业结合工程建设的需要开展了施工控制技术研究。1990 年日本竹中工务店在大阪第一生命大楼工程建设中开发了预应力法施工控制技术，解决了大跨度结构施工过程中挠度控制的难题，确保施工过程中相关楼层的平整度始终符合规范要求，为楼层混凝土浇捣创造了良好条件。美国 Leslie E. Robertson 设计事务所在西班牙马德里的 Puerta de Europa 双斜塔工程中，成功应用预应力法解决了双斜塔的垂直度控制问题，通过理论分析确定施工理想状态，最后采用预应力法调整斜塔垂直度，使其满足设计和使用要求，取得良好效果，该方法较传统的加劲法可控性强、成本低。李瑞礼和曹志远采用超级有限元－有限元耦合法对高层结构进行施工模拟分析，按照施工顺序及施工时的实际情况进行力学分析，真实反映高层建筑结构几何形状、边界条件及物理条件随时间而变化的实际情况，指导合理选用施工方案，以确保高层建筑结构施工期和服务期的安全性及可靠性。王光远把施工过程定义为慢速时变过程，通过离散性的时间冻结的近似处理，作一序列时不变结构进行静动力分析，以研究建筑结构施工过程中最不利的若干状态，在每个状态中不考虑结构的变化来分析该状态中的结构的强度、刚度和稳定性。崔晓强等人对施工力学进行了深入分析，并提出了解决方案。范庆国等人在建设上海金茂大厦的过程中，采用了标高预补偿、两阶段安装等多种方法解决了结构标高控制、核心筒与外框架变形协调和外伸桁架内力控制等施工控制问题。宋康从实际施工过程和施工模拟出发，给出了 SRC 超高层建筑竖向变形施工计算的实用方法，并以金茂大厦为例，提出了施工控制依据、控制标准、施工顺序和超前楼层等施工控制的策略。

上海建工集团在长期的超高层建筑的建造过程中，对超高层建筑施工控制技术的应用和发展进行了实践和总结，认为：依据控制论的理论，结合桥梁工程施工控制的实践，构建超高层建筑施工控制系统，是解决高层建筑施工过程中精度、变形、内力等主要控制目标达到最终设计要求状态的主要手段。

4.2.2　超高层建筑的施工控制系统

1. 施工控制特点

高层建筑工程施工控制具有自身鲜明的特点：复杂性、不可逆性和人为性。

高层建筑工程施工控制的复杂性主要表现在三个方面：①系统复杂。高层建筑特别是超高层建筑工程结构复杂，对其施工过程进行控制的系统也就非常繁复，不但包含复杂的结构本身，还包含可控性比较差的人的活动。正因为高层建筑工程施工控制系统的复杂性，目前还难以像自动控制系统一样用严密的数学模型对其进行描述；②目标多样。高层建筑工程施工控制系统是一个多目标控制系统，既有形态，又有内力和稳定性，这些目标大部分情况下是相容的，有时是相互排斥的，这给施工控制带来很大困难；③干扰因素多。高层建筑施工环节多，施工环境不断变化，影响施工过程的因素比较多，既有人为的，如施工工艺、方法和施工质量，还有自然的，如温度变化、风和地震等。

高层建筑工程施工控制的不可逆性表现在施工控制是面向未来的，对既成事实一般是难以通过施工控制技术调整的。高层建筑工程施工控制的不可逆性是由施工过程在时间上的单向性所决定的。高层建筑工程施工控制的这一特点对施工控制提出了非常高的要求，施工控制必须高效准确，且具有非常强的预见性，否则造成的损失是无可挽回的，严重的还会引发灾难性的事故，不可不慎重对待。

高层建筑工程施工控制的人为性主要表现在施工控制系统的各个环节都需要人参与，人在施工控制过程中发挥了不可代替的作用。在整个施工控制过程中，从输入、控制和执行到输出和反馈，都离不开人的参与。从这个意义上说，高层建筑工程施工控制系统是人工控制系统，必须根据控制系统的这一特点来制定控制技术路线，而不能完全套用自动控制的理论和方法。

2. 施工控制系统

目前工程控制三大类方法与系统各有优缺点，在高层建筑工程施工控制中都有应用。其中开环控制属经典工程控制方法，非常成熟，在建筑结构工程施工控制中有成功的应用经验。由于不存在反馈系统，开环控制不能根据施工过程情况调整控制措施，因此仅适合结构简单的工程，控制精度比较低。闭环控制属现代工程控制方法，在桥梁工程施工控制中应用广泛，理论研究和工程经验都比较丰富。由于包含反馈系统，能够根据结构状态监测结果不断调整控制措施，因此适合结构复杂的工程，控制精度比较高。自适应控制属最新的工程控制方法，理论研究和工程实践都已取得一定成果，但总体上还处于探索阶段。由于高层建筑的重要性和复杂性，施工控制必须采用成熟的方法，因此以闭环控制方法为主进行结构施工控制。

结合高层建筑的特点，我们将其施工控制系统分解为分析预测（计划）、实施、监测和调整四个子系统，互相关联，共同形成高层建筑的完整闭环控制系统。施工控制技术路线如图 4-16 所示。

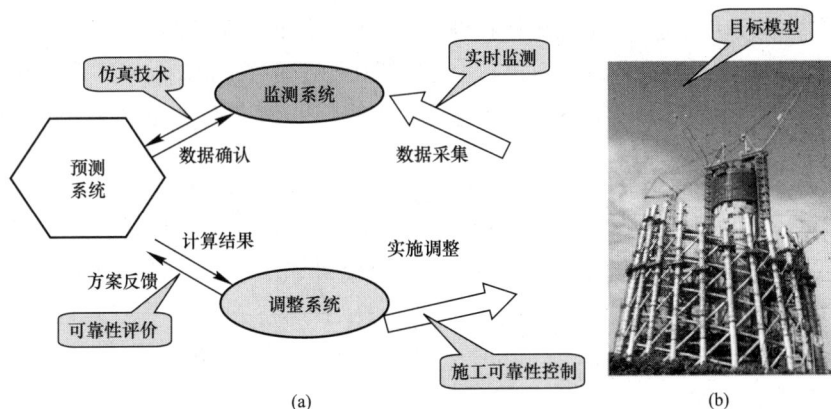

图 4-16　施工控制系统图

3. 施工控制的对象和目标

（1）施工控制的对象。超高层建筑种类繁多，形式多样，控制的目标对象是首先需要说明的问题，根据对众多超高层建筑的研究和考察，以及理论分析数据，满足以下条件的，需要进行施工控制：

1）塔楼高度：300m 及以上。

2）结构组成：钢-混凝土结构；钢结构。

3）基础中心偏离度：5%。

4）平面规则度：长短边比为 2:1；主轴抗弯刚度比为 4:1。

满足上述条件的结构，如果不加以控制，往往会发生危及结构使用功能甚至安全的问题。

（2）施工控制的总体目标和关键目标。高层建筑是一个多目标的控制系统，不仅要确定总体目标，而且也要选择关键性的、决定性的目标控制体系。随着结构尺度的扩大和形态的多样化，施工中的结构变形大幅增加，这就要求工程技术人员对其进行准确预测和有效控制。结构施工控制的目的就在于确保结构施工过程中和完成后结构内力在设计许可的范围内，确保施工过程中结构的几何形态，为后续工种施工创造良好条件；确保建筑完成并承受设计荷载后，其几何形态符合设计要求，建筑功能能够正常发挥。

结构施工完成并承受设计荷载以后，其实际状态与理想状态的差异性限度，就是施工控制的总体控制目标。结构施工控制总体目标的确定是一项系统工程，涉及建筑功能的发挥和社会经济技术发展水平。而结构施工控制的关键目标主要包括以下几个方面：①几何（变形）控制；②应力控制；③稳定控制；④安全控制；⑤环境量控制。其中，几何控制和应力控制是最基本的两个方面，稳定控制和安全控制可以通过几何控制和应力控制来得到保证。而环境量（如温度/风）控制则是相对特殊的控制，需要依据结构的实际情况和所处环境做出判断。对几何形态实施有效控制能够保证建筑外形实现设计的要求；对锁定内力和结构稳定实施有效控制则是为了保证结构在建成时达到健康状态，满足长期使用的要求。简而言之，施工控制的基本目标是几何变形不超差，结构内力不超限。

（3）几何形态控制。保证成型后结构的几何形态是施工控制的首要目标。结构在施工过程中总要产生变形，对于体型规则的建筑，变形主要表现为竖向压缩变形和局部挠度，而对于广州新电视塔和CCTV新台址主楼这样体型复杂的高层建筑，其变形是竖向变形、水平变位和整体转动多种位移耦合在一起的，使得结构在施工过程中的实际位置（立面标高、平面投影坐标）偏离预期。因此，对几何形态实施有效控制是现代超高层建筑施工控制技术的重要内容之一。

按照现行规范和最近十几年的超高层建筑的实践，几何形态的控制标准可按照图4-17所示的要求进行控制。

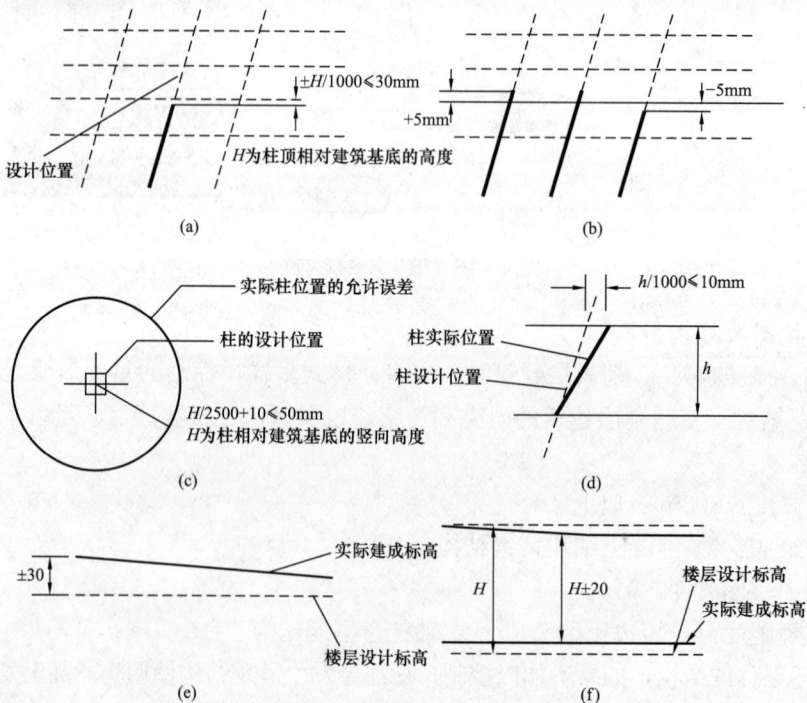

图4-17　结构几何形态偏差限值
（a）绝对竖向误差；（b）相对竖向误差；（c）绝对水平误差；
（d）相对水平误差；（e）楼层标高绝对误差；（f）楼层标高相对误差

对于受温度等荷载影响较大的结构，在不影响结构功能和结构安全的情况下，可根据实际情况略作放宽。

（4）内力和稳定控制。施工中内力控制和形态控制是密不可分的。由于结构通常是超静定体系，所以在调整几何形态的同时必然会引起结构内力的变化。同一个结构的施工中，不同的施工方法都会在结构中产生一定的附加应力。控制结构中的附加应力，使结构在施工条件下的受力状态与设计相符合是结构施工控制的一个重要内容。

通常通过结构应力的监测来了解实际应力状态。若发现实际应力状态与理论应力状态的差别超限，就要进行原因查找和调控，使之在允许范围内变化。对超高层不规则的建筑结构而言，内力控制的另一个重要意义在于保证施工各阶段中构件的局部稳定和整体稳定。结构内力控制的效果不像变形那样易于发现，但如果当内力控制就会给结构造成危害。由于建筑造型的复杂，施工过程中结构体系会发生多次转换，内力控制显得更加重要。

根据初步的研究结果，内力控制的主要依据是，锁定内力（残余内力）不能对结构设计的长期寿命产生影响。因此可以按照概率可靠度的指标（一般为 98% 的保证率水平），对任一结构进行最大初始内力的设计。目前工程实际应用中，我们建议的参考值是：残余内力不超过主要承载构件或者截面所能承受弹性设计值的 5%；次要构件和截面不超过 10%。

4. 超高层建筑的施工控制流程

根据施工控制的闭环系统，超高层建筑的施工控制技术路线如图 4-18 所示。

（1）根据结构设计图纸和有关规范确定施工控制的总体控制目标。

（2）根据结构特点和施工方案确定结构施工过程的工况。

（3）对结构施工全过程进行分析，全面了解结构施工过程中几何（线形）、应力、稳定性和安全性的演化规律。

（4）在施工过程分析成果的基础上，初步确定施工控制的阶段控制目标，作为施工控制可操作性的依据。

（5）施工过程中对结构状态（几何形态、内力等）进行实时监测，并按工况与阶段控制目标进行对比。

（6）根据阶段控制目标，通过预变形、预补偿、预应力等技术对施工过程中结构几何形态、内力与稳定等进行控制。

（7）根据结构状态监测结果了解实际状态与阶段控制目标的差异

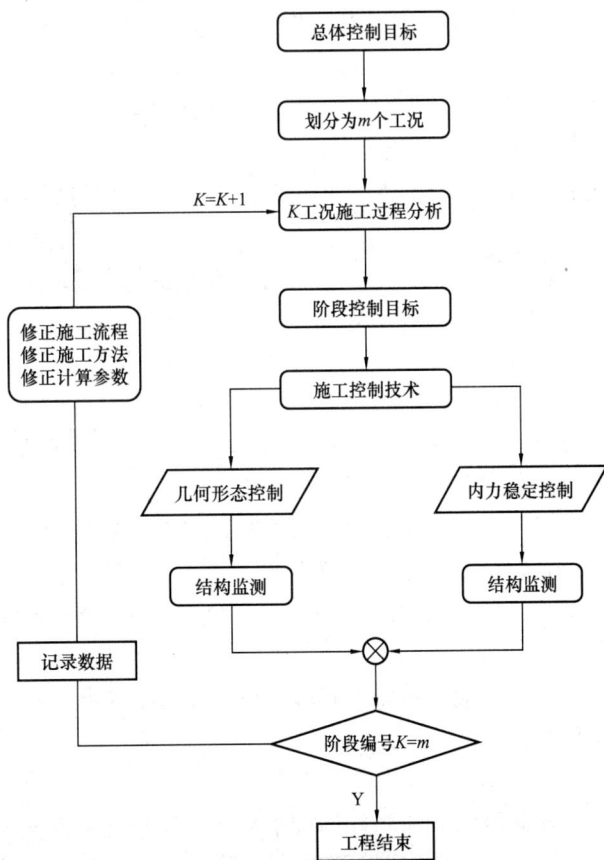

图 4-18　施工控制技术路线

程度，修正施工流程、施工方法、计算参数和计算模型。

（8）从结构已完成的状态开始，重新推演结构变形过程，确定下一阶段的控制目标，采用合适的技术进行施工控制，如此循环直至施工结束。

4.3　建筑信息模型系统（BIM）的应用

4.3.1　概述

1. 引言

近年美国制造业投入的非增值（浪费）部分为 26％，工程建设投入的非增值（浪费）部分达到 57％，两者相差 31％。2008 年美国工程设计和施工行业的规模为 1.288 万亿美元（全球 4.8 万亿美元），建筑业如果做到和制造业同样水平，每年可以节约 4000 亿美元。

建设项目实施过程中 10％～33％的费用增加与信息交流存在的问题有关。对一个具体项目来说，信息在产生、传递、使用过程中差异巨大，暨客户需求的、政府批复的、规划设计的、争论协商的、施工建造的、最终得到的、客户支付的、文件描述的往往存在着较大差异。实践表明，由于建筑产品及其生产过程的特殊性，信息管理一直是建设项目管理的最薄弱环节，其落后表现为对信息管理的理解落后，以及信息管理的组织、方法和手段基本上停留在传统的方式和模式上。此外，建设过程中的行事规程并没有因为信息化的推进而改变，例如建设过程中的信息交换依然基于纸介质来进行，目前信息化充其量是为建设项目管理的过程提供了一些工具，而没有为建设项目管理带来根本性的变革。运用传统项目管理模式应对已趋于大型化、多专业化及复杂化的当代建设项目，必然不符合行业发展的规律。而以信息技术的应用为切入点，实现项目全生命周期过程中的信息集成与共享，从而提升建筑业的管理水平已经成为业内的共识。因此，重新审视信息管理的重要作用，改进信息管理的方法、手段，对于提升建设项目管理水平至关重要。

2. BIM 对建筑业信息化的意义

当前新兴的 BIM 技术为建筑行业信息化提供了重要工具。BIM 不仅仅是使用最基本的"几何"、"物理"等信息做到辅助绘图、明细统计、管线综合等，更要借助 BIM 集成化的优势，注重对 BIM 中"Information"（尤其是"性能"）的深入应用与实践，BIM 使建筑项目真正回归其本质——三维。

现代项目尤其是大型项目通常都是多个专业一起参与的活动，专业数量可以从几十个到几百个，特别是由于电力、空调、通信、数据、安全、智能等技术在建设领域的广泛应用，项目的复杂性呈几何级数增加。虽然各个专业自身发展比较成熟，但项目在建好前是看不见、摸不着的，是图上作业，凭借的是想象力，如何提高多工种协同工作的效率是个难题。考察工程建造史，从手工到以 CAD 为代表的电脑时代是个飞跃，先来看看 CAD 时代是怎么把项目建成的。

（1）CAD 时代

①首先建筑专业画好各种平立剖面图；②效果图专业根据建筑图纸做出"效果图模型"，再根据这个模型做出建筑物的效果图、动画、虚拟现实等可视化效果；③结构专业根据建筑图建立"结构计算模型"，然后进行各种结构计算，再绘制结构施工图；④机电专业根据建

筑图、结构图，建立多个"机电计算模型"，再进行计算、分析、模拟，画出机电图纸；⑤造价专业在这些图纸基础上建立"算量模型"，统计混凝土的体积、管子的长度、设备的数量等，最终计算出项目的造价；⑥绿色专业也利用上述图纸，搭建起"绿色建筑计算模型"，进行节材、节水、节地、节能等绿色建筑计算；⑦项目造好以后，物业专业建立"物业管理模型"，并在此基础上建立建筑物的运营维护体系。

以上只是个简化版的概述，尚未考虑诸如设计意图施工时不易实现、机电与结构发生矛盾等问题。问题是：①每个专业几乎都要有且必须自己做一个"×××模型"。这些"×××模型"和业主需要的目标是一回事儿吗？各专业都能做对吗？退一万步讲，就算第一次都做对了，后面遇到"设计变更"或"错漏碰缺"的时候，所有专业都能步调一致地调整各个模型吗？②做各个"×××模型"是需要时间的，而对业主和各专业单位来说，时间就是金钱。③各专业做出的这些"×××模型"在以后的运营、维护、改建、扩建过程中能用得上吗？

（2）BIM 时代。而在 BIM 时代，项目可以这样进行：业主委托一个 BIM 专业部门，建立、管理、更新一个其他专业都可以用的和实际建筑物的内容一模一样的模型，即称之为 BIM 模型。此唯一的模型给各个专业提供所需模型、数据等信息，并可自动及时更新各专业反馈回的数据。BIM 专业因为帮助业主把所有专业的信息都放到同一个 BIM 模型中去了，所以就可以发现并解决不同专业之间互相"冲突"的事情。可见，无论是在项目招投标、设计、施工、运营等阶段都只采用这个唯一的、及时更新的模型，该模型最大限度接近实际实施的工程，这个模型对所有参建人员都是相同的，有个明确的、充满所有信息的目标给大家带来的好处不言自明。可以认为 CAD 到 BIM 是一个飞跃。

3. BIM 介绍

上文只是一个简单示例。下文对 BIM 作一系统介绍。

（1）什么是 BIM。BIM 可认为是随着科技飞速发展而日益进步的虚拟现实技术的一个具体应用。BIM 的全称是 Building Information Modeling，即建筑信息模型，是指通过数字信息仿真模拟建筑物所具有的真实信息。

但 BIM 不仅仅是建模，更不仅仅是能建模的软件，更重要的是提供了一种建立在全新的信息化系统上的项目管理方法。即参建各方在设计、施工、项目管理、项目运营等各个过程中将所有信息整合在统一的数据库中，通过数字信息仿真模拟建筑物所具有的真实信息，为建筑的全生命周期管理提供平台。这种方法支持建筑工程的集成管理环境，信息质量高、可靠性强、集成程度高、完全协调、支持项目各种信息的连续应用及实时应用，使建筑工程在其整个进程中显著提高效率、质量、减少风险、降低成本。

建筑信息模型通过参数化实体造型技术使计算机可以表达真实建筑所具有的信息，信息化的建筑设计得以真正实现，突破了千百年来用抽象的视觉符号来表达设计的固有模式。BIM 建筑信息模型的发展，不仅仅是现有技术的进步和更新换代，它也将间接表现在生产组织模式和管理方式的转型，并更长远地影响人们思维模式的转变。BIM 这场信息革命，将不受个人好恶和思维习惯的束缚而向前推进，它对于工程建设从设计、建造、加工、销售、物业管理等各个环节，对于整个建筑行业，都必将产生深远的影响。

（2）BIM 系统的用途。应用建筑信息模型，马上可以得到的好处就是使建筑工程更快、更省、更精确，各工种配合得更好和减少了图纸的出错风险，而长远得到的好处已经超越了设计和施工的阶段，惠及将来的建筑物的运作、维护和设施管理，并带来可持续的费用节省。

建筑信息模型的应用不仅仅局限于设计阶段，而是贯穿于整个项目全生命周期的各个阶段：设计、施工和运营管理。BIM 电子文件，将可在参与项目的各建筑行业企业间共享。建筑设计专业可以直接生成三维实体模型；结构专业则可取其中墙材料强度及墙上孔洞大小进行计算；设备专业可以据此进行建筑能量分析、声学分析、光学分析等；施工单位则可取其墙上混凝土类型、配筋等信息进行水泥等材料的备料及下料；发展商则可取其中的造价、门窗类型、工程量等信息进行工程造价总预算、产品订货等；而物业单位也可以用之进行可视化物业管理。BIM 在整个建筑行业从上游到下游的各个企业间不断完善，从而实现项目全生命周期的信息化管理，最大化的实现 BIM 的意义。

（3）国内外现状。BIM 是从美国发展起来，逐渐扩展到欧美、日本、新加坡等发达国家，在 2002 年后，国内逐渐开始接触 BIM 的理念和技术。国际上，美国从很早就开始研究建筑信息化的发展，BIM 也是美国公司 Autodesk 在 2002 年率先提出的。发展到今天，美国大多建筑项目都已应用 BIM，有种类繁多的 BIM 应用。并且在政府的引导和推动下，形成了各种 BIM 协会，制定了 BIM 标准。从应用上来讲，现在美国设计都被要求提出一套数据，政府进行能耗分析，所提供的数据就是 BIM 模型。美国国内大型设计公司多已实现在项目开始阶段即应用 BIM 建模，然后根据需要再利用此模型出二维图。比如我公司承建的国内第一高楼——上海中心，它的建筑设计 Gensler 公司即用 BIM 软件做出了整个模型，并移交给同济院以备出施工图需要。

欧洲对标准化新型模型的研究是非常重视的。欧洲标准委员会立了六个重大项目，其中有一个就是有关 BIM 模型的。它实际上是把建筑业和房地产业向工业化过渡。把 BIM 作为一个最基础性的概念或者一个基础的标准，把建筑的各个组成部分，像造汽车一样变成每一个部件，到现场组装。不同的制造厂都遵循 BIM 的标准，生产的部件就可以在现场进行组装。从这个课题的立意来讲，可以看出国际上对 BIM 的重视。

我国工程界在计算机辅助工作上跟从国家发展规划，从计算机应用开始，在六五、七五期间普及了计算机；在八五、九五期间普及了计算机辅助绘图。过去设计人员最累的两件事：计算、绘图，当前看来已经非常轻松了。"十一五"国家科技攻关计划中将 BIM 建筑信息模型作为一个重要课题，中国建筑科学研究院、清华大学、同济大学、复旦大学都参与了研究工作。在"十二五"规划中，国家制订了一个到 2020 年的中长期发展规划，当中有一个领域的研究重点就是 BIM。在这个领域里面有五个优先主题，第一个就是"城市一平台"。换句话说，就是在土木建设和工程建筑中应用 BIM 系统，包括设计、施工、物业，甚至整个城市的管理都包括，要打破从业主到设计、到施工、到物业管理之间的隔阂或者界限，实现整个产业链的信息畅通。进而打造一个全面信息化的城市，要整个城市享受这个成果，这也是"十二五"战略规划中提到目的之一。

2000 年我们国家政府和一些研究单位开始和国际上有关 BIM 的组织进行了接触。2002年，为了提高全行业科技水平，使行业发展更加有序，提高生产效率，国内召开了第一次BIM 研讨会。现今，业内对 BIM 的研究、讨论、应用已成常态，正在逐步展开，经常讨论到的具体内容包括：BIM 的概念，BIM 在商业地产策划、设计、招投标、施工、租售、运营维护和升级改造各阶段中的应用价值。当前国内已有一些大型项目业主在招标时即明确要求设计、施工必须有 BIM 系统支持。比如上海中心大厦项目、迪斯尼项目等。

可见，当前国外 BIM 系统已较成熟，并实际应用于项目建设。国内则处于了解、起步阶段，并以设计阶段的应用为主。

（4）基于 BIM 构建的工程项目管理系统的优势。现代项目管理核心是信息管理，传统的建设工程项目管理信息系统，由于工程管理涉及的单位和部门众多，信息输入只能停留在本部门或者单位工程的界面，常常出现滞后现象，难以进行及时整体工程的相互传输，阻碍了整个工程的信息汇总，必然形成信息孤岛现象。基于 BIM 构建的工程项目管理信息系统除了具有传统管理信息系统的特征优势外，还能满足以下要求：

1）集成管理要求。随着工程总承包模式的不断推广和运用，人们越来越强调项目的集成化管理，同时对管理信息系统的要求也越来越高。如：将项目的目标设计、可行性研究、决策、设计和计划、供应、实施控制、运行管理等综合起来，形成一体化的管理过程；将项目管理的各种职能，如成本管理、进度管理、质量管理、合同管理、信息管理综合起来，形成一个有机的整体。

2）全寿命周期管理要求。全寿命管理理念就是要求工程项目的建设和管理要在考虑工程项目全寿命过程的平台上进行，在工程项目全寿命期内综合考虑工程项目建设的各种问题，使得工程项目的总体目标达到最优。反映在管理信息系统建设上，就是管理信息系统的建设不仅仅是为了工程项目实施过程，同时应考虑管理信息系统在工程竣工后纳入企业运行阶段的应用。这样既可以满足业主实际工作的需要，又为业主、最终用户、承包商、分包商、监理机构、施工方等提供了一些后期总结数据。

基于项目集成化和全寿命周期管理的理念，可将工程项目管理信息系统分为九大模块，即：项目前期管理模块、项目策划管理模块、招标投标管理模块、进度管理模块、投资控制管理模块、质量管理模块、合同管理模块、物资设备管理模块、后期运行及评价管理模块。这些模块都可以在一个基于 BIM 构建的信息系统上协调、统一、准确地运行。

4.3.2　BIM 在项目各阶段的应用

1. BIM 在设计阶段的应用

从前期设计阶段，BIM 便开始建立一个贯穿始终的数据库档案。随着项目的展开，BIM 的数据信息自动积累与更新设计的方案。

BIM 使建筑师们抛弃了传统的二维图纸，不再苦于如何用传统的二维施工图来表达一个空间的三维复杂形态，从而极大地拓展了建筑师对建筑形态探索的可实施性，自由形态不再是电脑屏幕上的乌托邦想象。BIM 让建筑设计从二维走向了三维，并走向了数字化建造，这是建筑设计方法的一次重大转型。

一些特殊的、复杂的工程，用二维是表达不清楚的，例如大家熟悉的 2008 年奥运会主体育场"鸟巢"，其外壳的巢型钢不是直的，而是曲线的，如果用二维图表达就非常困难。而使用基于 BIM 的软件系统，就可以直观地看到"鸟巢"的三维模型，甚至可以使用这个模型通过计算机直接加工那些异形钢构件而实现无纸化建造。基于 BIM 的三维模型不同于通常效果图的所谓三维模型，而是包含了材料信息、工艺设备信息、进度及成本信息等，它是一个完整的建筑信息。

BIM 使建筑、结构、给排水、空调、电气等各个专业基于同一个模型进行工作，从而使真正意义上的三维集成协同设计成为可能。在二维图纸时代，各个设备专业的管道综合是一个繁琐费时的工作，做得不好经常会引起施工中的反复变更。而 BIM 将整个设计整合到一个共享的建筑信息模型中，结构与设备、设备与设备间的冲突会直观地显现出来，工程师们可在三维模型中随意查看，且能准确查看可能存在问题的地方，并及时调整自己的设计，从而极大地避免了施工中的浪费。

BIM 使得设计修改更容易。只要对项目做出更改，由此产生的所有结果都会在整个项目中自动协调，各个视图中的平、立、剖面图自动修改。建筑信息模型提供的自动协调更改功能可以消除协调错误，提高工作整体质量，使得设计团队创建关键项目交付文件（例如可视化文档和管理机构审批文档）更加省时省力，再也不会出现平、立、剖面不一致之类的错误。

2. BIM 在施工阶段的应用

在建筑生命周期的施工阶段，BIM 可以同步提供有关建筑质量、进度、施工方案以及成本等信息。它可以方便地提供工程量清单、概预算、各阶段材料准备等施工过程中需要的信息，甚至可以帮助人们实现建筑构件的直接无纸化加工建造。利用建筑信息模型，可以实现整个施工周期的可视化模拟与可视化管理。

建筑信息模型可以帮助施工人员促进建筑的量化，以进行评估和工程估价，并生成最新评估与施工规划。施工人员可以迅速为业主制定展示场地使用情况或更新调整情况的规划，从而和业主进行沟通，将施工过程对业主的运营和人员的影响降到最低。建筑信息模型还能提高文档质量，改善施工规划，从而节省施工中在过程与管理问题上投入的时间与资金。最终结果就是，能将业主更多的施工资金投入到建筑，而不是行政和管理中。

3. BIM 在运营管理阶段的应用

在建筑生命周期的运营管理阶段，BIM 可同步提供有关建筑使用情况或性能、入住人员与容量、建筑已用时间以及建筑财务方面的信息。BIM 可提供数字更新记录，并改善搬迁规划与管理。它还促进了标准建筑模型对商业场地条件（例如零售业场地，这些场地需要在许多不同地点建造相似的建筑）的适应。有关建筑的物理信息（例如完工情况、承租人或部门分配、家具和设备库存）和关于可出租面积、租赁收入或部门成本分配的重要财务数据都更加易于管理和使用。稳定访问这些类型的信息可以提高建筑运营过程中的收益与成本管理水平。

4. BIM 为开发商销售招商带来的益处

建立 BIM 后，可以很方便地引入虚拟现实技术，实现在虚拟建筑中的漫游。传统的房地产销售方式主要是通过平面户型图、建筑模型、效果图及各种媒体广告的形式来推出楼盘。销售人员与购房者或租户之间的交流比较困难。而借助基于 BIM 的虚拟漫游技术，可进入虚拟建筑中的任何一个空间，可在电脑的样板房中漫游，可带着购房者参观虚拟样板间、亲身感受居室空间、实时查询房间信息、实时家具布置、引导购房者或租户合理使用物业。顾客可以在几年后才建成的虚拟小区中漫游，站在阳台上观看、感受小区建成后的优美环境；顾客可以在虚拟的购物中心中漫游，身临其境地感受优美的购物环境和热烈的商业氛围。

BIM，建筑业的信息革命，目前已经逐渐汇集成了一股潮流，席卷世界的同时，也影响了中国。其创建信息、管理信息、共享信息的数字化方法，是建设工程管理的最佳模式。

4.3.3 BIM 对施工企业和具体项目的重要意义

当前国内建筑市场竞争激烈，企业必须居安思危，保持创新，行业领先，才会在已经过度竞争的市场上可持续、高效地发展。目前 BIM 已是行业趋势，虽然这种转变是先从设计开始的，但可以预见的是，不久的将来，能否掌握、熟练应用、并建立基于 BIM 的项目管理系统，是企业能否摆脱低层次竞争、占据业内高端市场的重要因素。

1. 对施工企业的重要性

从施工企业的角度来说，BIM 的重要性体现在以下几点：

（1）虽然当前国内外主要由业主、设计方牵头开展 BIM 的应用，但一旦其成熟，必将作为对施工单位的基本要求之一。未来，对 BIM 系统的掌握程度是衡量施工企业水平的一个基本标准，施工企业应未雨绸缪，尽早考虑，提早动手，争做业内领头羊。

（2）成熟的 BIM 系统可以为总承包管理提供一种全新的管理方法和高效的管理工具。毕竟，每个管理人员都期望有一个完整的、及时更新的、全面可视化的模型，其带给管理人员的好处无需言表。

（3）企业自上至下建立全面成熟的 BIM 系统，结合网络技术建立企业的 BIM 管理网络，可令企业对项目的管理方式发生根本性变革。

（4）当前国内尚未建立 BIM 系统标准，尽早占据领先位置，必然可在将来的 BIM 标准制定中发挥主导作用，从而为企业带来根本性得益。

（5）BIM 系统二次开发是落后于实际市场需要的。比如机电专业，现在 BIM 所提供的软件，达不到业内的要求。早动手，早发现问题，可按本企业的特点进行二次开发，并引导业内标准的建立。

2. 对具体项目的重要性

从具体项目实施过程角度来说，主要有以下几点重要性：

（1）设计意图可行性的分析：设计和施工是两个专业；通常设计师认为施工人员理论水平欠缺，施工人员则认为设计师是纸上谈兵。第二个说法的具体表现为，设计师的图纸有些内容在施工的时候是做不出来的，或者即使能做出来也得花费很大成本。运用 BIM 系统可以在施工前、甚至正式图纸出来前即提出可行的意见，劝说设计修改图纸，降低施工难度和成本。

（2）设计图纸的复核：设计不仅有建筑、结构、水道、暖通、电气、概预算等专业，还有数据、通信、安全、节能等专业，这些专业之间分工是清晰的，合作是模糊的，每个专业的图纸都是对的，合在一起通常是有问题的。没有一个专门的职位负责多专业协调，有的只是专业协调会，开会的时候大家还是盯着自己的图纸，很专业、很认真、很敬业。但仍避免不了每套项目图纸都有问题，不是不同专业的内容互相打架，就是造好以后不合理。利用 BIM 就可以尽早发现这些问题，及早提醒设计进行修改，避免在施工时才发现问题。

（3）施工现场方案管理的主要工具：可根据三维全信息模型，对下阶段施工方案和计划安排进行预演，在全视频界面上，直观、系统地考察方案的可行性。

（4）施工现场施工计划、进度管理的主要工具：可以轻松创建、审核和编辑四维进度模型，编制更为可靠的进度表。可视化让进度安排与三维模型直接对接，从而使规划的施工流程与项目相关方顺畅沟通。通过在视觉上比较竣工进度与预测进度，项目管理人员可避免进度疏漏，更好地把握项目是否如期进行或落后于进度。

（5）其他管理工作的主要工具：BIM 还可用于更好地管理成本、物流和材料消耗，包括提前协调更为经济高效的预制材料。

（6）主要演示手段：作为主要的与外界的演示手段，比如工程的介绍，甚至是施工方案的交底。现今很多现场复杂方案的交底往往因平面图纸较难理解而流于形式，使用直观的视频化的 BIM 系统对方案进行演示，可以让交底变得简单、清晰，让每个做的人都明白自己到底要做什么和怎样做，是保证项目质量、效益和进度的关键。

（7）提供给业主和物业一个可靠的、真实的竣工模型。

4.3.4 施工企业应怎样进入 BIM 时代

首先，要澄清一些理念，达成基本共识；其次确定企业在 BIM 时代追求的目标；最后规划出实现目标的步骤。

（1）须澄清的理念并需达成的主要共识。

1）BIM 提供了一个改变流程的机会，而不仅仅是另外一个工具。有一种错误的观点认为 BIM 只是一个工具或者甚至就是另外一套 CAD 软件，事实上 BIM 是一个过程，在这个过程中建立了一个包含信息的模型，用来回答生命周期中关于这个项目的所有问题。BIM 数据超越了设计过程，在整个项目生命周期中不断壮大。

2）施工企业从手工绘图时代进入 CAD 时代时也面临很多轻视和抵制，现在从 CAD 时代进入 BIM 时代必然也会面临同样的问题，但历史证明，先进的技术必然会淘汰落后的技术。

3）BIM 是行业的大势所趋，现在讨论已不应是要不要做，而应该是怎么做。

4）在实施一种新技术或新流程的时候，领导层的决心和支持是关键，如果没有决策层的支持，通常的结果一定会是失败。

（2）企业所需要达到的目标。施工企业最终目标是：全面实现 BIM 化。这是长期目标，可能需要几年甚至更长时间，但一定不能低估当前科技软、硬件迅猛发展的能力和速度，比如 CAD 技术实际不到十年即在本行业内普。BIM 所需软、硬件已具备，所缺的是应用，很可能几年内即成为衡量企业在业内水平的标尺。

（3）企业需要采取的行动。施工企业当前目标是：立刻组织 BIM 团队，在实际项目中运用 BIM。要认识到企业的 BIM 化是一个逐步累进提高的过程，不能指望企业大规模地投入人力、物力和财力就能立竿见影地取得显著效果，也不要期望第一个项目就有一个完全成熟的产品在整个生命周期中使用。对于任何新流程和新技术来说，都得先学会爬，再学会走。为 BIM 项目的成功建立衡量指标，为第一个 BIM 模型定义实际的目标，然后在以后的项目中逐步提高目标。最最重要的是要在使用工程中，弄清楚在 BIM 流程中需要的东西，每个项目进行中、结束后，不断总结、分析问题，在不断探索中为企业实现最终目标积累经验和数据。并借此逐步培养企业熟悉 BIM 的人员，为今后全面开展 BIM 工作提供人力支持。

参 考 文 献

[1] 钟铮，许亮，王祺国，冯海涛. 紧邻保护建筑的深基坑逆作法设计与实践 [J]. 岩土工程学报.

[2] 戴斌，王卫东，徐中华. 密集建筑区域中深基坑全逆作法的设计与实践 [J]. 地下空间与工程学报，2005，1（4）：579-583.

[3] 谢小松. 大型深基坑逆作法施工关键技术研究及结构分析 [D]. 上海：同济大学，2007.

[4] 赵锡宏，张启辉，张保良，王允恭. 上部结构、地基和基础共同作用理论在逆作法设计与施工中的应用 [J]. 建筑技术，30（11）：769-772.

[5] 胡玉银. 超高层建筑深基坑工程施工 [J]. 建筑施工，2008，30（12）：1081-1083.

[6] 王美华，季方. 超大面积深基坑逆作法施工技术的探讨 [J]. 地下空间与工程学报，2005，1（4）：599-602.

[7] 陆纪东，王美华. 大型地下工程"两明一暗"半逆作法施工新技术 [J]. 建筑施工，2007，29（3）：157-160.

[8] 王卫东，王建华. 深基坑支护结构与主体结构相结合的设计、分析与实例 [M]. 北京：中国建筑工业出版社.

[9] 刘建航，侯学渊. 基坑工程手册 [M]. 北京：中国建筑工业出版社，1997.

[10] 宋青君，王卫东. 上海世博 500kV 地下变电站圆形深基坑逆作法变形与受力特性实测分析 [J]. 2010，31（5）：182-187.

[11] 上海市城乡建设和交通委员会. DG/TJ 08-61-2010 基坑工程技术规范 [S]. 上海，2010.

[12] 徐中华，邓文龙，王卫东. 支护与主体结构相结合的深基坑工程技术实践 [J]. 地下空间与工程学报，2005，1（4）：607-610.

[13] 梅英宝，钟铮，翁其平. 超大面积深基坑工程非两墙合一的半逆作法设计 [J]. 建筑施工，2006，28（4）：262-264.

[14] 葛兆源，赵炯. 闹市狭地深基坑"双向双作用"支护方案的设计与施工 [J]. 建筑施工，2003，25（5）：360-363.

[15] 徐至钧，赵锡宏. 逆作法设计与施工 [M]. 北京：机械工业出版社，2002.

[16] 龚晓南，高有潮. 深基坑工程设计施工手册 [M]. 北京：中国建筑工业出版社，1998.

[17] 姚燕明，周顺华，孙巍，陈绪禄. 支撑刚度及预加轴力对基坑变形和内力的影响 [J]. 地下空间，2003，23（4）：401-404.

[18] 吴今陪，肖健华. 智能故障诊断与专家系统 [M]. 北京：科学出版社，1997.

[19] 贺尚红，颜荣庆，李自光. 液压系统故障诊断数据库专家系统的研究 [J]. 长沙交通学院学报，1998，14（2）：11-15.

[20] 夏明耀，曾进伦. 地下工程设计施工手册 [M]. 北京：中国建筑出版社，1999.

[21] 孔莉芳，张虹. CAN 总线在安全监控系统传输中的应用 [J]. 安防科技，2008，（04）：33-34、56.

[22] 陈鸿蔚，张桂香. 基于 CAN 总线的液压伺服控制系统网络 [J]. 机电工程技术，2005，34（1）：70-73.

[23] 王光明，萧岩，卢常亘. 深基坑钢支撑施加预加轴力的合理数值分析 [J]. 市政技术，2006，24（5）：336-339.

[24] 陈鸿. 支撑预加轴力情况下墙体先期位移的修正 [J]. 地下工程与隧道，1997（4）：33-34.

[25] 黄效国. 一种高精度大惯性液压伺服控制系统及其控制方法. 液压与气动，2003（8）：37-38.

[26] 刘国彬，黄院雄，侯学渊. 基坑工程下已运行地铁区间隧道上抬变形的控制研究与实践 [J]. 岩土力

　　　　学与工程学报，2001，20（2）：202-207.

[27]　中国建筑科学研究院. JGJ 120—1999 建筑基坑支护技术规程［S］. 北京：中国建筑工业出版社，1999.

[28]　朱骏，金中林，夏凉风. 海泰国际大厦地下车行通道大直径钢顶管工程进出洞施工技术［J］. 建筑施工，2009.

[29]　张朝彪，周杜鑫，王恺华. 特大直径钢顶管工程中的顶管机改进及测量控制技术［J］. 建筑施工，2009.

[30]　孙继辉. 大断面矩形地下通道掘进施工设备与技术的研究［J］. 建筑施工，2007.

[31]　廉慧珍，张青，张耀凯. 国内外自密实高性能混凝土研究及应用现状［J］. 施工技术，1999，28（5）：1-3，16.

[32]　中国工程建设标准化协会. CECS 203—2006 自密实混凝土应用技术规程. 北京：中国计划出版社，2006.

[33]　赵志缙，赵帆. 混凝土泵送施工技术. 北京：中国建筑工业出版社，1998.

[34]　赵志缙，李继业，等. 高层建筑施工. 上海：同济大学出版社，1999.

[35]　廉慧珍，张青，张耀凯. 国内外自密实高性能混凝土研究及应用现状［J］，施工技术，1999，28（5）：1-3，16.

[36]　胡玉银，等. YAZJ-15 液压自动爬升模板系统研制［J］. 建筑施工，2009（2）.

[37]　陆云，等. 广州珠江城超高层混凝土结构液压模架技术的应用，建筑技术开发，2010.

[38]　俞晓国，屈伟萍. 建筑项目管理信息化比较研究［J］. 哈尔滨工业大学学报，2003（35）：43-47.